Magnetische Kreise,

deren

Theorie und Anwendung.

Von

Dr. **H. du Bois.**

Mit 94 in den Text gedruckten Abbildungen.

Springer-Verlag Berlin Heidelberg GmbH 1894

ISBN 978-3-662-35628-9 ISBN 978-3-662-36458-1 (eBook)
DOI 10.1007/978-3-662-36458-1

Softcover reprint of the hardcover 1st edition 1984

Vorwort.

Der Entwurf zum vorliegenden Buch ist aus einem Vortrag über »magnetische Kreise und deren Messung« hervorgegangen, welchen ich gelegentlich des internationalen Elektrotechniker-Kongresses zu Frankfurt a. M. im September 1891 gehalten hatte. Von mehreren Seiten wurde dann der Wunsch nach einer einheitlichen, physikalisch-kritischen Darstellung der wichtigeren Errungenschaften auf dem genannten Gebiete geäussert, an der es bisher fehlte. Die hier zu Tage tretende Lücke habe ich, freilich in sehr unvollkommener Weise, theilweise auszufüllen versucht.

Die in hohem Grade fördernde welche im Verlaufe des letzten Jahrzehnts das rasche Emporblühen der Elektrotechnik auf die ihr zu Grunde liegenden Gebiete der reinen Physik geübt hat, ist zur Genüge betont und fast einstimmig anerkannt worden. Da es den Anschein hat, als ob gegenwärtig die Elektrotechnik sich in einer Periode ruhigerer Weiterentwicklung befände, so dürfte für die Wissenschaft der Augenblick geeignet sein, Umschau zu halten, die von der Technik oft in hastigem Drängen zu Tage geförderten Ergebnisse von sehr ungleichmässigem Werthe kritisch zu sichten und mit ihren eigenen älteren wie neueren Resultaten zu einem harmonischen Ganzen zu verschmelzen.

Im allgemeinen habe ich das Hauptgewicht auf die Darlegung des augenblicklichen Standes der theoretischen und experimentellen Forschung gelegt. Von einer eingehenden Würdigung ihrer vielgestalteten Entwickelungsphasen glaubte ich umsomehr absehen zu können, als eine neue Auflage der umfassenden »Lehre von der

Elektricität« von Herrn G. Wiedemann im Erscheinen begriffen ist, in welchem Werke bekanntlich auch das in Rede stehende Gebiet in historisch durchaus erschöpfender Weise behandelt wird. Eine Ausnahme habe ich im siebenten Kapitel gemacht, in welchem ich die Geschichte der längst bekannten, neuerdings indessen mehr betonten Analogie magnetischer Kreise mit verschiedenartigen Stromkreisen darzustellen versucht habe.

Das Buch zerfällt in zwei Theile. Die beiden einleitenden Kapitel sind absichtlich knapp und dabei doch möglichst elementar gehalten worden, um auch dem über ein lückenloses mathematisch-physikalisches Rüstzeug nicht Gebietenden das Verständniss des fernern Inhalts zu erleichtern. Auf eine ausführlichere Beschreibung aller Ergebnisse der neuerdings vielgepflegten experimentellen Erforschung der ferromagnetischen Induktionsvorgänge habe ich verzichtet, da kürzlich von der berufenen Feder des Herrn Ewing eine Darstellung derselben erschienen und von den Herren Holborn und Lindeck übersetzt worden ist. Vielmehr setze ich jene Resultate als bekannt voraus und begründe darauf im Anschluss an frühere theoretische Untersuchungen die Lehre vom magnetischen Kreise, als dessen Grundtypus das in Kap. V eingehender diskutirte radial geschlitzte Toroid bereits von Anfang an eingeführt und ferner immer wieder in Betracht gezogen wird. Auch die Erklärung des Ferromagnetismus durch präexistirende orientirbare Elementarmagnete und die Zurückführung dieser letzteren auf rotatorische Vorgänge, seien es nun Wirbel (Lord Kelvin), Molekularströme (Ampère), rotirende elektrische Theilchen (W. Weber) oder Ionenladungen (Richarz), konnte nur ganz flüchtig berührt werden.

In Kap. III und IV sind die Grundzüge der Theorie der »starren« Magnete einerseits, der absolut »weichen« andererseits, kurz zusammengefasst. Die Behandlungsweise lehnt sich an diejenige Maxwell's an, welche u. A. auch Herr Chrystal in seinem Artikel »Magnetism« der Encyclopedia Brittanica und die Herren Mascart und Joubert in ihrem Lehrbuche befolgt haben; sie konnte der Natur der Sache nach keine elementare sein. Ich war indessen durch Bevorzugung einer geometrischen bezw. graphischen Darstellungsweise, sowie durch Vermeidung rein analytischer Weitläufigkeiten diejenige Klarheit und Anschaulichkeit zu erreichen bestrebt, deren Mangel wohl in manchen Fällen die Ursache ist, dass betreffs jener längst gefestigten Theorie noch vielfach Unkenntnis oder Zweifel obwaltet. Von eigentlichen Quaternionen-Methoden, in ihrer ursprünglichen oder in der von Herrn Heaviside befürworteten modificirten Form habe ich keinen Gebrauch gemacht, da ihre Kenntniss dazu kaum als genügend verbreitet betrachtet werden kann.

Der zweite Theil des Buches ist, im Gegensatz zu der bis dahin benutzten rein wissenschaftlichen Methode, mehr vom Standpunkte der angewandten Physik aus behandelt. In Kap. VI. werden die allgemeinen Eigenschaften magnetischer Kreise besprochen; das vorwiegend historische Kapitel VII wurde bereits erwähnt. Kap. VIII und IX erläutern in aller Kürze die Anwendung der entwickelten Grundsätze auf die wichtigsten Maschinen und Apparate, welche in der Technik oder im Laboratorium zur Verwendung gelangen. Eine solche knappe Darstellung der Hauptanwendungen der Wissenschaft dürfte einerseits manchem Physiker willkommen sein, andererseits auch viele Elektrotechniker als physikalische Grundlage ihres Specialfaches interessiren. Endlich sind die beiden Schlusskapitel den experimentellen Messmethoden gewidmet. Überall, wo wichtigere Ergebnisse aus verwandten Zweigen der mathematischen bezw. der Experimental-Physik oder aus der Technik als bekannt vorauszusetzen waren, habe ich zur Erläuterung auf bestimmte Stellen in den oben erwähnten oder in anderen Lehrbüchern hingewiesen. Zahlreiche Literaturnachweise sollen ferner die Verfolgung detaillirterer Quellenstudien erleichtern.

Der Hauptinhalt der §§ 81, 94, 95, 109, 124, 139, 154, 158, 179 ist bisher, wie ich glaube, entweder gar nicht, oder doch nur kurz und ohne Beweis veröffentlicht worden; wo nöthig, habe ich auch an anderen Stellen neue Entwickelungen eingeschaltet, sie jedoch nicht immer besonders hervorgehoben. Ich habe durchweg eine möglichst passende Nomenklatur einzuhalten mich bemüht, was bei der in dieser Hinsicht noch vielfach herrschenden Verwirrung nicht immer ein Leichtes war. Jedenfalls sind die Benennungen und Bezeichnungen aller wichtigeren Begriffe folgerichtig beibehalten und am Schlusse in übersichtlich geordneter Weise zusammengestellt.

Angesichts des Interesses, welches die einschlägigen Abhandlungen britischer und amerikanischer Autoren vielfach bieten, habe ich hier und da die treffendsten englischen »Termini technici«

anführen zu sollen geglaubt, ohne deren Kenntnis die Lektüre jener Arbeiten unnöthig erschwert wird; die französische und italienische Nomenklatur ergiebt sich daraus in vielen Fällen von selbst.

Den Herren Prof. Ewing, Lord Kelvin, Geh.-Rath Kundt, Dr. H. Lehmann, Dr. Lindeck, Priv.-Doc. Nagaoka, Prof. Planck, Chef-Ing. Dr. Raps und Priv.-Doc. Dr. Rubens, welche die Durchsicht je eines Theils der Korrekturen zu übernehmen die Güte hatten, verdanke ich manchen nützlichen Rath und sage ihnen auch an dieser Stelle meinen besten Dank.

Zum Schluss bemerke ich, dass die Orthographie mit Rücksicht auf die Gleichförmigkeit aller im gleichen Verlage erscheinenden Publikationen gewählt wurde.

Berlin, im Februar 1894.

Dr. **H. du Bois.**

Inhaltsverzeichniss.

I. Theil. Theorie.

Erstes Kapitel.

Einleitung.

Zweites Kapitel.

Elementare Theorie unvollkommener magnetischer Kreise.

Drittes Kapitel.

Grundzüge der Theorie der starren Magnete.

A. Geometrische Theorie der Vektorvertheilung.

B. Stromleiter und starre Magnete.

Viertes Kapitel.

Grundzüge der Theorie der magnetischen Induktion.

Fünftes Kapitel.

Magnetisirung geschlossener und radial geschlitzter Toroide.

A. Theorie.

B. Experimentelle Prüfung.

II. Theil. Anwendungen.

Sechstes Kapitel.

Allgemeine Eigenschaften magnetischer Kreise.

A. Ungleichförmig magnetische Ringe.

B. Hopkinson'sche synthetische Methode.

C. Elektromagnetische Zwangszustände.

D. Magnetische Tragkraft.

Siebentes Kapitel.

Analogie magnetischer Kreise mit verschiedenartigen Stromkreisen.

A. Historische Übersicht.

B. Moderne Auffassung des magnetischen Kreises.

Achtes Kapitel.

Magnetischer Kreis von Dynamomaschinen oder Elektromotoren.

Neuntes Kapitel.

Magnetischer Kreis verschiedenartiger Elektromagnete und Transformatoren.

A. Physikalische Grundlagen.

B. Elektromagnete zur Erzielung bewegender oder statischer Zugkräfte.

C. Elektromagnete zur Erzeugung intensiver Felder.

D. Induktorien und Transformatoren.

Zehntes Kapitel.

Experimentelle Bestimmung der Feldintensität.

A. Magnetometrische Methoden.

B. Elektrodynamische Methoden.

C. Induktionsmethoden.

D. Magnetooptische Methoden.

E. Hall'sches Phänomen; magnetoelektrische Widerstandsänderung.

F. Steighöhenmethode.

Elftes Kapitel.

Experimentelle Bestimmung der Magnetisirung oder der Induktion.

A. Magnetometrische Methoden.

B. Elektrodynamische Methoden.

C. Induktionsmethoden.

I. Theil.

Theorie.

Erstes Kapitel.

Einleitung.

§ 1. Das elektromagnetische Feld. »Der elektrische Strom, oder allgemeiner Elektricität in Bewegung, ist die einzige bekannte Quelle jedes Magnetismus, so insbesondere auch des Erdmagnetismus«, wie mit grosser Wahrscheinlichkeit behauptet werden kann. »Der Magneteisenstein und andere im magnetischen Zustande in der Natur vorkommende Körper verdanken ihrerseits ihren Magnetismus offenbar dem Erdmagnetismus oder in einzelnen Fällen wohl der direkten Wirkung elektrischer Entladungen«.[1])

Wir gehen daher von der als bekannt vorausgesetzten Thatsache aus, dass ein elektrischer Stromleiter in seiner Umgebung einen eigenthümlichen Zustand erzeugt, den man ein elektromagnetisches oder kürzer ein magnetisches Feld nennt. Die Luft, welche bei den gewöhnlich obwaltenden Versuchsbedingungen diese Umgebung erfüllt, spielt zwar nur eine sehr untergeordnete Rolle, auf welche wir unten (§ 7) noch zurückkommen werden; doch wollen wir voraussetzen, dass die im Folgenden zu beschreibenden Vorgänge sich innerhalb eines luftleeren Raumes vollziehen.

Der erwähnte Zustand äussert sich unter anderem dadurch, dass einerseits auf fremde Stromleiter im mechanischen Felde Kräfte ausgeübt werden; andererseits in Leitern Stromimpulse inducirt werden, sobald und nur insofern als der in Rede stehende Zustand in Bezug auf diese Leiter eine Änderung nach Lage oder Werth erfährt, insbesondere wenn er plötzlich in Existenz tritt

1) Vergl. W. v. Siemens Wied. Ann. **24.** p. **94.** 1885.

oder völlig verschwindet. Bewegliche stromdurchflossene Leiter werden daher in Bewegung gesetzt; umgekehrt werden in sich bewegenden Leitern Stromimpulse inducirt, wofern bei ihrer Bewegung der magnetische Zustand in Bezug auf sie ein anderer wird. Dies zur allgemeinen Charakterisirung der hierher gehörigen Erscheinungen, deren experimentelle Einzelheiten als bekannt vorausgesetzt werden.

Jene beiden Hauptäusserungsformen, die elektrodynamische und die induktive, eignen sich theoretisch in gleichem Maasse zur völligen Bestimmung des magnetischen Zustandes. Auch sind eine Reihe von Methoden zur praktischen Erreichung dieses Zwecks entwickelt worden, welche wir weiter unten (Kap. X) näher betrachten werden.

§ 2. Der magnetische Zustand als Richtungsgrösse. Für unsern jetzigen, mehr theoretischen, Zweck wird folgende schematische Anordnung genügen: Es sei ein Metalldraht zu einer kleinen ebenen Windung gebogen, welche die Fläche S einschliesse; der sogenannte sekundäre Stromkreis, von dem er einen Theil bildet, habe den Widerstand R. Der in dem Draht inducirte Stromimpuls bringe eine Elektricitätsmenge Q in's Fliessen, deren absoluten Werth wir durch irgend eine geeignete Vorrichtung messen. Mittels einer solchen beweglichen Drahtwindung, einer Probespule (engl. »exploring coil«), können wir das magnetische Feld durchmustern, gewissermaassen dessen topographische Aufnahme bewerkstelligen [1]).

Zunächst haben wir zu untersuchen, was geschieht, wenn wir die kleine Probespule an einer bestimmten Stelle belassen und nur ihre Orientirung ändern; diese ist völlig bestimmt durch die Richtung der einseitigen Normale zur Windungsebene. Wenn wir die Normale im Raume alle möglichen Richtungen durchschweifen lassen, so finden wir, dass es deren zwei, und zwar genau entgegengesetzte gibt, bei denen in der Probespule eine maximale Elektricitätsmenge inducirt wird, sobald der Strom im sogenannten primären Leiter zu fliessen anfängt oder aufhört.

---

1) In der Praxis wird man zu solchen Versuchen fast immer ein ballistisches Galvanometer benutzen; dieses beruht mittelbar selbst wieder auf ähnlichen Wirkungen, wie die hier beschriebenen. Vergl. hierzu namentlich Faraday, Exp. Res. **3.** p. 328.

Bei allen anderen Richtungen der Spulennormale erhält man geringere Elektricitätsmengen; und zwar sind diese den Kosinus der jeweiligen Neigung zur Richtung maximaler Induktion proportional. Daraus folgt, dass bei allen Richtungen der Normale, welche in der Ebene senkrecht zu jener bevorzugten Richtung liegen, die inducirte Elektricitätsmenge Null ist, d. h. irgendwelche Induktion überhaupt nicht stattfindet. Dieses ganze Verhalten deutet darauf hin, dass wir es hier mit einem jener physikalischen Zustände zu thun haben, die nur durch einen Vektor völlig bestimmt werden können. Den durch dieses Wort ausgedrückten wichtigen Begriff wollen wir zunächst näher erläutern, ehe wir zu weiteren Versuchen mit der Probespule schreiten.

§ 3. Elementare Quaternionenbegriffe. Obwohl im Folgenden von Quaternionenmethoden kein Gebrauch gemacht werden soll, werden die elementarsten, überaus nützlichen Begriffe und Bezeichnungen jener Lehre häufig Verwendung finden. Der geringen Verbreitung ihrer Kenntnis wegen wird es nicht überflüssig sein, vorher einige Bemerkungen darüber einzuschalten[1]).

Die physikalischen Grössen lassen sich in zwei Gruppen eintheilen, die der gerichteten und der ungerichteten, welche man als Vektoren bezw. Skalaren unterscheidet. Über Skalaren ist hier weiter nichts zu bemerken; die allgemeinen Eigenschaften physikalischer Grössen, ihrer numerischen Werthe, sowie ihrer Einheiten werden als bekannt vorausgesetzt. Ausser diesen besitzen aber Vektoren eben infolge des Umstandes, dass sie gerichtet sind, noch besondere Eigenschaften: darunter interessirt uns hier hauptsächlich das Gesetz ihrer geometrischen Addition.

Die Summe zweier oder mehrerer Vektoren ist im allgemeinen nicht gleich derjenigen ihrer numerischen Werthe. Man erhält sie vielmehr in einer Weise, welche durch die Art der geometrischen Addition einer vielfach vorkommenden Vektorgrösse, der Kraft, allgemein bekannt ist; nämlich durch die Konstruktion eines Parallelogramms für zwei, eines »Raumpolygons«[2]) für mehrere

1) Im übrigen wird auf die grundlegenden Werke Grassmann's, Hamilton's, und Tait's verwiesen; siehe auch O. Heaviside, Electromagnetic Theory, London 1893.

2) d. h. eines gebrochenen Zuges gerader Linien im Raume.

Vektoren. Dementsprechend kann man umgekehrt einen Vektor in beliebige Vektorkomponenten nach gegebenen Richtungen, namentlich nach denjenigen der Koordinatenaxen, zerlegen. Den numerischen Werth einer Vektorkomponente erhält man durch Multiplikation desjenigen des Vektors selbst in den Kosinus des zwischen beiden Richtungen eingeschlossenen Winkels.

Wegen der wesentlichen Verschiedenheiten der mit Skalaren oder Vektoren vorzunehmenden mathematischen Operationen ist es wünschenswerth, dem Zeichen für eine physikalische Grösse ansehen zu können, welcher von beiden Gruppen sie angehört. Man bezeichnet daher ziemlich allgemein Grössen, deren Vektorcharakter hervorgehoben werden soll, mit grossen deutschen Buchstaben[1]). Wir werden uns dieser Gepflogenheit anschliessen und verweisen für weitere vektorgeometrische Betrachtungen auf Kap. III.

§ 4. Die magnetische Intensität. Nach dieser unvermeidlichen Abschweifung kehren wir zum magnetischen Zustandsvektor zurück; wir wenden uns nunmehr zur Bestimmung seines numerischen Werthes, indem wir unsere Probespule in der Orientirung maximaler Induktion belassen und untersuchen, von welchen veränderlichen Grössen die inducirte Elektricitätsmenge Q ferner noch abhängt. Wir finden dann, dass sie der Windungsfläche S direkt, dem Widerstande R umgekehrt proportional ist; diese mit dem magnetischen Zustande offenbar in keinerlei Beziehung stehenden Faktoren eliminiren wir, wenn wir den Ausdruck QR/S bilden; diesen haben wir dann als das absolute Maass für den magnetischen Zustand zu betrachten und schreiben demgemäss

$$\mathfrak{H} = \frac{QR}{S}. \tag{1}$$

Dabei ist zu beachten, dass, falls Q, R und S in irgend einem in sich zusammenhängenden Maasssystem ausgedrückt sind, der Ausdruck QR/S den magnetischen Zustand ebenfalls in diesem Systeme misst. Thatsächlich pflegt man sich bei Betrachtungen, wie sie uns hier beschäftigen, ausschliesslich des elektro-

1) Diese Gewohnheit wurde von Maxwell in seinem »Treatise on Electricity and Magnetism« eingeführt. Man findet statt dessen neuerdings bei manchen britischen Autoren fett gedruckte Buchstaben mitten im Text, welche diesem aber kaum zur Zierde gereichen.

magnetischen C.-G.-S.-Systems zu bedienen [1]). Hiernach wäre in obiger Gleichung S in Quadratcentimeter, Q in Dekacoulomb, R in Millimikrohm auszudrücken.

Die in dieser Weise absolut definirte Grösse $\mathfrak{H}$ nennen wir die Intensität des magnetischen Feldes; das gewählte Zeichen deutet auf ihren Vektorcharakter. Ihre Richtung ist die der einseitigen Spulennormale in der Orientirung maximaler Induktion und zwar mit der Bestimmung, dass der Sinn, in dem der durch Aufhebung des Feldes inducirte Strom fliesst, zur Feldrichtung in derselben geometrischen Beziehung stehen muss, wie der Sinn der Uhrzeigerbewegung zur Richtung vom Zifferblatt zum Werk.

Denken wir uns im Raume Intensitätslinien [2]), d. h. Kurven, deren Tangente in jedem Punkte die Richtung der Intensität angibt, so haben wir darin ein Mittel zur Veranschaulichung der Vertheilung der Richtung des magnetischen Vektors im Raume. Wie wir später sehen werden (Kap. III), kann man in manchen Fällen aus dem Verlaufe solcher Linienschaaren auch Schlüsse auf den numerischen Werth des betreffenden Vektors ziehen.

Ein vielfach benutztes Mittel, Intensitätslinien in zwei Dimensionen objektiv darzustellen, besteht in der Anwendung feinsten Eisenfeilstaubs; auf einem leise erschütterten Blatt aus starkem Papier orientirt sich dieser in Richtung jener Linien und kann nachher mit Klebemitteln fixirt werden.

§ 5. Magnetisches Feld gerader Stromleiter. Die eingehendere geometrische Untersuchung des Feldes, welches von linearen Stromleitern der verschiedensten Gestalt in ihrer Umgebung

---

1) Auf die Theorie der absoluten Maasssysteme hier näher einzugehen, ist um so weniger unsere Aufgabe als über dieses Gebiet mehrere vorzügliche Specialwerke vorhanden sind.

2) Im gewöhnlichen Sprachgebrauche redet man allerdings noch vielfach von magnetischer Kraft bezw. Kraftlinien, wobei letzterer Ausdruck überdies häufig für diejenigen Kurven benutzt wird, die wir folgerichtiger als Induktionslinien einführen werden (§ 61). Maxwell selbst hat indessen dem Ausdruck Intensität den Vorzug gegeben, wie aus der 2. Auflage des »Treatise«, soweit sein Verfasser die Revison selbst noch besorgt hat, zweifellos hervorgeht (siehe namentlich 1 § 12). E. Cohn (Systematik der Elektr. Wied. Ann. **40.** p. 628. 1890), sowie Hertz (»Untersuchungen« p. 30. Leipzig 1892), pflichten dem bei.

erzeugt wird, gehört nicht hierher[1]). Es sei nur kurz an einige Specialfälle erinnert, denen man bei der Anwendung am häufigsten begegnet.

Dabei sind, wie schon oben bemerkt, sämtliche anzuführende Gleichungen im elektromagnetischen C.-G.-S.-System zu interpretiren. Dann sind z. B. die Stromstärken I in Dekaampère, die Lineardimensionen in Centimeter zu messen; darauf eben beruht die Einfachheit der Gleichungen und die Vermeidung irgend welcher willkürlicher Konstanten.

A. Gerades Stromelement. Dieser ausschliesslich mathematisch-abstrakte Fall ist physikalisch nicht zu verwirklichen, hat aber bedeutendes Interesse, da man durch Integration der betreffenden Elementargleichung über geschlossene Leiter stets zu Resultaten gelangt, welche sich experimentell genau bestätigen lassen. Ein gerades, unendlich kurzes Stromelement von der Länge δL erzeugt in einem um den Abstand r von ihm entfernten Punkte eine magnetische Intensität, deren numerischer Werth $\delta \mathfrak{H}$ durch folgende Gleichung gegeben wird

$$\delta \mathfrak{H} = \frac{I \, \delta L \sin \alpha}{r^2}, \tag{2}$$

worin α den Winkel zwischen der Richtung des Stromelements und der Geraden bedeutet, welche es mit dem betrachteten Punkte verbindet. Die Feldrichtung verläuft in letzterem senkrecht zur »Meridianebene«, welche durch ihn und das Stromelement gelegt werden kann.

B. Gerade Leiterstrecke. Ein Theil eines Stromkreises bestehe aus einer langen geraden Strecke; die übrigen Theile mögen in weiterer Entfernung liegen. In der näheren Umgebung der geraden Stromstrecke überwiegt dann auch ihr Einfluss und äussert sich folgendermaassen: Das magnetische Feld ist in jedem Punkte zur Meridianebene durch ihn und die gerade Strecke senkrecht gerichtet; mithin sind die Intensitätslinien offenbar koncentrische Kreise. Der numerische Werth der Intensität wird gegeben durch die Gleichung

$$\mathfrak{H} = \frac{2 I}{r}, \tag{3}$$

---

1) Siehe u. A. Mascart et Joubert, Electricité et Magnetisme 1. §§ 442—506. Paris 1882.

worin r die Entfernung des betrachteten Punktes vom Leiter, d. h. den Radius der betreffenden kreisförmigen Intensitätslinie bedeutet. Diese Beziehung, wonach die Feldintensität umgekehrt proportional der Entfernung vom Leiter abnimmt, ist unter dem Namen des Biot-Savart'schen Gesetzes bekannt; diese Physiker haben sie zuerst auf experimentellem Wege aufgefunden.

§ 6. Magnetisches Feld kreisförmiger Stromleiter.

C. Kreisförmiger Leiter. Ein einfacher ebener Kreisleiter erzeugt in seiner Axe ein Feld in deren Richtung. Es sei r der Radius des Kreises, x die Entfernung auf der Axe, von dem Mittelpunkt ab gemessen, wo sie die Kreisebene schneidet, $z = \sqrt{x^2 + r^2}$ die Entfernung eines Axenpunktes vom Kreisumfang. Dann beträgt der numerische Werth der Feldintensität im Abstande x

$$\mathfrak{H} = \frac{2\pi I r^2}{z^3}. \tag{4}$$

Dieser Ausdruck ergibt einen Maximalwerth im Mittelpunkte des Kreises, für $x = 0$; dort wird dann

$$\mathfrak{H} = \frac{2\pi I}{r}. \tag{5}$$

Die Gleichung (4) gilt für entferntere Axenpunkte, gegen deren Abstand die Lineardimensionen der Windung vernachlässigt werden können, auch wenn man $z = x$, dem Abstande vom Spulenmittelpunkte, setzt. Ferner ist πr^2 der Inhalt des Kreisleiters, d. h. die Windungsfläche S; diese braucht übrigens jetzt nicht mehr nothwendig ein Kreis zu sein und bei mehreren Windungen geht ihre Gesamtwindungsfläche $\Sigma(S)$ in die Gleichung ein, die man alsdann

$$\mathfrak{H} = \frac{2 I \Sigma(S)}{x^3} = \frac{2\mathfrak{M}}{x^3} \tag{6}$$

schreiben kann. Darin ist der Ausdruck $I\Sigma(S) = \mathfrak{M}$ gesetzt; da diese Grösse die Fernwirkung der Windungen bestimmt, nennt man $\mathfrak{M}$ ihr magnetisches Moment (vergl. § 22).

Die Wirkung eines Kreisleiters auf Punkte ausserhalb seiner Axe lässt sich im allgemeinen nur durch Kugelfunktionen ausdrücken.

D. Lange Spule. Besonders wichtig ist die Wirkung einer gleichmässig bewickelten Spule, deren Länge erheblich ist im

Verhältnis zu ihren Querdimensionen, auf Punkte in ihrem Innern. Nennt man die Windungszahl n, die Länge L, so beträgt die magnetische Intensität an allen von den Enden genügend weit entfernten Punkten

$$\mathfrak{H} = \frac{4\pi n I}{L}. \tag{7}$$

Sie ist also geometrisch nur bestimmt durch n/L, d. h. durch die Anzahl Windungen pro Längeneinheit, und hängt weder von der Gestalt noch vom Inhalt der Windungsfläche ab. An den Enden selbst beträgt der Werth von $\mathfrak{H}$, wie man bei einiger Überlegung einsieht, nur die Hälfte des Obigen,

$$\mathfrak{H} = \frac{2\pi n I}{L}, \tag{8}$$

und fällt rasch ab, je weiter man sich auf der Axe nach aussen fortbewegt, bis dann endlich in grösseren Entfernungen die Gleichung (6) wieder Gültigkeit erlangt. Die Gleichung (7) gilt namentlich auch für lange geschlossene Spulen, d. h. solche, deren Axe irgend eine in sich geschlossene Linie, die Leitkurve der Spule, bildet, daher keine Enden aufweist; solche Spulen werden wir weiter unten häufig zu betrachten haben.

Was die gegenseitige Beziehung zwischen der Stromrichtung in den Leitern und der Richtung des erzeugten Feldes betrifft, so ist diese in den angeführten Fällen A, B, C, D stets dieselbe, wie die zwischen dem Sinne der Uhrzeigerbewegung und der Richtung vom Zifferblatt zum Werke und zwar unabhängig davon, ob der elektrische Stromleiter gerade und die magnetische Intensitätslinie kreisförmig ist oder umgekehrt.

§ 7. Diamagnetische und paramagnetische Substanzen. Wie gleich anfangs hervorgehoben, haben wir bisher als Medium, worin die Erscheinungen sich abspielen sollten, stets den leeren Raum vorausgesetzt. Von seinem, im Vorigen beschriebenem magnetischem Verhalten weicht indessen dasjenige aller materiellen Substanzen, mit Ausnahme besonders zu diesem Zwecke dargestellter Gemische, mehr oder weniger ab[1]). Um dies näher zu untersuchen bringen wir eine beliebige isotrope Substanz an eine

1) Faraday, on the magnetic condition of all matter. Exp. Res. **3.** Ser. 20 und 21. (1845.)

bestimmte Stelle des magnetischen Feldes; und zwar benutzen wir sie vorzugsweise in Kugelgestalt, damit ihre Form eine völlig symmetrische sei und die Probespule darauf in allen Orientirungen passe.

Mittels der in letzterer inducirten Stromimpulse werden wir dann den magnetischen Zustand der Kugel ähnlich wie oben (§ 2) feststellen können und Folgendes finden: Der magnetische Zustand ist auch in diesem Falle ein Vektor, der genau dieselbe Richtung aufweist, wie sie die Intensität $\mathfrak{H}$ an derselben Stelle im leeren Raume haben würde. Bei der weitaus grössten Zahl aller Substanzen weicht der numerische Werth jenes Vektors — welcher ebenso wie früher durch die pro Einheit der Windungsfläche und Widerstandseinheit inducirte Elektricitätsmenge gemessen wird — erst in der vierten oder fünften Decimalstelle von dem für den leeren Raum erhaltenen Werth ab[1]). Dabei lassen sich zwei Fälle unterscheiden.

Bei der weitaus grössten Zahl aller Substanzen ist der magnetische Vektor um ein Geringes kleiner als der entsprechende im leeren Raum; diese gehören der von Faraday als diamagnetisch bezeichneten Gruppe an.

Hat jener Vektor dagegen in der Substanz einen etwas grösseren Werth, so reiht man diese der sogenannten paramagnetischen Gruppe ein.

Man pflegt nun zu sagen, der magnetische Zustand in der Substanz sei inducirt durch denjenigen, der an derselben Stelle im leeren Raume herrschen würde, und für den wir oben die magnetische Intensität als Maass aufgestellt haben. Es liegt kein genügender Grund vor von diesem Sprachgebrauche abzuweichen, es muss aber ausdrücklich betont werden, dass der betreffende Vorgang dadurch durchaus nicht etwa erklärt werden soll, dass ihm die Benennung magnetische Induktion beigelegt wird. In der That hängt bei allen para- und diamagnetischen Substanzen, soweit zur Zeit festgestellt ist, der magnetische Zustand einzig und allein von der Intensität des Feldes ab, in dem sie sich gerade befinden, und sein Werth ist jener sogar proportional.

---

1) In Wirklichkeit sind daher diese geringen Unterschiede überhaupt nur mittels besonderer experimenteller Anordnungen qualitativ nachweisbar, geschweige denn quantitativ messbar.

§ 8. Ferromagnetikum und Interferrikum. Anders bei einer geringen Anzahl Substanzen, welche in dieser Hinsicht eine Ausnahmestellung beanspruchen. Der in ihnen inducirte magnetische Zustand ist seinem Werthe nach demjenigen des von ihnen ausgefüllten Raumes nicht proportional; er hängt sogar ausser von diesem auch noch von der Art und Weise ab, wie die Substanzen in ihren augenblicklichen Zustand gelangt sind. Ihre »magnetische Vorgeschichte« übt auf ihr Verhalten einen Einfluss, welcher vorwiegend durch diejenigen jüngsten Zeitabschnitte bedingt wird, welche der betrachteten Gegenwart am nächsten liegen. Der magnetische Zustand solcher Körper bleibt gewissermaassen hinter seiner Ursache, der ihn inducirenden magnetischen Intensität, zurück. Man bezeichnet daher heute die Gesammtheit der hierher gehörigen Erscheinungen mit dem Namen Hysteresis (von ὑστερέω, zurückbleiben)[1].

Die überhaupt historisch zuerst beobachtete Erscheinung der magnetischen Remanenz, welche früher meist als Ausgangspunkt aller Betrachtungen diente, ist nur ein besonderer Fall von Hysteresis, wie ja der Name schon andeutet. In diesem Sinne aufgefasst, ist sie als ein Zurückbleiben der Wirkung früherer, unter Umständen Jahrtausende lang erloschener, Ursachen zu betrachten.

Durch die erwähnten Eigenschaften unterscheiden diese Substanzen sich principiell von der grossen Gesamtheit aller anderen, ohne dass man bisher für dieses absonderliche Verhalten irgend einen stichhaltigen Grund hätte auffinden können. Sie werden daher einer besonderen Gruppe, der ferromagnetischen, zugezählt[2]. Da überdies ihre magnetischen Eigenschaften sich in besonders hervorragender Weise äussern, sind sie seit den ältesten Zeiten beobachtet worden; ihre eingehendere experimentelle Er-

---

1) Ihre Kenntnis verdankt man vorwiegend den Forschungen Warburg's und Ewing's.

2) Von manchen Autoren werden die Bezeichnungen »paramagnetisch« und »ferromagnetisch« ziemlich unterschiedlos angewandt. Bis auf Weiteres dürfte es jedoch besser sein, die beiden Gruppen getrennt beizubehalten. Übrigens werden wir im Folgenden das Präfix »ferro« meistens fallen lassen. Wir folgen damit dem üblichen Sprachgebrauche und rufen Verwechselungen nicht hervor, indem es sich ferner ausschliesslich um ferromagnetische Körper handeln wird.

forschung bildet dagegen eine Errungenschaft des neueren wissenschaftlichen Zeitalters.

Soweit jetzt bekannt umfasst die genannte Gruppe bei gewöhnlichen Temperaturen die auch chemisch verwandten Metalle: Eisen, Kobalt und Nickel, sowie einige der Legirungen und Verbindungen jener Metalle mit einander oder mit anderen Elementen, wie z. B. Kohle, Sauerstoff, Mangan, Aluminium, Quecksilber. Eine scharfe Abgrenzung der ferromagnetischen von der paramagnetischen Gruppe lässt sich zwar jetzt noch durchführen; es erscheint aber nicht ausgeschlossen, dass diese in Zukunft vielleicht ganz wegfallen wird.

Wir werden uns im Folgenden mit solchen Gebilden befassen, welche theils aus ferromagnetischer, theils aus nicht ferromagnetischer Substanz bestehen. Wegen der weit stärker ausgeprägten magnetischen Eigenschaften des ersteren Antheils, des Ferromagnetikums, kommt es dabei auf die specielle Beschaffenheit des anderen Theils durchaus nicht an; derselbe mag para- oder diamagnetisch sein, sowie beliebigen Aggregatszustand besitzen. In den thatsächlich vorkommenden Fällen wird er zwar meistens aus der umgebenden Luft bestehen, kann aber ebensogut als von beliebigem andern festen, flüssigen oder gasigen Material erfüllt gedacht werden. Diesen nicht ferromagnetischen Antheil eines Gebildes werden wir häufig als das Interferrikum[1]) bezeichnen und dürfen ihn stets mit ausreichender Annäherung als magnetisch indifferent, d. h. sich nicht vom leeren Raume unterscheidend, betrachten.

Dagegen soll hinsichtlich des Ferromagnetikums stillschweigend vorausgesetzt werden, dass es homogen, isotrop und stromlos sei. (§ 54.) Wo das Gegentheil nicht hervorgehoben ist, wird auch von hysteretischen Eigenschaften abgesehen; man kann sich dazu das Ferromagnetikum Erschütterungen oder superponirten abnehmenden Wechselfeldern ausgesetzt denken, welche antihysteretisch wirken[2]); insbesondere wird auch angenommen, dass nach

---

1) Dieser Ausdruck ist dem französischen »entrefer« nachgebildet, welches von Hospitalier eingeführt wurde und sich seitdem vielfach eingebürgert hat.

2) Vergl. Gerosa und Finzi, Rend. R. Ist. Lomb. **24.** p. 149. 1891. Rend. R. Lincei [8] **7.** p. 253. 1891; Wied. Beibl. **16.** p. 329. 1892.

Aufhören der magnetisirenden Ursache remanente magnetische Eigenschaften nicht zurückbleiben.

§ 9. Magnetisch indifferentes Toroid. Wir schreiten jetzt zur Betrachtung eines Ringes aus magnetisch indifferentem Material, wie ein solcher in Fig. 1 dargestellt ist. Sein Profil sei kreisförmig und habe den Querschnitt S; der Durchmesser $2\,r_1$ des punktirten Leitkreises soll gegen die Dicke des Ringes sehr erheblich sein. Ein solches Gebilde, welches man kurz ein Toroid nennt, sei gleichmässig mit n_1 primären, sowie mit n_2 sekundären, Windungen bewickelt; der Einfachheit halber sei der Draht beider Spulen als verschwindend dünn angenommen, so dass die Windungsfläche jeder Einzelwindung ebenfalls S betrage.

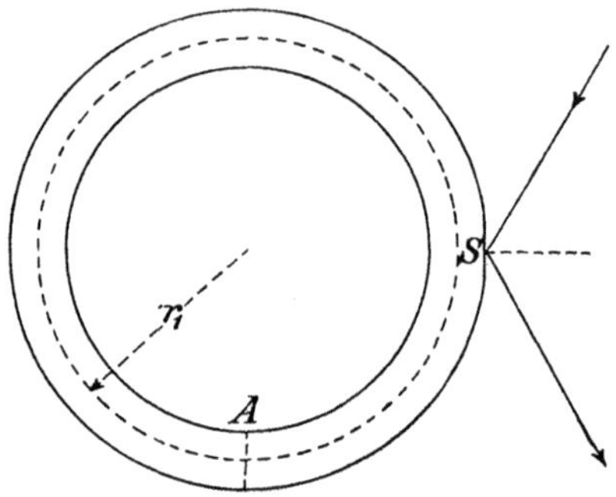

Fig. 1.

Denken wir uns überdies ein Vergleichstoroid in genau derselben Weise hergestellt, aber mit dem wesentlichen Unterschiede, dass der Kern aus ferromagnetischer, statt aus indifferenter Substanz bestehe.

Schalten wir nun die beiden primären Spulen hintereinander in einen Stromkreis und jede der beiden Sekundären in den Kreis irgend einer experimentellen Anordnung, mittels derer man die in ihnen inducirten Stromimpulse absolut zu messen vermag. Praktisch wird man dazu meistens ein ballistisches Galvanometer verwenden; der Widerstand dieser sekundären Kreise, Spule, Galvanometer und Zuleitungen umfassend, sei R. Schliessen wir nun plötzlich den Strom durch die Primärspulen und beschäftigen wir uns zunächst nur mit dem Verhalten des magnetisch indifferenten Toroids. Innerhalb der geschlossenen Spule, welche es umgibt, und deren mittlere Länge $2\,\pi\,r_1$ beträgt, wird dieser Strom I ein magnetisches Feld erzeugen, dessen Intensität $\mathfrak{H}$ [nach § 6 Gleichung (7)] gegeben wird durch den Ausdruck

$$\mathfrak{H} = \frac{4\,\pi\,n_1\,I}{2\,\pi\,r} = \frac{2\,n_1\,I}{r_1}. \tag{9}$$

Ferner folgt aus den bereits besprochenen Grundsätzen der Induktion elektrischer Stromimpulse durch Änderung magnetischer Zustände, dass die durch das ballistische Galvanometer fliessende Elektricitätsmenge Q, welche in der sekundären Spule inducirt wird, durch folgende Gleichung [vgl. § 4 Gleichung (1)] gegeben wird:

$$Q = \frac{n_2 \mathfrak{H} S}{R}. \tag{10}$$

Wir sehen hieraus, wie der aus einfach zu beobachtenden Grössen zusammengesetzte Ausdruck QR/n_2S bei dem magnetisch indifferenten Toroid das direkte Maass für die magnetische Intensität abgibt. Nach unseren früheren Ausführungen misst aber letztere ihrerseits den gerichteten magnetischen Zustand in der Substanz jenes Körpers. Es sei hier nochmals betont, dass man bei der Interpretirung der vorkommenden Gleichungen sich stets des elektromagnetischen C-G-S.-Systems zu bedienen hat.

§ 10. Ferromagnetisches Toroid; die Induktion. Wenden wir uns nun zu dem ferromagnetischen Vergleichstoroid; dessen sekundären Kreis wird unter sonst gleichen Umständen eine Elektricitätsmenge Q' durchfliessen, welche stets Q übertrifft, im allgemeinen in sehr bedeutendem Maasse.

Wenn wir auf den Vorgang der magnetoelektrischen Induktion das Hauptgewicht legen, wie es ihm nach seiner praktischen Bedeutung allerdings zukommen würde, so liegt folgendes Verfahren auf der Hand: Ebenso wie wir den Ausdruck QR/n_2S als Maass des magnetischen Zustandes im indifferenten Kerne betrachtet haben, sind wir jetzt nach der Analogie berechtigt, $Q'R/n_2S$ zur Bestimmung jenes Zustandes im Ferromagnetikum zu benutzen[1]). Wir setzen daher

$$\frac{Q'R}{n_2 S} = \mathfrak{B} \tag{11}$$

und nennen die hierdurch definirte gerichtete Grösse $\mathfrak{B}$ die Induktion. Dieser Name wurde von Maxwell[2]) eingeführt; er

1) Vergl. hierzu Kap. IV § 64.

2) Maxwell, Treatise. 2. Aufl. 2. § 400. Diese, übrigens allgemein eingebürgerte, Benennung für einen scharf definirbaren Begriff hat allerdings den Nachtheil auch auf eine Anzahl Gruppen physikalischer Erscheinungen — um von nicht physikalischen Wissenszweigen zu

erinnert daran, dass man zu dem so benannten Vektor gelangte durch die Betrachtung einer der wichtigsten Äusserungen sich ändernder magnetischer Zustände, der Induktion elektromotorischer Antriebe in benachbarten Leitern.

Jedoch giebt es solcher Äusserungen noch mehrere, darunter Vorgänge, die nicht nur im Augenblicke des Änderns stattfinden. Und wenn auch die Induktion bisher sowohl in experimenteller, wie auch namentlich in technischer Beziehung zweifellos die Hauptrolle spielt, so liegt darin noch kein physikalischer Grund, ihr unter allen Umständen eine bevorzugte Stellung einzuräumen. Man pflegt von einem ferromagnetischen Toroid, wie das oben betrachtete, zu behaupten, dass sein magnetischer Zustand sich nach aussen in keiner Weise bemerkbar macht; das ist nur richtig, wenn man an die scheinbaren Fernwirkungen denkt, welche man als von magnetischen Stäben und ähnlich gestalteten Körpern ausgehend zu beobachten sich gewöhnt hat.

Denn erstens ändert sich der Umfang des Toroids beim Magnetisiren, wenn auch nur um geringfügige Beträge.

Wenn man zweitens daran eine kleine spiegelende Fläche schleift, und von dieser ein Lichtbündel reflektiren lässt, so beobachtet man im reflektirten Lichte eine Änderung des Polarisationszustandes beim Magnetisiren [1]). In dem besonderen Falle, dass das Licht in der Einfallsebene (d. h. der Bildebene, Fig. 1 p. 12) polarisirt ist und der Einfallswinkel ungefähr 60° beträgt, erhält man eine einfache Drehung der Polarisationsebene.

Drittens könnte noch angeführt werden, dass sich beim Magnetisiren innere Zwangszustände (vergl. § 101), eigenthümliche (rotatorische) Eigenschaften der elektrischen und thermischen Leitfähigkeit, sowie Änderungen des thermoelektrischen Verhaltens, der specifischen Wärme u. s. w. einstellen.

Wir ersehen daraus, dass die Existenz des magnetischen Zustandes in der ferromagnetischen Substanz sich in vielseitiger Weise zu erkennen gibt, wenn auch von einer Fernwirkung im

---

schweigen — in ganz unbestimmter Weise angewandt zu werden; indessen sind Verwechslungen aus diesem Anlass kaum zu befürchten, obschon zwei dieser Gruppen, wie aus dem Obigen hervorgeht, in unmittelbarer Beziehung zu dem betrachteten Begriff stehen (vergl. übrigens § 113).

1) Diese Erscheinung wurde zuerst von Kerr (Phil. Mag. [5] 3. p. 321, 1877 und 5. p. 161, 1878) beschrieben.

üblichen Sinne nichts zu bemerken ist. Wir werden sogar sehen, wie gerade das Fehlen einer solchen beim Toroid diesen Fall zu einem typischen stempelt; denn eine scheinbare Fernwirkung bildet durchaus kein Kriterium für die Existenz eines gleichmässigen magnetischen Zustandes; sie geht vielmehr nur von Stellen aus, wo eine örtliche Änderung oder gar ein plötzliches Abbrechen solcher Zustände stattfindet, wie später eingehend erläutert werden soll (§ 50).

§ 11. Sättigung; die Magnetisirung. Die zuletzt erwähnten Erscheinungen haben alle die Eigenthümlichkeit gemein, dass sie bei unbegrenzter Steigerung des magnetisirenden Feldes nicht ebenfalls unbegrenzt anwachsen. Sie erleiden vielmehr immer geringere Zunahmen, bis sie schliesslich merklich unveränderlich bleiben. Der magnetische Zustand erscheint dann gewissermassen *gesättigt*, wie man sich auszudrücken pflegt.

Die im Obigen aus magnetoelektrisch induktiven Vorgängen hergeleitete und definirte Induktion $\mathfrak{B}$ dagegen erreicht solche *Sättigungswerthe* niemals; vielmehr ist es bisher stets gelungen, durch Anwendung intensiverer magnetischer Felder auch die Induktion zu noch höheren Werthen als die vorher erhaltenen hinauf zu treiben.

Betrachtet man aber die Differenz der Induktion und der Intensität, d. h. den Ausdruck

$$\mathfrak{B} - \mathfrak{H},$$

so zeigt sich, dass dieser den charakteristischen Verlauf zeigt, den auch die beschriebenen Vorgänge aufweisen. Es hat sich sogar herausgestellt, dass eine der der quantitativen Bestimmung am leichtesten und genauesten zugängliche Erscheinungen, die Drehung der Polarisationsebene, dem Ausdrucke $(\mathfrak{B} - \mathfrak{H})$ unter allen Umständen proportional verläuft. Es ist ferner nach dem gesamten vorliegenden experimentellen Beobachtungsmaterial wahrscheinlich, dass die übrigen Erscheinungen auch entweder von der Differenz $(\mathfrak{B} - \mathfrak{H})$ oder von deren Quadrat $(\mathfrak{B} - \mathfrak{H})^2$ abhängen, je nachdem sie ungerade oder gerade Funktionen derselben sind.

Es liegt daher auf der Hand, diesen Ausdruck oder eine ihm proportionale Grösse als Maass des magnetischen Zustandes, wie dieser sich in den physikalischen Eigenschaften des Ferromagnetikums selbst äussert, einzuführen. Im Anschluss an die historische

Entwickelung und mit Rücksicht auf das übliche absolute elektromagnetische Maasssystem wählen wir als Proportionalitätsfaktor die Zahl $1/(4\pi)$ (vergl. p. 66 Anmerk.) und setzen demgemäss

$$\mathfrak{J} = \frac{\mathfrak{B} - \mathfrak{H}}{4\pi}. \tag{12}$$

Die durch diese Gleichung definirte Grösse $\mathfrak{J}$ nennen wir kurz die Magnetisirung[1]); sie wird im Folgenden eine wichtige Rolle spielen. Durch Umschreiben der Gleichung (12) erhalten wir die fundamentale Beziehung

$$\mathfrak{B} = \mathfrak{H} + 4\pi\mathfrak{J}. \tag{13}$$

In dem bisher der Betrachtung zu Grunde liegenden typischen Falle des ferromagnetischen Toroids haben diese drei Grössen, $\mathfrak{B}$, $\mathfrak{H}$ und $\mathfrak{J}$ alle dieselbe (peripherische) Richtung, so dass die Interpretirung der Gleichung (13) keine Schwierigkeiten bietet. Auf ihren allgemeineren Charakter als Vektorgleichung werden wir weiter unten (§ 51) noch zurückkommen.

Um einen Überblick der in Betracht kommenden numerischen Verhältnisse zu geben, seien hier folgende Angaben eingeschaltet. Unter gewöhnlichen Umständen pflegt man das magnetische Feld einer Spule nicht über wenige Hunderte elektromagnetischer C.-G.-S.-Einheiten hinauf zu treiben. Nur bei Anwendung besonderer Kühlvorrichtungen (Eis, Wasserspülung u. dgl.) ist es bisher gelungen, in dieser Weise höchstens bis 1500 C.-G.-S. zu gelangen. Der Sättigungswerth der Magnetisirung dagegen beträgt für Eisen, welches als Ferromagnetikum praktisch bei weitem die ausgedehnteste Verwendung findet, im günstigsten Falle 1700 bis 1750 C.-G.-S.-Einheiten; das Produkt $4\pi\mathfrak{J}$ liegt dann ungefähr zwischen 21 500 und 22 000.

Nach Gleichung (13) hat es demnach auf den Werth der Induktion nur einen geringen Einfluss, wenn zu letzterer Zahl noch einige Hundert addirt werden. Bei geringeren Werthen der Magnetisirung überwiegt das zweite Glied $4\pi\mathfrak{J}$ das erste $\mathfrak{H}$ noch

---

1) Dieser abgekürzte Ausdruck wurde schon von Maxwell vielfach statt »Magnetisirungsintensität« benutzt; letztere Benennung hat ausser der Länge noch den Nachtheil, dass eine Verwechselung mit der Intensität $\mathfrak{H}$ auf der Hand liegt.

weit mehr. Wir gelangen so zu dem praktisch wichtigen Resultate, dass in gewöhnlichen Fällen mit grosser Annäherung

$$\mathfrak{B} = 4\pi\,\mathfrak{J} \tag{14}$$

gesetzt werden darf. Auf solche Fälle, wo $\mathfrak{H}$ absichtlich zu höheren Werthen gesteigert wird, als sie mit einfachen Spulen erreichbar sind, erstreckt sich diese Vereinfachung selbstverständlich nicht.

§ 12. Zusammenfassung. Fassen wir unsere Entwickelungen nochmals kurz zusammen, so sind wir durch die Betrachtung von Erfahrungsthatsachen zu folgender Anschauung gelangt.

Der physikalische Zustand eines Ferromagnetikums wird völlig bestimmt durch die Grösse, welche wir die Magnetisirung genannt und mit $\mathfrak{J}$ bezeichnet haben.

Dagegen sind die elektromotorischen Antriebe in umgebenden Leitern nicht bestimmt durch die Magnetisirung $\mathfrak{J}$, sondern durch die Induktion $\mathfrak{B}$; und zwar deswegen, weil sie ausser vom Zustande des Ferromagnetikums selbst auch von demjenigen Zustande abhängen, welcher an seiner Stelle herrschen würde, falls es entfernt oder seiner specifischen Eigenschaften verlustig würde. Um dies durch ein Beispiel näher zu erläutern, denken wir uns das betrachtete Toroid aus Nickel bestehend, während die Umwickelung aus mit Asbest isolirtem Platindraht hergestellt sei. Erhitzen wir nun diese Vorrichtung über 300°, so wird sich eine Änderung bemerkbar machen; die specifisch ferromagnetischen Eigenschaften des Nickels nehmen rasch ab und sind bei 350° gänzlich verschwunden[1]; das Metall verhält sich indifferent im Sinne des § 8. Die Fähigkeit, in benachbarten Leitern induktiv zu wirken, nimmt ebenfalls erheblich ab, schwindet jedoch nicht; in der oben benutzten Ausdrucksweise würde die bei Schliessung oder Öffnung desselben Primärstromes inducirte Elektricitätsmenge beim Erhitzen zwar von Q' auf Q herabsinken, nicht aber bis auf Null.

An dieser Sachlage würde sich bei noch weiterer Temperaturerhöhung nichts Wesentliches mehr ändern, selbst nicht, wenn die Schmelztemperatur des Nickels erreicht und das Metall daher abfliessen würde. Stets wird durch Schliessen oder Öffnen des Primärstromes die Elektricitätsmenge Q inducirt; sie misst den

1) Diese Erscheinung tritt bei den anderen ferromagnetischen Metallen ebenfalls ein, jedoch erst bei viel höheren Temperaturen.

Zustand, den das Magnetisiren im indifferenten Raume oder im heissen Nickel hervorruft. Kühlen wir aber ab, so treten die ferromagnetischen Eigenschaften auch wieder auf und zugleich nimmt Q wieder rasch zu bis zu dem Werthe Q'. Wir sind also anzunehmen gezwungen, dass der specifische Zustand, der allein jene Eigenschaften bedingt, demjenigen Zustande superponirt wird, welcher bereits in demselben Raume herrschte, als er leer oder von indifferentem Material erfüllt war. Es ist die Superposition beider Zustände, deren Variationen unter geeigneten Umständen elektromotorische Antriebe zu erzeugen im Stande sind.

Wegen der grossen Bedeutung dieser induktiven Wirkung ist namentlich von einigen britischen Autoren eine Zeit lang die Induktion als die auf diesem Gebiete fundamentalere Grösse behandelt worden. Indessen ist hierin bereits ein Umschwung eingetreten, indem, wie früher, die Magnetisirung überall dort als der physikalisch wichtigere Grundbegriff festgehalten wird, wo es sich um rein wissenschaftliche Fragen handelt. Der Begriff der Induktion verliert dadurch nichts von seinem grossen Nutzen für die mathematische Behandlung einschlägiger Probleme einerseits, für die technischen Anwendungen andererseits. Wir werden uns davon im Folgenden noch des Öfteren zu überzeugen Gelegenheit haben, sobald wir das Gebiet der angewandten Physik betreten (Kap. VI. u. folgende).

§ 13. Magnetisirungskurven, Induktionskurven. Bei einem Toroid von beliebigen Dimensionen, aus gegebenem ferromagnetischen Material bestehend, sind sowohl $\mathfrak{J}$ wie $\mathfrak{B}$ nur Funktionen von $\mathfrak{H}$, sofern von Hysteresis abgesehen wird. Die für Toroide geltenden graphischen Darstellungen jener Funktionen hat man daher als Normalkurven zu betrachten, da nur sie für das betreffende Material charakteristisch sind. Denn wie wir weiter unten sehen werden, wird im allgemeinen eine solche Kurve durch die Gestalt des ferromagnetischen Körpers erheblich, ja sogar vielfach überwiegend, beeinflusst. In betreff der experimentellen Einzelheiten über diese Kurven muss auf Werke verwiesen werden, welche die ferromagnetische Induktion ausführlich behandeln[1]).

---

1) Vergl. z. B. Ewing »magnetische Induktion in Eisen und verwandten Metallen«, Kap. IV, VI und VII; deutsch von Holborn und Lindeck. Berlin 1892.

Wir werden an dieser Stelle nur eine solche »aufsteigende Kommutirungskurve« für ein eisernes Toroid abbilden und diskutiren; die Kurven für andere ferromagnetische Substanzen zeigen immer denselben Charakter, wenn sie auch in ihren individuellen Eigenthümlichkeiten erhebliche Abweichungen aufweisen.

Allgemein gesagt lassen sich bei allen *normalen Magnetisirungskurven* drei Theilstrecken unterscheiden. Die erste entspricht den geringsten Werthen der magnetisirenden Intensität; die Magnetisirung wächst dort ungefähr proportional jenem Vektor, so dass diese Anfangsstrecke wenig von einer Geraden durch den Koordinatenursprung abweicht. Alsbald biegt die Kurve sich aber stärker von der Abscissenaxe ab, entsprechend einem rascheren Anwachsen der Magnetisirung; diese zweite Theilstrecke entspricht mittleren Intensitäten. Die Kurve erreicht ferner einen Inflexionspunkt, um schliesslich immer langsamer anzuwachsen. Die letzte Theilstrecke, welche den höchsten Intensitäten, bis zu unendlichen Werthen derselben, entspricht, nähert sich, soweit bisher bekannt, immer mehr einer, der Abscissenaxe parallelen Asymptote; diese stellt einen Maximalwerth der Magnetisirung dar, welchem diese Grösse zustrebt, ohne ihn vermuthlich, streng genommen, je zu erreichen. Die drei Theilstrecken der Kurven entsprechen drei verschiedenen Stadien des durch sie dargestellten Vorgangs der Magnetisirung. Und zwar beruht diese Eintheilung nicht etwa auf Willkür, sondern sie ist in der Natur der Sache begründet. Unter besonderen Umständen gelingt es ein Ferromagnetikum in einen Molekularzustand zu versetzen, bei dem die drei Magnetisirungsstadien ganz auffällig ausgeprägt und von einander getrennt erscheinen [1]).

Fig. 2 p. 20 stellt z. B. die normale Magnetisirungskurve $\mathfrak{J} = \text{funct.}\,(\mathfrak{H})$ für eine Sorte Gusseisen dar; die $\}$ soll andeuten, dass bei unendlichen Werthen der Abscisse $\mathfrak{H}$ die Ordinate $\mathfrak{J}$ den Sättigungswerth $\mathfrak{J}_m = 1100$ C.-G.-S.-Einheiten erreichen würde; thatsächlich nähert sie sich diesem asymptotisch, wenn die Intensität mehr und mehr gesteigert wird.

Um eine normale Magnetisirungskurve [$\mathfrak{J} = \text{funct.}\,(\mathfrak{H})$] in die, für manche Zwecke nützlichere, entsprechende *normale*

1) Vergl. *Nagaoka*, Journ. Coll. Science Imp. Univ. Japan, 2 pp. 263, 304, 1888; daselbst 3 p. 189, 1889.

Induktionskurve [$\mathfrak{B}$ = funct. ($\mathfrak{H}$)] zu verwandeln, beachten wir die Beziehung [§ 11, Gleichung (13)]

$$\mathfrak{B} = 4\pi\,\mathfrak{J} + \mathfrak{H},$$

in welcher das erste Glied $4\pi\,\mathfrak{J}$ im allgemeinen das zweite bedeutend übertrifft; meistens wird es daher bereits genügen, dass

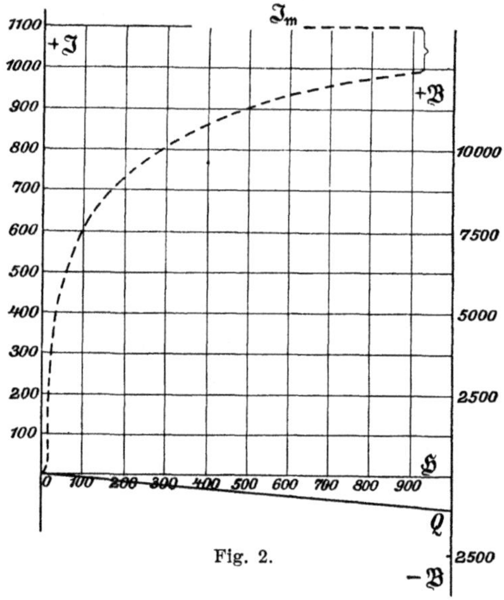

Fig. 2.

wir die Magnetisirungskurve nach einer in $1/4\,\pi$-fachem Maassstabe angelegten Skale (rechte Ordinatenskale Fig. 2) ablesen. In Fällen, wo die Annäherung $\mathfrak{B} = 4\pi\,\mathfrak{J}$ nicht genügt, haben wir dann noch zu jeder Ordinate eine Strecke zu addiren, deren numerischer Werth offenbar dem der entsprechenden Abscisse gleich ist.

Dies geschieht am bequemsten durch eine Art Koordinatentransformation, indem man durch den Ursprung ein Gerade $\overline{OQ}$ zieht, deren Gleichung $-\mathfrak{B} = \mathfrak{H}$ ist, und nun die Ordinaten von dieser neuen Abscissenaxe aus misst. Wollen wir jedoch zum üblichen orthogonalen Koordinatensysteme zurückkehren, so haben wir die ganze Bildebene, die wir uns hierzu völlig dehnbar denken, so zu verzerren, dass jeder Punkt sich parallel der Ordinatenaxe aufwärts bewegt, so dass die Gerade $\overline{OQ}$ schliesslich in die alte Abscissenaxe zu liegen kommt. Eine solche Operation nennt man nach Ewing eine den Ordinaten parallele Kurvenscheerung von der geraden Richtlinie $\overline{OQ}$ aus bis zur Abscissenaxe. Mit solchen Kurvenscheerungen, welche dann allerdings meistens parallel den Abscissen vorgenommen werden, und deren Richtlinien nicht nothwendig gerade zu sein brauchen, werden wir uns noch vielfach zu anderen Zwecken zu befassen haben. Mittels Zirkel sind sie bequem auszuführen.

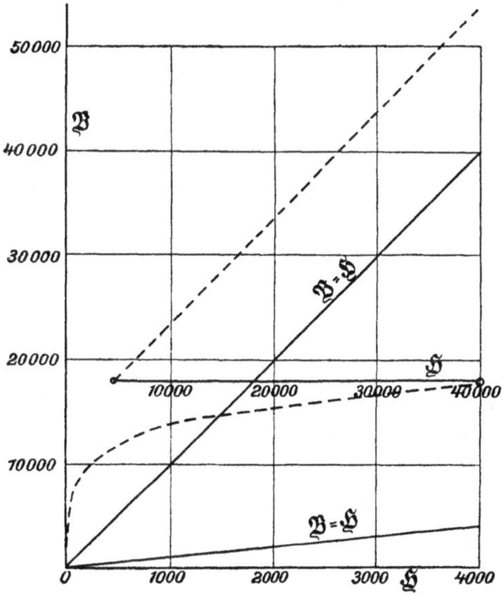

Fig. 3.

Die in dieser Weise aus Fig. 2 abgeleitete normale Induktionskurve ist in Fig. 3 dargestellt. Während jedoch jene nur bis zur Abscisse $\mathfrak{H} = 1000$ aufgetragen wurde, ist diese bis zum Werthe der Intensität $\mathfrak{H} = 40\,000$ weitergeführt, der höchsten, welche man bisher zu erzeugen im Stande ist. Es war aus diesem Grunde nöthig, zwei Abscissenmaassstäbe anzuwenden. Der erste, welcher bereits 4mal geringer ist als derjenige der Fig. 2, reicht bis $\mathfrak{H} = 4000$; die Fortsetzung der Kurve ist in der aus Fig. 3 leicht ersichtlichen Weise nach der in $^1/_{10}$ Maassstabe angelegten Hilfsabscissenaxe abzulesen. Diese Kurven werden zu Genüge klarstellen, wie der Vektor $\mathfrak{J}$ einem Maximum zustrebt, der Vektor $\mathfrak{B}$ aber schliesslich über alle Grenzen zunimmt.

§ 14. Susceptibilität, Permeabilität, Widerstandskoefficient. Ausser den Hauptgrössen $\mathfrak{J}$ und $\mathfrak{B}$, die beide eindeutig von $\mathfrak{H}$ abhängen, wofern man von Hysteresis absieht, hat man noch andere, weniger wichtige Begriffe eingeführt, welche sich häufig nützlich erweisen (vergl. namentlich Kap. VII). Ihre Definitionen lauten kurz:

$\varkappa$, magnetische Susceptibilität, definirt als $\mathfrak{J}/\mathfrak{H}$,
μ, „ Permeabilität, „ „ $\mathfrak{B}/\mathfrak{H}$,
ξ, „ Widerstandskoefficient „ „ $\mathfrak{H}/\mathfrak{B}$.

Diese skalaren Grössen sind sämtlich reine Zahlen, wenigstens sind sie als solche in den Fällen zu betrachten, in denen man das absolute elektromagnetische Maasssystem anwendet. In diesem Systeme haben die Vektoren $\mathfrak{J}$, $\mathfrak{B}$ und $\mathfrak{H}$ die gleiche Dimension

$$[L^{-\frac{1}{2}} M^{\frac{1}{2}} T^{-1}],$$

und es ist darin die Permeabilität des Vakuums der Einheit gleichgesetzt, wie dies implicite aus den betreffenden Definitionen folgt; dasselbe gilt für deren Reciprokes, den magnetischen Widerstandskoefficient des Vakuums.

Jene drei Zahlen sind ebenso wie die Vektoren $\mathfrak{J}$ und $\mathfrak{B}$ nur Funktionen der unabhängig veränderlichen $\mathfrak{H}$; sie können aber ebenso gut als Funktionen $\mathfrak{f}$ von $\mathfrak{J}$ oder $\mathfrak{B}$ betrachtet und als solche graphisch dargestellt werden. Bei verschiedenen Autoren findet man z. B. Darstellungen von $\varkappa = \mathfrak{f}(\mathfrak{J})$, $\mu = \mathfrak{f}(\mathfrak{B})$, $\varkappa = \mathfrak{f}(\mathfrak{H})$, $\mu = \mathfrak{f}(\mathfrak{H})$, $\xi = \mathfrak{f}(\mathfrak{H})$. Der Verlauf dieser Kurven, ihre singulären Punkte und sonstigen Eigenschaften können in einfacher Weise aus denen der normalen Magnetisirungskurve (§ 13) abgeleitet und diskutirt werden; sie sind für die Beurtheilung mancher Fragen interessant. Die Einschaltung aller hierher gehörigen Entwicklungen würde indessen zu weit führen, ohne entsprechendes Interesse zu bieten.

Wir beschränken uns daher auf die Kurven der Fig. 4, welche die Permeabilität μ (linke Ordinatenskale) und deren Reciprokes, den Widerstandskoefficient ξ (rechte Ordinatenskale) in ihrer Abhängigkeit von der Intensität $\mathfrak{H}$ darstellen; sie beziehen sich auf dasselbe Gusseisen wie Fig. 2 und 3. Wie ersichtlich, erreicht die Permeabilität ein Maximum, welches einem sehr erheblichen Werthe entspricht, der z. B. beim besten Schmiedeeisen mehrere Tausend betragen kann; sie fällt dann allmählich ab, bis sie bei unbegrenztem Anwachsen von $\mathfrak{H}$ vermuthlich den Werth 1 erreichen würde.

Umgekehrt geht der Widerstandskoefficient durch ein scharfes Minimum und steigt dann allmählich an, indem er sich zuletzt ebenfalls immer mehr dem Werthe 1 nähern würde, freilich erst weit ausserhalb des in Fig. 4 zur Darstellung kommenden Bereichs. (Vergl. hierzu § 121.)

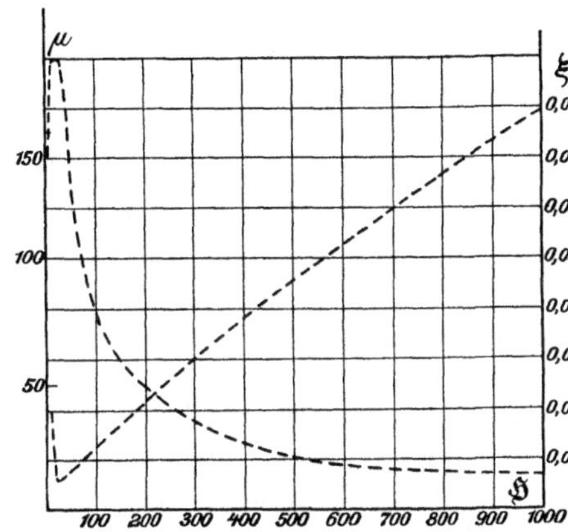

Fig. 4.

Wenn man in Gleichung (13) (§ 11)

$$\mathfrak{B} = \mathfrak{H} + 4\pi\,\mathfrak{J}$$

beide Glieder durch $\mathfrak{H}$ dividirt, erhält man

$$\frac{\mathfrak{B}}{\mathfrak{H}} = 1 + 4\pi\,\frac{\mathfrak{J}}{\mathfrak{H}}$$

oder, wenn man obige Werthe einführt

(15) $\mu = 1 + 4\pi\,\varkappa$

als die Beziehung zwischen Permeabilität und Susceptibilität. Letztere Zahl würde wahrscheinlich schwinden, wenn die Intensität über alle Grenzen wächst, wobei zu beachten ist, dass alle Behauptungen über diesen Fall naturgemäss nur Vermuthungen sein können, welche auf das Verhalten bei den höchsten erreichten Intensitäten basirt sind (vergl. § 13). Die Susceptibilität stellt sich dann dar als der Quotient einer endlichen Grösse, dem Sättigungswerthe der Magnetisirung, dividirt durch eine unendliche. Wir haben daher $\varkappa_\infty = 0$; aus Gleichung (14) folgt dann $\mu_\infty = 1$ und ebenso $1/\mu_\infty = \xi_\infty = 1$, wie oben angegeben.

Da wir bei den im Folgenden zu erörternden Fragen einen Unterschied zwischen den magnetisch indifferenten Substanzen und dem Vakuum nicht machen werden, so setzen wir folgerichtig die Permeabilität der ersteren ebenfalls gleich Eins, während sie freilich in Wirklichkeit in der vierten oder fünften Decimalstelle davon abweicht. Dann wird deren Widerstandskoefficient auch gleich Eins, die Susceptibilität aber nach Gleichung (14) gleich Null zu setzen sein.

§ 15. Vollkommene und unvollkommene magnetische Kreise. Unsere bisherigen Betrachtungen bezogen sich auf den Fall eines gleichmässig bewickelten kreisförmigen Ringes mit ebenfalls kreisförmigem Querschnitt; einen so gestalteten Körper nannten wir ein Toroid. Wir können sie aber ohne Weiteres auf Ringe mit beliebigem, aber unveränderlichem Profil und beliebiger Gestalt ausdehnen. Dabei kann die Leitkurve (§ 6), d. h. die Kurve, welche dem Leitkreise des Toroids (§ 9) entspricht, eine ebene oder eine räumliche Kurve sein, vorausgesetzt nur, dass ihr Krümmungsradius stets gross bleibe gegen die Dimensionen des Querschnitts. Bei gleichmässiger Bewickelung wird eine scheinbare magnetische Fernwirkung[1]) dann nicht auftreten, d. h. der magnetische Zustand wird auf den ferromagnetischen Ring beschränkt bleiben. Man nennt ein solches Gebilde einen vollkommenen magnetischen Kreis (engl. »perfect magnetic circuit«). Als Bedingung für die Vollkommenheit wird zunächst das Fehlen jeglicher Fernwirkung angesehen und daher ein Gebilde, bei welchem eine solche auftritt, folgerichtig ein unvollkommener magnetischer Kreis genannt.[2])

Zu dieser Benennung ist zu bemerken, dass das lateinische »Circuitus«, welches einige Sprachen direkt übernehmen konnten, wohl am einfachsten durch das Wort »Kreis« wiedergegeben wird. Freilich ist dabei nach den obigen Ausführungen nicht nothwendig, an die ebene Kurve gleichmässiger Krümmung zu denken. Die auch wohl in Benutzung gewesenen Benennungen: Stromkreis, Kreislauf, Ringsystem erscheinen bei näherer Betrachtung weniger geeignet.

---

1) An den wenigen Stellen, wo bisher von Fernwirkung die Rede war, ist diese stets eine scheinbare genannt worden, da es bei dem jetzigen Stande der Wissenschaft fast als sicher gelten kann, dass unvermittelte Wirkungen in die Ferne überhaupt nicht auftreten, sondern dass sie sich durch das umgebende Mittel fortpflanzen. Da es indessen für unsere vorliegenden Zwecke auf diese tiefergehende Erkenntnis weniger ankommt, wird im Folgenden der Ausdruck »Fernwirkung« mit jenem Vorbehalt ohne weiteren Zusatz benutzt werden.

2) Vergl. hierzu § 100.

Zweites Kapitel.

Elementare Theorie unvollkommener magnetischer Kreise.

§ 16. Wirkungen eines engen Schnitts. Der Grund des verhältnismässig einfachen Verhaltens vollkommener magnetischer Kreise im Sinne des vorigen Paragraphen ist, wie wir alsbald sehen werden, deren geometrische Eigenschaft, keine Enden aufzuweisen, mithin in wörtlichem Sinne *endlos* zu sein. Die *Endlosigkeit* bringt, wie aus dem Folgenden hervorgehen wird, das Fehlen der Fernwirkung mit sich und kann daher ebensowohl als diejenige Eigenschaft betrachtet werden, welche die Vollkommenheit des magnetischen Kreises mittelbar bedingt.

Die Richtigkeit dieser Auffassung ergibt sich, sobald wir dem vollkommenen Kreise Enden verschaffen, indem wir ihn durchschneiden. Jeder noch so enge Schnitt verräth sich alsbald durch das Auftreten einer Fernwirkung, welche in seiner Nähe am stärksten hervortritt; in der Umgebung des Schnitts werden magnetische Zustände erzeugt, deren Intensität mit der Weite desselben zunimmt. Umgekehrt deutet das Auftreten einer Fernwirkung mit Sicherheit auf das Vorhandensein von Schnitten, auch wenn diese dem Auge verborgen bleiben, also beispielsweise in Form versteckter oder verlötheter Risse und Fugen im Ferromagnetikum vorhanden sind (vergl. Kap. IX).

Da der vom Schnitt selbst eingenommene interferrische Raum sich in nichts von seiner indifferenten Umgebung unterscheidet, mithin die Fernwirkung nicht von jenem ausgehen kann, muss geschlossen werden, dass es die durch den Schnitt mit geometrischer Nothwendigkeit erzeugten Enden sind, welche in die Ferne wirken.

Um nun von einem ganz anderen Standpunkte aus einen Einblick in die Wirkung solcher Schnitte zu erlangen, betrachten wir wieder den typischen Fall des gleichmässig bewickelten Toroids. Wir denken uns dieses etwa bei A (Fig. 1 p. 12) radial durchschnitten und zwar so, dass der Schnitt noch sehr eng sei im Vergleich zu den Dimensionen des Querschnitts; seine Weite bezeichnen wir mit d. Es sei nun (A) die normale Magnetisirungskurve des geschlossenen Toroids vor dem Durchschneiden, wie sie in Fig. 5

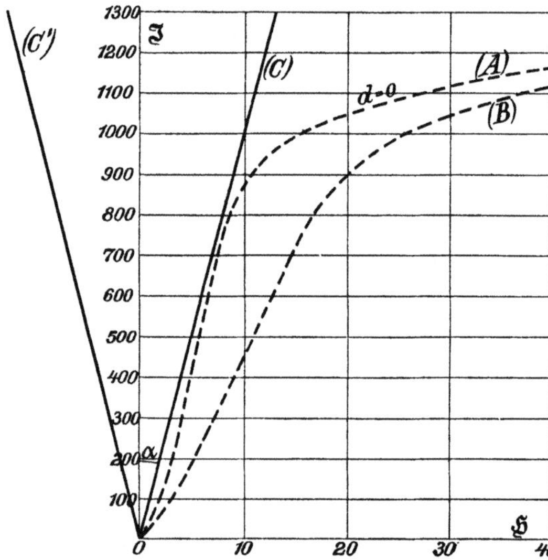

Fig. 5.

für eine Sorte Schmiedeeisen dargestellt ist. Bestimmt man dann die Kurve für das durchschnittene Toroid, so findet man sie mehr nach rechts verlaufend, etwa wie die Kurve (B). Wir sehen hieraus, wie beim durchschnittenen Toroid einer gegebenen magnetisirenden Intensität als Abscisse eine geringere Magnetisirung entspricht, als beim geschlossenen, noch undurchschnittenen; und wie umgekehrt zur Erzeugung einer gegebenen Magnetisirung im ersteren Falle eine grössere Feldintensität erforderlich ist. Um wieviel grösser muss diese sein?

Zur Beantwortung dieser Frage haben wir bei verschiedenen Werthen der Ordinate die Abscissenunterschiede $\Delta \mathfrak{H}$ der beiden Kurven zu bestimmen und dann zu prüfen, wie diese von der

Ordinate abhängen, d. h. sie als Funktion der Ordinate aufzutragen. Wir erhalten dann bei engen Schnitten in erster Annäherung eine Gerade $\overline{OC}$, welche so gelegen ist, dass für jede gegebene Ordinate

$$\text{Absc. } (C) = \text{Absc. } (B) - \text{Absc. } (A).$$

Die Antwort auf die gestellte Frage lautet daher, dass zur Erzeugung einer gegebenen Magnetisirung beim durchschnittenen Toroid ein Zuschuss an Intensität erforderlich ist, welcher eben jener zu erreichenden Magnetisirung in erster Annäherung proportional ist, d. h. einen gewissen konstanten Bruchtheil davon beträgt.

Die Theorie und die Versuche, mittels derer man zu diesen Ergebnissen gelangt, werden in einem besonderen Abschnitt (Kap. V) eingehend besprochen werden; hier interessiren uns nur die allgemeinen qualitativen Resultate, sofern sie uns einen Einblick in die Wirkung von Schnitten gewähren.

§ 17. **Scheerung; Rückscheerung.** Es ist hier der Ort, die vielbenutzten graphischen Operationen zu besprechen, mittels derer man durch Koordinatentransformation normale Magnetisirungskurven in solche für durchschnittene Toroide, oder allgemeiner für unvollkommene magnetische Kreise verwandeln kann und umgekehrt. Zu diesem Zwecke ziehen wir durch den Ursprung O (Fig. 5) eine Gerade $\overline{OC'}$ in den linken oberen Quadranten, welche mit $\overline{OC}$ zur Ordinatenaxe symmetrisch ist. Nach dem Obigen leuchtet es dann ein, dass wir die neue Kurve (B) aus der Normalkurve (A) erhalten, wenn wir im Sinne des § 13 eine den Abscissen parallele Scheerung von der Richtlinie $\overline{OC'}$ aus bis zur Ordinatenaxe vornehmen. Durch die entgegengesetzte Operation, die wir als eine ebensolche Rückscheerung von der Ordinatenaxe bis zur Richtlinie $\overline{OC'}$ auffassen können, verwandeln wir die Kurve (B) wieder in die Normalkurve (A)[1].

Die Gleichung der Richtlinie $\overline{OC'}$ können wir allgemein

$$(1) \qquad \Delta \mathfrak{H} = N \mathfrak{J}$$

schreiben; darin bedeutet N einen mit wachsender Schnittweite ebenfalls zunehmenden Faktor, auf den wir später eingehend

1) Diese Konstruktion wurde zuerst von Lord Rayleigh angegeben (Phil. Mag. [5] 22. p. 175, 1886) und von Ewing verallgemeinert.

zurückkommen werden. Der infolge der Anwesenheit des Schnitts aufzuwendende Zuschuss an Intensität des magnetisirenden Feldes $\Delta\mathfrak{H}$ ist nun nach Gleichung (1) in der That proportional dem Werthe der zu inducirenden Magnetisirung $\mathfrak{J}$ selbst, wie oben angegeben wurde.

§ 18. Fernwirkung der Enden. Was die Erklärung der im Vorigen beschriebenen Thatsachen betrifft, so haben wir bereits erkannt (§ 16), dass durch einen Schnitt mittelbar das Auftreten von Fernwirkungen bedingt wird, und zwar in um so höherem Maasse, je weiter der Schnitt ist. Jene Wirkungen erstrecken sich über den ganzen umgebenden Raum; folglich liegt die Annahme nahe, dass sie sich auch in dem von Ferromagnetikum des Toroids eingenommenen Raumtheile bemerkbar machen und dort inducirend wirken werden. Es lässt sich nun leicht nachweisen, dass eine solche inducirende Wirkung derjenigen Feldintensität entgegen gerichtet sein muss, welche infolge des Spulenstroms obwaltet (vergl. Fig. 6, p. 29), so dass letztere vergrössert werden muss, um dieselbe Gesamtintensität und damit denselben Magnetisirungswerth zu erreichen. Es ist diese Vergrösserung der Intensität, welche in der Verschiedenheit der Abscissen der Kurven zum Ausdruck kommt, und die folglich der mittleren Intensität der Fernwirkung des Schnittes über den vom Toroid eingenommenen Raum gleich und entgegengesetzt sein muss.

Da wir ferner schon gesehen haben, dass der Schnitt an sich keine Fernwirkung ausüben kann; dass diese vielmehr von den ihn begrenzenden Enden ausgehen muss, so schliessen wir, dass ein solches Endenpaar auf grössere Entfernungen proportional dem Werthe der Magnetisirung wirkt. Wir sind in dieser Weise schliesslich zu einer Auffassung gelangt, welche uns die nähere Untersuchung der Fernwirkung von Endenpaaren nothwendig erscheinen lässt.

Zugleich werden wir dadurch zu einer Betrachtungsweise geführt, von welcher man früher allgemein ausgegangen ist und die man fast ausschliesslich berücksichtigt hat. Es ist dann neuerdings von einigen Seiten eine beachtenswerthe Reaktion eingeleitet worden, welche die jener Betrachtungsweise eigenthümlichen Begriffe der magnetischen Fluida, der Pole, der Anziehungen, das Coulomb'sche Gesetz u. s. w. ohne Weiteres für unzutreffend, veraltet und unbrauchbar erklärte[1]). Wir gehen am sichersten, wenn wir in dieser Hinsicht den Mittelweg beschreiten und die Vorzüge beider Anschauungsweisen nach Möglichkeit vereinigen und ausnutzen.

§ 19. Fernwirkung eines einzelnen Endes. Denken wir uns das durchschnittene Toroid aufgebogen, bis es die Gestalt eines langen geraden Stabes hat, seine Enden somit in die grösstmöglichste Entfernung von einander gerückt sind. Bei dem

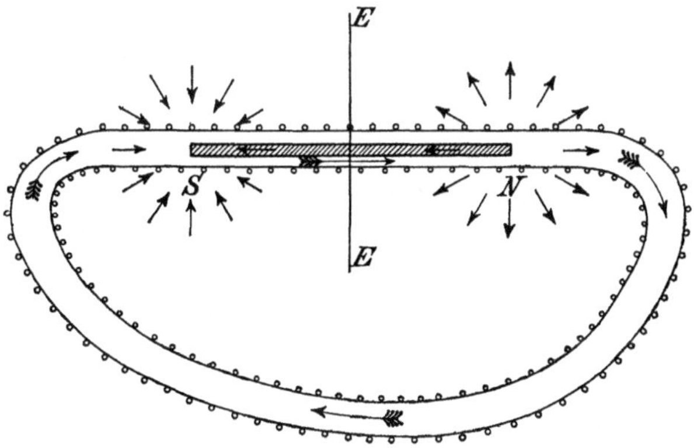

Fig. 6.

durchschnittenen Toroid hatten wir vorausgesetzt, dass die Bewickelung ungeachtet des Schnitts gleichmässig bleiben sollte. Wir machen dieselbe Voraussetzung auch hier und denken uns daher eine gleichmässig bewickelte geschlossene Spule, etwa wie in Fig. 6, die an und für sich ein äusseres magnetisches Feld nicht erzeugt, aber innerhalb der Windungen ein gleichförmiges (§ 68) Feld in der Richtung der gefiederten Pfeile hervorruft. Im ferromagnetischen Stab wird dann eine Magnetisirung in ebenderselben Richtung inducirt werden, wovon wir uns mittels eng um ihn gewundener sekundärer Drahtwindungen überzeugen können. Infolge der Wirkung der Enden wird nun im umgebenden Raume ein magnetisches Feld entstehen: untersuchen wir dieses mittels einer Probespule (§ 2) etwas näher.

---

1) Vergl. z. B. Silv. Thompson, Cantor Lectures on the electromagnet, London 1890.

Durchmustern wir zunächst das Gebiet in der Nähe eines Endes, etwa N, wo dessen Einfluss noch erheblich überwiegt; wir werden finden, dass das Feld überall radial und zwar vom Ende auswärts, wie die ungefiederten Pfeile, gerichtet ist. Sein numerischer Werth ist dem Quadrate der Entfernung vom Ende umgekehrt proportional, solange diese gering bleibt gegen die Stablänge. In der Nähe des anderen Endes S verhält es sich ebenso mit dem Unterschiede, dass das radiale Feld einwärts auf das Ende zu gerichtet ist, wie es wieder durch ungefiederte Pfeile veranschaulicht ist. Man pflegt letzteres (S) als das negative, ersteres (N) als das positive Ende zu bezeichnen[1]); die positive Magnetisirungsrichtung im Ferromagnetikum verläuft immer vom negativen zum positiven Ende.

Die Feldintensitäten in der nächsten Umgebung der Enden wachsen ferner proportional dem Werthe der Magnetisirung, wie wir es oben beim durchschnittenen Toroid ebenfalls feststellten, und proportional dem Querschnitt S des Stabes; von seiner Länge sind sie hingegen unabhängig, solange diese gegen die Querdimensionen beträchtlich bleibt, wie es hier stets vorausgesetzt wird. Der absolute Werth der Feldintensität wird demnach gegeben durch die Gleichung

$$\mathfrak{H} = \frac{\mathfrak{J} S}{r^2}, \tag{2}$$

wo r die Entfernung vom Ende bezeichnet. Durch das Produkt ($\mathfrak{J} S$) wird daher die Fähigkeit der Enden, Fernwirkungen zu erzeugen, bestimmt; man kann es die magnetische Stärke des Stabes nennen[2]).

§ 20. Allgemeines über Punktgesetze. Die durch Gleichung (2) dargestellte Beziehung ist eine etwas modificirte Fassung des sogenannten Coulomb'schen Gesetzes, auf welches wir im folgenden Paragraphen zurückkommen werden. Es muss betont werden, dass die Gültigkeit jenes Gesetzes zur wesentlichen Voraus-

---

1) Bei einem freischwebend aufgehängten Stabe zeigt das positive Ende ungefähr nach Norden, das negative nach Süden. Auf dem Festlande nennt man das positive Ende (N) den Nordpol, das negative (S) den Südpol eines Magnetstabes. Bei britischen Autoren findet man noch häufig die umgekehrte Bezeichnung.

2) Vergl. Sir. W. Thomson, Repr. Pap. El. Magn. § 454, p. 354.

setzung hat, dass das Stabende als ein Punkt betrachtet werden kann, dass also seine Dimensionen gegen die Entfernung r verschwinden; letztere wird dann wieder als gegen die Stablänge gering vorausgesetzt. Die experimentelle Prüfung der fraglichen Beziehung kann somit nur mit sehr langen dünnen Stäben erfolgen.

Es ist hier der Ort, zu bemerken, dass das Coulomb'sche Gesetz durchaus kein specifisch magnetisches Gesetz ist. Es ist nur ein Specialfall des völlig allgemeinen rein geometrischen Gesetzes, welches alle Wirkungen beherrscht, welche von Punkten, oder vielmehr von als punktförmig zu betrachtenden Centren, aus sich geradlinig in die Ferne fortpflanzen. Diese Wirkungen nehmen sämtlich mit der Entfernung in der Weise ab, dass ihre Intensität umgekehrt proportional r^2 ist, und zwar aus dem einfachen geometrischen Grunde, dass die Oberfläche einer Kugel dem Quadrat ihres Radius proportional ist. Da die konstant bleibende Gesammtwirkung sich über die stets grösser werdenden Oberflächen koncentrischer Kugelschalen zu vertheilen hat, so folgt das Gesetz der Abnahme ihrer Intensität, d. h. der Wirkung pro Flächeneinheit, ohne Weiteres. Bekannte specielle Beispiele dieser allgemeinen Beziehung sind das Gravitationsgesetz, das Coulomb'sche elektrostatische Gesetz, das photometrische Gesetz für die Abnahme der Lichtintensität leuchtender Punkte mit der Entfernung.

In allen diesen Fällen bildet die Annahme punktförmiger Centren die wesentliche Grundlage für die Anwendbarkeit des »($1/r^2$)-Punktgesetzes«.

Eine gravitirende, eine elektrisirte oder eine leuchtende unendlich lange gerade Linie wirkt dagegen nicht mehr umgekehrt proportional dem Quadrat der Entfernung, sondern dieser selbst umgekehrt proportional; und zwar auch wieder nur aus dem Grunde, weil nun die Oberfläche eines Cylinders von gegebener Länge seinem Radius proportional ist. Ein weiteres Beispiel dieses allgemeinen »($1/r$)-Liniengesetzes« ist das bereits (§ 5B) erörterte Biot-Savart'sche Gesetz der elektromagnetischen Wirkung langer gerader Leiterstrecken.

Endlich ist die Wirkung einer gravitirenden, elektrisirten oder leuchtenden, unendlich ausgedehnten Ebene überhaupt nicht mehr von der Entfernung abhängig; in der That kann man sie nur durch zwei ebenfalls unendlich ausgedehnte Ebenen umhüllen, deren Oberfläche offenbar mit der Entfernung in keiner Beziehung steht.

Der Allgemeinheit halber kann man also in diesem Falle von einem »$(1/r^0)$-Ebenengesetze« reden.

§ 21. Abstossung oder Anziehung zwischen Enden. Ein magnetisches Ende erzeugt nicht nur in seiner Umgebung ein Feld, sondern es wird von einem fremden, bereits vorhandenen, magnetischen Felde in der Weise beeinflusst, dass eine mechanische Kraft auf dasselbe ausgeübt wird. Diese Kraft hat die gleiche oder entgegengesetzte Richtung wie das ursprüngliche Feld in dem Punkte wo das Ende sich befindet, je nachdem das Ende 1 positives bezw. negatives Vorzeichen aufweist; ihr numerischer Werth $\mathfrak{F}$ ist in absolutem Maasse gleich dem Produkte aus der Feldintensität in die magnetische Stärke $(\mathfrak{J}S)_1$ des Endes (§ 19):

$$(3) \qquad \mathfrak{F} = \mathfrak{H}\,(\mathfrak{J}S)_1.$$

Rührt insbesondere das betrachtete Feld von einem andern magnetischen Ende 2 her, so lässt sich die resultirende Wirkung offenbar so interpretiren, als ob bei gleichem bezw. ungleichem Vorzeichen der Enden eine Abstossung bezw. Anziehung $\mathfrak{F}_{12}$ zwischen ihnen stattfände, welche nach der Verbindungslinie gerichtet, dem Produkte der magnetischen Stärken direkt, dem Quadrate der Entfernung umgekehrt proportional wäre. Die mathematische Formulirung dieses Satzes folgt ohne Weiteres aus den Gleichungen (2) und (3), indem

$$(4) \qquad \mathfrak{F}_{12} = \frac{(\mathfrak{J}S)_1\,(\mathfrak{J}S)_2}{r^2}.$$

Dieses ist die ursprüngliche Fassung des Coulomb'schen Gesetzes[1]), welches von seinem Urheber mittels der Drehwaage experimentell aufgefunden wurde. Eine genaue Bestätigung erfuhr es indessen erst durch die messenden Versuche, welche Gauss zu diesem Zwecke anstellte[2]). Da das Bestehen unvermittelter mechanischer Fernwirkungen, wie sie eine wörtliche Auffassung des erwähnten Gesetzes mit sich bringt, von der heutigen Wissen-

1) In der (§ 19 Anm.) erwähnten Sprache pflegt man das Coulomb-sche Gesetz folgendermaassen zu formuliren: Gleichnamige [ungleichnamige] magnetische Pole stossen sich ab [ziehen sich an] mit einer Kraft, welche dem Produkte der »Polstärken« direkt, dem Quadrat der Entfernung umgekehrt proportional ist.

2) Gauss, Intensitas vis magn. terrestr. ad mensuram absol. revocata § 21, Werke 5 p. 109; 2 Abdr. Göttingen 1877.

schaft kaum noch acceptirt werden kann, so geht ihr Bestreben dahin, jene scheinbaren Fernwirkungen durch Zwangszustände zu erklären, welche in dem die Wirkung fortpflanzenden Medium auftreten. Diese magnetischen Zwangszustände im Interferrikum werden wir besonders (§§ 101—110) besprechen; ihre Einführung gewährt neben einer befriedigenderen theoretischen Erklärung der Thatsachen noch den Vortheil, dass sie eine weit geeignetere Grundlage für die Lösung der meisten praktischen Probleme bietet als das Coulomb'sche Gesetz. Allerdings gibt letzteres nach wie vor die einfachste Darstellung der mechanischen Wirkung in allen Fällen, wo es sich um den gegenseitigen Einfluss einer geringen Anzahl von Stabenden handelt, wie es z. B. bei vielen experimentellen Methoden der Fall ist.

§ 22. Fernwirkung eines Endenpaares. Kehren wir zur Fernwirkung unseres magnetisirten Stabes zurück und betrachten wir diese insbesondere in Entfernungen, welche gross sind im Verhältnis zur Stablänge, so stellt sich das auftretende magnetische Feld in allen Punkten nach Werth und Richtung aus den von beiden Enden nach dem Coulomb'schen Gesetze erzeugten Antheilen zusammen. Hervorzuheben sind zwei Specialfälle, auf deren Beweis hier nicht eingegangen werden soll.

Erstens ist die Feldintensität in Punkten, welche in der Verlängerung der geometrischen Axe des Stabes liegen, nach der Axe gerichtet und ihr Werth ist gegeben durch die Gleichung

$$\mathfrak{H} = \frac{2\,\mathfrak{J}\,S\,L}{D^3}, \tag{5}$$

worin L die Länge des Stabes, D die Entfernung des betrachteten Punktes von der Stabmitte bedeutet.

Zweitens beträgt jene Grösse in Punkten der »Äquatorialebene« des Stabes, deren Spur EE in Fig. 6 p. 29 gezeichnet ist

$$\mathfrak{H} = \frac{\mathfrak{J}\,S\,L}{D^3}, \tag{6}$$

wobei ihre Richtung wieder der Axe parallel ist.

Wir sehen also, wie hier die Länge L des Stabes als Faktor in die Gleichungen eingeht, und demnach nicht mehr ($\mathfrak{J}\,S$), sondern ($\mathfrak{J}\,S\,L$) das Maass seiner Fähigkeit zur Felderzeugung in entfernten Punkten wird. Nun ist aber ($S\,L$) dem Volum V des Stabes gleich, mithin wird hier das Produkt ($\mathfrak{J}\,V$) aus der Magnetisirung in das Volum die maassgebende Grösse. Wir nennen diese daher in hergebrachter Weise das magnetische Moment des Stabes und bezeichnen sie mit $\mathfrak{M}$; sie ist analog der ebenso benannten Grösse bei Spulen (§ 6). Wenn man, wie z. B. bei der sogenannten magnetometrischen Methode, die Fernwirkung zur Messung der magnetischen Eigenschaften von Körpern benutzt, ergibt sich die Magnetisirung als das gemessene magnetische Moment dividirt durch das Volum.

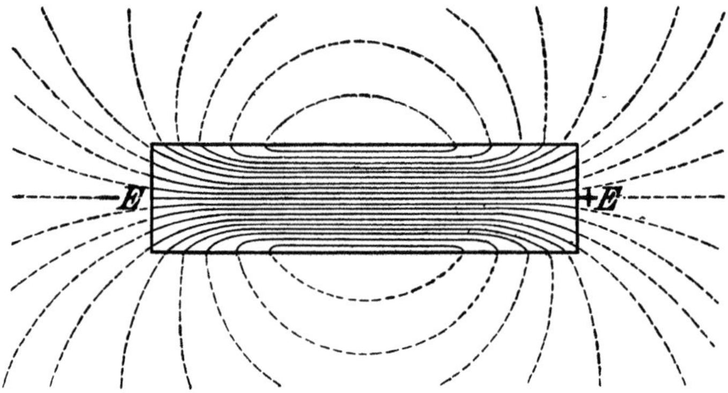

Fig. 7.

Falls der betrachtete Punkt weder in der verlängerten Axe noch in der Äquatorialebene des Stabes liegt, werden die Gleichungen für die Intensität des Feldes weniger einfach als (5) und (6). Was den Verlauf der Intensitätslinien anbetrifft, so verweisen wir auf Fig. 7, wo sie durch die punktirten Linien ausserhalb des Stabes schematisch dargestellt werden; und zwar gilt diese Figur für einen kurzen Stab; bei längeren Stäben, wie wir sie bisher vorausgesetzt haben, geht die Fernwirkung fast ausschliesslich von den geometrischen Enden aus, und scheinen die Intensitätslinien dementsprechend strahlenförmig von ihnen zu divergiren; in Fig. 7 dagegen gehen Linien nicht nur von den Stirnflächen $-E$ und $+E$, sondern zum Theil auch von den benachbarten Theilen der Mantelfläche aus; wir werden hierauf alsbald zurückkommen [1]). Im Übrigen verlaufen die Intensitätslinien entweder vom positiven Ende zum negativen oder sie verlieren sich in's Unendliche.

1) In § 26, wo auch die innerhalb des Stabes gezeichneten ausgezogenen »Magnetisirungslinien« besprochen werden.

§ 23. Mechanische Wirkung fremder Felder auf Endenpaare. Wir sahen in § 21, wie auf ein einzelnes Ende in einem fremden Felde eine Kraft ausgeübt wird. Das Vorkommen einzelner Enden ist nun der Natur der Sache nach ausgeschlossen; höchstens können wir bei sehr langen Stäben eins der Enden für sich betrachten, indem wir die von dem andern Ende ausgehenden oder darauf ausgeübten Wirkungen der grösseren Entfernung halber vernachlässigen. In Wirklichkeit haben wir es bei magnetisirten Stäben, einerlei ob deren Magnetisirung inducirt oder etwa remanent sei, stets mit einem Endenpaar zu thun; dabei hat bei konstantem Querschnitt S und konstanter Magnetisirung $\mathfrak{J}$ jedes Ende die gleiche Stärke $(\mathfrak{J} S)$, jedoch mit entgegengesetztem Vorzeichen. In einem fremden Felde, dessen Intensität $\mathfrak{H}$ innerhalb des vom Stabe eingenommenen Raumes konstant und gleichgerichtet sei, werden also nach Gleichung (3) § 21 auf die Enden gleiche und entgegengerichtete Kräfte

$$\mathfrak{F} = \pm \mathfrak{H} (\mathfrak{J} S)$$

ausgeübt werden. Falls die positive Axenrichtung (§ 19) des Stabes mit der positiven Feldrichtung den Winkel α bildet, haben jene beiden Kräfte Angriffspunkte, welche um den Abstand $L \sin \alpha$ voneinander entfernt liegen, wenn L wieder die Stablänge bedeutet. Sie setzen sich somit zu einem Kräftepaar zusammen, dessen Moment $\mathfrak{K}$ durch folgende Gleichung gegeben wird

$$\mathfrak{K} = \mathfrak{H} (\mathfrak{J} S) L \sin \alpha$$

oder, wenn wir wieder, wie im vorigen Paragraphen, das magnetische Moment $\mathfrak{M}$ einführen,

$$\mathfrak{K} = \mathfrak{H} \mathfrak{M} \sin \alpha. \tag{7}$$

Im allgemeinen wirkt daher auf das Endenpaar ein Kräftepaar, welches es in die stabile Gleichgewichtslage zu drehen bestrebt ist, die dem Werthe $\alpha = 0^0$ entspricht. Um diese wird es Schwingungen ausführen, deren volle Periode (doppelte »Schwingungsdauer«) τ gegeben ist durch die Gleichung

$$\tau = 2\pi \sqrt{\frac{K}{\mathfrak{H}\mathfrak{M}}}, \tag{8}$$

worin K das Trägheitsmoment des Stabes bedeutet. Dem Werthe $\alpha = 180^0$ entspricht dagegen eine labile Gleichgewichtslage.

Diese Folgerungen werden durch den Versuch auf das Genaueste bestätigt. Niemals wird auf einen Magnet in einem Felde von konstantem Werth und unveränderlicher Richtung eine Kraft, sondern immer nur ein Kräftepaar ausgeübt; und zwar gilt dies nicht nur für Stabmagnete von konstanter Stärke, sondern auch für ganz beliebig gestaltete und magnetisirte Körper.

§ 24. Selbstentmagnetisirende Wirkung eines Stabes. Wie bereits im Falle des durchschnittenen Toroids auseinandergesetzt wurde, wird jedes einzelne Stabende nach dem Coulomb'schen Gesetze auch in demjenigen Raumgebiete wirken, welches vom Stabe selbst eingenommen wird. Diese Eigenwirkung wird, wie z. B. aus einem Vergleich der gefiederten und ungefiederten Pfeile in Fig. 6 p. 29 sofort hervorgeht, der Wirkung der Spule immer entgegengerichtet sein. Die beiden Enden üben also eine den Stab selbstentmagnetisirende Wirkung aus, deren Intensität wir mit $\mathfrak{H}_i$ bezeichnen. Diese hat in der Stabmitte ein Minimum und wächst nach beiden Enden zu; nach dem Vorigen ist sie aber in jedem einzelnen Punkte der magnetischen Stärke ($\mathfrak{J} S$) des Stabes proportional. Folglich gilt diese Proportionalität auch für den Mittelwerth des Vektors $\mathfrak{H}_i$, den wir durch einen Balken über dem Buchstaben als $\overline{\mathfrak{H}}_i$ unterscheiden werden.

Betrachten wir nun einen Stab von der Gestalt eines Kreiscylinders mit senkrechten Endflächen. Sein Dimensionsverhältniss, d. h. das Verhältniss der Länge zum Durchmesser, bezeichnen wir mit $\mathfrak{m}$. Nehmen wir jetzt an, dass der Cylinder sich bei gleichbleibender Länge allmählich verdünne; dies entspricht einer Zunahme des Verhältnisses $\mathfrak{m}$, und einer Abnahme des Querschnitts im Verhältniss $1/\mathfrak{m}^2$. Folglich nimmt auch $\overline{\mathfrak{H}}_i$ ab, und zwar nach dem Vorhergehenden in demselben Maasse, wie die magnetische Stärke, also proportional $(\mathfrak{J}/\mathfrak{m}^2)$.

Betrachten wir nun den Quotienten $\overline{\mathfrak{H}}_i/\mathfrak{J}$, d. h. die mittlere selbstentmagnetisirende Intensität pro Magnetisirungseinheit und bezeichnen ihn wie in Gleichung (1) (§ 17) mit $\overline{N}$; wir nennen die hierdurch definirte Zahl den mittleren Entmagnetisirungsfaktor. Aus dem Vorigen folgt dann, dass theoretisch $\overline{N}$ proportional $1/\mathfrak{m}^2$ sein muss, das heisst:

I. Der Entmagnetisirungsfaktor kreiscylindrischer Stäbe ist theoretisch dem Quadrate des Dimensionsverhältnisses umgekehrt proportional.

Nennen wir den Proportionalitätsfaktor C, so muss

(9) $$\overline{N}\,\mathfrak{m}^2 = C$$

konstant sein. Man findet nun aus der Diskussion von Versuchen mit Cylindern, dass dies in der That zutrifft, wofern das Dimensionsverhältnis mehr als etwa 100 beträgt; die Zahl C hat dann den konstanten Werth 45. Man kann also den mittleren Entmagnetisirungsfaktor von Cylindern, deren Länge den Durchmesser um mehr als das Hundertfache übertrifft, einfach berechnen, indem man das Quadrat des Dimensionsverhältnisses in 45 dividirt.

§ 25. Entmagnetisirungsfaktoren von Kreiscylindern. Die erwähnten Versuche sind solche, die mit Cylindern verschiedener Länge bei gegebener Dicke und gegebenem Material ausgeführt wurden. Der unvermeidlichen Heterogenität des Materials wegen ist es besser, wie es auch theilweise geschehen ist, die Cylinder aus demselben Stück heraus allmählich kürzer zu schneiden; am allerbesten wäre es freilich bei konstant bleibender Länge den Cylinder nach und nach auf geringere Durchmesser abzudrehen, wie wir es uns zum Zwecke der theoretischen Herleitung ausgeführt gedacht haben. Es werden dann die für verschiedene Werthe von $\mathfrak{m}$ experimentell gefundenen Magnetisirungskurven nebeneinander aufgezeichnet und aus den Abscissendifferenzen in der oben (§ 16) angegebenen Weise die zugehörigen Entmagnetisirungsfaktoren hergeleitet[1]).

Es stellt sich dann heraus, dass für kürzere Cylinder, für die $\mathfrak{m} < 100$, die Zahl C nicht mehr konstant bleibt, sondern abnimmt. In Tab. 1, welche zum bequemeren Vergleich mit anderen Zahlen erst auf p. 45 abgedruckt ist, wird eine Übersicht der in der beschriebenen Weise gefundenen mittleren Entmagnetisirungsfaktoren von Cylindern gegeben. Die Werthe $C = \mathfrak{m}^2\,\overline{N}$ sind ebenfalls angeführt, weil sie sich ihrer geringeren Veränderlichkeit halber zur Interpolation besser eignen.

Es ist ferner experimentell festgestellt worden, dass ferromagnetische Prismen oder zusammengeschnürte Bündel von

---

1) Solche Versuche wurden theils von Ewing (Phil. Trans **176.** II. p. 535 u Pl. 57. Fig. 3, 1885), theils von Tanakadaté (Phil. Mag. [5] 26 p. 450, 1888, ausgeführt. Die theoretischen Folgerungen stammen vom Verf. (Wied. Ann. **46.** p. 497, 1892.)

beliebigem Profil in ihrem Verhalten wenig von Kreiscylindern gleicher Länge und gleichen Querschnitts abweichen[1]). Man hat also in der Tabelle ein Mittel, die Beobachtungsresultate von Versuchen mit Stäben und Bündeln auf den eigentlichen Normalfall endloser Gestalten zurückzuführen, bezw. durch Rückscheerung (§ 17) die allein charakteristische Normalkurve des untersuchten Materials zu erhalten. Dies ist um so nothwendiger, als weitaus die Mehrzahl der vorliegenden, zum Theil sehr werthvollen Experimentaluntersuchungen mit Stäben ausgeführt sind; auch liegt es in der Natur der Sache, dass dies in Zukunft noch häufig geschehen dürfte; die in dieser Weise erhaltenen Resultate und Kurven sind aber schwerlich ohne weiteres interpretirbar und verlieren dadurch bedeutend an Werth.

§ 26. Kurzer Cylinder. — Magnetisirungslinien. Wir sahen bereits, dass für kürzere Cylinder (für die etwa $\mathfrak{m} < 100$) der einfache Satz I des § 24 nicht mehr gilt, sondern dass deren Entmagnetisirungsfaktor kleiner ist, als ihn jener Satz vorschreibt; eine oder mehrere der Voraussetzungen, unter denen er abgeleitet wurde, treffen daher nicht mehr zu.

In der That, wenn wir die sekundären Windungen am Cylinder entlang verschieben und den in ihnen in verschiedenen Lagen beim Magnetisiren erzeugten Stromimpuls untersuchen, so finden wir, dass dieser nicht plötzlich abfällt, wenn die Sekundärspule über die Enden weggeschoben wird, sondern in einem gewissen Abstande vor den Enden geringer wird; dieser Abstand kommt gegen die Länge eines kurzen Cylinders mehr in Betracht, als gegen die eines gestreckteren. Wir schliessen daraus, dass die Induktion in der Stabmitte einen grösseren Werth hat, als weiter nach den Enden zu: dies ist daher auch mit der Magnetisirung der Fall.

Wenn wir nun die Fernwirkung der Enden untersuchen, so werden wir finden, dass sie geringer ist, als dem Werthe der Magnetisirung in der Stabmitte entsprechen würde. Zugleich aber ist die Vertheilung des äusseren Feldes so beschaffen, als ob ausser von den geometrischen Stabenden auch von den benachbarten Theilen des Stabes eine Wirkung ausginge, als ob auch dort gewissermaassen »Enden« vorhanden wären. Wir werden in dieser Weise dazu geführt, den Begriff »Ende« zu verallgemeinern.

---

1) von Waltenhofen, Wien. Ber. **48** 2. Abth. p. 518, 1863.

Wir betrachten ihn nicht mehr als einen rein geometrischen in dem Sinne, dass wir darunter die beiden Stirnflächen des Stabes verstehen; vielmehr fassen wir die Magnetisirung des kurzen Cylinders so auf, als ob der stärkere magnetische Zustand, welcher in der Stabmitte herrscht, nur allmählich endete, mithin eine grosse Anzahl magnetischer Endelemente aufwiese, von denen ein jedes seine eigene elementare Fernwirkung nach dem Coulomb-schen Gesetze ausübte. Ebenso wie vorher ein positives und ein negatives Ende unterschieden wurde, müssen wir jetzt die Endelemente als positive oder negative unterscheiden, die sich vorwiegend auf die entsprechenden Hälften des Stabes vertheilen werden. Dabei muss die algebraische Summe der Stärken aller Endelemente stets Null sein, auch bei einem beliebig gestalteten und magnetisirten Körper; das folgt u. A. schon aus der (§ 23) angeführten Thatsache, dass ein fremdes Feld von konstantem Werthe und unveränderlicher Richtung auf einen solchen Körper nur ein Kräftepaar, niemals eine Kraft, ausübt.

Hiermit auf das engste zusammenhängend ist der Verlauf der Magnetisirungslinien, d. h. derjenigen Linien, deren Tangente in jedem Punkte der Richtung des Vektors $\mathfrak{J}$ entspricht, ähnlich wie wir es früher bei den Intensitätslinien für den Vektor $\mathfrak{H}$ festgestellt haben. Eine Schaar solcher Magnetisirungslinien wurde bereits in Fig. 7, p. 34, in ihrem ungefähren Verlaufe innerhalb eines kurzen Cylinders dargestellt. Wie ersichtlich, erreichen viele Linien nicht in der Stirnfläche, sondern vorher in der Mantelfläche des Cylinders ihren Endpunkt. Diese Endpunkte versinnbildlichen in greifbarer Weise den auf den ersten Blick fremdartigen Begriff des Endelementes, zu dem wir oben gelangten. Wir haben zwar bisher Linienschaaren im allgemeinen, und insbesondere Magnetisirungslinien, nur als ein Mittel betrachtet die Richtungen der betreffenden Vektoren darzustellen, werden aber weiter unten (§ 59) sehen, dass sie in manchen Fällen auch Schlüsse hinsichtlich ihrer numerischer Werthe gestatten.

§ 27. Die Endelemente als Fernwirkungscentra. — Hypothese der zwei Fluida. Wir sind so auf verschiedenen Wegen zu der Auffassung gelangt, einen magnetisirten Körper gewissermaassen als mit Endelementen besät zu betrachten, von denen ein jedes nach dem Coulomb'schen Gesetze in die Ferne zu wirken scheint.

Solche scheinbare Fernwirkungscentra befinden sich in vorwiegender Anzahl auf der Oberfläche des Körpers, in besonderen Fällen sogar ausschliesslich auf dieser; wie wir jedoch sehen werden, treten sie im allgemeinsten Falle auch im Innern auf. Mit der Einführung einer unendlichen Anzahl von Endelementen rückt aber das betrachtete Problem naturgemäss aus dem Bereiche elementarer Behandlung in dasjenige höherer mathematischer Rechnung. Wir müssen daher in dieser Hinsicht auf die beiden Kapitel III und IV verweisen, wenn wir auch im Folgenden zunächst noch einige Specialfälle betrachten werden, deren Berechnung erst später gegeben werden kann; hier kommt es uns nur auf die Resultate an.

Die Auffassung, zu der wir im Vorigen auf zwei Wegen gelangt sind, schliesst sich an eine ältere, noch vielfach verbreitete Hypothese an, der wir deswegen einige Worte widmen wollen. Es wurden dabei zwei magnetische Fluida, ein positives (nördliches) und ein negatives (südliches) angenommen, von denen jedes Elementartheilchen nach dem Coulomb'schen Gesetze eine Fernwirkung ausübt, die für beide Fluida entgegengesetztes Zeichen aufweist. Diese sind in genau gleichen Mengen über den magnetisirten Körper vertheilt, vorwiegend auf seiner Oberfläche, jedoch auch im Innern. Die mathematische Entwicklung dieser Ansätze hat zu Resultaten geführt, die sich experimentell scharf bestätigen liessen. Man ist infolgedessen lange Zeit geneigt gewesen, die Annahmen, von denen man ausging, ebenfalls für richtig zu halten, ohne sich dadurch abhalten zu lassen, dass jene Vorstellungen jeglicher plausiblen physikalischen Begründung von vornherein entbehrten, als aus einer Zeit stammend, in der hierauf verhältnismässig geringes Gewicht gelegt wurde.

Die hier skizzirte Theorie der Nord- und Südfluida hat nun grosse Ähnlichkeit mit unserer Auffassung, nach der Endelemente als das für Fernwirkungen wesentliche Agens betrachtet werden. Die alte, von Poisson herrührende, mathematische Theorie lässt sich daher ohne einschneidende Änderungen noch ebensogut wie früher verwerthen, wie aus den folgenden Kapiteln hervorgehen wird; die Anpassung jener Theorie auf die thatsächlichen Verhältnisse ist hauptsächlich das Werk Lord Kelvin's, F. Neumann's, Kirchhoff's und Maxwell's.

Wir haben zwar keine Veranlassung, uns in diesem Buche eingehend mit den verschiedenen Hypothesen zu beschäftigen, die im Laufe der Zeit zur Erklärung des Wesens des Magnetismus aufgestellt worden sind, wollen aber doch erwähnen, dass vor der besprochenen Poisson'schen Theorie von Euler die Hypothese ausgesprochen worden ist, der Magnetismus sei eine in geschlossenen Bahnen fliessende Materie (vergl. § 111). Beiden Theorien wohnt nach unseren jetzigen Anschauungen kaum irgend welche Wahrscheinlichkeit inne; als die den Thatsachen am besten entsprechende und entwickelungsfähigste Theorie muss heute wohl die Weber'sche Annahme orientirbarer Elementartheilchen gelten, wie sie hauptsächlich von Maxwell, Wiedemann und Ewing[1]) weiterentwickelt ist; dabei kann der präexistirende Magnetismus jener Elementartheilchen auf Wirbel, Ampère'sche Molekularströme oder rotirende Ionen zurückgeführt werden.

§ 28. Gleichförmiges Feld. — Ellipsoid. Man nennt ein magnetisches Feld innerhalb eines bestimmten Raumgebiets gleichförmig, wenn es in allen seinen Punkten denselben Werth und die gleiche Richtung hat; die Intensitätslinien sind dann parallele Geraden. Ganz analog spricht man von der gleichförmigen Vertheilung beliebiger Vektoren im Raume (§ 43). Bei den zuletzt angestellten Betrachtungen haben wir stets gleichförmige Felder vorausgesetzt, wie sie beispielsweise eine Spule von der in Fig. 6 p. 29 dargestellten Gestalt in ihrem Innern erzeugt. In der Praxis verwendet man derartige Spulen kaum, sondern gerade Spiralen von mindestens der dreifachen Länge des zu magnetisirenden Körpers; in dem von diesem eingenommenen Raum in der Mitte der Spule ist dann das Feld mit für die meisten Zwecke genügender Annäherung gleichförmig.

Wie wir es bereits an dem kurzen Cylinder gesehen haben, ist die im gleichförmigen Felde inducirte Magnetisirung darum nicht nothwendig ebenfalls gleichförmig. Es lässt sich mathematisch beweisen (§ 69), dass dies nur bei Körpern zutrifft, deren Gestalt die eines Ellipsoids ist[2]); wenn dessen eine Axe mit der Feldrichtung zusammenfällt, so ist die Magnetisirung jener Axe gleichgerichtet. Die selbstentmagnetisirende Intensität pro Einheit

---

1) Siehe Wiedemann, Lehre v. d. Elektr. 3. Aufl. **3**. Braunschweig 1883. Ewing, magnetische Induktion u. s. w. Kap. XI, Berlin 1892.

2) Vergl. auch Maxwell, Treatise 2. Auflage **2**. §§ 437, 438. Dort sind auch die im Folgenden anzuführenden Formeln hergeleitet.

der Magnetisirung nennen wir dann wieder den Entmagnetisirungsfaktor für die betreffende Axenrichtung.

Jene selbstentmagnetisirende Intensität im Innern des Körpers (§ 24) ist in diesem Falle auch gleichförmig vertheilt und die resultirende Intensität, die sich aus dieser und dem ursprünglich vorhandenen, durch die Spule erzeugten, Felde zusammensetzt, ebenfalls (§ 68). Das Ellipsoid und die von ihm direkt ableitbaren geometrischen Gestalten werden dadurch zu einfachen Typen unvollkommener magnetischer Kreise, ähnlich wie es das geschlossene Toroid für die vollkommenen Kreise ist.

§ 29. Rotationsellipsoide: Ovoid, Sphäroid. Wir werden uns hier auf den Fall des Rotationsellipsoids beschränken, welches

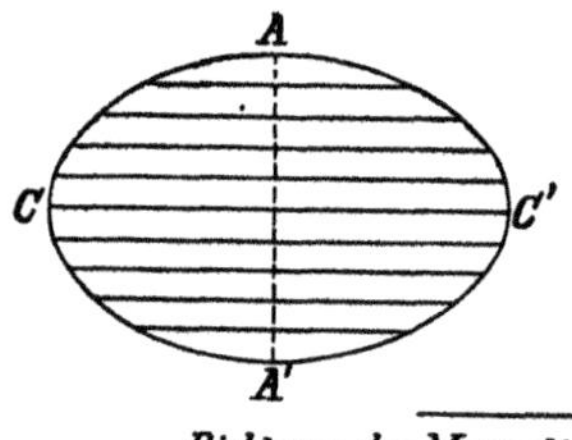

Fig. 8.

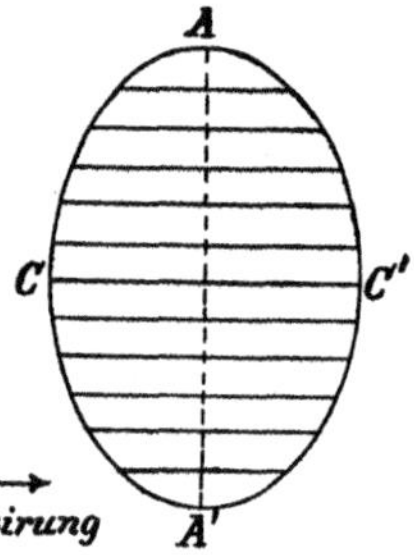

Fig. 9.

auf der Drehbank hergestellt werden kann und daher praktisch am wichtigsten ist. Es sei $2c$ die Länge der Rotationsaxe $\overline{CC'}$ (Fig. 8, 9), $2a$ diejenige des Durchmessers des zu dieser senkrechten Äquatorialkreises. Dann ist $\mathfrak{m} = c/a$ das Axenverhältniss.

Es wird vorausgesetzt, dass die Rotationsaxe parallell der Feldrichtung liege, so dass nach dem Obigen auch die Magnetisirung in dieser Richtung erfolgt. Wir unterscheiden zwei Fälle, je nachdem die Rotationsaxe länger oder kürzer ist als die Äquatorialaxe $\overline{AA'}$:

A. Ovoid (langgestrecktes Rotationsellipsoid) $c > a$, folglich $\mathfrak{m} > 1$. Die Excentricität $\mathfrak{e}$ der Meridianellipse wird gegeben durch den Ausdruck

$$\mathfrak{e} = \sqrt{1 - \frac{a^2}{c^2}} = \sqrt{1 - \frac{1}{\mathfrak{m}^2}}.$$

Dann ist N_z, der Entmagnetisirungsfaktor in der Richtung der Rotationsaxe, als Funktion der Excentricität gegeben durch die Gleichung

$$(10) \qquad N_z = 4\pi \left(\frac{1}{\mathfrak{e}^2} - 1\right) \left(\frac{1}{2\mathfrak{e}} \text{ lognat } \frac{1+\mathfrak{e}}{1-\mathfrak{e}} - 1\right).$$

Oder, wenn wir das Axenverhältnis $\mathfrak{m}$ als Argument einführen,

$$(11) \quad N_z = \frac{4\pi}{\mathfrak{m}^2 - 1} \left(\frac{\mathfrak{m}}{\sqrt{\mathfrak{m}^2 - 1}} \text{ lognat } (\mathfrak{m} + \sqrt{\mathfrak{m}^2 - 1}) - 1\right).$$

Wenn in diesem Ausdrucke $\mathfrak{m}$ grössere Werthe annimmt, wir es also mit gestreckteren Ovoiden zu thun haben, so nähert er sich, (wie unmittelbar zu übersehen, indem wir 1 gegen $\mathfrak{m}^2$ vernachlässigen,) der einfacheren Form

$$(12) \qquad N_z = \frac{4\pi}{\mathfrak{m}^2} (\text{lognat. } 2\mathfrak{m} - 1),$$

welche bei Axenverhältnissen, die etwa den Werth 50 übertreffen, bis auf wenige Tausendstel angenäherte, bei noch gestreckteren Ovoiden fast völlig genaue Werthe für N_z ergibt.

B. Sphäroid (abgeplattetes Rotationsellipsoid) $c < a$, folglich $\mathfrak{m} < 1$. Die Excentricität $\mathfrak{e}$ der Meridianellipse wird gegeben durch den Ausdruck

$$\mathfrak{e} = \sqrt{1 - \frac{c^2}{a^2}} = \sqrt{1 - \mathfrak{m}^2},$$

und der Entmagnetisirungsfaktor als Funktion dieser Excentricität durch

$$(13) \qquad N_z = \frac{4\pi}{\mathfrak{e}^2} \left(1 - \sqrt{\left(\frac{1}{\mathfrak{e}^2} - 1\right)} \text{ arc sin } \mathfrak{e}\right)$$

oder als Funktion des Axenverhältnisses $\mathfrak{m}$ durch

$$(14) \qquad N_z = \frac{4\pi}{1 - \mathfrak{m}^2} \left(1 - \frac{\mathfrak{m}}{\sqrt{1 - \mathfrak{m}^2}} \text{ arc cos } \mathfrak{m}\right).$$

§ 30. Weitere Specialfälle: Vollkugel, Kreiscylinder, Platte. Der mathematischen Analyse ist es bisher nur gelungen, von unvollkommenen magnetischen Kreisen eine einzige Specialform, das Ellipsoid, der genaueren Lösung zugänglich zu machen (vergl. § 70). Dieser Mangel an Ausbeute wird dadurch einigermassen kompensirt, dass mehrere andere wichtige Gestalten sich als specielle Fälle des Ellipsoids auffassen lassen.

C. Vollkugel. Diese kann als Ellipsoid mit drei gleichen Axen betrachtet werden. Es ergibt sich für den Entmagnetisirungsfaktor in jeder beliebigen Richtung

$$N = \frac{4\pi}{3}. \tag{15}$$

D. Kreiscylinder (transversal magnetisirt). Betrachtet man einen ferromagnetischen Cylinder, der nun nicht (wie § 24) in seiner Axenrichtung, sondern quer dazu magnetisirt wird, als Ellipsoid mit zwei gleichen und einer dritten unendlich langen Queraxe, so erhält man für N_x, den Entmagnetisirungsfaktor in jeder Transversalrichtung, den Werth

$$N_x = 2\pi. \tag{16}$$

E. Dünne Platte (transversal magnetisirt). Den grösstmöglichen Entmagnetisirungsfaktor weist eine dünne ferromagnetische Platte auf, die senkrecht zu ihrer Ebene magnetisirt wird. Sie lässt sich offenbar betrachten als ein unendlich abgeplattetes Sphäroid, dessen Excentricität dann $\mathfrak{e} = 1$ beträgt. Aus Gleichung (13) folgt durch Einsetzen dieses Werthes

$$N_z = 4\pi. \tag{17}$$

§ 31. Tabellarische Übersicht. Wir haben uns bei den zuletzt besprochenen Specialformen auf die blosse Angabe der Entmagnetisirungsfaktoren beschränkt, welche in allen diesen Fällen für die betreffende Richtung über den ganzen Körper konstant sind und das Problem seiner Magnetisirung vollständig bestimmen. Sobald man sie kennt, lässt sich die Magnetisirungskurve für die besondere Körpergestalt ohne Weiteres graphisch konstruiren, wie wir alsbald sehen werden. Obwohl nun das Ellipsoid und seine Abarten, wie gesagt, als einfache Typen unvollkommener magnetischer Kreise gelten können, so pflegt man doch auf ihre Eigenschaften als solche, namentlich wenn man sie in Verbindung mit dem magnetischen Zustande in dem umgebenden indifferenten Medium betrachtet, kein besonderes Gewicht zu legen; denn die Betrachtungen werden dadurch in diesen Fällen keineswegs vereinfacht.

Die eingehendere Diskussion der zum Theil, namentlich als Grundlage der experimentellen Methodik, interessanten Folgerungen über das magnetische Verhalten, welche sich aus den durch obige Gleichungen gegebenen Werthen von N ziehen lassen, muss an dieser Stelle unterbleiben. In Tabelle 1 wird eine Übersicht über die Entmagnetisirungsfaktoren von Cylindern, (§ 25)

Tabelle 1.

Entmagnetisirungsfaktoren von Cylindern und Rotationsellipsoiden.

m	Cylinder		Rotationsellipsoide		
	$C = \mathfrak{m}^2 \overline{N}$	$\overline{N}$	N	$C = \mathfrak{m}^2 N$	Specialfall
0	0	12,5664	12,5664	0	Dünne Platte
0,5	—	—	6,5864	—	Sphäroid
1	—	—	4,1888	—	Vollkugel
5	—	—	0,7015	—	Ovoid
10	21,6	0,2160	0,2549	25,5	„
15	27,1	0,1206	0,1350	30,4	„
20	31,0	0,0775	0,0848	34,0	„
25	33,4	0,0533	0,0579	36,2	„
30	35,4	0,0393	0,0432	38,8	„
40	38,7	0,0238	0,0266	42,5	„
50	40,5	0,0162	0,0181	45,3	„
60	42,4	0,0118	0,0132	47,5	„
70	43,7	0,0089	0,0101	49,5	„
80	44,4	0,0069	0,0080	51,2	„
90	44,8	0,0055	0,0065	52,5	„
100	45,0	0,0045	0,0054	54,0	„
150	45,0	0,0020	0,0026	58,3	„
200	45,0	0,0011	0,0016	64,0	„
300	45,0	0,00050	0,00075	67,5	„
400	45,0	0,00028	0,00045	72,0	„
500	45,0	0,00018	0,00030	75,0	„
1000	45,0	0,00005	0,00008	80,0	„
∞	—	0	0	—	Endlos

und Rotationsellipsoiden für Werthe des Dimensions- bezw. Axenverhältnisses zwischen 0 und ∞ gegeben. In beiden Fällen sind auch die Produkte $C = \mathfrak{m}^2 \overline{N}$ bezw. $= \mathfrak{m}^2 N$ beigefügt, welche sich besser zur Interpolation eignen. Aus den Zahlenreihen geht hervor, dass die N für Ovoide stets grösser sind, als die $\overline{N}$ der entsprechenden Cylinder. Es ist folglich unstatthaft, diese Werthe einander gleichzustellen, wie dies früher wohl geschah[1]); vielmehr verhält sich ein Ovoid wie ein um etwa 10 % bis 20 % kürzerer Cylinder.

§ 32. Graphische Darstellung. Aus Tabelle 1 geht hervor, dass der Entmagnetisirungsfaktor von 0 bis 4π (= 12,5664) wächst, wenn wir, von einem endlosen Gebilde (sei es ein unendlich langgestrecktes oder ein ringförmig geschlossenes) ausgehend, seine Gestalt immer mehr verkürzen, bis wir schliesslich eine dünne ausgedehnte Platte erhalten, bei welcher der Einfluss der »Enden«, d. h. dann der beiderseitigen Begrenzungsflächen, offenbar seinen höchsten Grenzwerth erreicht.

Übertragen wir dies auf die Magnetisirungskurven, indem wir den Einfluss des Entmagnetisirungsfaktors durch die Richtlinie $\Delta \mathfrak{H} = N \mathfrak{J}$ [Gl. (1) § 17] darstellen, von der aus wir dann das oben erläuterte Scheerungsverfahren anwenden. Es leuchtet dann ohne Weiteres ein, wie bei zunehmenden Werthen von N die Richtlinie immer mehr von der Ordinatenaxe ab nach links geneigt liegen wird. Die Magnetisirungskurve wird daher nach der Scheerung um so mehr nach rechts verschoben erscheinen, je grösser N ist, (d. h. also je kürzere Ellipsoide oder je weiter aufgeschnittene Toroide) betrachtet werden[2]). Es empfiehlt sich, diese Konstruktion für einen konkreten Fall, etwa für schmiedeeiserne Ellipsoide durchzuführen, und zwar in nicht zu kleinem Maassstabe. Es wird sich dann zeigen, dass beim Verkürzen der Ellipsoide die Kurve allmählich ihre Gestalt ändert und bald von zwei Geraden eng umschlossen erscheint. Die erste geht durch den Ursprung und ist gegen die Ordinatenaxe um denselben Winkel nach rechts geneigt, als es die Richtlinie nach links ist. Die zweite Gerade läuft im Abstande $\mathfrak{J}_m$ der Abscissenaxe parallel, wo $\mathfrak{J}_m$ die Maximalmagnetisirung bezeichnet. Wir sehen nun, wie die erste Gerade nur durch den Werth von N, d. h. durch die Gestalt, die zweite nur durch die Art des Materials, der Schnittpunkt aber durch beide Faktoren bestimmt wird. Dasselbe gilt fast unvermindert

---

1) Vergl. W. Weber. Elektrodyn. Maassbestimmungen **3**. p. 573, 1867, Kirchhoff Ges. Abh. p. 221. Oberbeck, Pogg, Ann. **135**. p. 84, 1868.

2) Vergl. hierzu Fig. 21 p. 135, welche den Einfluss von Schnitten zunehmender Weite auf den Verlauf der Magnetisirungskurven bei Toroiden darstellt.

für die an jede Gerade sich anschmiegenden Theile der Kurve, welche man diesem Verhalten nach sofort für eine Hyperbel halten wird.

§ 33. Hyperbelähnliche Magnetisirungskurven. Für kürzere Rotationsellipsoide oder weiter aufgeschnittene Toroide, kurz bei grösseren Werthen des Faktors N, weicht die Magnetisirungskurve denn auch von einer Hyperbel wenig ab, deren Asymptoten das besprochene Geradenpaar sind und deren Gleichung man dann am einfachsten

$$(18) \quad x = N\dot{y} + \frac{P}{1-y} \quad \text{oder} \quad x = \frac{Ny + (P - Ny^2)}{1-y}$$

schreibt. Darin bedeutet P eine zweite Konstante; als Koordinateneinheit ist dabei die Maximalmagnetisirung gewählt; die Gleichung lässt sich mittelst einfacher analytisch-geometrischer Rechnung herleiten.

Es muss betont werden, dass dies nur eine Annäherung an die wirkliche Gestalt der Magnetisirungskurve sein soll. Denn ihr geneigter Theil kann nie ein Hyperbelzweig sein, schon weil er einen, wenn auch im Ganzen wenig auffallenden, Inflexionspunkt besitzt und durch den Ursprung gehen muss. Was hingegen den horizontalen Ast betrifft, so ist sein Annäherungsgesetz an die Asymptote nach gewissen optischen Versuchen wahrscheinlich in der That ein hyperbolisches, wenigstens in sehr intensiven Feldern [1]). Diese Hyperbel ist nicht zu verwechseln mit der rein empirischen sogenannten Kurve des »wirksamen Magnetismus« von O. Frölich, auf die wir im achten Kapitel zurückkommen werden.

Wir sehen also, wie sich bei wachsendem Entmagnetisirungsfaktor die Magnetisirungskurven für Rotationsellipsoide oder aufgeschnittene Toroide allmählich von der Ordinatenaxe wegziehen; dabei bleibt aber die zweite der Abscissenaxe parallele Asymptote immer dieselbe. Die Grenzkurven sind die Normalkurve ($N = 0$) einerseits, diejenige für eine transversalmagnetisirte dünne Platte ($N = 4\pi$) andererseits. Jene charakterisirt das Material und ist gewöhnlich maassgebend, diese beansprucht eine gewisse Sonder-

1) Es scheint das aus optischen Messungen des Verf. (Phil. Mag. [5] **29**. p. 302, 1890) zu folgen, wenn es auch nicht allgemein als mit Sicherheit feststehend betrachtet werden kann.

stellung, seit verschiedene physikalische Erscheinungen (vergl. § 10) durch sie der Betrachtung quantitativ zugänglich wurden.

Sämtliche überhaupt mit verschieden gestalteten Körpern aus gegebenem ferromagnetischen Material erhältlichen Kurven müssen zwischen diesen beiden Grenzkurven liegen; und dies gilt nicht nur für die beiden Körperformen Rotationsellipsoid und durchschnittenes Toroid, sondern kann auf jede beliebige Gestalt ausgedehnt werden, in die man das Material hineinbringt. Zwar wird dann die Magnetisirung keine gleichförmige mehr sein, aber auf ihre mittlere Komponente in einer vorgeschriebenen Richtung bezieht sich das Gesagte nach wie vor. Der mittlere Entmagnetisirungsfaktor für jede Gestalt lässt sich mittelst des wiederholt erörterten Scheerungsverfahrens empirisch aus den Abscissendifferenzen der entsprechenden, experimentell bestimmten Kurve und der Normalkurve finden (vergl. Kap. V).

Drittes Kapitel.

Grundzüge der Theorie der starren Magnete.[1])

A. Geometrische Theorie der Vektorvertheilung.

§ 34. Vektorvertheilungen. Ebenso wie es bereits am Anfang des ersten Kapitels (§ 3) angebracht war, einige elementare Betrachtungen über Quaternionenbegriffe vorauszuschicken, haben wir uns an dieser Stelle wieder zunächst, soweit nöthig, mit geometrischen Anschauungsweisen allgemeiner Natur, welche damit zusammenhängen, zu beschäftigen. Die Einführung derselben wird in die Behandlung des Folgenden grössere Klarheit bringen, als unter ausschliesslicher Anwendung rein analytischer Methoden erreichbar sein würde[2]). Treffen wir zuvor die nöthigen Feststellungen betreffs der im Folgenden überall durchzuführenden Bezeichnungen.

Die Quaternionenausdrücke Skalar und Vektor haben wir bereits (§ 3) definirt; eine Vektorgrösse im allgemeinen, ohne Rücksicht auf ihre specielle Natur, werden wir mit $\mathfrak{F}$ bezeichnen. Um die überflüssige Häufung der einzuführenden Buchstaben zu umgehen, werden den Vektoren Richtungsindices angehängt, wie z. B. x, y, z, ν, τ, um ihre Komponenten nach den X, Y, Z-Axen, die Normalkomponenten und die Tangential-

1) In den folgenden Kapiteln III, IV und V musste von der Benutzung elementarer Methoden Abstand genommen werden.

2) Es sei hierbei auf zwei Kapitel allgemeinen Inhalts im ersten Bande von Maxwell's Treatise verwiesen: Die Einleitung und Kap. IV.

komponenten zu bestimmten Flächen zu kennzeichnen.[1]) Erstere stellen sich geometrisch als die Projektion des Vektors auf die Normale zur Fläche dar, letztere als diejenige auf die Tangentialebene zu derselben in dem betrachteten Punkt.

Die Normalen zu Flächen bezeichnen wir allgemein mit $\mathfrak{N}$; dabei ist in jedem besonderen Falle festzustellen, welche von den beiden entgegengesetzten Richtungen als positiv gelten soll. Den Winkel zwischen zwei Vektoren deuten wir an, indem wir beide, durch ein Komma getrennt, einklammern. Mit S bezeichnen wir Flächenstücke, mit L Kurvenstrecken; mit dS bezw. dL die entsprechenden Elemente. Die Bedeutung dieser Bezeichnungen wird z. B. durch folgende Identitäten wohl zu Genüge erläutert:

$$\mathfrak{F}_\nu = \mathfrak{F} \cos(\mathfrak{F}, \mathfrak{N})$$

und

$$\mathfrak{F}_\tau = \mathfrak{F} \sin(\mathfrak{F}, \mathfrak{N}),$$

welche zugleich daran erinnern, dass man den numerischen Werth einer Vektorkomponente erhält, indem man denjenigen des Vektors selbst in den Kosinus des zwischen beiden Richtungen eingeschlossenen Winkels multiplicirt (§ 3).

Betrachten wir nun ein begrenztes oder unendlich ausgedehntes Raumgebiet, innerhalb dessen eine beliebige Vektorgrösse auftritt; wir können es das Feld des Vektors nennen. Seine Richtung und sein numerischer Werth werden sich im allgemeinen von Punkt zu Punkt in stetiger Weise ändern; indessen ist das Vorhandensein von Unstetigkeitsflächen nicht ausgeschlossen.

Das Raumgebiet kann einfach oder mehrfach zusammenhängend sein; falls das Gegentheil nicht ausdrücklich bemerkt ist, wird aber ersterer Fall vorausgesetzt. Die Art und Weise, wie die verschiedenen Richtungen und Werthe des Vektors über die betrachteten Punkte vertheilt sind, nennt man die geometrische Vertheilung des Vektors in dem zu untersuchenden Raumgebiet. Es gibt verschiedene charakteristische Vertheilungsarten der in der Natur vorkommenden Vektorgrössen. Jede von diesen ist bestimmten Bedingungen unterworfen, in deren analytischer Formulirung die Ableitungen (Differentialquotienten) der Vektorkomponenten nach den Koordinaten eine Hauptrolle spielen. Diese

1) Solche Richtungsindices sind in der Elasticitätstheorie üblich; sie fördern die Kürze und Übersichtlichkeit der Entwicklungen.

näher zu untersuchen, wird unsere nächste Aufgabe sein; zuvor haben wir jedoch einen wichtigen allgemeinen Satz zu beweisen.

§ 35. Flächenintegrale und ihre Eigenschaften. Das Doppelintegral

$$\mathbf{S} = \int\int \mathfrak{F} \cos(\mathfrak{F}, \mathfrak{N})\, dS = \int\int \mathfrak{F}_\nu\, dS \text{ [1]}$$

über S genommen, nennt man das Flächenintegral des Vektors $\mathfrak{F}$ über das Flächenstück S. Man erhält es, wenn man das Produkt aus jedem Flächenelement in die zu ihm normale Vektorkomponente bildet, und dieses Produkt über die ganze Fläche integrirt. Betrachten wir insbesondere das Flächenintegral über eine geschlossene Fläche S'. Innerhalb des von letzterer umgrenzten Raumgebiets seien $\mathfrak{F}_x$, $\mathfrak{F}_y$ und $\mathfrak{F}_z$ stetig und endlich, mit Ausnahme einer Unstetigkeitsfläche $F(x, y, z)$, an der jene Vektorkomponenten einen Sprung erleiden; ihre Werthe an der einen Seite der Fläche seien einfach mit $\mathfrak{F}_x$, $\mathfrak{F}_y$, $\mathfrak{F}_z$, die an der andern Seite mit $\mathfrak{F}_x'$, $\mathfrak{F}_y'$, $\mathfrak{F}_z'$ bezeichnet.

Die positive Richtung der Normalen $\mathfrak{N}_s$ zu der geschlossenen Fläche S' sei immer die ihrem Innern zugewandte; ihre Richtungskosinus bezeichnen wir abgekürzt mit

$$\mathfrak{l}_s = \cos(\mathfrak{N}_s, X), \qquad \mathfrak{m}_s = \cos(\mathfrak{N}_s, Y), \qquad \mathfrak{n}_s = \cos(\mathfrak{N}_s, Z).$$

Ebenso setzen wir die Richtungskosinus der Normalen zu F

$$\mathfrak{l}_f = \cos(\mathfrak{N}_f, X), \qquad \mathfrak{m}_f = \cos(\mathfrak{N}_f, Y), \qquad \mathfrak{n}_f = \cos(\mathfrak{N}_f, Z).$$

Legen wir nun eine Hilfsgerade parallel der X-Axe, so wird diese im allgemeinen die Fläche S' in einer geraden Anzahl von Punkten schneiden müssen; nehmen wir zunächst an, es seien deren nur zwei, und zwischen diesen beiden schneide die Gerade auch die Unstetigkeitsfläche F. Verfolgen wir also diese Gerade in der positiven Richtung, so wird sie zuerst in irgend einem Punkte $x = x_1$ in die Fläche S' eintreten, wo $\mathfrak{F}_x = \mathfrak{F}_{x_1}$ und

$$\mathfrak{l}_s\, dS' = dy\, dz\,;$$

---

1) Zur besseren Unterscheidung sind Linienintegrale als $\int$, Flächenintegrale als $\int\int$, Raumintegrale als $\int\int\int$ angeführt, auch wenn für die beiden letzteren scheinbar eine einfache Integration nach dS bezw. dV vorgeschrieben ist; bei der Rechnung wird man doch thatsächlich stets eine doppelte bezw. dreifache Integration vorzunehmen haben.

sie wird sodann die Fläche F schneiden, wobei $\mathfrak{F}_x$ plötzlich auf den Werth $\mathfrak{F}_x'$ überspringt; dort ist ferner

$$\mathfrak{l}_f\, d F = dy\, dz\,;$$

endlich wird die Gerade wieder aus S' austreten und zwar in einem Punkte $x = x_2$, wo $\mathfrak{F}_x = \mathfrak{F}_{x_2}$ und

$$\mathfrak{l}_s\, d S' = -\, dy\, dz.$$

Wir haben dann bekanntlich

$$\mathfrak{F}_{x_2} - \mathfrak{F}_{x_1} = \int\limits_{x_1}^{x_2} \frac{\partial \mathfrak{F}_x}{\partial x}\, dx + (\mathfrak{F}_x' - \mathfrak{F}_x). \tag{1}$$

Wir sind nun im stande, unser Flächenintegral zu berechnen; denn aus der bekannten Beziehung

$$\cos(\mathfrak{F}, \mathfrak{N}) = \cos(\mathfrak{F}, X)\cos(\mathfrak{N}, X) + \cos(\mathfrak{F}, Y)\cos(\mathfrak{N}, Y) + \cos(\mathfrak{F}, Z)\cos(\mathfrak{N}, Z)$$

folgt

$$\int\!\!\int \mathfrak{F}\cos(\mathfrak{F}, \mathfrak{N}_s)\, dS' = \int\!\!\int \mathfrak{F}_x\, \mathfrak{l}_s\, dS' + \int\!\!\int \mathfrak{F}_y\, \mathfrak{m}_s\, dS' + \int\!\!\int \mathfrak{F}_z\, \mathfrak{n}_s\, dS', \tag{2}$$

wobei sämtliche Doppelintegrale über S' zu nehmen sind. Betrachten wir eines der Glieder an der rechten Seite dieser Gleichung, etwa das erste, so bemerken wir, dass nach dem Vorhergehenden

$$\int\!\!\int \mathfrak{F}_x\, \mathfrak{l}_s\, dS' = \int\!\!\int (\mathfrak{F}_{x_1} - \mathfrak{F}_{x_2})\, dy\, dz = -\int\!\!\int\!\!\int \frac{\partial \mathfrak{F}_x}{\partial x}\, dx\, dy\, dz + \int\!\!\int (\mathfrak{F}_x - \mathfrak{F}_x')\, \mathfrak{l}_f\, dF.$$

Setzen wir diesen nebst den ähnlichen Ausdrücken für die beiden übrigen Glieder in (2) ein, so erhalten wir schliesslich

$$\int\!\!\int \mathfrak{F}\cos(\mathfrak{F}, \mathfrak{N}_s)\, dS' = -\int\!\!\int\!\!\int \left(\frac{\partial \mathfrak{F}_x}{\partial x} + \frac{\partial \mathfrak{F}_y}{\partial y} + \frac{\partial \mathfrak{F}_z}{\partial z}\right) dx\, dy\, dz + \int\!\!\int \{(\mathfrak{F}_x - \mathfrak{F}_x')\, \mathfrak{l}_f + (\mathfrak{F}_y - \mathfrak{F}_y')\, \mathfrak{m}_f + (\mathfrak{F}_z - \mathfrak{F}_z')\, \mathfrak{n}_f\}\, dF. \tag{3}$$

Den Ausdruck

$$-\left(\frac{\partial \mathfrak{F}_x}{\partial x} + \frac{\partial \mathfrak{F}_y}{\partial y} + \frac{\partial \mathfrak{F}_z}{\partial z}\right)$$

kann man nach Maxwell die Konvergenz des Vektors in dem betrachteten Punkte nennen.

Fassen wir nun die Gleichung (3) in Worte, so gelangen wir zu folgendem Fundamentalsatze:

I. Das Flächenintegral eines Vektors über eine beliebige geschlossene Fläche ist, abgesehen von Unstetigkeiten, gleich dem Raumintegrale seiner Konvergenz über das ganze umschlossene Raumgebiet.

Dazu kommt aber noch, falls eine Unstetigkeitsfläche auftritt, ein Glied, welches sich bei näherer Betrachtung, wie folgt, beschreiben lässt: es ist das Flächenintegral der Differenz der beiderseitigen Normalkomponenten des Vektors zur Unstetigkeitsfläche, integrirt über denjenigen Theil der letzteren, welcher von S' umschlossen wird.

Übrigens kann die betrachtete Hilfsgerade die Fläche S' in mehr als zwei Punkten schneiden, und es können beliebig viele Unstetigkeitsflächen vorkommen, ohne dass der Beweis des Satzes dadurch ein wesentlich anderer würde. Wir haben den möglichst vereinfachten allgemeinen Gang desselben wiedergegeben, weil die hier mitgetheilte Fassung kaum als derart allgemein bekannt vorausgesetzt werden kann wie der Inhalt des Satzes selbst[1]).

§ 36. Komplex solenoidale Vertheilung. Ein geeignetes Mittel, die Vertheilung eines Vektors im Raume zu veranschaulichen, besteht darin, dass man sich die Vektorlinien angebracht denkt, d. h. Kurven, zu denen in jedem Punkte die Richtung des Vektors die Tangente bildet. Wir haben dieses Mittel wiederholt angewandt, indem wir Intensitätslinien (§ 4) und Magnetisirungslinien (§ 26) einführten. Solche Kurven werden im allgemeinen

---

1) Betreffs weiterer mathematischer Einzelheiten begnügen wir uns mit einem Hinweis auf Maxwell (Treatise 1 § 21 Theorem III), welcher den Satz samt seinem Beweis in der mitgetheilten Weise gibt, und als den Urheber desselben (1828) den russischen Mathematiker Ostrogradsky angibt (Mém. de l'Acad. de St. Pétersbourg **1**, p. 39, 1831). Dieser wichtige Satz hängt übrigens mit der Kontinuitätsgleichung zusammen, wie wir alsbald sehen werden, und kann auch aufgefasst werden als Specialfall des allgemeineren, aus demselben Jahre herrührenden, Green'schen Satzes (Green, Essay on the application of mathematics to Electricity and Magnetism, Nottingham 1828).

stetig verlaufen, können aber auch an Unstetigkeitsflächen scharf geknickt erscheinen oder Endpunkte aufweisen.

Ferner können wir uns den Raum in weitere oder engere, gegeneinander genau passend anliegende Röhren zerlegt denken, deren Mantelfläche überall jene Kurven zu Erzeugenden hat. Diese, *Vektorröhren* genannte, Gebilde werden sich dann durch das ganze betrachtete Raumgebiet hinziehen, wobei ihre Richtung und ihr Querschnitt sich von Punkt zu Punkt ändern können. Im allgemeinen sind diese Änderungen ganz beliebig denkbar; man kann dann eine solche Vektorvertheilung allgemeinster Art eine *komplex solenoidale*[1]) nennen (von σωλήν, Röhre).

Bei den in der Natur auftretenden physikalischen Vektorgrössen begegnet man jedoch häufig Vertheilungsarten, bei denen die Änderungen des Querschnitts und der Richtung der Vektorröhren eigenthümlichen Gesetzmässigkeiten unterworfen sind, deren Betrachtung wir uns nunmehr zuwenden.

§ 37. Solenoidale Vertheilung. In erster Linie gibt es eine wichtige Vertheilungsart, bei der das Flächenintegral des Vektors über jede beliebige geschlossene Oberfläche Null ist. Ein Blick auf Gleichung (3) zeigt, dass dies an zwei weitere nothwendige und ausreichende Bedingungen geknüpft ist. Es muss erstens überall in dem von der Fläche umschlossenen Raumgebiete

$$(4) \qquad \frac{\partial \mathfrak{F}_x}{\partial x} + \frac{\partial \mathfrak{F}_y}{\partial y} + \frac{\partial \mathfrak{F}_z}{\partial z} = 0$$

sein, d. h. die Konvergenz des Vektors muss überall den Werth Null aufweisen. Zweitens muss an allen Unstetigkeitsflächen

$$\mathfrak{l}_f \mathfrak{F}_x + \mathfrak{m}_f \mathfrak{F}_y + \mathfrak{n}_f \mathfrak{F}_z = \mathfrak{l}_f \mathfrak{F}_x' + \mathfrak{m}_f \mathfrak{F}_y' + \mathfrak{n}_f \mathfrak{F}_z'$$

oder, was auf dasselbe hinauskommt,

$$(5) \qquad \mathfrak{F}_\nu = \mathfrak{F}_\nu'$$

sein. Erstere Gleichung (4) kann man als die *räumliche Kontinuitätsgleichung* bezeichnen, indem sie in der Hydrodynamik, in der Theorie der Diffusion, der Wärme- und Elektricitätsleitung, die Bedingung für die Kontinuität der betreffenden Strömungs-

1) Sir W. *Thomson*, Repr. Pap. Electr. and Magn. § 509, welcher Quelle überhaupt das zunächst Folgende im wesentlichen entnommen ist.

komponenten darstellt (vergl. Kap. VII). Ebenso ist die Gleichung (5) als oberflächliche Kontinuitätsgleichung aufzufassen.

Wir werden jetzt eine Integrationsfläche S' von eigenthümlicher Gestalt betrachten, indem wir dazu die Oberfläche einer endlichen, also an beiden Enden durch Flächenstücke S_1 und S_2 abgeschlossenen, Vektorröhre wählen (siehe Fig. 10). Das zwischenliegende Stück der von den Vektorlinien erzeugten Mantelfläche bezeichnen wir mit S_0; der Antheil des letzteren am Werthe des Flächenintegrals **S** ist offenbar Null, da die Mantelfläche den Vektor überall tangirt, folglich letzterer keine zur Mantelfläche normale Komponente aufweist. Das ganze Flächenintegral stellt sich daher einfach als Summe der von den beiden Endflächen gelieferten Antheile dar, welche wir als $\iint_{S_1}$ und $\iint_{S_2}$ bezeichnen. Nun ist aber nach der Voraussetzung am Anfange dieses Paragraphen

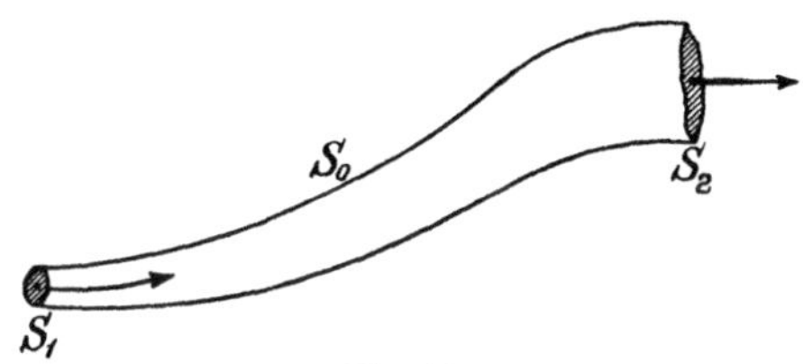

Fig. 10.

$$\mathbf{S} = \iint_{S_1} + \iint_{S_0} + \iint_{S_2} = 0$$

oder, da $\iint_{S_0} = 0$, wie oben auseinandergesetzt, wird

$$\iint_{S_1} = -\iint_{S_2}.$$

Da im Vorstehenden die dem Inneren zugewandte Normalenrichtung als positiv angenommen wurde, ist das Zeichen des Gliedes rechts umzukehren, wenn wir dagegen jetzt für beide Endflächen S_1 und S_2 die Richtung des Vektors als die positive betrachten (siehe Fig. 10).

Bei der hier in's Auge gefassten Vertheilungsart zerfällt daher das ganze betrachtete Raumgebiet in Vektorröhren, welche folgende Eigenschaft besitzen:

II. Das Flächenintegral des Vektors über einen beliebigen Querschnitt der Röhre ist konstant.

Eine solche Vektorröhre nennt man ein einfaches Solenoid und die entsprechende Vertheilung eine solenoidale.

Betrachten wir nun eine unendlich dünne Vektorröhre, so dass der Werth des Vektors über deren Querschnitt sich nicht merklich ändert, und wählen wir die Schnittflächen S_1 und S_2 überdies senkrecht zur Richtung der Röhre. Bezeichnen wir dann noch die Werthe des Vektors an den beiden Endflächen mit $\mathfrak{F}_1$ und $\mathfrak{F}_2$, so können wir die von diesen gelieferten beiden Antheile des Flächenintegrals folgendermaassen schreiben:

$$\int\int_{S_1} = \mathfrak{F}_1 S_1 \qquad \text{und} \qquad \int\int_{S_2} = \mathfrak{F}_2 S_2.$$

Das Produkt $(\mathfrak{F} S)$ kann man die Stärke der unendlich dünnen Vektorröhre nennen. Den Inhalt dieses Paragraphen können wir nun in folgenden Satz zusammenfassen:

III. Bei solenoidaler Vektorvertheilung zerfällt das betrachtete Raumgebiet in unendlich dünne Solenoide von konstanter Stärke.

Die nothwendigen und ausreichenden Bedingungen für diese Vertheilungsart bilden die Anfangs angegebenen Gleichungen (4) und (5).

Bei einer dünnen Vektorröhre von konstanter Stärke $(\mathfrak{F} S)$ ist offenbar der numerische Werth des Vektors dem veränderlichen Normalquerschnitte umgekehrt proportional. Ein Solenoid, dessen Stärke überall Eins beträgt, kann man ein Einheitssolenoid nennen; sein Querschnitt ist an jeder Stelle numerisch gleich dem Reciproken des Vektors; je grösser daher der Werth des letztern, um so mehr Einheitssolenoide werden ein gegebenes Flächenstück durchschneiden. Die »Dichte«, mit welcher die Einheitssolenoide im Raume zusammengedrängt sind, gibt ein direktes Maass für den Werth des Vektors, indem die Anzahl derselben, die auf den Normalquerschnitt Eins entfällt, numerisch gleich dem Mittelwerthe des Vektors über jenen Querschnitt ist.

§ 38. Komplex lamellare Vertheilung. Was die Änderung der Vektorrichtung von Punkt zu Punkt betrifft, so schicken wir voraus, dass es im allgemeinen nicht möglich ist, eine Flächenschaar so zu konstruiren, dass in jedem Punkte der Vektor senkrecht zu der durch den Punkt gehenden Fläche steht, d. h. dass das Vektorlinienbündel durchweg orthogonal zur Flächenschaar verläuft. Vielmehr wird die nothwendige und ausreichende

Bedingung dafür, dass eine solche orthogonale Flächenschaar überhaupt möglich sei, ausgedrückt durch die bekannte Gleichung:

$$
(6)\quad \begin{aligned} &\mathfrak{J}_x\left(\frac{\partial \mathfrak{J}_y}{\partial z}-\frac{\partial \mathfrak{J}_z}{\partial y}\right)+\mathfrak{J}_y\left(\frac{\partial \mathfrak{J}_z}{\partial x}-\frac{\partial \mathfrak{J}_x}{\partial z}\right) \\ &\quad+\mathfrak{J}_z\left(\frac{\partial \mathfrak{J}_x}{\partial y}-\frac{\partial \mathfrak{J}_y}{\partial x}\right)=0, \end{aligned}
$$

welche ferner auch die Integrirbarkeit der Differentialgleichung

$$
\mathfrak{J}_x\, d\,x+\mathfrak{J}_y\, d\,y+\mathfrak{J}_z\, d\,z=0
$$

mit sich bringt[1]). Das Glied links kann dann durch einen skalaren integrirenden Divisor $f\,(x,\ y,\ z)$ in ein exaktes Differential verwandelt werden, dessen Integral $\Theta\,(x,\ y,\ z)$, einer Anzahl konstanter Parameter Θ_1, Θ_2, Θ_3 gleichgesetzt, eben jene zum Vektorlinienbündel orthogonale Flächenschaar darstellt

Die den aufeinander folgenden Werthen der Parameter entsprechenden Flächen schliessen unter sich schalenförmige Gebilde ein, in welche daher das betrachtete Raumgebiet zerfällt; man nennt jene Gebilde komplexe Lamellen. Sie haben nur die geometrische Eigenschaft, dass der Vektor in jedem Punkte senkrecht zu ihnen steht; ihre Dicke hängt aber mit seinem Werthe im allgemeinen nicht zusammen. Vertheilungen, wie die hier betrachteten, nennt man komplex lamellare.

§ 39. Lamellare Vertheilung. Falls der oben erwähnte integrirende Divisor $f\,(x,\ y,\ z)$ der Einheit gleich ist, mit andern Worten der Ausdruck:

$$
\mathfrak{J}_x\, d\,x+\mathfrak{J}_y\, d\,y+\mathfrak{J}_z\, d\,z
$$

ohne Weiteres ein exaktes Differential darstellt, so gehört die Vertheilung einer wichtigen besonderen Gruppe an. Die nothwendigen und ausreichenden Bedingungsgleichungen für die Integrirbarkeit jenes Ausdrucks sind bekanntlich

$$
(7)\quad \frac{\partial \mathfrak{J}_y}{\partial z}=\frac{\partial \mathfrak{J}_z}{\partial y},\quad \frac{\partial \mathfrak{J}_z}{\partial x}=\frac{\partial \mathfrak{J}_x}{\partial z},\quad \frac{\partial \mathfrak{J}_x}{\partial y}=\frac{\partial \mathfrak{J}_y}{\partial x},
$$

welche man in der Hydrodynamik als Irrotationalitätsgleichungen bezeichnet. Das Integral des exakten Differentials, mit umgekehrtem

1) Vergl. z. B. Schlömilch's Handbuch der Mathematik, 2. p. 871 ff., Breslau 1881.

Vorzeichen genommen, nennt man das skalare Potential des Vektors; wir bezeichnen es mit Φ.

Wir haben daher

$$(8) \qquad d(-\Phi) = \mathfrak{F}_x\,dx + \mathfrak{F}_y\,dy + \mathfrak{F}_z\,dz$$

oder

$$(9) \qquad \mathfrak{F}_x = -\frac{\partial \Phi}{\partial x}, \qquad \mathfrak{F}_y = -\frac{\partial \Phi}{\partial y}, \qquad \mathfrak{F}_z = -\frac{\partial \Phi}{\partial z}.$$

Da das Potential auf einer der orthogonalen Flächen, ihrer oben angegebenen analytischen Fassung zufolge, konstant ist, nennt man sie in diesem Falle Äquipotentialflächen. Bezeichnet man ihre Normale in der Richtung zunehmenden Potentials mit $+\mathfrak{N}$, so ist nach dem Obigen und weil in diesem Falle der Vektor selbst zur Äquipotentialfläche senkrecht gerichtet, daher mit seiner Normalkomponente identisch ist

$$\mathfrak{F} = \mathfrak{F}_\nu = -\frac{\partial \Phi}{\partial \mathfrak{N}}.$$

Betrachtet man den unendlich dünnen, schalenförmigen Raumtheil zwischen den unendlich nahen Äquipotentialflächen Φ und $\Phi + d\Phi$, und bezeichnet die darauf entfallende Strecke der Normale, d. h. die Dicke der Schale, mit $d\mathfrak{N}$, so wird in der ganzen Ausdehnung der Vektorschale

$$\mathfrak{F}\,d\mathfrak{N} = d\Phi = \text{konst.}$$

Die Dicke der Schale ist also durchweg umgekehrt proportional dem Werthe des Vektors, da das Produkt beider Grössen, welches man die Stärke der Schale nennt, in deren ganzen Ausdehnung konstant bleibt. Eine solche Schale nennt man eine einfache Lamelle, die entsprechende Vektorvertheilung eine lamellare. Wir können diese Betrachtungen in folgenden Satz zusammenfassen:

IV. Bei lamellarer Vektorvertheilung zerfällt das betrachtete Raumgebiet in unendlich dünne Lamellen von konstanter Stärke.

Die Lamellarität ist an die drei Bedingungsgleichungen (7) geknüpft, durch welche zugleich die Existenz eines skalaren Potentials bedingt ist.

Bei einer dünnen Vektorschale von konstanter Stärke ($\mathfrak{F}d$) ist offenbar der numerische Werth des Vektors ihrer veränderlichen

Dicke d umgekehrt proportional. Eine Lamelle, deren Stärke überall Eins beträgt, kann man eine Einheitslamelle nennen; ihre Dicke ist an jeder Stelle numerisch gleich dem Reciproken des Vektors; je grösser daher der Werth des letztern, um so mehr Einheitslamellen werden auf eine gegebene, zur Äquipotentialfläche senkrechte, Strecke entfallen. Die »Dichte«, mit welcher die Einheitslamellen aufeinanderfolgen, gibt ein direktes Maass für den Werth des Vektors, indem die Anzahl derselben, welche auf die wie oben gerichtete Strecke Eins entfällt, numerisch gleich dem Mittelwerthe des Vektors über jene Strecke ist.

§ 40. **Linienintegrale und ihre Eigenschaften.** Das bestimmte Integral

$$ {}_{A}^{B}\mathsf{L} = \int_A^B \mathfrak{F} \cos(\mathfrak{F}, L)\, dL = \int_A^B \mathfrak{F}_L\, dL $$

zwischen zwei Punkten A und B auf der Kurve L genommen, nennt man das Linienintegral des Vektors $\mathfrak{F}$ an der Strecke $\overline{AB}$ entlang. Man erhält es, wenn man das Produkt aus jedem Kurvenelemente in die dasselbe tangirende Vektorkomponente bildet und dieses Produkt längs der ganzen Strecke integrirt.

Betrachten wir nun A als Ausgangspunkt und bestimmen B, dessen Koordinaten x, y, z seien, durch die auf dem Integrationswege abgemessene Entfernung L vom Punkte A, so können wir unter Berücksichtigung der Beziehung

$$ \cos(\mathfrak{F}, L) = \cos(\mathfrak{F}, X)\cos(L, X) + \cos(\mathfrak{F}, Y)\cos(L, Y) + \cos(\mathfrak{F}, Z)\cos(L, Z) $$

schreiben

$$ (10) \qquad {}_{A}^{B}\mathsf{L} = \int_0^L \mathfrak{F}\cos(\mathfrak{F}, L)\, dL = \int_0^L \left(\mathfrak{F}_x \frac{\partial x}{\partial L} + \mathfrak{F}_y \frac{\partial y}{\partial L} + \mathfrak{F}_z \frac{\partial z}{\partial L}\right) dL. $$

Im allgemeinen hat dieser Ausdruck verschiedenen Werth, je nach dem Integrationswege, den wir zwischen A und B wählen. Ist jedoch die Vertheilung des Vektors $\mathfrak{F}$ überall eine lamellare, so dass

$$ \mathfrak{F}_x\, dx + \mathfrak{F}_y\, dy + \mathfrak{F}_z\, dz = d\,(-\Phi), $$

ist, so folgt aus Gleichung (10), dass unter allen Umständen

$$ (11) \qquad {}_{A}^{B}\mathsf{L} = -\int_0^L \frac{\partial \Phi}{\partial L}\, dL = \Phi_A - \Phi_B. $$

Das bedeutet in Worten:

V. Bei lamellarer Vertheilung eines Vektors ist sein Linienintegral gleich der Potentialdifferenz der beiden Endpunkte, unabhängig von dem Verlaufe des zwischen ihnen liegenden Integrationsweges.

Hieraus folgt unmittelbar, dass bei lamellarer Vertheilung das Linienintegral an jeder geschlossenen Integrationskurve entlang schwinden muss. Denn denken wir uns auf derselben zwei beliebige Punkte, so sind die Antheile auf den zwei, diese Punkte verbindenden Strecken, gleich und entgegengesetzt, mithin ihre Summe Null.

Bei diesen Ausführungen ist stillschweigend vorausgesetzt, dass das betrachtete Raumgebiet ein einfach zusammenhängendes ist. Falls die Vertheilung in einem mehrfach zusammenhängenden Raumgebiete eine lamellare ist, in Punkten ausserhalb desselben diese Eigenschaft aber nicht aufweist, so wird das Potential im allgemeinen eine mehrdeutige Funktion der Koordinaten, und die angeführten Sätze gelten nur unter gewissen Einschränkungen. Es ist hier nicht der Ort, diese mehr theoretisches Interesse bietenden allgemeinen Untersuchungen weiter zu verfolgen[1]). Indessen wollen wir einen besonderen Fall erwähnen, welcher uns in Folgendem häufig begegnen wird. Es ist das der eines ringförmigen, doppelt zusammenhängenden Raumgebiets, in welchem ein Vektor lamellare Vertheilung aufweist. An einer, ein solches lamellares Ringgebiet umkreisenden, Integrationskurve entlang ist das Linienintegral des Vektors nicht Null, sondern es wächst bei jeder Umkreisung um eine Konstante, welche unabhängig ist von der Lage der Kurve innerhalb des Ringgebiets, solange nur kein Theil derselben in dem umgebenden Raume liegt, in welchem die Vertheilung als nicht lamellar vorausgesetzt ist.

§ 41. Lamellar-solenoidale Vertheilung. Eine Vektorvertheilung kann sowohl lamellar wie solenoidal sein, wenn sie den betreffenden Bedingungsgleichungen beiden genügt. Erstere Eigen-

---

1) Siehe v. Helmholtz, Crelle's Journal 55, p. 25 1858. Wiss. Abh. 1. p. 101. Maxwell, Treatise, Einleitung. Lejeune-Dirichlet, Vorlesungen über die im umgekehrten Verhältniss des Quadrats der Entfernung wirkenden Kräfte, Leipzig 1876. Clausius, Die Potentialfunktion und das Potential.

schaft bringt die Existenz eines Potentials Φ mit sich; es ist nach dem Vorigen

$$\mathfrak{F}_x = -\frac{\partial \Phi}{\partial x}, \qquad \mathfrak{F}_y = -\frac{\partial \Phi}{\partial y}, \qquad \mathfrak{F}_z = -\frac{\partial \Phi}{\partial z}.$$

Setzen wir diese Werthe in die, die zweite Eigenschaft bedingende, räumliche Kontinuitätsgleichung [§ 37, Gleichung (4)]

$$\frac{\partial \mathfrak{F}_x}{\partial x} + \frac{\partial \mathfrak{F}_y}{\partial y} + \frac{\partial \mathfrak{F}_z}{\partial z} = 0$$

ein, so erhalten wir

$$\frac{\partial^2 \Phi}{\partial x^2} + \frac{\partial^2 \Phi}{\partial y^2} + \frac{\partial^2 \Phi}{\partial z^2} = 0. \tag{12}$$

Das Potential muss daher im Falle einer solchen lamellar-solenoidalen Vektorvertheilung letzterer Gleichung genügen, welche für diese Vertheilungsart die nothwendige und ausreichende Bedingung darstellt. Sie spielt auf allen Gebieten der Physik eine wichtige Rolle; man pflegt sie abgekürzt $\Delta \Phi = 0$ zu schreiben[1]) und sie als die Laplace'sche Gleichung anzuführen. Maxwell nennt daher die in Rede stehende Vertheilungsart ebenfalls eine Laplace'sche (engl. »Laplacian distribution«).

An Unstetigkeitsflächen muss ebenso wie bei einfacher solenoidaler Vertheilung die Normalkomponente des Vektors stetig bleiben [§ 37, Gleichung (5)], daher

$$\mathfrak{F}_\nu = \mathfrak{F}_\nu'.$$

Die Grenzbedingungen für das Potential richten sich nach jedem besondern Fall; sie sind nicht allgemein anzugeben.

Wegen der Solenoidalität der Vertheilung ist der normale Querschnitt der Vektorröhren an jeder Stelle dem Werthe des Vektors umgekehrt proportional; ihrer Lamellarität halber gilt dasselbe für die Entfernung der aufeinander folgenden Äquipotentialflächen. Diese Flächenschaar und das Vektorröhrenbündel vertheilen daher das Raumgebiet in »Zellen«, deren Volum dem Quadrat des Vektors umgekehrt proportional ist.

---

1) Britische Autoren benutzen statt des Δ vielfach den Quaternionenoperator ∇^2 (Nablaquadrat).

§ **42. Komplex lamellar-solenoidale Vertheilung.** — Wir sahen bereits, dass bei komplex lamellarer Vertheilung der Ausdruck

$$\mathfrak{F}_x\, dx + \mathfrak{F}_y\, dy + \mathfrak{F}_z\, dz$$

durch einen skalaren integrirenden Divisor $f\ (x, y, z)$ integrirbar wird, d. h. in ein exaktes Differential $d\Theta$ verwandelt wird. Folglich muss

$$\frac{\mathfrak{F}_x}{f} = \frac{\partial \Theta}{\partial x}, \quad \frac{\mathfrak{F}_y}{f} = \frac{\partial \Theta}{\partial y}, \quad \frac{\mathfrak{F}_z}{f} = \frac{\partial \Theta}{\partial z}.$$

Setzen wir dies in die solenoidale Bedingungsgleichung [§ 37, Gleichung (4)] ein, so erhalten wir

$$(13) \qquad f \triangle \Theta + \frac{\partial \Theta}{\partial x}\frac{\partial f}{\partial x} + \frac{\partial \Theta}{\partial y}\frac{\partial f}{\partial y} + \frac{\partial \Theta}{\partial z}\frac{\partial f}{\partial z} = 0$$

als die nothwendige und ausreichende Bedingung, welcher der Flächenparameter Θ zu genügen hat, damit die Vertheilung eine komplex lamellar-solenoidale sei.

§ **43. Gleichförmige Vertheilungen. — Allgemeine Sätze.** Den erwähnten Vertheilungsarten reihen sich noch einige der allereinfachsten Art an, für die wir im Folgenden manche Beispiele anzuführen haben werden. Gleichförmig nennt man eine Vektorvertheilung, wenn in dem betrachteten Raumgebiete der Vektor überall gleichgerichtet ist und in allen dessen Punkten den gleichen Werth aufweist. Man kann ferner noch folgende Fälle unterscheiden.

In einer von zwei koncentrischen Kugelflächen begrenzten Hohlkugel nennt man die Vertheilung genau (oder merklich) radial gleichförmig, wenn der Vektor überall die Richtung des Kugelradius hat und genau (oder merklich) unveränderlichen Werth aufweist. Wie leicht einzusehen ist eine solche Verheilung zugleich lamellar; die Äquipotentialflächen sind ebenfalls koncentrische Kugelflächen; sie ist dagegen genau genommen nicht solenoidal, weicht indessen bei einer unendlich dünnen Schale unendlich wenig von der Solenoidalität ab.

Bei einem Toroid (§ 9) spricht man von einer genau (oder merklich) peripherisch gleichförmigen Vertheilung, wenn die Vektorrichtung überall peripherisch verläuft und genau (oder merklich) unveränderlichen Werth aufweist. Diese Vertheilungsart ist zugleich komplex lamellar-solenoidal indem das Vektorlinienbündel orthogonal zu einer Schaar »Meridianebenen« durch die Axe des Toroids verläuft; die Solenoide sind koncentrische Kreisröhren. Bei einem unendlich dünnen Toroid weicht die Vertheilung indessen unendlich wenig von der Lamellarität ab.

Die analytischen Bedingungen für diese Arten der Vertheilung sind so einfach, dass es überflüssig erscheint, sie besonders zu entwickeln und eingehend zu erörtern.

Schliesslich folgen einige allgemeine Sätze über Vektorverteilungen:

VI. Wenn ein Vektor irgend einer der angeführten Bedingungen genügt, so erfüllt sein Produkt in eine konstante skalare Grösse sie ebenfalls.

VII. Die Superposition zweier oder mehrerer solenoidaler oder lamellarer Vertheilungen ergibt wieder eine solenoidale, bezw. lamellare Resultirende.

Denn die betreffenden Bedingungsgleichungen enthalten die Ableitungen der Vektorkomponenten nach den Koordinaten nur linear. Bei komplex lamellarer Vertheilung ist dies nicht mehr der Fall, und trifft daher der Superpositionssatz im allgemeinen nicht zu.

B. Stromleiter und starre Magnete.

§ 44. Solenoidalität des elektromagnetischen Feldes. Wir wenden uns jetzt den Haupteigenschaften des elektromagnetischen, von Stromleitern erzeugten Feldes zu. Wir haben dieses bereits (§ 1) als Grundlage aller weiteren Betrachtungen eingeführt und haben dann (§§ 5, 6) an die elementaren elektromagnetischen Formeln für die wichtigsten Specialfälle erinnert. Auch hier müssen wir uns auf die Mittheilung einiger nicht elementaren Gleichungssysteme beschränken, indem wir für die Einzelheiten der Herleitung auf Werke verweisen, in denen der Elektromagnetismus ausführlich behandelt ist [1]).

Betrachten wir einen beliebig gestalteten Leiter und bezeichnen die in einem Punkte (x, y, z) desselben herrschende elektrische Strömung, d. h. die auf den Normalquerschnitt Eins entfallende

---

1) z. B. Maxwell, Treatise 3. IV. Theil. Mascart et Joubert, Electricité et Magnétisme, 1. IV. Theil. Paris 1882.

Strommenge, mit $\mathfrak{C}$[1]). Führen wir nun eine Hilfsvektorfunktion $\mathfrak{A}$ ein, so dass deren Komponenten in einem beliebig gelegenen, von dem erstgenannten Punkte um r entfernten Punkte, folgende Werthe haben, wobei das ganze Volum des Stromleiters durch Integration darüber berücksichtigt werden soll.

$$(14)\quad \begin{cases} \mathfrak{A}_x = \int\int\int \frac{\mathfrak{C}_x}{r}\, dx\, dy\, dz \\ \mathfrak{A}_y = \int\int\int \frac{\mathfrak{C}_y}{r}\, dx\, dy\, dz \\ \mathfrak{A}_z = \int\int\int \frac{\mathfrak{C}_z}{r}\, dx\, dy\, dz. \end{cases}$$

Es lässt sich dann zeigen, dass die Komponenten des vom Strome erzeugten elektromagnetischen Feldes sich durch die Ableitungen jener Hilfsfunktion $\mathfrak{A}$ nach den Koordinaten ausdrücken lassen; und zwar werden sie durch folgende Gleichungen gegeben, welche für alle Punkte gelten, sie mögen innerhalb oder ausserhalb des Stromleiters liegen:

$$(15)\quad \begin{cases} \mathfrak{H}_x = \frac{\partial \mathfrak{A}_z}{\partial y} - \frac{\partial \mathfrak{A}_y}{\partial z} \\ \mathfrak{H}_y = \frac{\partial \mathfrak{A}_x}{\partial z} - \frac{\partial \mathfrak{A}_z}{\partial x} \\ \mathfrak{H}_z = \frac{\partial \mathfrak{A}_y}{\partial x} - \frac{\partial \mathfrak{A}_x}{\partial y} \end{cases}$$

Die vom elektrischen Strome erzeugte magnetische Intensität $\mathfrak{H}$ ist nun überall ohne Ausnahme solenoidal vertheilt; denn durch Differentiiren obiger Gleichungen erhalten wir identisch

$$\frac{\partial \mathfrak{H}_x}{\partial x} + \frac{\partial \mathfrak{H}_y}{\partial y} + \frac{\partial \mathfrak{H}_z}{\partial z} = 0.$$

d. h. die solenoidale Bedingungsgleichung. [§ 37, Gleichung (4)]. Ebenso lässt sich nachweisen, dass $\mathfrak{H}$ der oberflächlichen Kontinuitätsgleichung für die Grenzflächen zwischen den Stromleitern und dem umgebenden Mittel genügt.

---

1) Diese Grösse pflegt man technisch mit »Stromdichte« zu bezeichnen und in Ampère pro qcm auszudrücken.

§ 45. Magnetisches Potential ausserhalb der Stromleiter. Mit den Gleichungen des vorigen Paragraphen hängen folgende zusammen:

$$(16)\qquad \begin{cases} 4\pi\,\mathfrak{C}_x = \dfrac{\partial \mathfrak{H}_z}{\partial y} - \dfrac{\partial \mathfrak{H}_y}{\partial z} \\[2ex] 4\pi\,\mathfrak{C}_y = \dfrac{\partial \mathfrak{H}_x}{\partial z} - \dfrac{\partial \mathfrak{H}_z}{\partial x} \\[2ex] 4\pi\,\mathfrak{C}_z = \dfrac{\partial \mathfrak{H}_y}{\partial x} - \dfrac{\partial \mathfrak{H}_x}{\partial y} \end{cases}$$

welche ebenfalls für jeden beliebigen Punkt gelten. Liegt der betrachtete Punkt innerhalb des Leiters, wo $\mathfrak{C}$ einen endlichen Werth hat, so zeigen die Gleichungen sofort, dass $\mathfrak{H}$ dort nicht lamellar vertheilt sein kann, mithin kein Potential besitzt. Ausserhalb des Leiters aber, wo kein Strom fliesst, mithin $\mathfrak{C}$ Null ist, werden die Glieder links gleich Null und die Glieder rechts drücken dann die Bedingungen für die Lamellarität des Vektors $\mathfrak{H}$, nämlich

$$\frac{\partial \mathfrak{H}_y}{\partial z} = \frac{\partial \mathfrak{H}_z}{\partial y}, \qquad \frac{\partial \mathfrak{H}_z}{\partial x} = \frac{\partial \mathfrak{H}_x}{\partial z}, \qquad \frac{\partial \mathfrak{H}_x}{\partial y} = \frac{\partial \mathfrak{H}_y}{\partial x},$$

ohne Weiteres aus [§ 39 Gleichung (7)]. Wir gelangen also zu folgendem Satze:

VIII. I n d e m R a u m e , w e l c h e r d i e S t r o m l e i t e r u m g i b t (nicht in dem von diesen selbst eingenommenen Raume), i s t d i e m a g n e t i s c h e I n t e n s i t ä t l a m e l l a r v e r t h e i l t u n d b e s i t z t f o l g l i c h e i n s k a l a r e s P o t e n t i a l.

Dieses Potential von $\mathfrak{H}$ bezeichnen wir mit Υ und nennen es das m a g n e t i s c h e P o t e n t i a l.

Jener lamellare Raum ist nun aber nicht mehr einfach zusammenhängend, indem er durch das mindestens zweifach zusammenhängende nicht lamellare Raumgebiet, welches jeder einzelne stets in sich geschlossene Stromleiter einnimmt, unterbrochen wird. Wir stehen hier dem bereits (§ 40) erörterten Falle gegenüber. Dementsprechend wächst das Linienintegral von $\mathfrak{H}$ längs einer geschlossenen Integrationskurve bei jeder einzelnen Umkreisung des Leiters durch diese um eine Integrationskonstante C; findet also eine solche Umkreisung nicht statt, so ist das Linienintegral Null. Der Ausdruck »Integrationskonstante« ist nun offenbar so zu verstehen, dass diese nur noch vom elektrischen Strome abhängen kann, aber nicht von irgend welchen geometrischen Parametern, noch von der Natur der Umgebung des Leiters, durch welche der Integrationsweg sich hinzieht. Den Werth von C können wir demnach a priori bestimmen, indem wir bemerken, dass er in der Weise vom elektrischen Strome I abhängen muss, dass er ihm proportional ist, weil dasselbe erfahrungsmässig für $\mathfrak{H}$ gilt. Dazu kann ferner nur noch ein Zahlenfaktor kommen, welchen man wieder, ähnlich wie in einem früheren Falle (§ 11), im Anschluss an die historische Entwicklung und mit Rücksicht auf das übliche elektromagnetische absolute Maasssystem gleich 4π setzt[1]). Schliesslich ist daher

$$C = 4\pi I. \tag{17}$$

Wir können diese Gleichung leicht an einem der früher betrachteten elementaren Beispiele prüfen; wir wählen den Fall der langen geraden Leiterstrecke, für deren elektromagnetische Wirkung das Biot-Savart'sche Gesetz gilt. Die Intensität $\mathfrak{H}$ im Abstande r vom Leiter beträgt [§ 5 Gleichung (3)]

$$\mathfrak{H} = \frac{2I}{r}.$$

Die Intensitätslinie durch den betrachteten Punkt ist ein Kreis vom Umfange $2\pi r$; folglich beträgt das Linienintegral von $\mathfrak{H}$ bei einmaliger Umkreisung des Leiters, d. h. eben die zu bestimmende Integrationskonstante C

$$C = \int_0^{2\pi r} \mathfrak{H}\, dL = \frac{2I \cdot 2\pi r}{r} = 4\pi I,$$

was mit (17) übereinstimmt. Wir können diese Entwicklungen in folgendem Fundamentalsatze zusammenfassen:

IX. Bei jeder Umkreisung eines den Strom I führenden Leiters durch den Integrationsweg beträgt die

---

1) Die Einführung des Faktors 4π wird von manchen Autoren, namentlich Heaviside, bekämpft. Indessen wäre seine Eliminirung nur durch eine Umgestaltung des einmal eingebürgerten Maasssystems zu erreichen und dadurch diese ziemlich gleichgiltige Vereinfachung zu theuer erkauft; übrigens würde er vermuthlich an einer anderen Stelle wieder auftauchen.

elektromagnetische Integrationskonstante $4\pi I$, unabhängig von irgend welchen sonstigen Variabelen.

Dieser wichtige allgemeine Satz wird durch die Erfahrung, wie sich übrigens in diesem Falle von selbst versteht, vollauf bestätigt.

§ 46. Fernwirkung eines starren Magnets. Wir haben früher (§ 26) den Begriff des magnetischen Endelements eingeführt und für dessen mathematische Weiterentwicklung auf das jetzige Kapitel verwiesen. Vorher war schon [§ 19, Gleichung (2)] das elementare Coulomb'sche Gesetz der scheinbaren Fernwirkung eines Stabendes dahin formulirt, dass

$$\mathfrak{H} = \frac{\mathfrak{J} S}{r^2}$$

wo $\mathfrak{H}$ die vom positiven Stabende auswärts gerichtete (bezw. auf das negative Stabende zu gerichtete) magnetische Intensität in der Entfernung r bedeutet. S ist der Querschnitt des Stabes, $\mathfrak{J}$ der Vektor, den wir die Magnetisirung nannten (§ 11).

Denken wir uns jetzt statt des einfachen Stabes einen ferromagnetischen Körper von beliebiger Gestalt, in beliebiger Weise magnetisirt; zunächst ohne irgend welche Rücksicht auf die Ursache dieser Magnetisirung. Diese Unabhängigkeit der Magnetisirung von äusseren Ursachen soll dadurch ausgedrückt werden, dass wir einen solchen Körper einen starren Magnet nennen; die Erscheinung der magnetischen Remanenz (§ 8) gewährt uns die Möglichkeit, solche starre Magnete mit einer gewissen Annäherung darzustellen. Wir haben uns dann innerhalb des vom Körper eingenommenen Raumgebiets den Vektor $\mathfrak{J}$ völlig beliebig (also im allgemeinen komplex solenoidal § 36) vertheilt zu denken; an der Umgrenzungsfläche ist die Normalkomponente nach innen zu $\mathfrak{J}_\nu$, nach aussen in der magnetisch indifferenten Umgebung Null. Um die Fernwirkung zu berechnen, zerlegen wir den Körper in parallelepipedische Elemente $dx\,dy\,dz$, stellen den Ausdruck für die Wirkung der 3 Paar Endelemente des unendlich kleinen Parallelepipedons auf und integriren diesen über den ganzen Körper.

Betrachten wir das Parallelepipedon $dx\,dy\,dz$ als einen der Z-Axe parallelen kurzen Stab, so beträgt dessen parallel dieser Axe gerichtete Magnetisirungskomponente $+\mathfrak{J}_z$. Da die Magnetisirung ein Vektor ist, können wir von der Zerlegung in Komponenten beliebigen Gebrauch machen. Fassen wir nun die obere (in Fig. 11 schraffirte) Endfläche des Parallelepipedons, deren Koordinaten x, y, z seien, in's Auge, so ist ihre Oberfläche $dx\,dy$, und ihre die Fernwirkung bestimmende magnetische Stärke beträgt daher nach der frühern Definition (§ 19) $+\mathfrak{J}_z\,dx\,dy$.

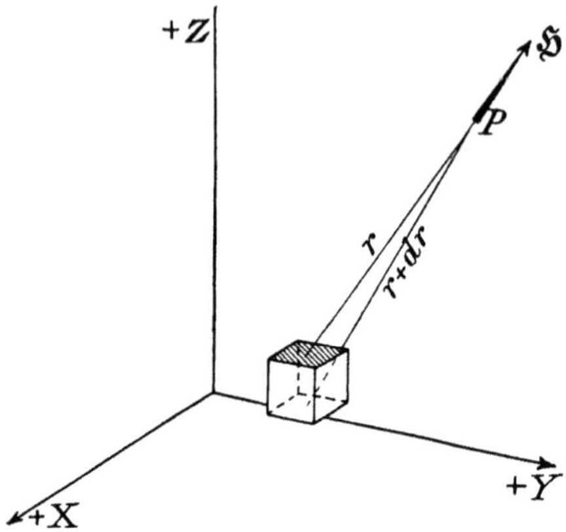

Fig. 11.

In einem in der Entfernung r gelegenen Punkte P (ξ, η, ζ) wird jenes Endelement daher eine magnetische Intensität $\mathfrak{H}$ erzeugen, gegeben durch die Gleichung

$$\mathfrak{H} = + \frac{\mathfrak{J}_z\,dx\,dy}{r^2}.$$

Die Komponenten von $\mathfrak{H}$ werden folgende Werthe haben

$$\mathfrak{H}_x = \frac{\mathfrak{J}_z\,dx\,dy\,(\xi - x)}{r^3}, \quad \mathfrak{H}_y = \frac{\mathfrak{J}_z\,dx\,dy\,(\eta - y)}{r^3}, \quad \mathfrak{H}_z = \frac{\mathfrak{J}_z\,dx\,dy\,(\zeta - z)}{r^3}.$$

Bevor wir nun die Fernwirkung der betrachteten oberen Endfläche mit derjenigen, von ihr nicht zu trennenden, ihrer »Gegenfläche« zusammenstellen, werden wir noch untersuchen, in welcher Weise der Vektor $\mathfrak{H}$ vertheilt ist.

§ 47. Vertheilung der magnetischen Intensität. Wir werden erstens nachweisen, dass die Intensität $\mathfrak{H}$ überall lamellar vertheilt ist und bilden dazu die Ableitung einer ihrer oben gegebenen Komponenten, z. B. der Y-Komponente, nach ζ:

$$\frac{\partial\,\mathfrak{H}_y}{\partial\,\zeta} = \frac{-3\,\mathfrak{J}_z\,dx\,dy\,(\eta - y)}{r^4}\,\frac{\partial\,r}{\partial\,\zeta}.$$

Nun ist

(18) $$r^2 = (\xi - x)^2 + (\eta - y)^2 + (\zeta - z)^2$$

folglich

$$\frac{\partial\,r}{\partial\,\zeta} = \frac{\zeta - z}{r}.$$

Setzen wir dies in obige Gleichung ein, so wird

$$\frac{\partial \mathfrak{H}_y}{\partial \zeta} = \frac{-3\,\mathfrak{J}_z\,dx\,dy\,(\eta - y)(\zeta - z)}{r^5}.$$

Ebenso findet man

$$\frac{\partial \mathfrak{H}_z}{\partial \eta} = \frac{-3\,\mathfrak{J}_z\,dx\,dy\,(\zeta - z)(\eta - y)}{r^5}.$$

Beide Ableitungen sind daher identisch und bleiben das, man mag r noch so sehr unter jede angebbare Grenze herabdrücken. In derselben Weise beweist man, dass wie

$$\frac{\partial \mathfrak{H}_y}{\partial \zeta} = \frac{\partial \mathfrak{H}_z}{\partial \eta}, \text{ so auch } \frac{\partial \mathfrak{H}_z}{\partial \xi} = \frac{\partial \mathfrak{H}_x}{\partial \zeta}, \text{ und } \frac{\partial \mathfrak{H}_x}{\partial \eta} = \frac{\partial \mathfrak{H}_y}{\partial \xi}.$$

Folglich sind die Bedingungsgleichungen (7) § 39 erfüllt und daher ist $\mathfrak{H}$ im ganzen Raume ohne Ausnahme lamellar vertheilt, auch an der Stelle, wo das Endelement selbst sich befindet.

Bilden wir zweitens die übrigen Ableitungen der Intensitätskomponenten nach den Koordinaten des Punktes P, indem wir die für erstere in § 46 gegebenen Ausdrücke nach den letzteren differentiiren, so finden wir

$$\frac{\partial \mathfrak{H}_x}{\partial \xi} = \frac{\mathfrak{J}_z\,dx\,dy\,[r^2 - 3(\xi - x)^2]}{r^5}$$

$$\frac{\partial \mathfrak{H}_y}{\partial \eta} = \frac{\mathfrak{J}_z\,dx\,dy\,[r^2 - 3(\eta - y)^2]}{r^5}$$

$$\frac{\partial \mathfrak{H}_z}{\partial \zeta} = \frac{\mathfrak{J}_z\,dx\,dy\,[r^2 - 3(\zeta - z)^2]}{r^5};$$

wir sehen ferner, dass die Summe der drei Glieder rechts folgendem Ausdrucke gleich wird

$$\mathfrak{J}_z\,dx\,dy\,\frac{3r^2 - 3(\xi - x)^2 - 3(\eta - y)^2 - 3(\zeta - z)^2}{r^5}.$$

Dieser ist nun mit Rücksicht auf (18) für endliche Werthe von r Null, nimmt aber für unendlich kleine r die Gestalt 0/0 an; es lässt sich überdies zeigen, dass er in letzterem Falle nicht schwindet. Wir haben also:

$$(19) \qquad \frac{\partial \mathfrak{H}_x}{\partial \xi} + \frac{\partial \mathfrak{H}_y}{\partial \eta} + \frac{\partial \mathfrak{H}_z}{\partial \zeta} = 0 \qquad [\text{für } r > 0],$$

d. h. $\mathfrak{H}$ ist im ganzen Raume solenoidal vertheilt mit Ausnahme der Stelle, wo das Endelement selbst sich befindet.

Nach dem Superpositionssatze VII (§ 43) können wir nun das, was für ein Endelement bewiesen wurde, durch Summation auf beliebig viele ausdehnen und gelangen so zu folgendem Satze:

X. Die von einem in beliebiger Weise magnetisirten starren Magnet im Raume erzeugte magnetische Intensität ist überall lamellar-solenoidal vertheilt, mit Ausnahme der Stellen, wo sich wirkende Endelemente befinden; dort ist sie nur lamellar vertheilt.

§ 48. Potential eines starren Magnets. Die Intensität hat daher auch überall ein skalares Potential, welches in allen Punkten mit Ausnahme der in Satz X. gedachten Stellen der Laplaceschen Gleichung genügt. Diese Funktion nennen wir wieder das magnetische Potential des starren Magnets und bezeichnen dieses wie oben (§ 45) mit $\mathcal{V}$.

Wenden wir uns nun wieder der Betrachtung der Fernwirkung des elementaren Parallelepipedons zu. Der bisher betrachteten (in Fig. 11 p. 68 schraffirten) Endfläche ertheilen wir die Nummer 1, der ihr gegenüberliegenden »Gegenfläche« 4; ebenso numeriren wir die beiden übrigen Flächenpaare mit 2 und 5, bezw. mit 3 und 6. Das magnetische Potential der Endfläche 1 in dem Punkte P bezeichnen wir mit $\delta\mathcal{V}_1$; aus der Potentialtheorie folgt ohne Weiteres

$$\delta\mathcal{V}_1 = -\int_\infty^r \mathfrak{H}\,dr = -\int_\infty^r \frac{\mathfrak{J}_z\,dx\,dy}{r^2}\,dr = +\frac{\mathfrak{J}_z\,dx\,dy}{r}.$$

Fassen wir nun die Gegenfläche 4 ins Auge; deren Abstand von P sei $r + dr$; ihre Stärke ist $-\mathfrak{J}_z\,dx\,dy$. Sie erzeugt in P ein magnetisches Potential $\delta\mathcal{V}_4$, welches man ebenso wie für 1 findet; es ist

$$\delta\mathcal{V}_4 = -\frac{\mathfrak{J}_z\,dx\,dy}{r+dr}.$$

Summiren wir die beiden Potentialantheile $\delta\mathcal{V}_1$ und $\delta\mathcal{V}_4$, so erhalten wir das magnetische Potential des Endflächenpaares $(1\cdot 4)$, welches wir mit $\delta\mathcal{V}_{1\cdot 4}$ bezeichnen wollen, und welches demnach folgenden Werth hat

$$\delta\mathcal{V}_{1\cdot 4} = \delta\mathcal{V}_1 + \delta\mathcal{V}_4 = \mathfrak{J}_z\,dx\,dy\left(\frac{1}{r} - \frac{1}{r+dr}\right)$$

oder anders geschrieben

$$\delta\, \mathfrak{r}_{1\cdot 4} = -\,\mathfrak{J}_z\, dx\, dy\, d\frac{1}{r} = +\frac{\mathfrak{J}_z\, dx\, dy\, dr}{r^2}.$$

Der Vergleich dieses Ausdruckes mit dem für $\delta\, \mathfrak{r}_1$ oder $\delta\, \mathfrak{r}_4$ zeigt, dass das magnetische Potential eines elementaren Endflächenpaares unendlich klein von der dritten Ordnung ist, während dasjenige der einzelnen Endflächen nur der zweiten Ordnung unendlich kleiner Grössen angehört.

Wenn man von der Endfläche 1 zur Endfläche 4 schreitet (vergl. Fig. 11 p. 68), so wächst die Z-Koordinate um $-dz$; es ist daher

$$d\frac{1}{r} = -\frac{\partial \frac{1}{r}}{\partial z}\, dz.$$

Setzen wir dies in den Ausdruck für $\delta\, \mathfrak{r}_{1\cdot 4}$ ein, so erhalten wir

$$\delta\, \mathfrak{r}_{1\cdot 4} = \mathfrak{J}_z \frac{\partial \frac{1}{r}}{\partial z}\, dx\, dy\, dz. \tag{20}$$

In genau gleicher Weise verfahren wir mit den Endflächenpaaren 2 und 5 (Stärke $\pm\, \mathfrak{J}_x\, dy\, dz$) und 3 und 6 (Stärke $\pm\, \mathfrak{J}_y\, dz\, dx$). Wir erhalten dann durch Summirung als Werth des vom ganzen Parallelepipedon herrührenden magnetischen Potentials im Punkte P

$$\delta\, \mathfrak{r} = \delta\, \mathfrak{r}_{1\cdot 4} + \delta\, \mathfrak{r}_{2\cdot 5} + \delta\, \mathfrak{r}_{3\cdot 6}.$$

Setzen wir in diese Gleichung den Ausdruck (20) und die ähnlich gebildeten Ausdrücke für $\delta\, \mathfrak{r}_{2\cdot 5}$ und $\delta\, \mathfrak{r}_{3\cdot 6}$ ein, so kommt

$$\delta\, \mathfrak{r} = \left(\mathfrak{J}_x \frac{\partial \frac{1}{r}}{\partial x} + \mathfrak{J}_y \frac{\partial \frac{1}{r}}{\partial y} + \mathfrak{J}_z \frac{\partial \frac{1}{r}}{\partial z} \right) dx\, dy\, dz.$$

Um das Gesamtpotential $\mathfrak{r}$ des starren Magnets in P zu finden, muss $\delta\, \mathfrak{r}$ über dessen ganze Ausdehnung integrirt werden; dies ergibt

$$\mathfrak{r} = \int\!\!\int\!\!\int \left(\mathfrak{J}_x \frac{\partial \frac{1}{r}}{\partial x} + \mathfrak{J}_y \frac{\partial \frac{1}{r}}{\partial y} + \mathfrak{J}_z \frac{\partial \frac{1}{r}}{\partial z} \right) dx\, dy\, dz.$$

Wenden wir nun die Methode der theilweisen Integration in folgender Weise auf jedes einzelne Glied des obigen Integrals an, beispielsweise auf das erste:

$$\int \mathfrak{J}_x \frac{\partial \frac{1}{r}}{\partial x} dx = \frac{\mathfrak{J}_x}{r} - \int \frac{1}{r} \frac{\partial \mathfrak{J}_x}{\partial x} dx$$

und benutzen wir diese Transformation für das ganze dreifache Integral, so kommt schliesslich

$$(21) \quad \begin{aligned} V = & \iint \frac{\mathfrak{J}_x\, dy\, dz + \mathfrak{J}_y\, dz\, dx + \mathfrak{J}_z\, dx\, dy}{r} \\ & - \iiint \frac{1}{r}\left(\frac{\partial \mathfrak{J}_x}{\partial x} + \frac{\partial \mathfrak{J}_y}{\partial y} + \frac{\partial \mathfrak{J}_z}{\partial z}\right) dx\, dy\, dz, \end{aligned}$$

wobei das erste Doppelintegral über die Oberfläche des starren Magnets, das zweite dreifache Integral über den von diesen eingenommenen Raum auszudehnen ist.

§ 49. Analogie mit dem Gravitationspotential. Betrachten wir ein Element dS' jener geschlossenen Oberfläche näher; seine nach aussen gerichtete Normale sei $\mathfrak{N}$; es ist dann

$$dS' \cos(\mathfrak{N}, x) = dy\, dz$$

ebenso

$$dS' \cos(\mathfrak{N}, y) = dz\, dx$$

und

$$dS' \cos(\mathfrak{N}, z) = dx\, dy$$

setzen wir diese Werthe in das erste Glied des obigen Ausdrucks (21) ein, so wird es

$$\iint \frac{\mathfrak{J}_x \cos(\mathfrak{N}, x) + \mathfrak{J}_y \cos(\mathfrak{N}, y) + \mathfrak{J}_z \cos(\mathfrak{N}, z)}{r} dS'$$

oder einfach

$$\iint \frac{\mathfrak{J}_\nu}{r} dS'.$$

Was das zweite Glied betrifft, so bemerken wir, dass

$$(22) \qquad -\left(\frac{\partial \mathfrak{J}_z}{\partial x} + \frac{\partial \mathfrak{J}_y}{\partial y} + \frac{\partial \mathfrak{J}_z}{\partial z}\right) = \mathfrak{r}.$$

die Konvergenz der Magnetisirung ist (§ 35), welche schwinden würde, falls $\mathfrak{J}$ etwa solenoidal vertheilt wäre: wir wollen sie mit $\mathfrak{r}$

bezeichnen. Es wird dann, wenn wir diese Ausdrücke in (21) einsetzen, schliesslich das magnetische Potential durch folgende Fundamentalgleichung dargestellt

$$\text{(I)} \qquad V = \iint \frac{\mathfrak{J}_\nu}{r}\, dS + \iiint \frac{\mathfrak{r}}{r}\, dx\, dy\, dz.$$

Dieser Ausdruck gilt für den ganzen Raum, innerhalb wie ausserhalb des betrachteten starren Magnets; er ist mathematisch völlig analog demjenigen für das Gravitationspotential von Massen, welche im Innern des betrachteten Körpers mit der »Raumdichte« $\mathfrak{r}$ vertheilt gedacht werden können und dessen Oberfläche mit Schichten belegt zu denken ist, so dass der numerische Werth ihrer (skalaren) »Flächendichte« demjenigen der Vektorkomponente $\mathfrak{J}_\nu$ gleich ist. Nehmen wir daher, wie es früher allgemein geschah, für einen Augenblick die Existenz magnetischer Fluida (§ 27) an, welche in der angegebenen Weise vertheilt sind, so wird das Potential dieser fiktiven Vertheilung identisch sein mit demjenigen, welches wir von unserem Standpunkte aus hergeleitet haben.

Vergegenwärtigen wir uns schliesslich nochmals den im Vorigen befolgten Entwickelungsgang, so haben wir zuerst auf Grundlage von Fundamentalversuchen den physikalischen Begriff der Magnetisirung aufgestellt. Die Fernwirkung liessen wir dann von Endelementen ausgehen, deren Stärke durch das Produkt aus ihrem Flächeninhalte in die zu ihnen normale Magnetisirungskomponente gemessen wurde. Wenn wir auch nach alledem nicht daran denken, jenen Fluidis eine thatsächliche Existenz zuzuschreiben, so hindert uns nichts, die rein mathematische Analogie mit der Lehre vom Gravitationspotential[1]) auf dem vorliegenden Gebiete auch fernerhin da auszunutzen, wo sie uns auf kurzem Wege zu neuen Resultaten führen kann.

§ 50. Lokalvariationen der magnetischen Stärke als Fernwirkungscentra. So erinnern wir zunächst an die bekannte sogenannte Poisson'sche Gleichung

$$\text{(23)} \qquad \Delta V = -4\pi\,\mathfrak{r},$$

1) Siehe u. a. Lejeune-Dirichlet, Vorlesungen über die im umgekehrten Verhältniss des Quadrats der Entfernung wirkenden Kräfte, Leipzig 1876. Clausius, Die Potentialfunktion und das Potential.

welche dort an Stelle der Laplace'schen Gleichung (§ 41) $\triangle \mathfrak{P} = 0$ tritt, wo sich gravitirende Massen mit der Raumdichte $\mathfrak{r}$ befinden. Führen wir die Operation $\triangle$ aus und setzen den Werth für $\mathfrak{r}$ nach Gleichung (22) ein, so erhalten wir im vorliegenden Falle

$$(24)\quad -\left(\frac{\partial \mathfrak{H}_x}{\partial x} + \frac{\partial \mathfrak{H}_y}{\partial y} + \frac{\partial \mathfrak{H}_z}{\partial z}\right) = 4\pi\left(\frac{\partial \mathfrak{J}_x}{\partial x} + \frac{\partial \mathfrak{J}_y}{\partial y} + \frac{\partial \mathfrak{J}_z}{\partial z}\right).$$

Falls daher die Konvergenz der Magnetisirung in einem Punkte endlich ist, so ist es auch diejenige der erzeugten magnetischen Intensität in diesem Punkte, und zwar beträgt letztere das -4π-fache der ersteren. Wir können dies anders ausdrücken, indem wir behaupten, dass die Solenoidalität der Magnetisirung die nothwendige und ausreichende Bedingung für diejenige der von ihr erzeugten magnetischen Intensität bildet.

Wir haben früher die Endelemente in unsere Entwickelungen als Fernwirkungscentra eingeführt und sind jetzt in der Lage, schärfer zu formuliren, was wir unter einem Endelement zu verstehen haben. Aus Gleichung (I) geht hervor, dass das magnetische Potential eines starren Magnets zum Theil von seiner Oberfläche herrührt. Es ist nun leicht einzusehen, dass an ihr die Magnetisirungsröhren plötzlich enden, mithin Endelemente von der Stärke $\mathfrak{J}_\nu\, dS$ auftreten, welche das erste Glied der Gleichung (I) bedingen; es sei hier die Bemerkung eingeschaltet, dass der diesem Gliede entsprechende Antheil von $\mathfrak{P}$ in den meisten Fällen erheblich überwiegt.

Der zweite Antheil des magnetischen Potentials rührt vom Innern des Magnets her. Zum Zwecke der analytischen Herleitung haben wir dieses in elementare Parallelepipeda zerlegt gedacht; deren Endflächen sind aber offenbar rein fiktiv; überdies werden sich die Wirkungen der angrenzenden Endflächen zweier benachbarter Parallelepipede zum grossen Theile aufheben, da sie entgegengesetztes Vorzeichen aufweisen. Falls die Magnetisirung an der betreffenden Stelle solenoidal vertheilt sein sollte, wird jene Kompensation eine vollständige sein. Ist dies dagegen nicht der Fall, so ist das dem Innern des Magnets entsprechende zweite Glied der Gleichung (I) der Analogie nach so zu interpretiren, dass der Ausdruck [vergl. (22)]

$$\mathfrak{r}\, dx\, dy\, dz = -\left(\frac{\partial \mathfrak{J}_x}{\partial x} + \frac{\partial \mathfrak{J}_y}{\partial y} + \frac{\partial \mathfrak{J}_z}{\partial z}\right) dx\, dy\, dz$$

die Stelle des Endelements $\mathfrak{J}_\nu \, dS$ im ersten Gliede der Gleichung vertritt. Jener Ausdruck stellt sich nun dar als die Konvergenz der Magnetisirung in dem betrachteten Raumelemente, multiplicirt in sein Volum. Beide Arten von Fernwirkungcentra lassen sich schliesslich folgendermaassen unter einen einheitlichen Gesichtspunkt bringen. Sobald die Konvergenz endlich bleibt, ist die Magnetisirung nicht mehr solenoidal, mithin die Stärke der Magnetisirungsröhren (Magnetisirung $\times$ Normalquerschnitt) nicht mehr konstant (§ 37). Dass ihre Stärke überdies an der Grenzfläche des Magnets plötzlich nach aussen hin auf Null abfällt, leuchtet ohne Weiteres ein. Wir können uns somit allgemein wie folgt ausdrücken:

XI. Nur von solchen Stellen, wo die Stärke der Magnetisirungsröhren plötzliche oder stetige räumliche Änderungen erfährt, pflanzt sich eine magnetische Wirkung in die Ferne fort[1]).

Jegliche Fernwirkung lässt sich daher auf Centra zurückführen, welche durch das Vorhandensein von Lokalvariationen der magnetischen Stärke bedingt sind.

§ 51. Intensität und Induktion innerhalb des Ferromagnetikums. Der Ausdruck (I) für das magnetische Potential gilt für alle Punkte, sie mögen ausserhalb oder innerhalb des starren Magnets liegen. Seine Ableitungen nach den Koordinaten, mit entgegengesetztem Zeichen genommen, geben die Komponenten der magnetischen Intensität. Es fragt sich nun, was die physikalische Bedeutung dieses letzteren Vektors in einem Punkte innerhalb des Magnets ist, da wir ihn ursprünglich nur als Maass für den magnetischen Zustand im leeren bezw. magnetisch indifferenten Raume eingeführt haben (§ 4). Um uns hierüber Klarheit zu verschaffen, denken wir uns den Magnet um den betreffenden Punkt herum ausgehöhlt, und betrachten den magnetischen Zustand in der Höhlung.

---

1) Man pflegte dies früher so auszudrücken dass sich an solchen Stellen »freier Magnetismus« befinden sollte. Diese wenig glücklich gewählte und nicht scharf definirbare Benennung kommt auch jetzt noch häufig vor: übrigens werden damit zuweilen auch nur die Endelemente auf der Oberfläche des Magnets gemeint.

Es lässt sich zeigen, dass dieser von der Gestalt der Höhlung abhängt und in einigen einfachen Fällen berechnet werden kann. Da diese Rechnungen durchaus nicht fundamentaler Natur sind, so begnügen wir uns mit einer Angabe der Resultate, indem wir für den Beweis auf ausführlichere Werke verweisen.[1]).

Falls erstens die Höhlung die Gestalt eines dünnen Spalts, oder einer dünnen Röhre, in der Richtung der Magnetisirung aufweist, so ist die in ihr herrschende magnetische Intensität $\mathfrak{H}'$ direkt aus dem oben berechneten magnetischen Potential ableitbar; man definirt sie als die magnetische Intensität im Ferromagnetikum Es ist daher

$$(25)\quad \mathfrak{H}_x' = -\frac{\partial \mathcal{V}}{\partial x}, \qquad \mathfrak{H}_y' = -\frac{\partial \mathcal{V}}{\partial y}, \qquad \mathfrak{H}_z' = -\frac{\partial \mathcal{V}}{\partial z}.$$ [2])

Hat aber zweitens die Höhlung die Gestalt eines dünnen Spalts senkrecht zu den Magnetisirungslinien, so ist die in ihr obwaltende magnetische Intensität eine andere; bezeichnen wir sie mit $\mathfrak{B}'$, so lässt sich zeigen, dass

$$(26)\quad \begin{cases} \mathfrak{B}_x' = \mathfrak{H}_x' + 4\pi\,\mathfrak{J}_x, \\ \mathfrak{B}_y' = \mathfrak{H}_y' + 4\pi\,\mathfrak{J}_y, \\ \mathfrak{B}_z' = \mathfrak{H}_z' + 4\pi\,\mathfrak{J}_z. \end{cases}$$

Was man einfacher ausdrückt durch die eine Gleichung

$$(27)\quad \mathfrak{B}' = \mathfrak{H}' + 4\pi\,\mathfrak{J},$$

welche dann aber als eine sogenannte Vektorgleichung aufzufassen ist; nur in dem besondern Falle, dass $\mathfrak{B}'$, $\mathfrak{H}'$ und $\mathfrak{J}$ in dem betrachteten Punkte gleichgerichtet sind, gilt sie für diese Vektoren selbst, sonst nur für deren Komponenten; in ersterem Sinne haben wir sie bereits eingeführt (§ 11).

Den so definirten Vektor $\mathfrak{B}'$ nennen wir die magnetische Induktion im Ferromagnetikum, da er offenbar identisch ist mit der früher auf Grundlage von Induktionsversuchen definirten, ebenso benannten Grösse (§ 10). Falls ausser dem hier aus-

---

1) Vergl. Maxwell, Treatise 2. Kap. II. Mascart et Joubert, Electr. et Magn. 1. §§ 321—324.

2) Die hier und im Folgenden angewandte Accentuirung der Buchstaben soll daran erinnern, dass dabei die betreffende Grösse innerhalb der ferromagnetischen Substanz betrachtet wird.

schliesslich in's Auge gefassten eigenen Felde des starren Magnets noch ein von fremden Ursachen herrührendes hinzutritt, so addirt sich dessen Intensität (vektormässig) sowohl zu $\mathfrak{H}'$ wie zu $\mathfrak{B}'$, sodass die Gleichung (27) nach wie vor ihre Giltigkeit behält.

§ 52. Solenoidalität der Induktion. Die fundamentale Haupteigenschaft der in dieser Weise definirten Induktion ist die, dass sie unter allen Umständen im ganzen Raume ausnahmslos solenoidal (dagegen im allgemeinen nicht lamellar) vertheilt ist. Wir werden daher zu beweisen haben, dass sie den beiden Kontinuitätsgleichungen (§ 37): 1. der räumlichen und 2. der oberflächlichen, welche hierfür die nothwendige und ausreichende Bedingung bilden, genügt.

1. Aus den zur Definition der Induktion herangezogenen Beziehungen (26) folgt, dass zunächst innerhalb des Ferromagnetikums

$$\frac{\partial \mathfrak{B}'_x}{\partial x}+\frac{\partial \mathfrak{B}_y'}{\partial y}+\frac{\partial \mathfrak{B}_z'}{\partial z}=$$

$$=\frac{\partial \mathfrak{H}_x'}{\partial x}+\frac{\partial \mathfrak{H}_y'}{\partial y}+\frac{\partial \mathfrak{H}_z'}{\partial z}+4\pi\left(\frac{\partial \mathfrak{J}_x}{\partial x}+\frac{\partial \mathfrak{J}_y}{\partial y}+\frac{\partial \mathfrak{J}_z}{\partial z}\right).$$

Nach Gleichung (24) ist aber das rechte Glied letzterer Gleichung immer Null, d. h. falls der Vektor $4\pi\mathfrak{J}$ eine von Null verschiedene Konvergenz zeigt, wird diese durch die entgegengesetzt gleiche Konvergenz des Vektors $\mathfrak{H}'$ aufgehoben, so dass die Vektorsumme $\mathfrak{H}'+4\pi\mathfrak{J}$ eine solche nie aufweisen kann.

Ausserhalb des Ferromagnetikums ist ferner $\mathfrak{J}=0$, folglich $\mathfrak{B}$ mit $\mathfrak{H}$ in jeder Beziehung identisch; da aber dort (§ 47)

$$\frac{\partial \mathfrak{H}_x}{\partial x}+\frac{\partial \mathfrak{H}_y}{\partial y}+\frac{\partial \mathfrak{H}_z}{\partial z}=0,$$

so ist schliesslich der räumlichen Kontinuitätsgleichung

$$\frac{\partial \mathfrak{B}_x}{\partial x}+\frac{\partial \mathfrak{B}_y}{\partial y}+\frac{\partial \mathfrak{B}_z}{\partial z}=0,$$

in allen Punkten des Raumes sowohl im Innern des Ferromagnetikums, als auch ausserhalb desselben, Genüge geleistet.

2. Was zweitens die Unstetigkeitsflächen betrifft, so ist als solche nur die Oberfläche des Magnets zu betrachten. Nehmen wir wieder der Kürze halber das Gravitationsproblem als Analogon zu Hilfe, so wissen wir, dass an einer mit Massenbelegung von der

Flächendichte $\mathfrak{s}$ bedeckten Fläche die normale Ableitung des Gravitationspotentials einen Sprung von $4\pi\mathfrak{s}$ macht. Auf unseren Fall übertragen, wird daher

$$\mathfrak{H}_\nu = \mathfrak{H}_\nu' + 4\pi\,\mathfrak{J}_\nu.$$

wo $\mathfrak{H}_\nu$ und $\mathfrak{H}_\nu'$ die zur Oberfläche des Magnets senkrechten Intensitätskomponenten ausserhalb bezw. innerhalb desselben bedeuten. Da aber nach der gegebenen Definition einerseits innerhalb des Ferromagnetikums die Gleichung (27) gilt:

$$\mathfrak{B}_\nu' = \mathfrak{H}_\nu' + 4\pi\,\mathfrak{J}_\nu,$$

andererseits ausserhalb desselben

$$\mathfrak{B}_\nu = \mathfrak{H}_\nu$$

ist, so folgt aus obigen drei Gleichungen sofort

$$\mathfrak{B}_\nu = \mathfrak{B}_\nu'. \tag{28}$$

Auch der oberflächlichen Kontinuitätsbedingung wäre durch diese Gleichung genügt; damit ist die Solenoidalität der Induktion für alle Raumpunkte bewiesen. Wir werden auf diesen Satz bei der Betrachtung magnetischer Induktionsvorgänge zurückkommen (§ 61); zu deren Behandlung schreiten wir nunmehr nachdem wir die Grundzüge der Theorie der starren Magnete im Vorstehenden mitgetheilt haben.

Viertes Kapitel.

Grundzüge der Theorie der magnetischen Induktion.

§ 53. Fremde und selbsterzeugte Intensität. Bei den im vorigen Kapitel angestellten Betrachtungen über starre Magnete wurde ihre Magnetisirung als gegeben angenommen, ohne dass ihre Ursache weiter berücksichtigt worden wäre.

Wir haben Anfangs (§ 8) gesehen, dass ferromagnetische Körper im allgemeinen eine Magnetisirung nur dann annehmen, wenn ein inducirendes magnetisches Feld auf sie wirkt, wobei allerdings ein Zurückbleiben jener Wirkung hinter ihrer Ursache auftritt, welches man mit dem Namen Hysteresis bezeichnet. Eine vollständige Theorie der ferromagnetischen Induktion mit Berücksichtigung der Hysteresis ist bisher nicht versucht worden; ihre Aufstellung würde mit grossen Schwierigkeiten verknüpft sein. Wir machen daher im Folgenden die bereits oben a. a. O. angedeutete Einschränkung, dass von Hysteresis gänzlich abgesehen werde, die Magnetisirung daher ausschliesslich Funktion der gerade obwaltenden gesamten magnetischen Intensität sei.

Dabei ist nun in erster Linie zu beachten, dass diese Intensität einmal von fremden Quellen, wie z. B. von in der Nähe befindlichen starren Magneten, von elektrischen Strömen in benachbarten Leitern oder im Körper selbst, herrühren kann; zweitens ist aber auch diejenige Intensität zu berücksichtigen, welche von der Magnetisirung des betrachteten Körpers selbst erzeugt wird, und deren Eigenschaften im vorigen Kapitel untersucht wurden. Den letzteren Antheil werden wir durch den angehängten Quellenindex i (intern) unterscheiden, also mit $\mathfrak{H}_i$ bezeichnen. Dem irgendwelchen anderen Ursachen zuzuschreibenden Intensitätsantheil werden wir dagegen stets den Index e (extern) anhängen. Die Summe beider Antheile (im Vektorsinne genommen), welche dann nach dem Obigen die inducirte Magnetisirung bestimmt, erhält den Quellenindex t (total)[1]. Es ist daher

$$\mathfrak{H}_{tx} = \mathfrak{H}_{ex} + \mathfrak{H}_{ix}, \quad \mathfrak{H}_{ty} = \mathfrak{H}_{ey} + \mathfrak{H}_{iy}, \quad \mathfrak{H}_{tz} = \mathfrak{H}_{ez} + \mathfrak{H}_{iz}.$$

Oder kürzer als Vektorgleichung geschrieben

$$\mathfrak{H}_t = \mathfrak{H}_e + \mathfrak{H}_i. \tag{1}$$

In derselben Weise wird das magnetische Potential $\mathfrak{r}$, sowie die Induktion $\mathfrak{B}$ durch Indices je nach der Ursache, welche sie erzeugt, unterschieden. Von manchen Autoren wird diese Zergliederung zwar als künstlich verworfen; indessen ist ohne sie eine präcise mathematische Behandlung bis auf weiteres undurchführbar.

§ 54. Die Kirchhoff'schen Ansätze. Denken wir uns einen Körper aus homogener und isotroper ferromagnetischer Substanz[2]), durch den keine elektrischen Ströme fliessen. Seine Gestalt sei eine willkürliche; da sie im allgemeinen keine von den endlosen Formen sein wird, bei denen Endelemente nicht auftreten, so wird die eigene Magnetisirung ein Feld $\mathfrak{H}_i$ erzeugen, welches sich zu dem bereits vorhandenen fremden Felde $\mathfrak{H}_e$ addirt. Letzteres kann beliebig vertheilt sein, die Vertheilung ist aber den im vorigen Kapitel aufgestellten allgemeinen Gesetzen unterworfen.

Ob also $\mathfrak{H}_e$ von äusseren elektrischen Strömen oder von fremden Magneten herrührt, stets muss es über den vom betrachteten Körper

1) Falls mehrere Indices nöthig werden, kommen die Quellenindices zuerst, die Richtungsindices (§ 34) zuletzt.

2) Bekanntlich bringen die Homogenität und die Isotropie eines Körpers mit sich, dass seine Eigenschaften sowohl von der Lage als auch von der Richtung im Körper unabhängig sind. Die Theorie der magnetischen Induktion in anisotropen nicht ferromagnetishen Körpern von konstanter Susceptibilität ist zwar mathematisch entwickelt und experimentell geprüft worden, würde aber auf die hier stets vorausgesetzten ferromagnetischen Substanzen variabeler Susceptibilität nicht anwendbar sein. Für unsere Zwecke ist die gemachte Einschränkung ohne Bedeutung, da die benutzten ferromagnetischen Metalle für gewöhnlich immer als isotrop betrachtet werden können.

eingenommenen Raum. lamellar-solenoidal vertheilt sein[1]). Das Linienintegral von $\mathfrak{H}_e$ beträgt $4\pi q I$ längs einer Kurve, welche q-fach mit einem Stromleiter verschlungen ist, in welchem ein Strom I fliesst, und schwindet daher im Falle die Integrationskurve überhaupt keinen Stromleiter umkreist (Satz IX § 45).

Wird der zu inducirende Körper in dieses fremde Feld eingesetzt, oder letzteres in dem von ihm bereits eingenommenen Raume plötzlich erregt, so wird der Körper in sehr kurzer Zeit seine dem besondern Falle entsprechend vertheilte Magnetisirung annehmen. Da wir bereits festgestellt haben, dass diese nach Werth und Richtung ausschliesslich durch die Totalintensität $\mathfrak{H}_t$ bestimmt sein muss, frägt es sich nur noch, wie beide Grössen miteinander zusammenhängen werden.

Bei der älteren Theorie der magnetischen Induktion, welche zuerst von Poisson auf Grundlage der Annahme zweier magnetischer Fluida (§ 27) aufgestellt worden war und welche dann wiederholte Neubearbeitungen erfuhr, so u. A. durch Lord Kelvin, F. Neumann, Maxwell, wurden jene beiden Vektoren als gleichgerichtet und ihre Werthe als proportional angenommen. Letztere Annahme war aber eine voreilige und unmotivirte; trotzdem wurde sie der Bequemlichkeit der Rechnung halber sogar in der neueren Literatur häufig beibehalten, lange nachdem die experimentelle Forschung ihre Unhaltbarkeit dargethan hatte. Auf Grund der Ergebnisse der letzteren stellte Kirchhoff bereits 1853 zwei neue Ansätze auf[2]), welche insofern den Thatsachen gerecht werden, als, wie gesagt, von Hysteresis abgesehen wird; diese Kirchhoff'schen Ansätze wollen wir zunächst besprechen.

Was in erster Linie die Richtung der Magnetisirung in jedem Punkte betrifft, so folgt aus Symmetriegründen, dass diese nach wie vor dieselbe sein muss, wie diejenige der einzigen sie bedingenden Ursache, des Vektors $\mathfrak{H}_t$. In der That liegt kein angebbarer Grund vor, weswegen in der isotrop angenommenen Substanz die Richtung von $\mathfrak{J}$ in irgend einem Sinne von derjenigen von $\mathfrak{H}_t$ abweichen sollte.

Zweitens wird der numerische Werth von $\mathfrak{J}$ nur von demjenigen von $\mathfrak{H}_t$ abhängen ohne ihm indessen proportional zu sein, d. h. es ist

$$\mathfrak{J} = \text{funct.}\ (\mathfrak{H}_t). \tag{2}$$

1) Dies folgt aus § 44, Satz VIII § 45 und Satz X § 47.

2) Kirchhoff, Crelle's Journal 48. p. 370, 1853. Ges. Abh. p. 217.

Diese Funktion muss dieselbe sein, wie die durch die normale Magnetisirungskurve der betreffenden Substanz dargestellte (§ 13); denn diese gilt für endlose Gebilde, bei denen eben infolge der Abwesenheit in die Ferne wirkender Enden $\mathfrak{H}_i = 0$ ist, folglich $\mathfrak{H}_t = \mathfrak{H}_e$ wird. Eine Haupteigenschaft jener Kurven war, dass, wenn $\mathfrak{H}_t$ mehr und mehr wächst, $\mathfrak{J}$ einem Maximalwerthe asymptotisch zustrebt. Oder wenn wir die Susceptibilität, d. h. das Verhältniss der Magnetisirung zur inducirenden Intensität, (§ 14) einführen, und diese als $\varkappa(\mathfrak{H}_t)$ bezeichnen, um zu betonen, dass auch sie nur Funktion von $\mathfrak{H}_t$ ist, so können wir ebenso gut schreiben

$$\mathfrak{J} = \varkappa(\mathfrak{H}_t) \cdot \mathfrak{H}_t.$$

Und weil $\mathfrak{J}$ und $\mathfrak{H}_t$ gleichgerichtet sind, wird

$$(3) \qquad \mathfrak{J}_x = \varkappa(\mathfrak{H}_t)\,\mathfrak{H}_{tx}, \quad \mathfrak{J}_y = \varkappa(\mathfrak{H}_t)\,\mathfrak{H}_{ty}, \quad \mathfrak{J}_z = \varkappa(\mathfrak{H}_t)\,\mathfrak{H}_{tz}.$$

Die fundamentale Beziehung zwischen den drei Vektoren $\mathfrak{B}$, $\mathfrak{H}$, und $\mathfrak{J}$ [§ 51, Gleichung (27)] wird im vorliegenden Falle

$$(4) \qquad \mathfrak{B}_t = \mathfrak{H}_t + 4\pi\,\mathfrak{J}.$$

Daraus folgt, dass auch die Totalinduktion $\mathfrak{B}_t$ dieselbe Richtung haben muss, wie ihre beiden unter sich gleichgerichteten Antheile $\mathfrak{H}_t$ und $4\pi\,\mathfrak{J}$, was wir dann noch unter Einführung der Permeabilität $\mu(\mathfrak{H}_t)$, d. h. des Verhältnisses der Induktion zur Intensität (§ 14) wie folgt ausdrücken können

$$\mathfrak{B}_t = \mu(\mathfrak{H}_t) \cdot \mathfrak{H}_t.$$

Und weil $\mathfrak{B}_t$ und $\mathfrak{H}_t$ gleichgerichtet sind, wird wieder

$$(5) \qquad \mathfrak{B}_x = \mu(\mathfrak{H}_t)\,\mathfrak{H}_{tx}, \quad \mathfrak{B}_y = \mu(\mathfrak{H}_t)\,\mathfrak{H}_{ty}, \quad \mathfrak{B}_z = \mu(\mathfrak{H}_t)\,\mathfrak{H}_{tz}.$$

§ 55. Linienintegral der selbstentmagnetisirenden Intensität. Die selbsterzeugte magnetische Intensität, welche von der eigenen Magnetisirung herrührt, bezeichnen wir ausserhalb des Körpers mit $\mathfrak{H}_i$; nach § 47 ist sie dort lamellar-solenoidal vertheilt. Innerhalb des Körpers accentuiren wir sie und nennen $\mathfrak{H}_i'$ zur besseren Unterscheidung die selbstentmagnetisirende Intensität, da sie im allgemeinen stets das Bestreben hat, dem fremden inducirenden Felde $\mathfrak{H}_e$ entgegen zu wirken, die eigene Magnetisirung des Körpers daher abzuschwächen. Im Innern desselben ist nun $\mathfrak{H}_i'$ zwar noch lamellar, aber nicht mehr solenoidal vertheilt, da im allgemeinen die Konvergenz der Magnetisirung eine endliche sein wird und wir gezeigt haben, dass deren — 4π-facher Werth die Konvergenz des Vektors $\mathfrak{H}_i'$ ergibt (§ 50). Wegen der überall herrschenden Lamellarität von $\mathfrak{H}_i$ bezw. $\mathfrak{H}_i'$ wird immer ein selbsterzeugtes Potential $\mathfrak{T}_i$ existiren, und das Linienintegral von $\mathfrak{H}_i$ bezw. $\mathfrak{H}_i'$ muss infolgedessen nach unseren früheren Entwicklungen (§ 40) an jeder geschlossenen Kurve entlang schwinden.

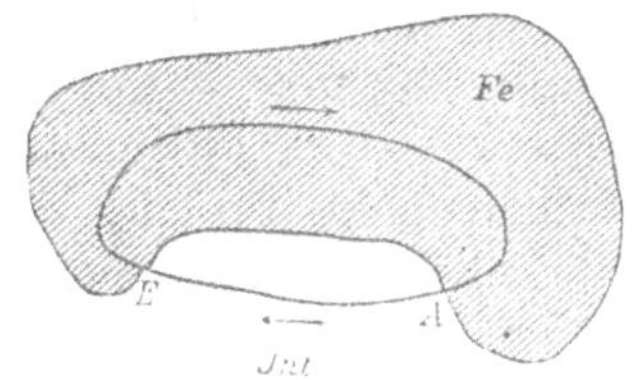

Fig. 12.

Betrachten wir einen solchen geschlossenen Integrationsweg näher, der theils im Ferromagnetikum, theils im Interferrikum liegen möge, und verfolgen wir denselben in der Pfeilrichtung (Fig. 12). Auf der im Ferromagnetikum liegenden Strecke $\overline{EA}$ ist

$$\int_E^A \mathfrak{H}'_{iL}\, dL$$

das Linienintegral der selbstentmagnetisirenden Intensität; dabei ist mit $\mathfrak{H}'_{iL}$, wie üblich, die Komponente derselben in Richtung der Tangente zur Kurve L bezeichnet, also

$$\mathfrak{H}'_{iL} = \mathfrak{H}_i' \cos(\mathfrak{H}_i', L).$$

Dagegen ist auf der im Interferrikum liegenden Strecke $\overline{AE}$ das Linienintegral der selbsterzeugten Intensität

$$\int_A^E \mathfrak{H}_{iL}\, dL = {}_A^E\mathfrak{T}_i,$$

d. h. gleich der Zunahme des selbsterzeugten magnetischen Potentials von der Aus- bis zur Eintrittsstelle der Integrationskurve. Da nun nach dem Obigen [1])

$$\int_A^A \mathfrak{H}_{iL}\, dL = 0 = \int_A^E \mathfrak{H}_{iL}\, dL + \int_E^A \mathfrak{H}'_{iL}\, dL,$$

so folgt

$$(6) \qquad -{}_A^E\mathfrak{T}_i = \int_E^A \mathfrak{H}'_{iL}\, dL = {}_E^A\mathfrak{T}_i.$$

Diese Gleichung besagt Folgendes:

I. **Zwischen zwei beliebigen Punkten E und A der Grenzfläche ist die selbsterzeugte Potentialzunahme**

---

1) Da bei einem Linienintegrale längs einer **geschlossenen** Kurve Anfangs- und Endpunkt zusammenfallen, so werden wir ein solches im Folgenden symbolisch mit $\int_A^A$ bezeichnen.

im Interferrikum numerisch gleich dem Linienintegrale der selbstentmagnetisirenden Intensität im Ferromagnetikum[1]).

Die Verwendbarkeit dieses Satzes wird weiter unten bei der Lösung specieller Fälle zu Tage treten. Sie beruht darauf, dass die im zugänglichen äusseren interferrischen Raume berechenbare bezw messbare Potentialzunahme ${}_A^E r_i$ mittels des Satzes I einen Anhaltspunkt für die Berechnung der selbstentmagnetisirenden Wirkung im Innern des Ferromagnetikums gewährt.

Jener Satz lässt sich in leicht zu übersehender Weise auf den Fall ausdehnen, dass mehr als eine ununterbrochene Strecke des Integrationsweges im Interferrikum liegt und dementsprechend dieser die Grenzfläche in mehr als zwei, jedoch offenbar stets in einer geraden Anzahl von Punkten, schneidet. Bezeichnen wir die Austrittsstellen aus dem Ferromagnetikum der Reihe nach mit $A_1, A_2 \ldots\ldots A_n$, die Eintrittsstellen in dasselbe mit $E_1, E_2 \ldots\ldots E_n$, so wird an Stelle der Gleichung (6) folgende, welche sich in derselben Weise herleiten lässt, zu setzen sein:

$$(6\,a)\qquad \begin{aligned} &-{}_{A_1}^{E_1} r_i - {}_{A_2}^{E_2} r_i - \ldots\ldots - {}_{A_n}^{E_n} r_i = \\ &= \int_{E_1}^{A_2} \mathfrak{H}'_{iL}\, dL + \int_{E_2}^{A_3} \mathfrak{H}'_{iL}\, dL + \ldots\ldots + \int_{E_n}^{A_1} \mathfrak{H}'_{iL}\, dL. \end{aligned}$$

Von ihrer Richtigkeit überzeugt man sich sofort durch einen Blick auf eine entsprechende Skizze. Die Gleichung (6a) besagt:

I. A. Die Summe der selbsterzeugten Potentialzunahmen auf den interferrischen Theilstrecken eines geschlossenen Integrationsweges ist numerisch gleich der Summe der Linienintegrale der selbstentmagnetisirenden Intensität auf seinen im Ferromagnetikum gelegenen Theilstrecken.

§ 56. Eigenschaften der Totalintensität. Nach dem Superpositionssatze VII (§ 43) ist $\mathfrak{H}_t$ als Summe der beiden in allen Punkten lamellaren Vektoren $\mathfrak{H}_e$ und $\mathfrak{H}_i$ auch überall lamellar, aber

---

1) Dieser Satz wurde vom Verf. (Wied. Ann. **46**. p. 489, 1892) angegeben. In der Herleitung ist dort überall irrthümlich $\mathfrak{H}_i$ statt $\mathfrak{H}_{iL}$ gedruckt worden.

nicht nothwendig solenoidal, vertheilt. Ferner ist das Linienintegral längs einer geschlossenen Kurve, welches wir mit ${}_A^A\!\int$ bezeichnen.

$$ {}_A^A\!\int \mathfrak{H}_{tL}\, dL = {}_A^A\!\int \mathfrak{H}_{eL}\, dL + 0 = 4\pi q I $$

falls diese Kurve q-fach mit dem den Strom I führenden Leiter verschlungen ist.

Aus dem Ausdruck für das selbsterzeugte Potential $\mathfrak{r}_i$ [§ 49 Gl. (I)], welcher a. a. O. bereits mit demjenigen für das Gravitationspotential verglichen wurde, folgt, dass jenes an Unstetigkeitsflächen stetig bleiben muss, weil dies bekanntlich auch beim Gravitationspotential der Fall ist. Folglich müssen die »tangentialen Ableitungen« von $\mathfrak{r}_i$ an beiden Seiten der Grenzfläche zwischen Ferromagnetikum und Interferrikum die gleichen sein, d. h.

$$ \mathfrak{H}_{i\tau} = \mathfrak{H}'_{i\tau}. $$

Dagegen haben wir bereits (§ 52) erwähnt, dass, wie beim Gravitationspotential, so auch in unserem Falle, die zur Grenzfläche »normale Ableitung« von $\mathfrak{r}_i$ einen Sprung um $4\pi\,\mathfrak{J}_\nu$ erleiden muss; folglich haben wir

$$ \mathfrak{H}_{i\nu} = \mathfrak{H}'_{i\nu} + 4\pi\,\mathfrak{J}_\nu. $$

Da ferner kein Grund vorliegt, weswegen auch der Vektor $\mathfrak{H}_e$ an der Grenzfläche irgend welche besondere Eigenschaften aufweisen sollte, so zeigt die Summe $\mathfrak{H}_t = \mathfrak{H}_e + \mathfrak{H}_i$ dort dieselben Unstetigkeiten wie ihr zweites Glied sie für sich schon aufweist. Mithin ist

$$ \mathfrak{H}_{t\tau} = \mathfrak{H}'_{t\tau}. \tag{7} $$

Dagegen

$$ \mathfrak{H}_{t\nu} = \mathfrak{H}'_{t\nu} + 4\pi\,\mathfrak{J}_\nu. \tag{8} $$

Die beiden Gleichungen (7) und (8) besagen Folgendes.

II. Die Tangentialkomponente der Totalintensität ist an Grenzflächen stetig, die Normalkomponente dagegen unstetig, wofern sie, und mit ihr die Normalkomponente der Magnetisirung, überhaupt einen endlichen Werth aufweist[1]).

1) Dieser Satz bildet die theoretische Grundlage der von Ewing und Low eingeführten »Isthmusmethode« zur Bestimmung der Magnetisirung in sehr intensiven Feldern. Siehe Ewing, Magnet. Induktion u. s. w. Kap. VII. Berlin 1892.

§ 57. Eigenschaften der Magnetisirung. Nach unserm ersten Ansatze ist in jedem Punkte der Vektor $\mathfrak{J}$ gleichgerichtet mit $\mathfrak{H}_t$; die Magnetisirungslinien fallen daher überall mit den Linien totaler Intensität zusammen. Da letztere, lamellar vertheilte, Grösse ein Potential $\mathfrak{r}_t$ besitzt, verläuft das entsprechende Intensitätslinienbündel orthogonal zu der Äquipotentialflächenschaar $\mathfrak{r}_t =$ konst., und der numerische Werth von $\mathfrak{H}_t$ ist der Entfernung zweier solcher aufeinander folgenden Flächen umgekehrt proportional (§ 39). Offenbar müssen daher auch die Magnetisirungslinien zu derselben Äquipotentialflächenschaar orthogonal gerichtet sein, obwohl nicht nothwendig dieselbe Beziehung zwischen dem numerischen Werthe dieses Vektors und dem Flächenabstande zu gelten braucht. Wegen der Existenz jener orthogonalen Flächenschaar muss die Magnetisirung zum mindesten komplex lamellar vertheilt sein (§ 38). Dies kann man zum Überfluss auch analytisch beweisen, indem man ausgeht von der früher gegebenen Beziehung

$$\mathfrak{J} = \varkappa(\mathfrak{H}_t) \cdot \mathfrak{H}_t$$

und diese in die komplex lamellare Bedingungsgleichung für $\mathfrak{J}$ einsetzt [§ 38, Gleichung (6)]. Es wird dann

$$\mathfrak{J}_x\left(\frac{\partial \mathfrak{J}_y}{\partial z} - \frac{\partial \mathfrak{J}_z}{\partial y}\right) = \varkappa \mathfrak{H}_{tx}\left(\varkappa\frac{\partial \mathfrak{H}_{ty}}{\partial z} + \mathfrak{H}_{ty}\frac{\partial \varkappa}{\partial z} - \varkappa\frac{\partial \mathfrak{H}_{tz}}{\partial y} - \mathfrak{H}_{tz}\frac{\partial \varkappa}{\partial y}\right)$$

$$\mathfrak{J}_y\left(\frac{\partial \mathfrak{J}_z}{\partial x} - \frac{\partial \mathfrak{J}_x}{\partial z}\right) = \varkappa \mathfrak{H}_{ty}\left(\varkappa\frac{\partial \mathfrak{H}_{tz}}{\partial x} + \mathfrak{H}_{tz}\frac{\partial \varkappa}{\partial x} - \varkappa\frac{\partial \mathfrak{H}_{tx}}{\partial z} - \mathfrak{H}_{tx}\frac{\partial \varkappa}{\partial z}\right)$$

$$\mathfrak{J}_z\left(\frac{\partial \mathfrak{J}_x}{\partial y} - \frac{\partial \mathfrak{J}_y}{\partial x}\right) = \varkappa \mathfrak{H}_{tz}\left(\varkappa\frac{\partial \mathfrak{H}_{tx}}{\partial y} + \mathfrak{H}_{tx}\frac{\partial \varkappa}{\partial y} - \varkappa\frac{\partial \mathfrak{H}_{ty}}{\partial x} - \mathfrak{H}_{ty}\frac{\partial \varkappa}{\partial x}\right).$$

In jedem der obigen drei Klammerausdrücke zur Rechten heben sich je das erste und dritte Glied wegen der Lamellarität von $\mathfrak{H}_t$ auf; da bei der Addition sämtlicher drei Gleichungen die übrige Summe rechts identisch Null wird, schwindet die Summe links ebenfalls; dadurch ist aber die erwähnte komplex lamellare Bedingungsgleichung für $\mathfrak{J}$ ebenfalls identisch erfüllt [1]). Dabei

---

1) Nach der anfangs erwähnten älteren Theorie musste die Magnetisirung lamellar-solenoidal vertheilt sein. An Stelle dieses früher vielfach angeführten Satzes wurden vom Verfasser (Wied. Ann. **46.** p. 491, 1892) die im Texte mitgetheilten Betrachtungen gesetzt.

tritt die Susceptibilität $\varkappa(\mathfrak{H}_t)$ als integrirender Divisor auf, wie man sich leicht überzeugen kann, indem der Ausdruck

$$\mathfrak{J}_x dx + \mathfrak{J}_y dy + \mathfrak{J}_z dz$$

integrabel wird, sobald man ihn durch $\varkappa(\mathfrak{H}_t)$ dividirt. Denn es ist [§ 54, Gleichung (3)]

$$\frac{\mathfrak{J}_x}{\varkappa(\mathfrak{H}_t)} = \mathfrak{H}_{tx}, \qquad \frac{\mathfrak{J}_y}{\varkappa(\mathfrak{H}_t)} = \mathfrak{H}_{ty}, \qquad \frac{\mathfrak{J}_z}{\varkappa(\mathfrak{H}_t)} = \mathfrak{H}_{tz}.$$

sodass obiger Differentialausdruck nach der Division die Form

$$\mathfrak{H}_{tx} dx + \mathfrak{H}_{ty} dy + \mathfrak{H}_{tz} dz = -d\,\Upsilon_t$$

annimmt, welche ohne weiteres ein exaktes Differential darstellt.

Zum Schlusse wollen wir eine wichtige Eigenschaft des Vektors $\mathfrak{J}$ nicht unerwähnt lassen. Falls man sich das äussere Feld $\mathfrak{H}_e$ als über alle Grenzen wachsend denkt, so wird schliesslich in der Vektorgleichung

$$\mathfrak{H}_t = \mathfrak{H}_e + \mathfrak{H}_i$$

das zweite Glied rechts im Vergleich zum ersten immer geringer werden. Mithin wird $\mathfrak{H}_t$ nach Werth und Richtung immer mehr ausschliesslich durch $\mathfrak{H}_e$ bestimmt werden. Dasselbe gilt dann für die Richtung der Magnetisirung, deren Werth aber nie den maximalen Sättigungswerth (§ 11) übersteigen kann. Es folgt daraus folgender, von Kirchhoff aufgestellter »Sättigungssatz«[1]).

III. Ein beliebig gestalteter, ferromagnetischer Körper befinde sich in einem beliebig vertheilten fremden Felde. Falls dann die Intensität des letzteren ins Unendliche wächst, nähert sich überall die Richtung der Magnetisirung derjenigen des fremden Feldes und ihr Werth dem Maximalwerthe, welchen sie für die betrachtete Substanz überhaupt erreichen kann.

§ 58. Eigenschaften der Totalinduktion. Da in dem vom betrachteten Körper eingenommenen Raume die von fremden Ursachen herrührende Intensität $\mathfrak{H}_e$ mit der entsprechenden Induktion $\mathfrak{B}_e$ identisch ist (indem eine etwa vorhandene, die Intensität $\mathfrak{H}_e$ ganz oder zum Theil erzeugende, fremde Magnetisirung dort den Werth Null haben muss), ist letztere ebenso wie erstere lamellar-

1) Kirchhoff, Gesamm. Abhandl. p. 223.

solenoidal vertheilt. Nach einem eingehend besprochenen Fundamentalsatze (§ 52) ist aber $\mathfrak{B}_i$, wie auch $\mathfrak{J}$ vertheilt sein möge, unter allen Umständen solenoidal. Folglich ist nach dem Superpositionssatze VII (§ 43) die Summe $\mathfrak{B}_t = \mathfrak{B}_e + \mathfrak{B}_i$ ebenfalls solenoidal vertheilt.

Überdies ist dieser Vektor $\mathfrak{B}_t$ komplex-lamellar vertheilt, was man in derselben Weise, wie im Vorigen für $\mathfrak{J}$, beweist; und zwar entweder durch rein geometrische Überlegung oder auf analytischem Wege, indem man in der im vorigen Paragraphen gegebenen Herleitung die Susceptibilität $\varkappa$ durch die Permeabilität μ ersetzt, welche letztere dann als integrirender Divisor an Stelle der ersteren tritt. Schliesslich ist also die Totalinduktion komplex lamellar-solenoidal vertheilt; folglich existirt im allgemeinen kein skalares Potential für diesen Vektor.

Wie bei $\mathfrak{H}_t$, so regeln sich auch bei $\mathfrak{B}_t$ die Grenzbedingungen für die Trennungsfläche zwischen Ferromagnetikum und Interferrikum ganz nach denjenigen für $\mathfrak{B}_i$. Wir wissen nun bereits, dass wegen der oberflächlichen Kontinuitätsbedingung für diesen Vektor [§ 52, Gleichung (28)]

$$\mathfrak{B}_{i\nu} = \mathfrak{B}'_{i\nu}.$$

Also auch

$$\mathfrak{B}_{t\nu} = \mathfrak{B}'_{t\nu}. \tag{9}$$

Andererseits fanden wir [§ 56, Gleichung (7)]

$$\mathfrak{H}_{t\tau} = \mathfrak{H}'_{t\tau}.$$

Da nun an der ferromagnetischen Seite der Grenzfläche

$$\mathfrak{B}'_{t\tau} = \mathfrak{H}'_{t\tau} + 4\pi\,\mathfrak{J}_\tau,$$

dagegen im indifferenten Raume

$$\mathfrak{B}_{t\tau} = \mathfrak{H}_{t\tau},$$

ist, so folgt aus letzteren drei Gleichungen

$$\mathfrak{B}'_{t\tau} = \mathfrak{B}_{t\tau} + 4\pi\,\mathfrak{J}_\tau. \tag{10}$$

Die beiden Gleichungen (9) und (10) besagen:

IV. Die Normalkomponente der Totalinduktion ist an Grenzflächen stetig, die Tangentialkomponente unstetig, wofern sie, bezw. die Tangentialkomponente der Magnetisirung, überhaupt einen endlichen Werth aufweist[1])

Die Totalinduktion verhält sich also in Bezug auf ihre Grenzbedingungen gerade umgekehrt wie die Totalintensität [Satz II, § 56].

§ 59. Praktische Näherungsregel. In einer grossen Anzahl von praktisch vorkommenden Fällen erreicht, wie schon oben (§ 11) angegeben wurde, $\mathfrak{H}_t$ nur wenige Hundert C. G. S.-Einheiten, und es ist dann bei allen bisher bekannten ferromagnetischen Substanzen mit grosser Annäherung

$$\mathfrak{J} = \frac{1}{4\pi} \mathfrak{B}_t$$

zu setzen, so dass die Magnetisirung in diesem Falle ebenfalls als merklich solenoidal betrachtet werden kann, da sie sich von der Totalinduktion nur noch durch einen Zahlenfaktor unterscheidet [Satz VI, § 43].

Die Konvergenz der Magnetisirung ist dann unmerklich, und die Fernwirkung geht fast ausschliesslich von den auf der Oberfläche des Körpers liegenden Endelementen aus. Dagegen ist der andere extreme Grenzfall der, dass $\mathfrak{H}_e$ und damit $\mathfrak{H}_t$ unendlich gross wird; diesem Falle kann man sich selbstverständlich experimentell nur mehr oder weniger nähern, ihn aber im allgemeinen durchaus nicht erreichen. Nach dem oben angeführten Kirchhoff'schen Satze III (§ 57) ist im Grenzfalle die Magnetisirung im allgemeinen weder lamellar, noch solenoidal, schon deswegen, weil sie überall den gleichen Sättigungswerth zu erreichen strebt ohne jedoch zugleich in allen Punkten auch nach derselben Richtung orientirt zu werden, wie es für eine gleichförmige Vertheilung (§ 43) erforderlich wäre; die Magnetisirung bleibt aber nach wie vor komplex-lamellar vertheilt, wie im Vorhergehenden (§ 57) völlig allgemein bewiesen wurde.

§ 60. Stromdurchflossenes Ferromagnetikum. Der Fall, dass das Ferromagnetikum selbst von elektrischen Strömen durchflossen wird, wurde bisher ausdrücklich von der Betrachtung ausgeschlossen;

---

1) Dieser Satz bildet die theoretische Grundlage eines vom Verfasser benutzten magnetooptischen Messverfahrens (Phil. Mag. [5] **29**, p. 293, 1890). Siehe Ewing, Magn. Induktion u. s. w. Kap. VII. Berlin 1892.

indessen kann er unter Umständen sowohl theoretisches wie praktisches Interesse bieten[1]), sodass wir seiner Besprechung einen Paragraphen widmen werden, ohne auf Einzelheiten näher einzugehen.

Wir sahen bereits (§ 44), dass die magnetische Intensität, sofern sie von der elektromagnetischen Wirkung eines Stromes herrührt, daher in unserer jetzigen Bezeichnungsweise mit $\mathfrak{H}_e$ zu bezeichnen ist, innerhalb des Leiters solenoidal, indes nicht (wie ausserhalb desselben) lamellar vertheilt ist, und folgenden Gleichungen genügt [§ 45, Gleichung (16)]

$$(11) \qquad \begin{cases} 4\pi\,\mathfrak{C}_x = \dfrac{\partial \mathfrak{H}_{ez}}{\partial y} - \dfrac{\partial \mathfrak{H}_{ey}}{\partial z} \\ 4\pi\,\mathfrak{C}_y = \dfrac{\partial \mathfrak{H}_{ex}}{\partial z} - \dfrac{\partial \mathfrak{H}_{ez}}{\partial x} \\ 4\pi\,\mathfrak{C}_z = \dfrac{\partial \mathfrak{H}_{ey}}{\partial x} - \dfrac{\partial \mathfrak{H}_{ex}}{\partial y} \end{cases}$$

in denen $\mathfrak{C}$ die elektrische Strömung (§ 44) an dem betrachteten Punkte vorbei bedeutet.

Um zu untersuchen, ob $\mathfrak{H}_e$ etwa noch komplex-lamellar sein könne, setzen wir obige Werthe in die betreffende Bedingungsgleichung [§ 38, Gleichung (6)] ein, welche dann folgende, verhältnissmässig einfache, Gestalt annimmt

$$\mathfrak{C}_x\,\mathfrak{H}_{xe} + \mathfrak{C}_y\,\mathfrak{H}_{ey} + \mathfrak{C}_z\,\mathfrak{H}_{ez} = 0;$$

Diese ist, wie leicht einzusehen, gleichbedeutend mit

$$\mathfrak{C}\,\mathfrak{H}_e \cos(\mathfrak{C}, \mathfrak{H}_e) = 0$$

und würde daher voraussetzen, dass die beiden Vektoren $\mathfrak{C}$ und $\mathfrak{H}_e$ in jedem Punkte senkrecht zu einander verlaufen. Dies ist aber im allgemeinen nicht der Fall, vielmehr lassen sich Anordnungen angeben, wo beide Vektoren beliebige Winkel mit einander bilden. Folglich ist $\mathfrak{H}_e$ nicht einmal komplex-lamellar vertheilt.

Zwar ist $\mathfrak{H}_i$ immer noch lamellar (§ 47), aber die Summe $\mathfrak{H}_t = \mathfrak{H}_e + \mathfrak{H}_i$, also die Resultirende eines solenoidalen und eines lamellaren Vektors, entspricht nun keiner besonderen Vertheilungs-

1) Wir erinnern in dieser Beziehung nur an eiserne Telegraphendrähte und an Dynamomaschinen, bei denen das Armatureisen direkt als Stromleiter dient, wie sie z. B. von Fritsche konstruirt worden sind (vergl. Kap. VIII).

art mehr; sie wird im allgemeinen komplex-solenoidal vertheilt sein. Nach dem früheren Ausgeführten gilt dann dasselbe für die mit $\mathfrak{H}_t$ stets gleichgerichtete Magnetisirung $\mathfrak{J}$.

Da $\mathfrak{B}_e$ mit $\mathfrak{H}_e$ identisch, folglich auch solenoidal vertheilt ist, und dasselbe nach wie vor für $\mathfrak{B}_i$ gilt (§ 52), so wird auch in einem stromdurchflossenen ferromagnetischen Körper der Vektor $\mathfrak{B}_t$ immer in solenoidaler Weise vertheilt sein.

Die Solenoidalität oder anders ausgedrückt die Kontinuität der Totalinduktion bildet daher ein völlig allgemeines Fundamentalprincip[1]), welches wir im folgenden Paragraphen etwas eingehender erörtern werden.

§ 61. Erhaltung des Induktionsflusses. Schon bei der Besprechung solenoidaler Vektorvertheilungen im allgemeinen (§ 37) haben wir gezeigt, dass das ganze betrachtete Raumgebiet in Vektorröhren zerfällt, solchergestalt, dass das Flächenintegral des Vektors über einen beliebigen Querschnitt der Röhre konstant ist; Vektorröhren, welche diese Eigenschaft aufweisen, nannten wir einfache Solenoide.

Wenden wir dies auf den Fall eines ferromagnetisch inducirten Körpers an, so haben wir den ganzen unendlichen Raum in den Kreis der Betrachtung zu ziehen, da sich die magnetischen Wirkungen bis auf unbegrenzte Entfernungen fortpflanzen. An Stelle der Vektorröhren im allgemeinen Fall treten im vorliegenden Specialfall die Induktionsröhren, deren Erzeugende die Induktionslinien sind.

Das Flächenintegral der Totalinduktion über einen beliebigen Querschnitt einer Induktionsröhre nennen wir den Induktionsfluss durch dieselbe und bezeichnen es mit $\mathfrak{G}_t$. Diese Benennung ist dem hydrodynamischen Analogon nachgebildet (vgl. Kap. VII). Denn bei einer inkompressibeln Flüssigkeit ist die Strömung, d. h. diejenige Flüssigkeitsmenge, welche pro Zeiteinheit durch den Normalquerschnitt Eins fliesst, bekanntlich kontinuirlich und daher solenoidal vertheilt; ihr Flächenintegral über einen beliebigen Querschnitt misst den durch diesen strömenden konstanten Fluss oder Gesamtstrom[2]) pro Zeiteinheit.

---

1) Vergl. Janet, Journal de physique [2] 9 p. 500, 1890.

2) Der Ausdruck »Induktionsfluss« ist der Benennung »Induktionsstrom« vorzuziehen, da letztere allgemein auf die inducirten elektrischen

Die den ganzen Raum ausfüllenden Induktionssolenoide müssen entweder endliche in sich geschlossene Röhren bilden oder sich gewissermaassen erst in unendlicher Entfernung schliessen; in letzterem Falle verlieren sie sich in's Unendliche, wobei sie sich unbegrenzt erweitern. Im einen wie im andern Falle bleibt der Induktionsfluss eines Solenoids konstant; im letzterwähnten Falle ist dies so aufzufassen, dass der Querschnitt des Solenoids zwar unendlich gross, die Induktion aber unendlich klein wird, mithin das Flächenintegral der letzteren über den ersteren die Form $\infty \times 0$ annimmt, dem konstanten endlichen Werthe des Induktionsflusses entsprechend.

Nach alledem kann man das im vorigen Paragraphen allgemein bewiesene Fundamentalprincip von der Solenoidalität oder Kontinuität der Totalinduktion auch als das Princip von der Erhaltung des totalen Induktionsflusses bezeichnen.

§ 62. Brechung der Induktionslinien. Neben der genügend klarliegenden Interpretirung dieses Princips bei geschlossenen oder in's Unendliche sich verlierenden Solenoiden im Raume fragt es sich noch, wie die Verhältnisse an Unstetigkeitsflächen, d. h. in diesem Falle an Trennungsflächen zwischen Ferromagnetikum und Interferrikum sich ihm unterordnen.

Wegen der Unstetigkeit der Tangentialkomponente $\mathfrak{B}_{t\tau}$ wird die Richtung der totalen Induktionslinien sich im allgemeinen an der Grenzfläche plötzlich ändern; es wird eine Brechung der Induktionslinien stattfinden.

Da für $\mathfrak{H}_t$ tangentiale Kontinuität gilt (§ 56), wird die Komponente $\mathfrak{H}'_{t\tau}$ bezw. $\mathfrak{H}_{t\tau}$ zu beiden Seiten der Grenzfläche in deren unmittelbarer Nähe dieselbe Richtung aufweisen; und diese muss nach dem Früheren auch diejenige der Tangentialkomponenten $\mathfrak{B}'_{t\tau}$ und $\mathfrak{B}_{t\tau}$ an der ferromagnetischen bezw. interferrischen Seite der Grenzfläche sein. Die Tangentialkomponenten der Totalinduktion stellen sich geometrisch dar als die Projektionen dieses Vektors auf die Tangentialebene im betrachteten Punkt der Trennungsfläche (§ 34). Ausser ihnen genügen also zur Bestimmung des Vektors selbst seine zu ersteren senkrechte Normalkomponenten; seine Richtung muss

Ströme angewandt wird und daher in manchen Fällen zu Verwechselungen Anlass geben könnte.

offenbar in derselben Ebene liegen wie die Richtungen seiner beiden Komponenten. Folglich müssen die totalen Induktionslinien innerhalb und ausserhalb des Ferromagnetikums in derselben, auch die Normale $\mathfrak{N}'$ bezw. $\mathfrak{N}$ enthaltenden, Ebene verlaufen, wenigstens sofern sie in nächster Nähe der Grenzfläche als gerade betrachtet werden können. In jener Incidenzebene als Bildfläche ist die Spur der Grenzfläche $\overline{GG}$ gezeichnet (Fig. 13), sowie die beiderseitigen Richtungen der totalen Induktionslinien ($\mathfrak{B}_t'$ und $\mathfrak{B}_t$), deren Winkel mit der Normale $\mathfrak{N}'$ bezw. $\mathfrak{N}$ mit α' bezw. α bezeichnet sind. Mit den totalen Induktionslinien fallen ferner die Linien der totalen Intensität ($\mathfrak{H}_t'$ bezw. $\mathfrak{H}_t$) zusammen, während im Ferromagnetikum ausserdem noch die Magnetisirungslinien ($\mathfrak{J}$) mit ihnen dieselbe Richtung gemein haben.

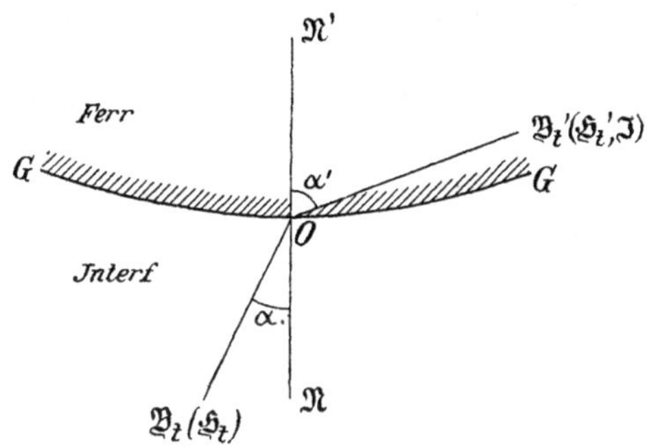

Fig. 13.

Davon ausgehend, dass $\mathfrak{H}'_{t\tau} = \mathfrak{H}_{t\tau}$ und $\mathfrak{B}'_{t\nu} = \mathfrak{B}_{t\nu}$ (§ 58), haben wir in dem Punkte 0

A. Im Ferromagnetikum:

$$\mathfrak{B}'_{t\tau} = \mu\,\mathfrak{H}'_{t\tau} = \mu\,\mathfrak{H}_{t\tau} \qquad \text{und} \qquad \mathfrak{B}'_{t\nu} = \mathfrak{B}_{t\nu}.$$

Also

a) $$\operatorname{tg}\alpha' = \frac{\mathfrak{B}'_{t\tau}}{\mathfrak{B}'_{t\nu}} = \frac{\mu\,\mathfrak{H}_{t\tau}}{\mathfrak{B}_{t\nu}}.$$

B. Im Interferrikum:

(b) $$\operatorname{tg}\alpha = \frac{\mathfrak{B}_{t\tau}}{\mathfrak{B}_{t\nu}} = \frac{\mathfrak{H}_{t\tau}}{\mathfrak{B}_{t\nu}}.$$

Schliesslich folgt aus (a) und (b)

(12) $$\operatorname{tg}\alpha' = \mu \operatorname{tg}\alpha,$$

worin, wie üblich, μ die Permeabilität des Ferromagnetikums im Punkte 0 bedeutet.

Man kann die durch Gleichung (12) formulirte Beziehung das **tangentiale Brechungsgesetz** der totalen Induktionslinien nennen.

In den meisten gewöhnlich vorkommenden Fällen ist μ eine grosse Zahl, welche unter Umständen einige Tausende betragen kann; alsdann bleibt, selbst bei beträchtlichen Werthen von α', der Werth von α immer ein sehr geringer; mithin werden die Induktionslinien aus dem Ferromagnetikum fast immer nahezu senkrecht zur Trennungsfläche in das Interferrikum austreten.

Anders, wenn sehr hohe Werthe der Magnetisirung erreicht werden; die Permeabilität nähert sich dann mehr und mehr der Einheit (§ 14), die Brechung wird immer geringer; im Grenzfalle $\mu = 1$ würde eine Brechung überhaupt nicht mehr stattfinden, weil dann nach Gleichung (12) $\alpha' = \alpha$ wäre.

Diese Brechungsregeln an Grenzflächen gewähren in vielen Fällen einen ungefähren Überblick über die obwaltende Vertheilung der Induktionslinien in ihrer Nähe.

Denken wir uns nun dünne Solenoide von sehr geringem Normalquerschnitt $\delta S'$, bezw. δS, welche in der Richtung der Induktionslinien $\mathfrak{B}_t'$ bezw. $\mathfrak{B}_t$ verlaufen; und zwar sollen diese beiden Solenoide in der Grenzfläche ineinander übergehen, indem beide aus dieser dasselbe Flächenelement δS_τ ausschneiden.

Es ist dann (vgl. Fig. 13 p. 93)

$$\delta S' = \delta S_\tau \cos\alpha' \qquad \text{und} \qquad \delta S = \delta S_\tau \cos\alpha.$$

Ebenso

$$\mathfrak{B}_t' = \frac{\mathfrak{B}'_{t\nu}}{\cos\alpha'} \qquad \text{und} \qquad \mathfrak{B}_t = \frac{\mathfrak{B}_{t\nu}}{\cos\alpha}.$$

Das Produkt $\mathfrak{B}_t' \delta S'$ bezw. $\mathfrak{B}_t \delta S$ ist offenbar gleich dem Induktionsflusse durch die dünnen Solenoide; wir bezeichnen es mit $\delta \mathfrak{G}_t'$ bezw. $\delta \mathfrak{G}_t$, und erhalten dafür durch Multiplikation der oben untereinander stehenden Gleichungen

$$\delta \mathfrak{G}_t' = \mathfrak{B}_t' \delta S' = \frac{\mathfrak{B}'_{t\nu}}{\cos\alpha'} \cdot \delta S_\tau \cos\alpha'$$

und

$$\delta \mathfrak{G}_t = \mathfrak{B}_t \delta S = \frac{\mathfrak{B}_{t\nu}}{\cos\alpha} \cdot \delta S_\tau \cos\alpha.$$

Da $\mathfrak{B}'_{t\nu} = \mathfrak{B}_{t\nu}$ und die Kosinus sich in letzteren zwei Gleichungen aufheben, so werden sie identisch, daher

$$(13) \qquad \delta \mathfrak{G}_t' = \delta \mathfrak{G}_t.$$

Wir sehen aus dieser Gleichung, wie auch bei der Brechung an Grenzflächen das Prinzip von der Erhaltung des Induktionsflusses gewahrt bleibt. Durch Integration lässt sich offenbar Gleichung (13) auf Solenoide von beliebig grossem Querschnitt ohne weiteres ausdehnen.

§ 63. Darstellung des magnetischen Feldes durch Einheitssolenoide. Wir haben bereits im vorigen Kapitel einige allgemeine Betrachtungen über unendlich dünne Vektorröhren angestellt (§ 37) und den Begriff der Stärke, als des Produktes aus dem Werthe des Vektors in ihren Normalquerschnitt, eingeführt. Ferner haben wir ein Einheitssolenoid definirt als eine Vektorröhre von der, über die ganze Länge konstanten, Stärke Eins, und bereits angedeutet, wie solche Einheitssolenoide sich unter Umständen zur Darstellung des Feldes eignen.

In dem uns jetzt insbesondere beschäftigenden Falle der magnetischen Totalinduktion ist an Stelle der Stärke der Vektorröhren offenbar der Induktionsfluss durch dieselben zu setzen; das im Vorigen erörterte Princip von der Erhaltung des totalen Induktionsflusses lässt sich dann in Anlehnung an den früher aufgestellten Satz III (§ 37) auch folgendermassen ausdrücken:

V. Der Raum zerfällt in unendlich dünne Einheitssolenoide, deren jedes durchweg den konstanten Induktionsfluss Eins in sich aufnimmt.

Durch eine solche Schaar entweder in sich geschlossener oder in's Unendliche sich verlierender Einheitssolenoide ist die Vertheilung der Induktion völlig bestimmt und in hohem Grade anschaulich geworden. Denn die Richtung der Einheitssolenoide gibt ohne weiteres diejenige der Induktion. Ihre »Dichte« dagegen, d. h. die Anzahl Einheitssolenoide, welche auf den Normalquerschnitt Eins entfällt, ist dem numerischen Werthe der Induktion gleich; die Anzahl Einheitssolenoide, welche ein gegebenes Flächenstück durchsetzen, also durch die dasselbe umgrenzende geschlossene Kurve umschnürt werden, ist numerisch gleich dem Induktionsfluss durch jenes Flächenstück. Letzterer ist daher durch die erwähnte Kurve völlig bestimmt: der Induktionsfluss durch ein Flächenstück hängt nur von der Umgrenzung des letzteren, nicht von seiner Gestalt innerhalb der Randkurve ab.

Eine geschlossene Fläche kann durch irgend eine beliebige, auf ihr liegende, geschlossene Kurve in zwei Theilflächen getrennt gedacht werden. Der Induktionsfluss durch beide Theilflächen ist derselbe wie der durch die sie trennende Kurve; durch die eine Theilfläche tritt er aber in das umschlossene Raumgebiet hinein, durch die andere wieder heraus; es folgt daraus unmittelbar der Satz, dass bei einer geschlossenen Fläche der eintretende Induktionsfluss dem austretenden stets gleich, die algebraische Summe daher Null ist. Diese Eigenschaft ist übrigens nur ein Specialfall derjenigen Bedingung, durch die wir früher die solenoidale Vertheilung eines Vektors definirt haben: dass nämlich sein Flächenintegral über jede beliebige geschlossene Oberfläche Null sein soll (§ 37).

Schliesslich ist besonders zu betonen, dass sämtliche angeführte und noch anzuführenden Sätze unabhängig davon sind, ob die Einheitssolenoide der Totalinduktion sich ganz oder theilweise durch indifferente oder ferromagnetische Substanzen hinziehen; darauf beruht eben die Allgemeinheit jener Sätze.

§ 64. Induktion elektromotorischer Antriebe. Eine der wichtigsten Eigenschaften des Induktionsflusses durch eine geschlossene Kurve bezw. des durch sie umschnürten Bündels Einheitssolenoide ist die, dass seine Änderungen die Induktion elektromotorischer Antriebe in einem jener Kurve folgenden Leiter vollkommen bestimmen. Und zwar ist das Zeitintegral der inducirten elektromotorischen Kraft E numerisch gleich der Variation der Anzahl Einheitssolenoide, welche von dem Leiter umschnürt werden. Oder, anders ausgedrückt, ist die elektromotorische Kraft in jedem Augenblicke gleich der erwähnten Variation pro Zeiteinheit. Diese elektromotorische Kraft, dividirt durch den gesamten Widerstand des Stromkreises, in den der betrachtete Leiter eingefügt ist, ergibt den in jedem Augenblicke fliessenden Strom I; dividirt man daher ihr Zeitintegral durch jenen Widerstand R, so erhält man den »Stromimpuls« d. h. die gesamte Elektricitätsmenge Q, welche durch die betrachtete Variation $\delta \mathfrak{G}_t$ des Induktionsflusses in's Fliessen gebracht wird. Falls T die Zeit bedeutet, haben wir

$$Q = \int I\,d\,T = \frac{1}{R}\int E\,d\,T = \frac{\delta \mathfrak{G}_t}{R} \tag{14}$$

als die allgemeinste Gleichung, welche die Vorgänge bei der Induktion darstellt; dabei ist es vollkommen gleichgiltig, in welcher Weise die Variation $\delta \mathfrak{G}_t$ bewirkt wird: ob durch Änderung der gegenseitigen Lage des Leiters und des Bündels Einheitssolenoide oder durch Änderung ihrer Anzahl, etwa infolge von Stromschwankungen in einem sie erzeugenden Primärleiter oder infolge irgend welcher anderer Ursachen. Der Sinn, in welchem der inducirte Strom fliesst, wird durch die allgemeine, von Lenz herrührende Regel bestimmt, derzufolge seine eigene elektromagnetische Wirkung der ihn erzeugenden Variation $\delta\mathfrak{G}_t$ stets entgegenzuwirken bestrebt sein wird.

Wenden wir die allgemeine Gleichung (14) auf den einfachen Fall an, dass durch einen ebenen Leiter von der Windungsfläche S die innerhalb desselben als gleichförmig vertheilt gedachte Totalinduktion $\mathfrak{B}_t$ plötzlich auftrete oder verschwinde. Die Variation $\delta\mathfrak{G}_t$ des Induktionsflusses, d. h. die eintretende bezw. austretende Anzahl Einheitssolenoide wird dann offenbar

$$\delta\mathfrak{G}_t = \pm \mathfrak{B}_t S$$

sein. Setzen wir dies in (14) ein, so kommt

$$Q = \frac{\mathfrak{B}_t S}{R}, \tag{15}$$

wofern der Leiter ein Ferromagnetikum umschnürt. Handelt es sich um eine indifferente Substanz, so können wir statt $\mathfrak{B}_t$ ebensogut $\mathfrak{H}_t$ setzen, erhalten daher

$$Q = \frac{\mathfrak{H}_t S}{R}. \tag{16}$$

Die beiden Gleichungen (15) und (16) entsprechen den im ersten Kapitel angeführten Gleichungen (10) bezw. (11) (§§ 9, 10).

Die Sätze des vorliegenden Paragraphen sind in erster Linie als Erfahrungssätze zu betrachten, die man der grundlegenden Forschung Faraday's[1]) verdankt. Sie lassen sich aber auch aus den Gesetzen der von Ørsted und Ampère entdeckten elektromagnetischen Erscheinungen, unter Anwendung des Princips von der Erhaltung der Energie, theoretisch folgern, wie v. Helmholtz[2]) zuerst zeigte, und nach ihm unabhängig von Lord Kelvin[3]) bewiesen wurde.

1) Faraday, Exp. Res. erste u. zweite Serie. Maxwell, Treatise 2, IV. Theil, Kap. III.

2) H. Helmholtz, Über die Erhaltung der Kraft. Berlin 1847. Wiss. Abhandl. 1, p. 12.

3) Sir W. Thomson, Brit. Assoc. Rep. [2] 1848; Repr. math. and phys. pap. 1, p. 91. — On transient electric currents, ebendaselbst 1. Art. 62, pp. 534—553.

§ 65. Faraday's Kraftlinientheorie. Die entwickelte Anschauungsweise deckt sich nun völlig mit derjenigen, in welcher Faraday's „Kraftlinien" eine Hauptrolle spielen, und die erst in neuerer Zeit grosse Verbreitung gefunden hat. Denken wir uns nämlich in jedem Einheitssolenoid eine einzige Induktionslinie, die etwa die Schwerpunkte der Normalquerschnitte verbinde, so lässt sich durch diese das Feld ebensogut darstellen wie durch jene; wir brauchen dazu nur in den obigen Sätzen das Wort »Einheitssolenoid« durch »Induktionslinie« zu ersetzen. Wir werden uns dieser bildlichen Ausdrucksweise im Folgenden zuweilen bedienen, namentlich an Stellen, wo es weniger auf mathematische Strenge als auf Anschaulichkeit ankommt. Hervorzuheben ist besonders, dass dann dem Induktionsfluss $\mathfrak{G}_t$ durch eine geschlossene Kurve das von ihr umschnürte Bündel Induktionslinien entspricht, und dass deren Anzahl dem Werthe von $\mathfrak{G}_t$ numerisch gleich ist. Der Induktion $\mathfrak{B}_t$ an irgend einer Stelle entspricht dagegen die »Dichte«, mit welcher die Induktionslinien dort zusammen geschnürt sind; ihre Anzahl pro Querschnittseinheit ergibt ohne weiteres das Maass für den Werth von $\mathfrak{B}_t$.

Der Ausdruck »Induktionslinie« ist dem Worte »Kraftlinie« unter allen Umständen vorzuziehen. Denn wir haben einmal für den noch vielfach mit »magnetischer Kraft« bezeichneten Begriff den Ausdruck »magnetische Intensität« gewählt; zweitens wäre es immer noch falsch, im vorliegenden Falle von der Intensität zu reden, da diese mit der Induktion nur im indifferenten Raume identisch ist, keineswegs aber im Ferromagnetikum. In diesem letzteren ist überdies die Intensität $\mathfrak{H}_t$ im allgemeinen nicht einmal solenoidal vertheilt (§ 56). Und es muss betont werden, dass das Fundamentalprincip der Solenoidalität von $\mathfrak{B}_t$, oder der Erhaltung des totalen Induktionsflusses $\mathfrak{G}_t$, eine Hauptvoraussetzung der sogenannten »Kraftlinientheorie« bildet; ohne jenes Princip wären alle ihre Sätze hinfällig.

Dass das Wort »Kraftlinie« bei dem augenblicklichen Stande der Wissenschaft als ein weniger geeignetes betrachtet werden muss, beeinträchtigt selbstverständlich durchaus nicht die Fruchtbarkeit der Anschauungsweise Faraday's, welcher die zu grunde liegenden, damals vollständig neuen Begriffe einführte, allerdings in schwer verständlicher und wenig präciser Form. Erst Maxwell hat den Gedanken Faraday's eine geometrisch scharf definirbare Gestalt verliehen und seine Anschauungen bis zu derjenigen Form entwickelt, in welcher sie in den vorigen Paragraphen auseinandergesetzt wurden.

Ausser zur Veranschaulichung der Vertheilung des magnetischen Zustandes im Raume, namentlich mit Bezug auf die Induktion elektromotorischer Antriebe in Leitern, hat Faraday seine Kraftlinien auch als ein Mittel betrachtet, die auftretenden mechanischen Wirkungen in die Ferne darzustellen; dabei ging er von dem Gedanken aus, dass die scheinbaren Fernwirkungen durch Zwangszustände im zwischenliegenden Medium vermittelt werden. Faraday nahm an, dass die Kraftlinien die Tendenz haben, sich zu verkürzen und sich gegenseitig abzustossen. Diese noch unklare Vorstellung hat Maxwell ebenfalls übernommen und in ein mathematisches Gewand gehüllt. Im elften Kapitel des vierten Theils seines »Treatise« entwickelt er in hier nicht wiederzugebender Weise aus allgemeinen Betrachtungen über die elektromagnetische Energie folgende Sätze:

Im allgemeinsten Falle, dass die Totalinduktion und die Totalintensität nicht gleichgerichtet sind, sondern miteinander einen Winkel α bilden (der betrachtete Körper muss dazu wenigstens theilweise als magnetisch starr bezw. hysteretisch oder als anisotrop vorausgesetzt werden), tritt ein Zwangszustand auf[1],) welcher sich folgendermaassen zerlegen und beschreiben lässt:

1. Eine nach allen Richtungen gleiche (hydrostatische) Druckkraft, welche pro Flächeneinheit $\mathfrak{H}_t'^2/8\pi$ beträgt.

2. Eine Zugkraft in der Richtung, welche den Winkel α halbirt; diese beträgt pro Flächeneinheit $\mathfrak{B}_t'\,\mathfrak{H}_t' \cos^2(\alpha/2)/4\pi$.

3. Eine Druckkraft, welche zu (2) senkrecht steht und pro Flächeneinheit den Werth $\mathfrak{B}_t'\,\mathfrak{H}_t' \sin^2(\alpha/2)/4\pi$ aufweist.

4. Ein Kräftepaar, welches pro Volumeneinheit $\mathfrak{B}_t'\,\mathfrak{H}_t' \sin \alpha/4\pi$ beträgt.

Sobald $\mathfrak{B}_t'$ und $\mathfrak{H}_t'$ gleichgerichtet sind, wie es ja bei einem hysteresislosen, isotropen Ferromagnetikum, geschweige denn im indifferenten Raume, der Fall sein muss (§ 54), treten bedeutende Vereinfachungen ein, auf die wir weiter unten (§ 101) ausführlich zurückkommen werden.

---

1) Maxwell, Treatise, 2. Aufl. 2 § 642.

§ 66. Fassung des Magnetisirungsproblems. Fassen wir die vorhergehende Entwickelung der Grundzüge der Theorie der magnetischen Induktion nochmals zusammen. Wir haben gesehen, wie die uns zur Verfügung stehenden magnetischen Felder, sei es, dass diese von fremden Magneten oder von stromdurchflossenen Leitern (deren Inneres wir hierbei ausser Acht lassen) erzeugt werden, immer lamellar-solenoidal vertheilt sind. Bringen wir in ein solches Feld einen beliebig gestalteten ferromagnetischen Körper, so lässt sich dessen Magnetisirung ohne weiteres nicht bestimmen. Es lassen sich nur die allgemeinen Bedingungen angeben, denen die verschiedenen magnetischen Grössen genügen müssen, und die wir analytisch und geometrisch formulirt haben.

Wir fanden, dass die als bereits existirend vorausgesetzte Magnetisirung selbst ein lamellar vertheiltes Feld erzeugt, welches sich mit dem ursprünglich vorhandenen zusammensetzt, sodass auch das resultirende totale Feld eine lamellare Vertheilung aufweist, d. h. ein skalares Potential besitzt. Wir führten dann den Kirchhoff'schen Ansatz ein, nach welchem sowohl die Magnetisirung wie die Totalinduktion dem so zusammengesetzten totalen Felde wiederum in jedem Punkte gleichgerichtet sein muss. Wir leiteten daraus ab, dass jene beiden Vektoren komplex lamellar vertheilt sein müssen; dass überdies die Totalinduktion unter allen Umständen solenoidal vertheilt ist, und dass dies für die Magnetisirung in allen denjenigen praktischen Fällen ebenfalls merklich zutrifft, in denen mit genügender Annäherung

$$\mathfrak{B}_t = 4\pi\,\mathfrak{J}$$

gesetzt werden kann.

Durch die Aufstellung dieser Bedingungen gewinnen wir, ganz abgesehen von deren rein theoretischem Interesse, bereits einen tieferen Einblick in die vorliegende Frage, indem die Beachtung derselben bei vielen thatsächlich vorkommenden experimentellen und konstruktiven Aufgaben eine gewisse Richtschnur ergibt. Der Lösung des allgemeinen magnetischen Induktionsproblems jedoch, welches darin gipfelt, die Magnetisirung eines beliebig gestalteten Körpers in einem beliebig vertheilten inducirenden Felde vollkommen zu bestimmen, sind wir dadurch kaum näher gerückt.

Zwar lässt sich mit einem gewissen Aufwande von potentialtheoretischen Sätzen scharf beweisen, dass diese Lösung eine eindeutige ist. Indessen ist das eines jener analytischen Resultate, die bereits ohne weiteres einer einfachen Überlegung einleuchten und überdies durch die experimentelle Erfahrung längst erhärtet sind, sonst aber keinen Schritt weiterführen. Die Zahl der thatsächlich, entweder vollständig oder doch mit einer gewissen Annäherung, gelösten Specialfälle ist dagegen eine sehr geringe; wir wollen diese zum Schlusse kurz behandeln, nachdem wir erst noch einige allgemeine Sätze über ähnliche elektromagnetische Systeme besprochen haben werden, welche sich bei der Bearbeitung mancher experimenteller oder konstruktiver Aufgaben nützlich erweisen.

§ 67. Ähnlichkeitssätze Lord Kelvin's. Denken wir uns erstens ein Stromleitersystem, welches vergrössert (oder verkleinert) werde, bis seine Lineardimensionen das $\mathfrak{n}$-fache der ursprünglichen betragen, wobei es sich selbst in jeder Beziehung geometrisch ähnlich bleiben soll. Dabei werden alle entsprechenden Querschnitte der Leiter um das $\mathfrak{n}^2$-fache geändert, die entsprechenden Volume um das $\mathfrak{n}^3$-fache, während die Zahl der Leiter in einem bestimmten, sich ähnlich bleibenden, Theil des Systems offenbar ungeändert bleibt.

Wie muss nun der elektrische Strom I bezw. die Strömung $\mathfrak{C}$ im neuen System sich zu den ursprünglichen Werthen im alten Systeme verhalten, damit in entsprechenden Punkten nach wie vor dieselbe Feldintensität $\mathfrak{H}_e$ auftrete?

Aus den Gleichungen [§ 44 Gleichung (15)]

$$\mathfrak{H}_{ex} = \frac{\partial \mathfrak{A}_{ez}}{\partial y} - \frac{\partial \mathfrak{A}_{ey}}{\partial z} \quad \text{u. s. w.}$$

folgt offenbar, dass, um diesen Zweck zu erreichen, die Komponenten der Hilfsfunktion $\mathfrak{A}_e$ sich proportional den Lineardimensionen ändern, also ver-$\mathfrak{n}$-facht werden müssen.

Ferner geht dann aus den Gleichungen (14) ebendaselbst

$$\mathfrak{A}_{ex} = \int\!\!\int\!\!\int \frac{\mathfrak{C}_x}{r}\, dx\, dy\, dz \quad \text{u. s. w.}$$

hervor, dass die $\mathfrak{C}$-Komponenten ver-$^1/\mathfrak{n}$-facht werden müssen; denn durch Multiplikation mit $dx\, dy\, dz/r$ erhalten sie den Faktor $\mathfrak{n}^3/\mathfrak{n} = \mathfrak{n}^2$; und $\mathfrak{n}^2 \times 1/\mathfrak{n} = \mathfrak{n}$, wie es für die $\mathfrak{A}_e$-Komponente der Fall sein musste. Da die Komponenten des Stromes I sich aus der Multiplikation des Querschnitts in diejenigen der Strömung $\mathfrak{C}$

ergeben, so folgt, dass jene $\mathfrak{n}^2 \times 1/\mathfrak{n} = \mathfrak{n}$-fach zu nehmen sind. Wir gelangen daher schliesslich zu folgendem Satze:

VI. Damit geometrisch ähnliche Stromleitersysteme in entsprechenden Punkten die gleiche magnetische Intensität erzeugen, müssen sich die elektrischen Strömungen den Lineardimensionen umgekehrt, die Ströme dagegen denselben direkt proportional ändern[1]).

Zweitens denken wir uns zwei geometrisch ähnliche starre Magnete, so dass die Magnetisirung in entsprechenden Punkten gleich und gleich gerichtet sei. Aus dem ersten Gliede an der rechten Seite der Gleichung (I) § 49

$$\mathfrak{P}_i = \int\int \frac{\mathfrak{J}_\nu}{r} dS + \int\int\int \frac{\mathfrak{r}}{r} dx\,dy\,dz$$

geht hervor, dass die Magnetisirungskomponente infolge der Multiplikation mit dS/r den Faktor $\mathfrak{n}^2/\mathfrak{n} = \mathfrak{n}$ erhält; das zweite Glied ist mit dem ersten selbstverständlich gleichdimensional, woraus schliesslich folgt, dass das magnetische Potential $\mathfrak{P}_i$, des Faktors $\mathfrak{n}$ wegen, sich den Lineardimensionen proportional ändern wird. Die selbsterzeugte bezw. selbstentmagnetisirende Intensität, welche sich aus der Differentiation von $\mathfrak{P}_i$ nach gewissen Lineardimensionen ergibt, wird also von letzteren wieder unabhängig sein. Wir gelangen so zu folgendem Satz:

VII. Geometrisch ähnliche starre Magnete, deren Magnetisirung in entsprechenden Punkten gleich und gleichgerichtet ist, erzeugen in entsprechenden äusseren wie inneren Punkten auch die gleiche und gleichgerichtete Intensität.

---

1) Falls die ähnlichen Leitersysteme aus genau demselben Metalle bestehen, wird der elektrische Widerstand R (proportional den Lineardimensionen, umgekehrt proportional den Querschnitten) ver-$1/\mathfrak{n}$-facht, mithin die nach dem Joule'schen Gesetze entwickelte Wärmemenge (proportional $I^2 R$) $\mathfrak{n}^2 \times 1/\mathfrak{n} = \mathfrak{n}$-fach geändert werden. Die zu erwärmende Masse beträgt dabei das $\mathfrak{n}^3$-fache, die Oberfläche, durch die eine Wärmeabgabe stattfinden kann, das $\mathfrak{n}^2$-fache. Wo es sich um die Erzeugung hoher Feldintensitäten bezw. um die ökonomische Erregung beliebiger Felder handelt, sind diese Gesichtspunkte für die Konstruktion beachtenwerth.

Fassen wir nun die beiden gefundenen Sätze VI und VII zusammen und wenden wir sie auf ein durch elektrische Ströme magnetisirtes Ferromagnetikum, d. h. auf ein elektromagnetisches System, an; die Richtigkeit des folgenden Satzes wird dann bei einiger Überlegung einleuchten.

VIII. Geometrisch ähnliche Elektromagnete mit Strömen proportional den Lineardimensionen weisen in entsprechenden Punkten gleiche und gleichgerichtete Magnetisirung auf.

Die angeführten Sätze wurden von Lord Kelvin entwickelt.[1])

§ 68. Gleichförmige Magnetisirung. Wir schreiten nun zur Erörterung eines Satzes, welcher sich im Falle gleichförmiger Vertheilung (§ 43) der Magnetisirung anwenden lässt.

IX. Ein ferromagnetischer Körper sei so gestaltet, dass eine in gegebener Richtung gedachte, gleichförmige Magnetisirungskomponente innerhalb des Körpers nur eine gleichförmige ihr entgegengesetzte, selbstentmagnetisirende Intensitätskomponente erzeugen würde; dann wird die jener Richtung parallele Komponente eines von fremden Ursachen herrührenden gleichförmigen Feldes eine solche gleichförmige Magnetisirungskomponente zur Folge haben.

Denn jene fremde Feldkomponente setzt sich mit der selbstentmagnetisirenden Komponente zu einer ebenfalls gleichförmigen Totalkomponente zusammen, welche dann die gedachte Magnetisirungskomponente inducirt.

Der Satz lässt sich auch ohne weiteres auf radial bezw. peripherisch gleichförmige Vertheilungen der Magnetisirung ausdehnen. Das Zerlegen in Komponenten und das wiederum Zusammensetzen derselben ist bei magnetischen Vektoren, wie bei allen anderen gerichteten Grössen ohne weiteres statthaft. Wenn ein Vektor gleichförmig vertheilt ist, so sind es auch seine Komponenten, und umgekehrt; es ergibt sich dies unmittelbar aus der Definition der gleichförmigen Vertheilung (§ 43). Treffen daher die in Satz IX gemachten Voraussetzungen für die drei Koordinatenrichtungen zu, so werden die drei Magnetisirungskomponenten $\mathfrak{J}_x$,

1) Sir W. Thomson, Repr. pap. Electrostat. and Magn. § 564.

$\mathfrak{J}_y$, $\mathfrak{J}_z$, gleichförmig vertheilt sein, was dann auch mit der resultirenden Magnetisirung $\mathfrak{J}$ der Fall sein wird. Allerdings braucht diese nicht dieselbe Richtung wie die ebenfalls gleichförmige Totalintensität $\mathfrak{H}_t$ zu haben; denn dies würde nur zutreffen, falls die Komponenten von $\mathfrak{J}$ denjenigen von $\mathfrak{H}_t$ proportional wären, was aber nicht der Fall ist.

Ebensowenig werden im allgemeinen $\mathfrak{H}_i$ und $\mathfrak{J}$ gleichgerichtet sein. Denn jede der drei Komponenten des erstern Vektors hängt zwar, der jetzt geltenden Voraussetzung gemäss, ausschliesslich von der ihr gleichgerichteten Magnetisirungskomponente ab und ist letzterer proportional, aber der Proportionalitätsfaktor ist für die drei Koordinatenrichtungen verschieden, sodass die Resultirende von $\mathfrak{H}_{ix}$, $\mathfrak{H}_{iy}$ und $\mathfrak{H}_{iz}$ im allgemeinen nicht mit derjenigen von $\mathfrak{J}_x$, $\mathfrak{J}_y$ und $\mathfrak{J}_z$ gleichgerichtet sein kann. Analytisch ausgedrückt, ist $\mathfrak{H}_{ix}$ nur Funktion von $\mathfrak{J}_x$, dagegen unabhängig von $\mathfrak{J}_y$ und $\mathfrak{J}_z$. Ähnliches gilt für $\mathfrak{H}_{iy}$ und $\mathfrak{H}_{iz}$. Setzen wir daher:

$$\mathfrak{H}_{ix} = -N_x \mathfrak{J}_x \qquad \mathfrak{H}_{iy} = -N_y \mathfrak{J}_y \qquad \mathfrak{H}_{iz} = -N_z \mathfrak{J}_z.$$

So sind nach der verallgemeinerten Definition (§ 24) N_x, N_y, N_z die Entmagnetisirungsfaktoren für die X, Y, Z-Richtungen. Es geht aus alledem hervor, dass es zur Lösung des Problems der gleichförmigen Magnetisirung eines Körpers, falls solche überhaupt möglich ist, nothwendig ist und ausreicht, die Entmagnetisirungsfaktoren für die drei Hauptrichtungen zu kennen.

Nach diesen Erörterungen bedarf es keines Beweises mehr, dass $\mathfrak{J}$ auch mit $\mathfrak{H}_e$ im allgemeinen nicht gleichgerichtet sein wird.

§ 69. Magnetisirung eines Ellipsoids. Es lässt sich zeigen, dass wenn Γ das Gravitationspotential eines beliebig gestalteten Körpers von konstanter Dichte D ist, das magnetische Potential $\mathfrak{P}_i$ desselben Körpers durch $-\partial \Gamma / \partial x$ ausgedrückt wird, falls er in der $+X$-Richtung eine gleichförmige Magnetisirung $\mathfrak{J}_x = D$ besitzt.[1])

Damit eine solche Magnetisirung überhaupt inducirt werden könne, muss nach dem Satze des vorigen Paragraphen vor allem $\mathfrak{H}_{ix}$ konstant sein. Es ist aber

$$\mathfrak{H}_{ix} = -\frac{\partial \mathfrak{P}_i}{\partial x} = +\frac{\partial^2 \Gamma}{\partial x^2}.$$

1) Vergl. Maxwell, Treatise 2. Aufl. 2, § 437.

Ebenso ist

$$\mathfrak{H}_{iy} = + \frac{\partial^2 \Gamma}{\partial y^2}$$

$$\mathfrak{H}_{iz} = + \frac{\partial^2 \Gamma}{\partial z^2}.$$

Wenn aber die zweiten Ableitungen des Gravitationspotentials nach den Koordinaten konstant werden sollen, so muss dieses selbst durch eine quadratische Funktion der Koordinaten darstellbar sein. Aus der Theorie des Gravitationspotentials folgt ferner, dass dies nur dann der Fall ist, wenn die anziehende Masse durch eine vollständige Fläche zweiter Ordnung begrenzt wird. Der einzige Fall, in welchem eine dergestalt begrenzte Masse endlichen Umfang hat, ist aber der, dass die Fläche ein Ellipsoid ist. Das Problem der gleichförmigen Magnetisirung wird hierdurch schon ausserordentlich eingeschränkt.

Es sei

$$\frac{x^2}{a^2} + \frac{y^2}{b^2} + \frac{z^2}{c^2} = 1$$

die Gleichung des betreffenden Ellipsoids, dessen Axen den drei Koordinaterichtung parallel gedacht sind; bezeichnen wir ferner mit Φ das bestimmte elliptische Integral

$$\Phi = \int_0^\infty \frac{1}{\sqrt{(a^2 + \varphi^2)(b^2 + \varphi^2)(c^2 + \varphi^2)}} \, d(\varphi^2),$$

und setzen wir

$$(17) \quad N_x = 4\pi a b c \frac{\partial \Phi}{\partial (a^2)}, \quad N_y = 4\pi a b c \frac{\partial \Phi}{\partial (b^2)}, \quad N_z = 4\pi a b c \frac{\partial \Phi}{\partial (c^2)}$$

so wird das Gravitationspotential Γ der das Ellipsoid erfüllenden Masse von der konstanten Dichte D innerhalb desselben gegeben durch die Gleichung

$$\Gamma = -\frac{D}{2}(N_x x^2 + N_y y^2 + N_z z^2) + \text{Konst.}$$

Übertragen wir dies in der oben angedeuteten Weise auf das magnetische Problem, so wird

$$\mathfrak{H}_{ix} = + \frac{\partial^2 \Gamma}{\partial x^2} = - N_x \mathfrak{J}_x$$

$$\mathfrak{H}_{iy} = + \frac{\partial^2 \Gamma}{\partial y^2} = - N_y \mathfrak{J}_y$$

$$\mathfrak{H}_{iz} = + \frac{\partial^2 \Gamma}{\partial z^2} = - N_z \mathfrak{J}_z.$$

Die Zahlen $N_x\, N_y\, N_z$, wie sie durch Gleichung (17) gegeben werden, sind demnach die gesuchten Entmagnetisirungsfaktoren für die drei Axenrichtungen des betrachteten Ellipsoids.

§ 70. Lösung weiterer Specialfälle. Die Formeln (17) geben die Entmagnetisirungsfaktoren als Ableitungen eines bestimmten elliptischen Integrals. Diese verwandeln sich in elementare Funktionen, sobald man den besonderen Fall eines Rotationsellipsoids betrachtet, welches in Richtung der Rotationsaxe magnetisirt wird. Wir haben die Formeln für die Entmagnetisirungsfaktoren in dieser Richtung schon früher angeführt (§ 29), und zwar für die zwei zu unterscheidenden Fälle des Ovoids und des Sphäroids, sodass wir von einer Wiederholung an dieser Stelle absehen können. Dann reihten sich die als Specialfälle des Rotationsellipsoids aufzufassenden Gestalten der Vollkugel, des transversal magnetisirten unendlich langen Kreiscylinders und der senkrecht zu ihrer Ebene magnetisirten unendlich ausgedehnten Platte.

Letzterer Fall lässt sich auch ableiten aus demjenigen einer durch ein, in gewisser Ausdehnung als radial gleichförmig (§ 43) zu betrachtendes, Feld magnetisirten dünnen Hohlkugel. Deren Magnetisirung wird dann ebenfalls eine radial gleichförmige Vertheilung aufweisen; indem man den Radius in's Unendliche wachsen lässt, geht man von der Hohlkugel zur ebenen Platte über.[1])

Die Magnetisirung eines endlichen Kreiscylinders durch ein seiner Axe paralleles gleichförmiges Feld ist bereits von Green[2]) untersucht worden. Er fand mittels einiger, übrigens nicht einwandfreier Annahmen eine empirische Gleichung, welche sich für nicht allzu kurze Cylinder ziemlich gut bewährt. Sie gibt die

---

1) du Bois, Wied. Ann. **31**, p. 947, 1887.

2) Green, Essay on the application of mathematics to Electricity and Magnetism, Section 17; Nottingham 1828.

»lineare Dichte des freien Magnetismus«, d. h. in unserer Ausdrucksweise die Normalkomponente der Magnetisirung an der Mantelfläche entlang; in der Mitte ist diese Null und wächst, je mehr man sich den Enden nähert. Besonderes Interesse hat übrigens diese lineare Dichte nicht; für die experimentelle Methodik kommt es hauptsächlich auf die Kenntnis der mittleren Entmagnetisirungsfaktoren an, die wir bereits (Tab. 1 p. 45) als Funktion des Dimensionsverhältnisses auf empirischem Wege hergeleitet haben.

Ausser den genannten Magnetisirungsproblemen, bei denen die Anwendung gleichförmiger Felder Voraussetzung ist, hat man die Lösung einiger Fälle versucht, wo das magnetisirende Feld beliebig vertheilt sein kann.

So behandelte Poisson den Fall einer Hohlkugel unter Anwendung von Kugelfunktionen[1]). Experimentell war diese Gestalt schon vorher von Barlow untersucht worden[2]). Das interessanteste Ergebniss dieser Untersuchungen ist, dass eine, durch ein beliebig vertheiltes Feld magnetisirte, nicht zu dünne ferromagnetische Hohlkugel nach aussen fast genau so wirkt, wie wenn sie massiv wäre. In dem inneren Hohlraume dagegen wird das ursprünglich vorhandene fremde magnetische Feld durch die Wirkung der Hohlkugel bedeutend abgeschwächt[3]).

Ferner hat F. Neumann die Magnetisirung eines Rotationsellipsoids, sowie speciell auch diejenige einer Vollkugel unter dem Einflusse eines beliebig vertheilten fremden Feldes untersucht[4]). Kirchhoff hat dann diese Untersuchung auf unendlich lange Cylinder ausgedehnt[5]). Für die Einzelheiten dieser mathematischen Untersuchungen, sowie mancher ähnlicher, welche hier nicht alle angeführt werden können, muss auf Handbücher verwiesen werden,

---

1) Siehe Maxwell, Treatise 2. Aufl. **2**, §§ 431—434.

2) Barlow, Essay on magnetic attractions, London 1820; Gilb. Ann. **73** p. 1, 1828.

3) Diese allgemeine Eigenschaft dickwandiger ferromagnetischer Hohlkörper findet häufig eine Anwendung, wo es sich darum handelt, fremde magnetische Einflüsse bezw. Störungen abzuschwächen, wie z. B. bei Galvanometern nnd anderen Apparaten.

4) F. Neumann, Crelle's Journal **37**, 1848. Vorlesungen über Magnetismus § 43, p. 112, Leipzig 1885.

5) Kirchhoff, Gesamm. Abhandl. p. 193.

welche einen vollständigen historischen Überblick auf dem vorliegenden Gebiete geben[1]).

§ 71. Lösung durch fortgesetzte Superposition. Die Schwierigkeit des Magnetisirungsproblems liegt darin, dass die selbstentmagnetisirende Wirkung berücksichtigt werden muss, diese aber ihrerseits von der erst zu bestimmenden Vertheilung der Magnetisirung abhängt. Man hat daher versucht, für die Lösung des beregten Problems eine Methode der successiven Annäherung in Anwendung zu bringen, welche im Princip derjenigen analog ist, welche von Murphy zur Berechnung der Elektricitätsvertheilung bei elektrostatischen Systemen angegeben wurde[2]); wir wollen diese zum Schlusse kurz erörtern.

Die Vertheilung des fremden Feldes $\mathfrak{H}_e$, bezw. sein Potential $\mathfrak{r}_e$ ist gegeben. Man sieht nun zunächst von selbstentmagnetisirenden Wirkungen ab und berechnet die Magnetisirung, welche in dem betrachteten Körper unter dem alleinigen Einflusse des Potentials $\mathfrak{r}_e$ inducirt werden würde. Diese sei $\mathfrak{J}'$; man kann sie die Magnetisirung erster Ordnung nennen. Sie würde selbst wieder ein Potential erster Ordnung $\mathfrak{r}_i'$ erzeugen, welches seinerseits eine Magnetisirung zweiter Ordnung $\mathfrak{J}''$ induciren würde. Von letzterer würde ein selbsterzeugtes Potential zweiter Ordnung $\mathfrak{r}_i''$ herrühren, infolge dessen eine Magnetisirung dritter Ordnung auftreten würde u. s. w.

Die fortgesetzte vektormässige Superposition sämtlicher Magnetisirungen der verschiedenen Ordnungen ergibt mit stets wachsender Annäherung die gesuchte thatsächliche Vertheilung der Magnetisirung $\mathfrak{J}$, so dass

$$(18) \qquad \mathfrak{J} = \mathfrak{J}' + \mathfrak{J}'' + \mathfrak{J}''' + \cdots\cdot$$

Wenn diese Methode für die Rechnung geeignet werden soll, so muss man mittels möglichst konvergenter Reihen die Magnetisirungen der successiven Ordnungen darzustellen suchen. Dieser Aufgabe unterzog sich zuerst Beer, von dem die Methode her-

---

1) Namentlich Wiedemann, Lehre v. d. Elektricität, **3**, pp. 354 bis 390; Nachtrag p. 1320.

2) Mascart et Joubert, Electr. et Magn. **1** § 86. Wiedemann, Lehre v. d. Elektricität **1** § 85; **3** § 387.

rührt, sodann C. Neumann, L. Weber und Riecke[1]). Neuerdings zeigte Wassmuth, wie sich diese sämtlichen Reihenentwickelungen aus einer gemeinsamen, physikalisch leicht zu deutenden Form, ableiten lassen[2]).

Die Mehrzahl der bisher erwähnten Untersuchungen bietet vorwiegend mathematisches Interesse, wenigstens stehen ihre physikalische Ergebnisse in keinem Verhältnisse zu dem Aufwande an mathematischen Kunstgriffen, welche darauf verwendet wurden. Einige jener Ergebnisse geben allerdings für die experimentelle Methodik einen werthvollen Leitfaden an die Hand. Für die überwiegende Mehrzahl der wichtigen modernen Anwendungen des Elektromagnetismus erweisen sie sich dagegen als völlig unfruchtbar. Wir wenden uns jetzt zu Problemen, deren Lösung in dieser Hinsicht mehr zu versprechen scheint.

---

1) Beer, Einleitung in die Lehre v. d. Elektr. u. d. Magn. pp. 155 bis 165. C. Neumann, Das logarithm. Potent. p. 248. L. Weber, Zur Theorie der magnetischen Induktion, Kiel 1877. Riecke, Wied. Ann. **13**, p. 465, 1881.

2) Wassmuth, Lösung des Magnetisirungsproblems durch Reihen, Wien. Ber. **102**, Abth. 2. p. 65. 1893.

Fünftes Kapitel.

Magnetisirung geschlossener und radial geschlitzter Toroide.

A. Theorie.

§ 72. Peripherische Magnetisirung eines Rotationskörpers. In den beiden ersten Kapiteln haben wir wiederholt das magnetische Verhalten geschlossener, sowie radial durchschnittener Ringe, von verschiedenen Gesichtspunkten aus in elementarer Weise betrachtet (§§ 9, 10, 16) und gesehen, wie diese gewissermaassen typische Gestalten verkörpern. Das Problem ihrer Magnetisirung soll nun unter Benutzung der in den beiden letzten Kapiteln gewonnenen Ergebnisse eingehender behandelt werden, da es die Grundlage für den weiteren Aufbau der Theorie magnetischer Kreise ergibt.

Kirchhoff[1]) hat zuerst die Magnetisirung eines Ringes oder, um es bestimmter auszudrücken, eines Rotationskörpers, der von seiner Rotationsaxe nicht getroffen wird, mathematisch behandelt. Jede einzelne Windung der magnetisirenden Spule wird dabei in einer durch die Axe gehenden »Meridianebene« liegend vorausgesetzt; die Gesamtheit der Windungen bildet einen, den ferromagnetischen Rotationskörper gleichmässig umschliessenden, hohlen Ring. Die Zahl der Windungen sei mit n, der sie durchfliessende Strom mit I bezeichnet. Eine beliebige geschlossene, innerhalb jenes Hohlraums umlaufende Integrationskurve ist dann offenbar mit dem Stromleiter n-fach verschlungen; das Linienintegral der vom Strom im Hohlraume erzeugten magnetischen Intensität $\mathfrak{H}_e$

1) Kirchhoff, Gesamm. Abhandl. p. 223.

beträgt daher für jede einzelne Umkreisung eines solchen Integrationsweges $4\pi n I$ (§ 45). Wählen wir nun insbesondere als Integrationswege Kreise, deren Mittelpunkte in der Axe $\overline{ZZ}$ (Fig. 14) des Rotationskörpers liegen, und deren Radius mit r bezeichnet sei. Aus Symmetriegründen ist dann $\mathfrak{H}_e$ in jedem Punkte peripherisch, d. h. tangential zum Integrationskreise und senkrecht zur Meridianebene (Bildebene der Fig. 14) gerichtet und am Umfange eines und desselben Integrationskreises entlang konstant. Das Linienintegral stellt sich somit einfach dar als das Produkt aus dem Werthe des Vektors in den Umfang $2\pi r$ des Integrationskreises.

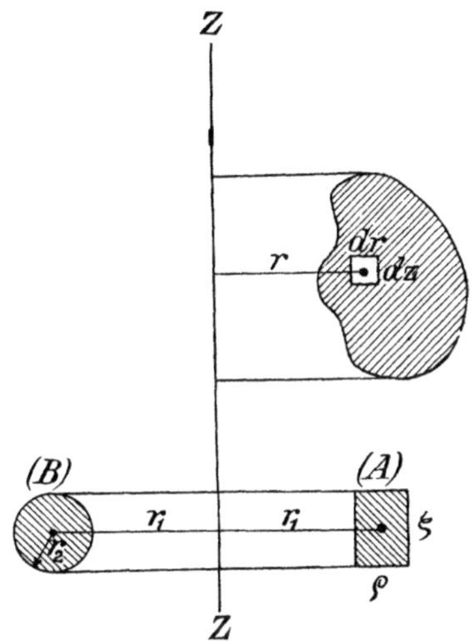

Fig. 14.

Mithin haben wir

$$2\pi r \mathfrak{H}_e = 4\pi n I$$

oder

$$\mathfrak{H}_e = \frac{2 n I}{r}. \qquad (1)$$

Die magnetische Intensität ist mithin dem Abstande des betrachteten Punktes von der Axe umgekehrt proportional, nimmt daher ab, je weiter der Punkt sich von der Axe entfernt.

§ 73. Kirchhoff'sche Theorie. Wir können uns das beliebig gestaltete Profil des Rotationskörpers in rechteckige Elemente $dr dz$ (Fig. 14) zerlegt denken, deren jedes durch seine Rotation um die Axe $\overline{ZZ}$ einen Elementarring erzeugen wird, für den dann $\mathfrak{H}_e$ merklich peripherisch gleichförmig (§ 43) sein wird. Nehmen wir zunächst an, es würde dadurch eine ebenfalls peripherisch gleichförmige Magnetisirung inducirt, so würde diese eine selbstentmagnetisirende Wirkung überhaupt nicht erzeugen, weil Endelemente nicht auftreten[1]); die Totalintensität wäre daher mit der

1) Da die peripherisch gleichförmige Vertheilung, wie a. a. O. ausgeführt, zugleich eine solenoidale ist, wird auch die Konvergenz der

direkt von der Spule herrührenden Intensität $\mathfrak{H}_e$ identisch, mithin, ebenso wie diese, peripherisch gleichförmig vertheilt. Daraus folgt nach dem (§ 68) angeführten Satze, dass die Magnetisirung in dem dünnen Elementarringe thatsächlich, der gemachten Annahme gemäss, peripherisch gleichförmig vertheilt sein wird. Ebenso wenig wie sie eine selbstentmagnetisirende Wirkung im Innern des Elementarrings erzeugt, wird sie irgend welche Fernwirkung nach aussen, bezw. auf die benachbarten Elementarringe ausüben. Vielmehr sind diese in ihrem magnetischen Verhalten von einander völlig unabhängig. Im ganzen Ringe wird daher die Magnetisirung zwar für einen gegebenen Werth des Radius immer dieselbe sein, mit wachsendem Radius aber ebenso wie $\mathfrak{H}_e$ abnehmen; sie wird gegeben sein durch eine Gleichung, welche direkt aus (1) folgt:

$$\mathfrak{J} = \varkappa \mathfrak{H}_t = \varkappa \mathfrak{H}_e = \frac{2 n \varkappa I}{r}, \tag{2}$$

worin $\varkappa$ die variable, von $\mathfrak{H}_e$ abhängige Susceptibilität bedeutet. Analog ist die Totalinduktion gegeben durch die Gleichung

$$\mathfrak{B}_t = \frac{2 n \mu I}{r}, \tag{3}$$

wo μ die variable Permeabilität bezeichnet. Endlich beträgt der totale Induktionsfluss durch den gesamten Querschnitt des Profils, d. h. diejenige Grösse, deren Änderungen nach § 64 die Stromimpulse bestimmen, welche in eng an das Profil sich anschliessenden Sekundärwindungen inducirt werden können,

$$\mathfrak{G}_t = 2 n I \int\int \frac{\mu \, dr dz}{r}, \tag{4}$$

wobei das Doppelintegral über das ganze Profil auszudehnen ist. Da μ als Funktion von r nicht bekannt ist, so ist diese Integration streng genommen unausführbbar. Im allgemeinen ist die Veränderlichkeit von μ von der Innen- bis zur Aussenseite des Ringes jedoch eine weit geringere als die des reciproken Radius $1/r$; wie dem übrigens auch sei, es folgt aus den Regeln für die bestimmte Integration, dass man in jedem Falle einen gewissen Mittelwerth $\overline{\mu}$

Magnetisirung überall Null sein und eine Fernwirkung von innern Wirkungscentren aus daher ebenfalls unterbleiben. (§§ 37, 50.)

vor das Integralzeichen bringen kann. Thut man dies, so wird die Integration in einer Reihe von Fällen ausführbar.

§ 74. Rechteckiges und kreisförmiges Profil. Wir wollen die leicht nachzurechnenden Resultate einmal für ein rechteckiges, zweitens für ein kreisförmiges Profil angeben.

A. Rechteckiges Profil [Fig. 14 (A) p. 111]. ζ sei die Höhe des Querschnitts, ϱ dessen Radialdimension; r_1 der mittlere Radius von der Rotationsaxe $\overline{ZZ}$ aus gerechnet. Dann wird

$$(5) \qquad \mathfrak{G}_t = 2\, n\, \overline{\mu}\, I\, \zeta \text{ lognat } \frac{2\, r_1 + \varrho}{2\, r_1 - \varrho}.$$

Wird ϱ sehr gering gegen r_1, so ist mit genügender Annäherung

$$\frac{1 + \dfrac{\varrho}{2\, r_1}}{1 - \dfrac{\varrho}{2\, r_1}} = 1 + \frac{\varrho}{r_1}.$$

Es lässt sich dann lognat $(1 + \varrho/r_1)$ in bekannter Weise in eine Reihe entwickeln, von der wir nur das erste Glied beibehalten; dann wird

$$(6) \qquad \mathfrak{G}_t = \frac{2\, n\, \overline{\mu}\, I\, \zeta\, \varrho}{r_1} = \frac{2\, n\, \overline{\mu}\, I\, S}{r_1},$$

worin nun S den Querschnitt des Profils bedeutet. Ist bei rechteckigem Profil $\zeta > \varrho$, so spricht man von einem Reifring; ist dagegen $\varrho > \zeta$, so kann man den Rotationskörper einen Flachring nennen.

B. Kreisförmiges Profil. [Fig. 14 (B) p. 111]. Der Rotationskörper fällt nun unter die Definition des Toroids (§ 9). r_2 sei der Radius des Querschnitts, r_1 wie bisher der Radius des Leitkreises, d. h. desjenigen Kreises, welcher die Mittelpunkte aller Querschnitte verbindet. Dann wird

$$(7) \qquad \mathfrak{G}_t = 2\, n\, \overline{\mu}\, I\, 2\, \pi \left(r_1 - \sqrt{r_1^2 - r_2^2}\right).$$

Wird hier wieder r_2 gering gegen r_1, so nähert sich dieser Ausdruck folgender einfachen Form:

$$(6\,\text{a}) \qquad \mathfrak{G}_t = \frac{2\, n\, \overline{\mu}\, I\, \pi\, r_2^2}{r_1} = \frac{2\, n\, \overline{\mu}\, I\, S}{r_1}$$

welche mit der oben gefundenen Gleichung (6) identisch ist.

Kirchhoff hat bereits a. a. O. seine Meinung dahin geäussert, dass sich auf diesen, von ihm zuerst theoretisch behandelten Specialfall eine zweckmässige magnetische Messmethode würde gründen lassen; auf diese werden wir bald eingehender zurückkommen (§ 83), indem wir sie an einem Beispiele erläutern. Kirchhoff's Vorschlag gelangte zuerst durch Stoletow 1872 zur Ausführung; bald darauf wurden von Rowland mittels dieser Methode umfangreiche Versuche angestellt, und seitdem bildete sie die Grundlage für eine grosse Anzahl von Untersuchungen auf diesem Gebiete[1]).

§ 75. Grundgleichung für radial geschlitzte Toroide. Im Folgenden werden wir uns auf Ringe kreisförmigen Profils, d. h. auf Toroide, beschränken und dabei annehmen, dass die Dimensionen des Querschnitts gering seien gegen den Durchmesser des Toroids, dass also r_2/r_1 eine kleine Grösse sei, wie schon bei Gleichung (6 a) vorausgesetzt wurde. Führen wir nun einen radialen Schnitt durch das Toroid, so dass ein Schlitz entstehe, dessen Weite überall konstant sei und mit d bezeichnet werde (Fig. 15). Auf die Regelmässigkeit der Bewickelung soll der Schlitz keinen Einfluss haben; diese wird nach wie vor als völlig gleichmässig vorausgesetzt; falls sie aus n Windungen besteht, beträgt die von ihr erzeugte Feldintensität in allen Punkten des Leitkreises (in Fig. 15 punktirt) nach Gleichung (1)

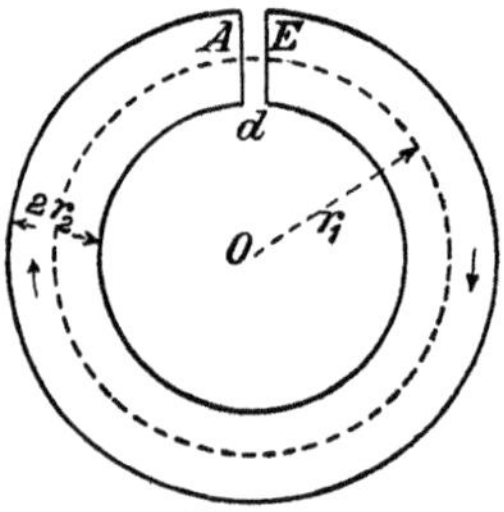

Fig. 15.

$$\mathfrak{H}_e = \frac{2nI}{r_1}$$

1) Stoletow, Pogg. Ann. **146**, p. 442, 1872. Rowland, Phil. Mag. [4] **46** p. 140, 1878. Diese Untersuchungen geben bisher keinen Anlass, die Richtigkeit der Kirchhoff'schen Theorie zu bezweifeln. Versuche von G. vom Hofe (Diss. Greifswald 1889. Wied. Ann. **37**, p. 482, 1889) an drei Ringen mit rechteckigem Profil, für welches das Verhältnis ϱ/ζ ein verschiedenes war, ergaben zwar gewisse Abweichungen; indessen können diese immerhin den Verschiedenheiten des angeblich identischen Materials zuzuschreiben sein, welche durch die verschiedene Bearbeitung im Feuer sowie durch etwaige andere unbekannte Faktoren genügend erklärbar sein würden. Vergl. hierzu übrigens Mues, Über den Magnetismus von Eisenringen u. s. w. p. 2. (Diss. Greifswald 1893).

und wird in anderen Punkten des Querschnitts von diesem Werthe nur unerheblich abweichen.

Wählen wir nun den Leitkreis als Integrationsweg und wenden wir den früher aufgestellten Satz I [§ 55, Gleichung (6)] an, welcher aussagt, dass die selbsterzeugte magnetische Potentialzunahme

$$(8) \qquad {}_E^A\mathfrak{r}_i = {}_E^A\!\int \mathfrak{H}'_{iL}\, dL.$$

Die Punkte E und A sind nun diejenigen, in welchen der Leitkreis die beiden Stirnflächen des Schlitzes schneidet. Aus Symmetriegründen wird der Leitkreis eine Magnetisirungslinie sein, d. h. der Vektor $\mathfrak{J}$ in jedem seiner Punkte tangential zu ihm gerichtet sein. Überdies wird der Werth von $\mathfrak{J}$ am Leitkreise entlang nicht erheblich variiren, ebensowenig wie über den Querschnitt des Toroids. Wir können daher für die Näherungsrechnung — denn mehr als eine solche lässt sich im vorliegenden Falle überhaupt nicht durchführen — einen mittleren Werth der Magnetisirung einführen, den wir zur Unterscheidung mit $\overline{\mathfrak{J}}$ bezeichnen. Für die selbstentmagnetisirende Intensität $\mathfrak{H}_i'$ gilt dasselbe; deren Mittelwerth werde mit $\overline{\mathfrak{H}}_i'$ bezeichnet. Da der Integrationsweg von E durch das Ferromagnetikum bis A die Länge $(2\pi r_1 - d)$ aufweist; so haben wir nach den bekannten Regeln der bestimmten Integration

$$(9) \qquad {}_E^A\!\int \mathfrak{H}'_{iL}\, dL = \overline{\mathfrak{H}}_i'\,(2\pi r_1 - d).$$

Jenen Mittelwerth $\overline{\mathfrak{H}}_i'$ kann man als durch diese Gleichung definirt betrachten. Führen wir ferner einen mittleren Entmagnetisirungsfaktor $\overline{N}$ ein, definirt durch die Gleichung

$$(10) \qquad \overline{\mathfrak{H}}_i' = -\overline{N}\,\overline{\mathfrak{J}},$$

so erhalten wir schliesslich aus obigen drei Gleichungen (8), (9) und (10)

$$(\mathrm{I}) \qquad {}_A^E\mathfrak{r}_i = -{}_E^A\mathfrak{r}_i = \overline{N}\,\overline{\mathfrak{J}}\,(2\pi r_1 - d).$$

Diese elementare Formel bildet gewissermaassen die Grundgleichung für ein radial geschlitztes Toroid[1]). Das Glied links bedeutet die selbsterzeugte magnetische Potentialdifferenz im Interferrikum zwischen den beiden Stirnflächen des Schlitzes; es ist annähernd gleich dem Produkte aus dem Mittelwerthe der dort herrschenden selbsterzeugten Intensität $\mathfrak{H}_i$ in die Schlitzweite.

[1]) du Bois, Wied. Ann. 46 p. 494, Gl. (7), 1892.

§ 76. Erste Annäherung; Grenzfall. Es handelt sich nun darum, für das linke Glied jener Grundgleichung (I) einen andern Ausdruck zu finden. Dazu machen wir in erster Annäherung die Annahme, dass die Magnetisirung $\mathfrak{J}$ über den ganzen Querschnitt des Toroids konstant und senkrecht zu ihm gerichtet sei, also nach der Definition (§ 43) peripherisch gleichförmig vertheilt sei[1]). Nach dem »Sättigungssatze« III (§ 57) wird sich der thatsächliche Zustand dem hier angenommenen Grenzfalle mehr oder weniger nähern müssen, wenn wir uns die magnetische Feldintensität $\mathfrak{H}_e$ als unbegrenzt wachsend denken, sodass ihr Werth schliesslich gross wird gegen denjenigen der selbstentmagnetisirenden Intensität $\mathfrak{H}_i'$. Auf der Mantelfläche des Toroids werden magnetische Endelemente bei dieser Annahme überhaupt nicht auftreten, sondern sie werden auf die den Schlitz begrenzenden Stirnflächen beschränkt bleiben; diese werden eine Fernwirkung ausüben,

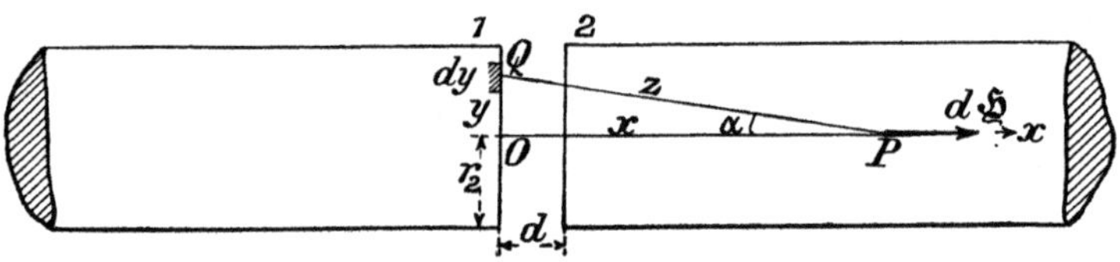

Fig. 16.

welche durch ihre magnetische Stärke bestimmt wird. Letztere Grösse beträgt aber pro Flächeneinheit jeder Stirnfläche $\mathfrak{J}_\nu$ (§ 49); da aber im vorliegenden Falle die Magnetisirung senkrecht zu den Stirnflächen gerichtet ist wird $\mathfrak{J}_\nu = \mathfrak{J}$.

Betrachten wir nun ein flachringförmiges Endelement der Stirnfläche von der radialen Breite dy und dem mittleren Radius y (Fig. 16); sein Flächeninhalt ist $2\pi y\,dy$, und seine Stärke beträgt daher $2\pi\mathfrak{J}y\,dy$. Mithin erzeugt dieses Flachringelement in einem Punkte P, in der Entfernung x auf der Normalen zum Mittelpunkte der Stirnfläche gelegen, einen Intensitätsantheil $d\mathfrak{H}_i$, welcher dem Coulomb'schen Gesetze gemäss durch folgende Gleichung gegeben wird

(11) $$d\mathfrak{H}_i = \frac{2\pi\mathfrak{J}y\,dy}{z^2}\cos\alpha.$$

---

1) Es ist in diesem Falle nicht nöthig einen Mittelwerth $\overline{\mathfrak{J}}$ einzuführen, da der Werth von $\mathfrak{J}$ überhaupt unveränderlich ist.

$z^2 = x^2 + y^2$ ist der Abstand jedes einzelnen Punktes (wie z. B. Q) des Flachringelementes von P. Mit α ist der Winkel $\sphericalangle QPO$ bezeichnet, also ist $\cos\alpha = x/z$; daher kann obige Gleichung auch folgendermaassen geschrieben werden

$$(12) \qquad d\,\mathfrak{H}_i = \frac{2\pi\,\mathfrak{J}\,y\,x\,d\,y}{z^3}.$$

Aus

$$z^2 = x^2 + y^2$$

folgt, dass für einen bestimmten Punkt P, also für einen konstanten Werth von x

$$z\,d\,z = y\,d\,y.$$

Und setzen wir dies in (12) ein, so kommt

$$d\,\mathfrak{H}_i = \frac{2\pi\,\mathfrak{J}\,x\,d\,z}{z^2}.$$

Diesen Ausdruck haben wir über die ganze Stirnfläche zu integriren, um die gesamte davon herrührende Intensität $\mathfrak{H}_i$ in P zu finden; diese wird also

$$\mathfrak{H}_i = 2\pi\,\mathfrak{J}\,x \int\limits_x^{\sqrt{x^2 + r_2^2}} \frac{1}{z^2}\,d\,z.$$

Die beiden Grenzen dieses bestimmten Integrals entsprechen dem Mittelpunkte und dem Umfange der Stirnfläche; die Integration ergibt

$$\mathfrak{H}_i = 2\pi\,\mathfrak{J}\,x \left| -\frac{1}{z} \right|_x^{\sqrt{x^2 + r_2^2}}$$

oder

$$(13) \qquad \mathfrak{H}_i = 2\pi\,\mathfrak{J} \left\{ 1 - \frac{x}{\sqrt{x^2 + r_2^2}} \right\}.$$

Wir sind nun in der Lage, die magnetischen Potentialzunahme vom Mittelpunkt der Stirnfläche 1 bis zum Punkte P zu berechnen; bezeichnen wir diese mit $\mathcal{V}_{i_1}$, so wird

$$(14) \qquad \mathcal{V}_{i_1} = \int\limits_0^x \mathfrak{H}_i\,d\,x = 2\pi\,\mathfrak{J} \left\{ x - \int\limits_0^x \frac{x\,d\,x}{\sqrt{x_2 + r_2^2}} \right\}.$$

Setzen wir $x^2 + r_2^2 = u^2$, mithin, da r_2 eine Konstante ist, $u\,du = x\,dx$, und führen wir u als neue Variable unter das letzte Integralzeichen ein, so werden die Grenzen dieses Integrals r_2 bezw. $\sqrt{x^2 + r_2^2}$ und wir erhalten dafür

$$\int_{r_2}^{\sqrt{x^2+r_2^2}} du = \sqrt{x^2 + r_2^2} - r_2\,;$$

setzen wir dies in (14) ein, so kommt

$$\mathfrak{r}_{i_1} = 2\pi\mathfrak{J}\left(x + r_2 - \sqrt{x^2 + r_2^2}\right). \tag{15}$$

Kehren wir nun zum Schlitze zurück, also zu einem von einem Stirnflächenpaar 1 und 2 im gegenseitigen Abstande d begrenzten Raum (Fig. 16 p. 116), so wird in (15) $x = d$ zu setzen sein; und da ${}_A^E\mathfrak{r}_i = \mathfrak{r}_{i_1} + \mathfrak{r}_{i_2}$, weil beide Stirnflächen magnetisch im gleichen Sinne wirken, erhalten wir

$${}_A^E\mathfrak{r}_i = 4\pi\mathfrak{J}\left(d + r_2 - \sqrt{d^2 + r_2^2}\right). \tag{16}$$

Damit hätten wir einen zweiten Ausdruck[1]) für das linke Glied der Grundgleichung (I) gefunden; setzen wir diesen an seine Stelle ein, so erhalten wir

$$4\pi\mathfrak{J}\left(d + r_2 - \sqrt{d^2 + r_2^2}\right) = \overline{N}_\infty\,\mathfrak{J}\,(2\pi r_1 - d).$$

Der Index ∞ bedeutet, dass der Werth $\overline{N}_\infty$ streng genommen, der gleich anfangs gemachten Voraussetzung gemäss, nur für magnetisirende Felder von unendlicher Intensität gilt. Dividiren wir die letzte Gleichung noch durch den Faktor von $\overline{N}_\infty$, so erhalten wir für diesen Grenzwerth des mittlern Entmagnetisirungsfaktors die Gleichung

$$\overline{N}_\infty = \frac{2\left(d + r_2 - \sqrt{d^2 + r_2^2}\right)}{r_1 - \dfrac{d}{2\pi}}. \tag{II}$$

---

1) In die Herleitung dieses Ausdrucks durch den Verf. (Wied. Ann. **46**, p. 494 Gleichung (8) 1892) hat sich durch einen Abschreibfehler ein unrichtiges Zwischenglied

$$2\int_0^d \frac{x\,dx}{\sqrt{r_2^2 + x^2}}$$

irrthümlich eingeschlichen; das a. a. O. mitgetheilte Resultat wurde indessen dadurch nicht beeinträchtigt.

Der am Anfange dieses Paragraphen aufgestellten Annahme zufolge müssen sich die experimentell gemessenen Werthe von $\overline{N}$ bei genügender Steigerung des magnetisirenden Feldes den durch den gefundenen Ausdruck (II) vorgeschriebenen Werthen $\overline{N}_\infty$ nähern. In Wirklichkeit wird der bei seiner Herleitung vorausgesetzte Grenzfall peripherisch gleichförmiger Magnetisirung nicht erreicht werden können; denn die, durch unzulässige Temperaturerhöhung der Magnetisirungsspulen begrenzte, praktisch erreichbare Feldintensität $\mathfrak{H}_e$ beträgt nur wenige Hundert C. G. S.-Einheiten. Wie weit die Annäherung im günstigsten Falle getrieben werden kann, muss durch den Versuch entschieden werden (vergl. § 89).

§ 77. Divergenz der Induktionslinien. Für gewöhnlich wird hingegen der in § 59 vorausgesetzte Fall fast immer vorliegen, dass mit genügender Annäherung $\mathfrak{J} = \mathfrak{B}_t/4\pi$ ist, und daher erstere Grösse als solenoidal vertheilt betrachtet werden darf, weil dies mit letzterer unter allen Umständen der Fall ist. Überhaupt wird dann die Vertheilung von $\mathfrak{B}_t$, wie sie durch den Verlauf der totalen Induktionslinien dargestellt werden kann, ein vollständiges Bild derjenigen von $\mathfrak{J}$ geben, da sich beide nur um den konstanten Faktor 4π unterscheiden. Diese vereinfachende Voraussetzung gewährt daher eine erhebliche Erleichterung der Übersicht über die obwaltenden Verhältnisse. Dazu trägt, wie wir sehen werden, auch der Umstand noch bei, dass bei den geringen Feldintensitäten die Permeabilität immer als eine grosse Zahl betrachtet werden kann.

Betrachten wir von diesem Gesichtspunkte aus die Vertheilung von $\mathfrak{J}$ und $\mathfrak{B}_t$ in einem geschlitzten Toroid. Die entmagnetisirende Wirkung der mit magnetischen Endelementen belegten Stirnflächen wird sich in ihrer Nähe am fühlbarsten machen; im Vorigen haben wir freilich nur die mittlere Wirkung über den Umfang des Toroids in Betracht gezogen. Die Magnetisirung und daher auch die Totalinduktion werden aus diesem Grunde in der Nähe der Stirnflächen geringere Werthe aufweisen, was sich darin abspiegelt, dass die totalen Induktionsröhren, welche im übrigen Umfange des Toroids fast genau koncentrische Kreisröhren bilden, sich gegen die Stirnflächen zu allmählich erweitern, sodass die Induktionslinien dort divergiren werden. Die der Mantelfläche nächstliegenden Linien werden diese unter einem spitzen Winkel treffen und dann nahezu senkrecht in das Interferrikum austreten;

dies folgt aus dem (§ 62) erörterten Specialfalle des tangentialen Brechungsgesetzes bei dem verhältnismässig hohen Werthe der Permeabilität, welcher nach der Voraussetzung vorherrscht. Fig. 17 gibt einen schematischen Begriff von dem Verlaufe der Induktions-

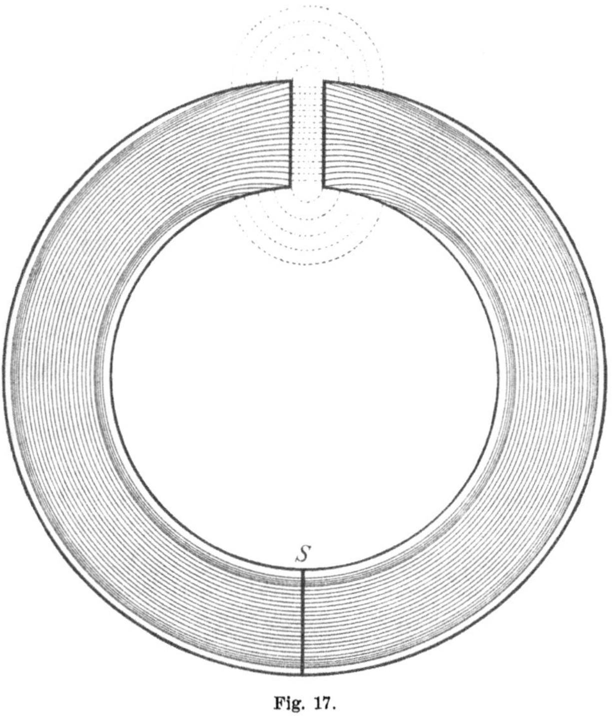

Fig. 17.

linien im Ferromagnetikum sowie im Interferrikum eines radial geschlitzten Toroids; in letzterem sind sie durch punktirte Linien dargestellt, welche mit den Intensitätslinien identisch sind. Es bietet ein gewisses Interesse diese Darstellung des äussern magnetisches Feldes eines geschlitzten Toroids mit demjenigen eines Stabes zu vergleichen (Fig. 7, p. 34); kann man doch erstere Gestalt durch Aufbiegen in letztere übergeführt denken (§ 19).

§ 78. **Streuungskoefficient.** Diese ganz allgemein in der Nähe von Unterbrechungsstellen in der Kontinuität des Ferromagnetikums auftretende Divergenz der Induktionslinien und ihre charakteristische Übergangsweise durch das Interferrikum nennt man die Streuung (engl. »leakage«) der Induktionslinien. Wir werden ein quantitatives Maass für diese Erscheinung aufzustellen suchen: Dazu betrachten wir den totalen Induktionsfluss $\mathfrak{G}_t'$ im Toroid und verfolgen seinen Werth am Umfang entlang; an der dem Schlitze diametral gegenüberliegenden Stelle S (Fig. 17) wird der Induktionsfluss den grössten Werth aufweisen; schreiten wir am Umfang weiter entlang, so wird dieser Werth sich bis nahe an den Stirnflächen nur wenig ändern; wegen der dort aus der Mantelfläche austretenden Induktionsröhren wird dann offenbar der Induktionsfluss durch den Querschnitt des Toroids geringer. Seinen Mittelwerth über den ganzen Umfang, sofern dieser durch die ferromagnetische Substanz erfüllt ist, bezeichnen wir mit $\overline{\mathfrak{G}}_t'$. Im Schlitze selbst weist der Induktionsfluss $\mathfrak{G}_t$ offenbar seinen geringsten Werth auf, weil dort der verhältnismässig grösste Theil der Induktionsröhren ausserhalb des cylinderförmigen, von den beiden Stirnflächen begrenzten, Raumes verläuft. Wir betrachten schliesslich das Verhältnis des mittleren Induktionsflusses zu demjenigen im Schlitze als das Maass der Streuung und setzen demgemäss

$$\nu = \frac{\overline{\mathfrak{G}}_t'}{\mathfrak{G}_t} \qquad [\nu \geqq 1]. \tag{17}$$

Diese Zahl ν ist naturgemäss mindestens gleich, im allgemeinen aber grösser als Eins. Man nennt sie den Streuungskoefficient (engl. »leakage coefficient«).

§ 79. Endelemente auf der Mantelfläche. Aus der Art und Weise, wie die totalen Induktionsröhren bezw. die hier als mit ihnen identisch betrachteten Magnetisirungsröhren nicht nur die Stirnfläche, sondern vorher auch theilweise die Mantelfläche des Toroids treffen (Fig. 17), folgt, dass das Auftreten magnetischer Endelemente nicht ausschliesslich auf die Stirnflächen beschränkt ist, sondern dass diese sich auch über die Mantelfläche verbreiten werden, freilich immer noch in überwiegender Stärke in der Nähe der Ersteren. Unter Berücksichtigung unserer Bemerkung, dass die Magnetisirung merklich solenoidal vertheilt ist, folgt ferner, dass sich die Endelemente auf die Oberfläche (Stirnflächen und angrenzende Theile der Mantelfläche) beschränken werden, hingegen innerhalb der ferromagnetischen Substanz, wo die Konvergenz der Magnetisirung überall Null ist, Fernwirkungscentra nicht auftreten werden (§ 50).

Wir haben im Vorigen stets vorausgesetzt, dass r_1 gross sei gegen r_2, mit anderen Worten die Krümmung des ganzen Toroids um seine Axe gering sei im Vergleich zu derjenigen des Umfangs seines Querschnitts; vernachlässigen wir nun erstere Krümmung völlig, indem wir sie unendlich gering, d. h. also ihren reciproken Werth, den Radius r_1, unendlich gross werden lassen. Das radial geschlitzte Toroid verwandelt sich dadurch in zwei »halb unendliche« Kreiscylinder vom Radius r_2, welche sich in der Entfernung d gegenüberstehen, wie solche in Fig. 16 p. 116 dargestellt sind; diese sind als durch eine entsprechende unendlich lange Spule magnetisirt zu denken.

Wir haben unsere erste angenäherte Berechnung durchgeführt (§ 76), indem wir nur die Stirnflächen als mit Endelementen belegt betrachteten. Für die zweite Annäherung, der wir uns jetzt zuwenden, müssen wir die Endelemente auf den Mantelflächen ebenfalls heranziehen. Beide Ausgangspunkte haben das gemein, dass dabei nur der Schlitz, dessen Gestalt offenbar durch das Verhältnis r_2/d völlig bestimmt ist, und seine unmittelbare Umgebung für die Fernwirkung berücksichtigt wird. Dagegen darf in dieser Hinsicht von den übrigen Theilen des Toroids ganz abstrahirt werden, was schon dadurch zum Ausdruck kommt, dass man sich dieses in zwei halb unendliche Cylinder verwandelt denken kann.

§ 80. Zweite Annäherung. Wir fanden als erste Annäherung in Gleichung (16) p. 118, welche wir hier in etwas modificirter Form wiedergeben (indem der Faktor d vor die Klammer gesetzt ist):

$$\text{(18)} \qquad \int_A^E \mathfrak{F}_i = 4\pi\,\mathfrak{J}\,d\left(1+\frac{r_2}{d}-\sqrt{1+\left(\frac{r_2}{d}\right)^2}\right).$$

Es fragt sich nun: welche Funktion von d und r_2 wird in zweiter Annäherung an Stelle des Klammerausdrucks in obiger Gleichung zu treten haben? Dieses Problem besitzt zwar eine eindeutige Lösung, welche aber der Berechnung ohne weiteres nicht zugänglich ist. Da die Gestalt des Schlitzes durch das Verhältnis r_2/d bestimmt ist, so muss auch jene unbekannte Funktion davon abhängen und kann allenfalls noch durch den Werth von $\mathfrak{J}$ mitbestimmt sein; wir bezeichnen sie daher durch das Symbol $\mathfrak{n}\,(r_2/d, \mathfrak{J})$. Es wird sich übrigens im Folgenden zeigen, dass dafür innerhalb eines gewissen Bereiches empirisch eine hyperbolische Funktion gefunden wird. Durch Einsetzen dieser Funktion in die Gleichung (16) erhalten wir für die selbsterzeugte Potentialdifferenz im Schlitze

$$\text{(19)} \qquad \overset{E}{\underset{A}{\cdot}} \mathfrak{V}_i = 4\pi\,\overline{\mathfrak{J}}\,d\,\mathfrak{n}\left(\frac{r_2}{d}, \overline{\mathfrak{J}}\right).$$

Dieser Werth ist nun wieder an Stelle des linken Gliedes unserer Grundgleichung (I) (§ 75) einzusetzen; wir erhalten daraus nach einer einfachen Umformung

$$\text{(III)} \qquad \overline{N} = \frac{2\,d\,\mathfrak{n}\left(\frac{r_2}{d}, \overline{\mathfrak{J}}\right)}{r_1 - \frac{d}{2\pi}}$$

In diesem in zweiter Annäherung geltenden Ausdruck für den mittleren Entmagnetisirungsfaktor radial geschlitzter Toroide hängt der Zähler ausschliesslich von der Gestalt des Schlitzes als solchem ab, während der Nenner dem übrigen Umfang proportional ist; im allgemeinen wird das zweite Glied des Nenners gegen das erste vernachlässigt werden dürfen.

§ 81. Mehrfach radial geschlitzte Toroide. Den allgemeinen Satz I [§ 55, Gleichung (6)], von dem wir bei der Herleitung der Grundgleichung für Toroide, welche an einer einzigen Stelle radial geschlitzt sind, ausgingen, haben wir bereits a. a. O. auf komplicirtere Fälle ausgedehnt. Wir erhielten die verallgemeinerte Gleichung (6a) p. 84 bezw. Satz I. A für den Fall, dass der Integrationsweg mehr als einmal interferrische Zwischenräume überbrückt. Jenen Satz wenden wir nun auf ein Toroid an, welches mehrere radiale Schlitze 1, 2, ... n aufweist; diese Nummern werden wir den jedem Schlitz entsprechenden Grössen als Indices anhängen. Die getrennten ferromagnetischen Theile des Toroids denken wir uns durch irgend eine magnetisch indifferente Vorrichtung starr verbunden. Wir werden zunächst die modificirte Grundgleichung herleiten, wobei wir dem Entwicklungsgang des § 75 folgen.

Wir führen wieder einen Mittelwerth der Magnetisirung $\overline{\mathfrak{J}}$ über den ganzen Umfang ein; desgleichen einen solchen $\overline{\mathfrak{H}}_i'$ der selbstentmagnetisirenden Intensität, den wir definiren als die Summe der Linienintegrale der selbstentmagnetisirenden Intensität längs der im Ferromagnetikum gelegenen Theilbögen des Leitkreises, dividirt durch die gesamte Länge der letzteren; diese beträgt aber

$(2\pi r_1 - \Sigma d)$; wir können diese Definition durch folgende Gleichung darstellen, welche der Gleichung (9) § 75 analog ist

$$\overline{\mathfrak{H}}_i' = \frac{\Sigma \int \mathfrak{H}'_{iL}\, dL}{2\pi r_1 - \Sigma d}. \tag{20}$$

Darin beziehen sich die Summenzeichen Σ auf alle Schlitze 1 bis n; die Linienintegrale sind über die ferromagnetischen Theilbögen zu nehmen. Wir definiren ferner wieder, ähnlich wie in Gleichung (10), den mittleren Entmagnetisirungsfaktor $\overline{N}$ durch die Gleichung

$$\overline{N} = \frac{-\overline{\mathfrak{H}}_i'}{\overline{\mathfrak{J}}} = \frac{-\Sigma \int \mathfrak{H}'_{iL}\, dL}{\overline{\mathfrak{J}}(2\pi r_1 - \Sigma d)}. \tag{21}$$

Bezeichnen wir die selbsterzeugten Potentialdifferenzen in den Schlitzen kurz mit $\Delta_1 \mathcal{V}_i$, $\Delta_2 \mathcal{V}_i \ldots \Delta_n \mathcal{V}_i$, ihre Summe mit $\Sigma \Delta \mathcal{V}_i$, so lässt sich die Gleichung (6a) p. 84, folgendermaassen schreiben

$$-\Sigma \Delta \mathcal{V}_i = \Sigma \int \mathfrak{H}'_{iL}\, dL. \tag{22}$$

Setzen wir dies in (21) ein, so kommt

$$\Sigma \Delta \mathcal{V}_i = \overline{N}\,\overline{\mathfrak{J}}(2\pi r_1 - \Sigma d) \tag{IV}$$

als Grundgleichung für ein mehrfach geschlitztes Toroid; sie ist derjenigen für das einfach geschlitzte (I) § 75 offenbar völlig analog.

Schreiten wir nun ohne weiteres, wie im vorigen Paragraphen, zur zweiten Annäherung und führen wir für jeden Schlitz analoge Funktionen $\mathfrak{n}$ ein, so dass

$$\left\{\begin{aligned} \mathfrak{n}_1 &= \text{funct}\left(\frac{r_2}{d_1}, \overline{\mathfrak{J}}\right) \\ \mathfrak{n}_2 &= \text{funct}\left(\frac{r_2}{d_2}, \overline{\mathfrak{J}}\right) \\ &\cdots\cdots \\ \mathfrak{n}_n &= \text{funct}\left(\frac{r_2}{d_n}, \overline{\mathfrak{J}}\right) \end{aligned}\right. . \tag{23}$$

Es wird dann

$$\begin{aligned} \Delta_1 \mathcal{V}_i &= 4\pi \overline{\mathfrak{J}}\, d_1 \mathfrak{n}_1 \\ \Delta_2 \mathcal{V}_i &= 4\pi \overline{\mathfrak{J}}\, d_2 \mathfrak{n}_2 \\ &\cdots\cdots \\ \Delta_n \mathcal{V}_i &= 4\pi \overline{\mathfrak{J}}\, d_n \mathfrak{n}_n \end{aligned} .$$

Und durch Addition

$$(24) \qquad \Sigma \Delta\, r_i = 4\pi\, \mathfrak{J}\, \Sigma d\, \mathfrak{n}.$$

Dieser letztere Ausdruck für $\Sigma \Delta\, r_i$ ist nun wieder an Stelle des linken Gliedes in (IV) einzusetzen, sodass wir nach einer einfachen Umformung folgende Gleichung erhalten

$$(\mathrm{V}) \qquad \overline{N} = \frac{2\,\Sigma d\,\mathfrak{n}}{r_1 - \dfrac{\Sigma d}{2\pi}}.$$

In diesem Ausdruck für den mittleren Entmagnetisirungsfaktor mehrfach geschlitzter Toroide hängt der Zähler wieder, wie bei der entsprechenden Gleichung (III) § 80, ausschliesslich von der Gestalt der einzelnen Schlitze als solchen ab, während der Nenner dem übrigen Umfang proportional ist.

Wollen wir den Grenzfaktor $\overline{N}_\infty$ bestimmen, den wir in § 76 in erster Annäherung fanden, so haben wir in (V) nur $\mathfrak{n}$ durch den Klammerausdruck der Gleichung (18) § 80 zu ersetzen, und erhalten in dieser Weise die Gleichung

$$(\mathrm{VI}) \qquad \overline{N}_\infty = \frac{2\,\Sigma\left(d + r_2 - \sqrt{d^2 + r_2^2}\right)}{r_1 - \dfrac{\Sigma d}{2\pi}},$$

welche dem Ausdrucke (II) p. 118 entspricht.

In diesem Kapitel werden wir uns übrigens ausschliesslich auf die Betrachtung solcher Toroide beschränken, welche nur an einer einzigen Stelle radial geschlitzt sind (vgl. ferner § 100).

§ 82. Reciprocität von ν und $\mathfrak{n}$. Zwischen der im Vorigen (§ 80) eingeführten Funktion $\mathfrak{n}(r_2/d, \overline{\mathfrak{J}})$ und dem vorher definirten Streuungskoefficient ν lässt sich eine sehr einfache Beziehung mit grosser Annäherung aufstellen.

Einmal definirten wir [§ 78, Gleichung (17)]

$$\nu = \frac{\overline{\mathfrak{G}}_t'}{\mathfrak{G}_t}.$$

Oder mit Rücksicht darauf, dass der Querschnitt des Schlitzes der gleiche ist, wie derjenige der übrigen Theile des Toroids

$$(25) \qquad \nu = \frac{\overline{\mathfrak{B}}_t'}{\mathfrak{B}_t} = \frac{4\pi\,\overline{\mathfrak{J}} + \overline{\mathfrak{H}}_t'}{\mathfrak{H}_t} = \frac{4\pi\,\overline{\mathfrak{J}} + \overline{\mathfrak{H}}_t'}{\mathfrak{H}_i + \mathfrak{H}_e},$$

wobei die Vektoren im Nenner sich auf das Interferrikum des Schlitzes beziehen.

Zweitens lässt sich auch für $\mathfrak{n}$ ein einfacher Ausdruck finden, indem wir bemerken, dass $\mathfrak{H}_i$ sich von einer Stirnfläche des Schlitzes bis zur andern nur wenig ändert, sodass das Potential dieses Vektors annähernd dargestellt werden kann durch das Produkt aus seinem numerischen Werthe in die betrachtete Strecke, d. h. die Schlitzweite d; wir schreiben daher

$$\overset{E}{\underset{A}{}} \mathfrak{r}_i = \mathfrak{H}_i\, d.$$

Dies, in die Gleichung (19) § 80 eingesetzt, ergibt

$$\mathfrak{n} = \frac{\mathfrak{H}_i}{4\pi \overline{\mathfrak{J}}}. \tag{26}$$

Vergleichen wir nun die Ausdrücke (25) und (26) für ν bezw. $\mathfrak{n}$, so sehen wir, dass unter der fast immer zutreffenden Voraussetzung, dass nur mässige Felder angewendet werden, im Zähler wie im Nenner des ersteren (25) das zweite Glied gegen das erste nur gering ist; vernachlässigen wir diese zweiten Glieder, so wird

$$\nu = \frac{4\pi \overline{\mathfrak{J}}}{\mathfrak{H}_i} = \frac{1}{\mathfrak{n}}. \tag{27}$$

Mit dieser Vernachlässigung stellen sich demnach der Streuungskoefficient ν und die Funktion $\mathfrak{n}$ als reciproke Zahlen dar.

Interessant ist der Fall, dass der Schlitz sehr eng wird; nimmt seine Weite unbegrenzt ab, so schwindet auch die Streuung mehr und mehr und der sie messende Koefficient ν nähert sich von oben her der Einheit. Sein reciproker Werth $\mathfrak{n}$ thut dies daher ebenso von unten her; im Grenzfalle wird $\nu = \mathfrak{n} = 1$; d wird sehr gering gegen r, so dass wir die Gleichung (III) § 80 in folgender einfacheren Form schreiben können:

$$N = \frac{2d}{r_1}. \tag{VII}$$

In diese einfache Form verwandelt sich auch die zuerst hergeleitete, streng genommen nur für magnetisirende Felder von unendlicher Intensität geltende Gleichung (II), wenn man darin d/r_2, und um so mehr d/r_1, unendlich klein setzt. Die einfache Gleichung (VII) gilt daher bei sehr engem Schlitze durchweg, sobald wir die Streuung vernachlässigen können, und ergibt dementsprechend einen über den ganzen Magnetisirungsbereich wie über den ganzen Umfang konstanten Entmagnetisirungsfaktor N, so dass ein Mittelwerth $\overline{N}$ nicht eingeführt zu werden braucht. Drückt man die Schlitzweite nicht direkt, sondern in Procenten p des Umfangs, bezw. in Winkelmaass α (Grad) aus, so kann man die Gleichung (VII) auch mit genügender Annäherung folgendermaassen schreiben: [1])

$$\text{(VII a)} \qquad N = \tfrac{1}{8}\,p \quad \text{oder} \quad N = 0{,}035\,\alpha.$$

B. Experimentelle Prüfung.

§ 83. **Das untersuchte Eisentoroid.** Eine Prüfung der mitgetheilten Theorie des Verfassers für die Magnetisirung geschlitzter Toroide ist neuerdings von H. Lehmann veröffentlicht worden [2]). Wir werden diese Versuche im Folgenden ziemlich eingehend besprechen, da sie einmal eine sichere experimentelle Grundlage für die in diesem Buche entwickelte physikalische Lehre der magnetischen Kreise bilden, zweitens aber auch ein geeignetes Beispiel für die Anwendung der bisher gegebenen Formeln, sowie des von Kirchhoff (§ 74) angeregten Messverfahrens zur Bestimmung normaler Magnetisirungskurven abgeben; und endlich weil sie noch nicht als bekannt vorausgesetzt werden können, was bei den, in den beiden ersten Kapiteln angeführten, Fundamentalversuchen wohl der Fall war.

Aus einer Platte schwedischen Eisens wurde zunächst ein geschlossenes Toroid gedreht und darauf sorgfältig ausgeglüht. Seine Dimensionen wurden dann theils durch Ausmessung, theils durch Wägung bestimmt und betrugen (vgl. Fig. 15 p. 114).

Radius des Leitkreises,	r_1	$=$ 7,96 cm,
Radius des Querschnitts,	r_2	$=$ 0,895 cm,
Inhalt des Querschnitts,	S	$=$ 2,52 qcm.

1) In dieser Form wurde sie vom Verf. (Verh. physik. Ges. Berlin **9**, p. 84, 1890; Verh. der Sekt. Sitz. des Elektrotechn. Kongr. Frankf. p. 73. 1891) angegeben. Neuerdings ist das Problem des geschlitzten Toroids von Wassmuth in anderer Weise mittels der Methode der fortgesetzten Superposition und Reihenentwicklung (§ 71) behandelt worden. (Wien. Ber. **102**, 2. Abth. p. 81, 1893.)

2) H. Lehmann, Wied. Ann. **48**, p. 406, 1893.

Nachdem diese Dimensionen bestimmt waren, wurde das Toroid bewickelt. Um dabei den für das spätere Ausfräsen des Schlitzes erforderlichen Raum freizuhalten, wurden an einer Stelle in einem Abstande von etwa 1 cm zwei radiale Messingbacken, b_1 und b_2 aufgelöthet, an die sich dann die Windungen anlehnten. Ausserdem befand sich diametral zur Mitte des durch jene zwei Backen begrenzten Stückes eine dritte Backe, b_3, welche es ermöglichte, die beiden Hälften des Toroids getrennt zu bewickeln; diese Anordnung ist in Fig. 18 dargestellt.

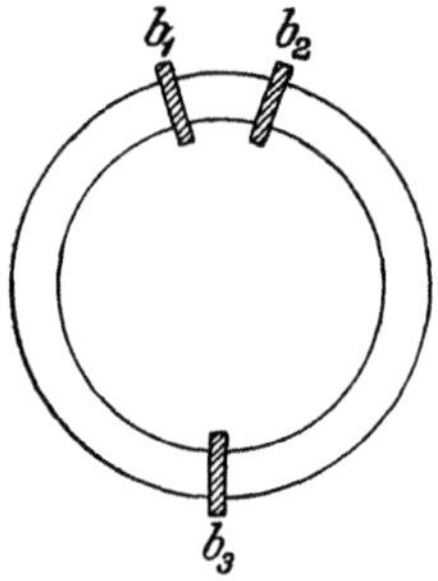

Fig. 18.

Die Bewickelung bestand zunächst aus drei primären Windungslagen aus 0,15 cm starkem isolirten Kupferdraht, von zusammen $n_1 = 695$ Windungen (Widerstand 0,51 Ohm)[1]). Darüber befand sich eine sekundäre Windungslage von $n_2 = 613$ Windungen aus dünnerem Drahte (Widerstand 4,97 Ohm). Die magnetische Intensität, welche von der Primärspule in der Mitte des Querschnittes erzeugt wurde und am ganzen Umfange entlang konstant war, wird gegeben durch Gleichung (1) (§ 72)

$$\mathfrak{H}_e = \frac{2 n_1 I}{r_1} = \frac{2 \times 695}{7{,}96} I = 174{,}6\, I.$$

Oder wenn wir mit I' den in Ampère statt in absoluten Einheiten (Dekaampère) gemessenen Strom bezeichnen

$$\mathfrak{H}_e = 17{,}46\, I'.$$

Die Änderungen von $\mathfrak{H}_e$ über den Querschnitt konnten vernachlässigt werden.

§ 84. Aichung des ballistischen Galvanometers. Zur Messung der in den Sekundärwindungen inducirten Stromimpulse diente ein ballistisches Galvanometer, dessen volle Periode (doppelte »Schwingungsdauer«) 12″ betrug. Die Ausschläge sind bekanntlich proportional den inducirten Elektricitätsmengen, also

1) Von diesen 695 Windungen befanden sich 9 zwischen den Backen b_1 und b_2, sodass das erzeugte magnetische Feld in der That als peripherisch gleichförmig betrachtet werden konnte.

auch den Änderungen des von der Sekundärspule umschlossenen totalen Induktionsflusses (§ 64). Um den Reduktionsfaktor zu ermitteln, wurde das ballistische Galvanometer von Zeit zu Zeit geaicht, und zwar mittels einer langen geraden Hilfsspule ohne ferromagnetischen Kern. Deren Länge betrug $L = 48{,}7$ cm; der mittlere Durchmesser der Windungen 3,552 cm, einem Querschnitte $S = 9{,}909$ qcm entsprechend; die Windungszahl $n = 298$, der Widerstand 0,33 Ohm. Auf diese Hilfsspule liess sich eine Hülse schieben, welche mit 632 sekundären Windungen bewickelt war; ihre Länge betrug 5,7 cm, so dass sie nur einen geringen Theil der Hilfsspule umfasste. Schliesst man nun durch diese Hilfsspule einen mit einem zuverlässigen absoluten Ampèremeter gemessenen »Aichstrom« I_A', so beträgt das nahezu gleichförmige Feld in ihrer Mitte [§ 6, Gleichung (7)]

$$\mathfrak{H}_e = \frac{4\pi n I_A'}{10 L};$$

setzen wir darin die oben gegebenen Dimensionen ein, so wird

$$\mathfrak{H}_e = \frac{4\pi \times 298}{10 \times 48{,}7} \times I_A' = 7{,}69\, I_A'.$$

Der vom Strom erzeugte Induktionsfluss $\mathfrak{G}_e$ ist bei Abwesenheit eines ferromagnetischen Kerns einfach gleich dem Produkte aus der Feldintensität in den Querschnitt der Hilfsspule, also

$$\mathfrak{G}_e = \mathfrak{H}_e S = 7{,}69 \times 9{,}909\, I_A' = 76{,}2\, I_A'.$$

Mittels dieses stets reproducirbaren, in absolutem Maasse bekannten Induktionsflusses liess sich das ballistische Galvanometer, unter Berücksichtigung des Gesamtwiderstandes des sekundären Hilfskreises, jederzeit bequem aichen, bezw. die Proportionalität der Ausschläge mit dem Werthe $\mathfrak{G}_e$ kontroliren.

§ 85. **Bestimmung der Normalkurve.** Durch die Primärwindungen des Toroids mussten Ströme bis zu etwa 20 Ampère geschickt werden, um damit Felder von $17{,}46 \times 20$, also ungefähr 350 C. G. S.-Einheiten zu erreichen. Dadurch trat aber bei dem verhältnismässig dünnen Drahte eine erhebliche Wärmeentwickelung auf, welche ohne Anwendung besonderer Schutzmassregeln eine unzulässige Temperaturerhöhung des ganzen Versuchsobjektes bewirkt haben würde. Das Toroid wurde deshalb in einen mit reinem Petroleum gefüllten, runden Glastrog eingetaucht, wobei es durch Holzklötzchen in einer gewissen Höhe über dem Boden unterstützt wurde. In die Mitte des Toroids wurde ein Eisblock gestellt, welcher das Petroleum fortwährend abkühlte; das unter letzterem sich ansammelnde Schmelzwasser wurde mittels Heber abgelassen; dieses einfache Verfahren bewährte sich vollkommen.

Die primären Windungen des Toroids waren in einen Stromkreis mit einer Akkumulatorenbatterie, einer Wippe, einem zuverlässigen Ampèremeter, sowie verschiedenen festen wie flüssigen Rheostaten geschaltet, mittels derer der Strom plötzlich oder allmählich auf jeden beliebigen Werth bis zu 20 Ampère gebracht werden konnte. Vor jeder Messungsreihe wurde das Eisen durch »abnehmende Kommutirungen« in den erforderlichen unmagnetischen Zustand gebracht, d. h. es wurden durch rasches Hin- und Herwerfen der Wippe und gleichzeitiges langsames Einschalten von Widerstand mittels des Flüssigkeitsrheostaten im Toroid Felder von rasch wechselnder Richtung und allmählich abnehmender Intensität erzeugt. Die Erfahrung lehrt, dass man nur in dieser Weise ferromagnetische Substanzen annähernd in einen Zustand bringen kann, wie sie ihn vor ihrer allerersten Magnetisirung aufwiesen; wenigstens so nahe wie dies ohne Ausglühen und langsames Abkühlen, was in den meisten Fällen unausführbar ist, überhaupt möglich ist.

Nach diesen Vorbereitungen wurden dann stets sogenannte »aufsteigende Kommutirungskurven« bestimmt, d. h. es wurde stufenweise von schwächeren zu intensiveren Strömen bezw. Feldern übergegangen, wobei zugleich bei einer Reihe von Werthen der Stromstärke bezw. der Feldintensität der Strom kommutirt wurde; die zugehörige Magnetisirung wurde dabei aus dem halben Ausschlage des ballistischen Galvanometers folgendermaassen berechnet. Zunächst gibt dieser halbe Ausschlag nach der Multiplikation in den Reduktionsfaktor, welcher in der oben angegebenen Weise ermittelt wurde, und in den Gesamtwiderstand des Sekundärkreises, und nachheriger Division durch 613, die Windungszahl der Sekundärspule auf dem Toroid, den Werth des totalen Induktionsflusses $\mathfrak{G}_t'$ in demselben. Dividirt man diesen dann durch den Querschnitt $S = 2{,}52$ qcm, so erhält man die Totalinduktion $\mathfrak{B}_t'$; aus dieser findet man durch Subtraktion von $\mathfrak{H}_e'$ (beim geschlossenen Toroid mit $\mathfrak{H}_t'$ identisch) und nachherige Division durch 4π die Magnetisirung[1])

$$\mathfrak{J} = \frac{\mathfrak{B}_t' - \mathfrak{H}_e'}{4\pi}.$$

In dieser Weise wurden zunächst 25 Punkte der normalen Magnetisirungskurve $\mathfrak{J} = \text{funct}\,(\mathfrak{H}_e)$ (§ 13) des geschlossenen Toroids aus je 10 Beobachtungen bestimmt [siehe Tab. II und Fig. 21 p. 135, Kurve (0)]. Diese Kurve charakterisirt nun das magnetische Verhalten der benutzten Eisensorte und bildet die Grundlage für die weitere Untersuchung.

Tabelle II.

Aufsteigende Kommutirungskurve bei geschlossenem Toroid (*o*).

$\mathfrak{H}_e$	$\mathfrak{J}$	$\mathfrak{H}_e$	$\mathfrak{J}$	$\mathfrak{H}_e$	$\mathfrak{J}$
0,6	93	8,7	1020	55,1	1310
1,1	278	9,7	1051	76,5	1348
1,8	440	10,8	1076	104,5	1388
2,2	520	13,8	1118	151,0	1440
3,2	690	18,1	1165	200,0	1389
4,4	801	21,8	1192	240,0	1520
5,3	871	27,5	1225	315,0	1564
6,5	932	41,0	1275	385,0	1600
7,5	985				

§ 86. Anordnung des Schlitzes. Nachdem die Normalkurve bestimmt war, wurde die Kontinuität des Toroids durchbrochen; mit Hilfe einer Kreisfräse von circa 0,1 cm Stärke wurde in dem dafür freigelassenen Raume zwischen den beiden Backen b_1 und b_2 (Fig. 18 p. 128) ein radialer Schlitz von entsprechender Weite möglichst eben, parallelwandig und scharfkantig ausgefräst. Um bei noch geringeren Schlitzweiten Beobachtungen anstellen zu können, wurde um das Toroid in geeigneter Weise ein, an einer Stelle offener, Messingreif angebracht, welcher mittels einer daran befindlichen Schraube mehr oder weniger zugezogen werden konnte. Dadurch

1) Betreffs verschiedener kleiner Korrektionen, welche an dieser Formel bei geschlossenem bezw. aufgeschlitztem Toroid anzubringen sind, wird auf die citirte Arbeit Lehmann's pp. 420, 434 verwiesen, ebenso wie für sonstige experimentelle Einzelheiten.

liess das Eisentoroid sich soweit zubiegen, als ein in den Schlitz geschobenes, magnetisch indifferentes Messingscheibchen es gestattete (Fig. 19)[1]).

Ausserdem wurden auch bei weiteren Schlitzen Beobachtungen angestellt, welche mit Fräsen von circa 0,20 bezw. 0,35 cm Stärke angebracht wurden. In jedem Falle wurde in den Schlitz einbesonderes Messingscheibchen gekittet, welches die beiden begrenzenden Stirnflächen in einer bestimmten gegenseitigen Entfernung festhielt. Dann wurden um den abgedrehten Rand des Scheibchens einige Windungen sehr feinen Kupferdrahtes gewickelt,

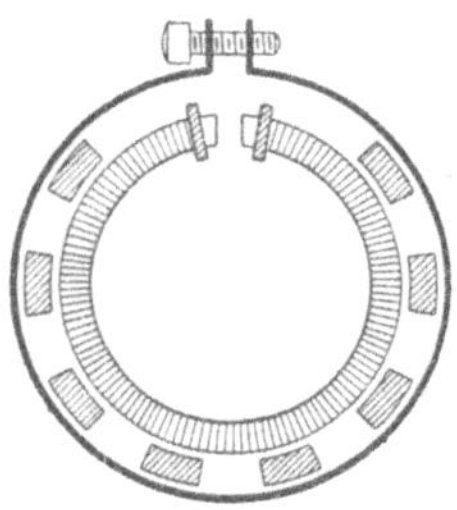

Fig. 19.

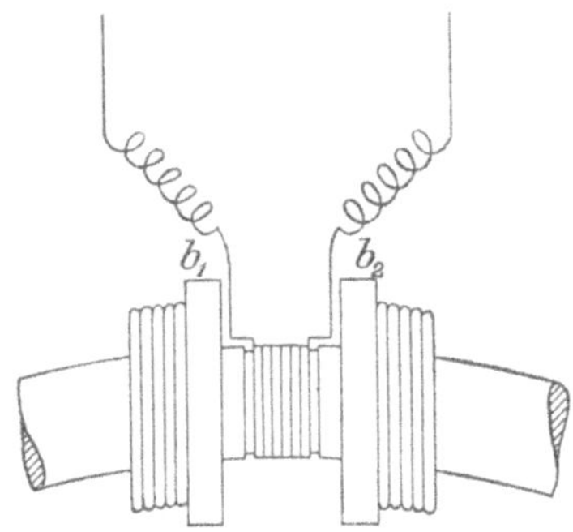

Fig. 20.

derart, dass sie eine kleine, den Zwischenraum gerade ausfüllende Sekundärspule bildeten. Es wurde dafür Sorge getragen, dass der mittlere Durchmesser jener Windungen genau demjenigen der Stirnflächen gleich war, so dass der in ihnen inducirte Stromimpuls ohne weiteres den totalen Induktionsfluss $\mathfrak{G}_t$ durch den Schlitz maass. Die Enden dieser kleinen Hilfsspule wurden sorgfältig isolirt und sodann der Zwischenraum zwischen den Backen b_1 und b_2 (Fig. 20) jedesmal wieder mit 9 Primärwindungen vollgewickelt, so dass das erzeugte magnetische Feld nach wie vor peripherisch gleichförmig blieb.

Als Schlitzweite wurde der Mittelwerth der mittels Kontaktmikrometer bestimmten Dicke des Messingscheibchens und der

1) Der Einfluss des durch die geringe Biegung veranlassten Zwangszustandes im Ferromagnetikum auf dessen Magnetisirung durfte zweifellos vernachlässigt werden (vergl. § 167).

auf der Theilmaschine gemessenen Entfernung der Stirnflächen angenommen; letztere wurde aus naheliegenden Gründen stets etwas grösser als erstere gefunden.

Schliesslich sei erwähnt, dass zur Bestimmung des totalen Induktionflusses durch einen beliebigen Querschnitt des Toroids eine verschiebbare Sekundärspule von 7 Windungen angebracht wurde, welche sich am Umfange desselben entlang bewegen liess. Zu bemerken ist, dass die grosse, das ganze Toroid umgebende, Sekundärspule von 613 Windungen den mittleren totalen Induktionsfluss $\overline{\mathfrak{G}}_t'$ im Eisen maass, die kleine Hilfsspule um das Messingscheibchen dagegen den Induktionsfluss $\mathfrak{G}_t$ durch den Schlitz. Ersterer, dividirt durch letzteren, ergab nach der oben gegebenen Definition (§ 78) unmittelbar den Streuungskoefficient

$$\nu = \frac{\overline{\mathfrak{G}}_t'}{\mathfrak{G}_t}.$$

§ 87. Die Magnetisirungskurven. Die Beobachtungen Lehmann's sind bei fünf verschiedenen Werthen der Schlitzweite angestellt

No.	1	2	3	4	5
d:	0,040	0,063	0,103	0,202	0,357 cm

und dementsprechend sind die Resultate in fünf Tabellen niedergelegt, von denen wir hier nur eine anführen wollen, welche sich auf den Schlitz (3) ($d = 0{,}103$ cm) bezieht.

In der ersten Spalte der Tab. III p. 134 ist die Intensität $\mathfrak{H}_e$ des Spulenfeldes verzeichnet, in der zweiten die Magnetisirung $\mathfrak{J}$, in der dritten der mittlere totale Induktionsfluss $\overline{\mathfrak{G}}_t'$ im Eisen, in der vierten der totale Induktionsfluss $\mathfrak{G}_t$ durch den Schlitz. Es folgen dann in Spalte 5 der Streuungskoefficient $\nu = \overline{\mathfrak{G}}_t'/\mathfrak{G}_t$, in Spalte 6 dessen Reciprockes $1/\nu = \mathfrak{G}_t/\overline{\mathfrak{G}}_t'$. Wie wir nachgewiesen haben, ist letztere Zahl sehr nahe gleich der oben eingeführten Funktion $\mathfrak{n}$.

Von der Wiedergabe der anderen Tabellen können wir uns umsomehr enthalten, als Lehmann die beiden ersten Spalten derselben in übersichtlicher Weise graphisch dargestellt hat. Rechts von der Ordinatenaxe (Fig. 21 p. 135) sind die Magnetisirungskurven

$$\mathfrak{J} = \text{funct. } (\mathfrak{H}_e)$$

aufgetragen. Und zwar zuerst die bereits erwähnte Normalkurve (0) des geschlossenen Toroids, sodann die fünf übrigen, den ver-

Tabelle III.

Schlitz (3). Schlitzweite 0,103 cm.

$\mathfrak{H}_e$	$\overline{\mathfrak{J}}$	$\overline{\mathfrak{G}}_t'$	$\mathfrak{G}_t$	$\frac{\overline{\mathfrak{G}}_t'}{\mathfrak{G}_t}=\nu$	$\frac{1}{\nu}=\frac{\mathfrak{G}_t}{\overline{\mathfrak{G}}_t'}$
1,6	69	2197	—	—	—
2,4	117	3720	2045	1,82	0,550
3,8	206	6520	3660	1,78	0,561
5,1	279	8830	4880	1,81	0,553
6,8	383	12120	6720	1,81	0,553
8,9	492	15580	8610	1,81	0,553
11,9	628	19910	11230	1,78	0,563
14,9	748	23680	13400	1,77	0,565
18,0	852	26970	15250	1,77	0,565
20,9	923	29260	16650	1,76	0,568
24,3	988	31300	18000	1,74	0,575
27,2	1036	32850	18900	1,74	0,575
36,9	1141	36190	21400	1,69	0,591
49,0	1200	38120	23200	1,65	0,608
64,5	1250	39800	24750	1,61	0,621
78,5	1285	40870	25800	1,59	0,631
99,5	1325	42230	27030	1,56	0,641
181,0	1428	45600	30550	1,50	0,670
267,0	1500	48120	32800	1,47	0,681
(300)	1525	48900	32500	1,50	0,667

schiedenen Schlitzweiten entsprechenden, Kurven. Sie sind der Reihenfolge nach mit 0, 1, 2, 3, 4, 5 bezeichnet.

Zu bemerken ist, dass für die Abscissen $\mathfrak{H}_e$ drei verschiedene Maassstäbe angewandt werden mussten, um die Fig. 21 nicht zu sehr in die Höhe zu ziehen. Der anfängliche Maassstab ist für den Ordinatenbereich $0<\mathfrak{J}<1000$ benutzt; für $1000<\mathfrak{J}<1300$ gilt ein fünffach verkleinerter, endlich für $\mathfrak{J}>1300$ ein zwanzigfach verkleinerter Abscissenmaassstab; zugleich erhalten alle Theile der Kurven in dieser Weise eine passende Neigung. Der allmählich wachsende Einfluss des Schlitzes bei zunehmender Weite desselben lässt sich auf den ersten Blick erkennen.

§ 88. Diskussion der Hauptresultate. Die Ergebnisse der Versuche lassen sich von drei verschiedenen Gesichtspunkten aus betrachten:

I. Entmagnetisirungslinien.

Aus den Kurven 1, 2, 3, 4, 5 (Fig. 21) kann nun durch eine den Abscissen parallele Rückscheerung (§ 17) bis zur Normalkurve (0) die für jede der untersuchten Schlitzweiten giltige Richtlinie konstruirt werden. Diese Richtlinien oder, wie wir sie der Unterscheidung halber nennen werden, die Entmagnetisirungslinien sind links von der Ordinatenaxe durch eine Reihe von beobachteten Punkten dargestellt und mit Nummern versehen, welche dieselben sind wie diejenigen der entsprechenden Magnetisirungskurven. Wie ersichtlich, liegen die Punkte bis etwa zur Ordinate $\mathfrak{J} = 875$ C.-G.-S. (welche dem halben Sättigungs-

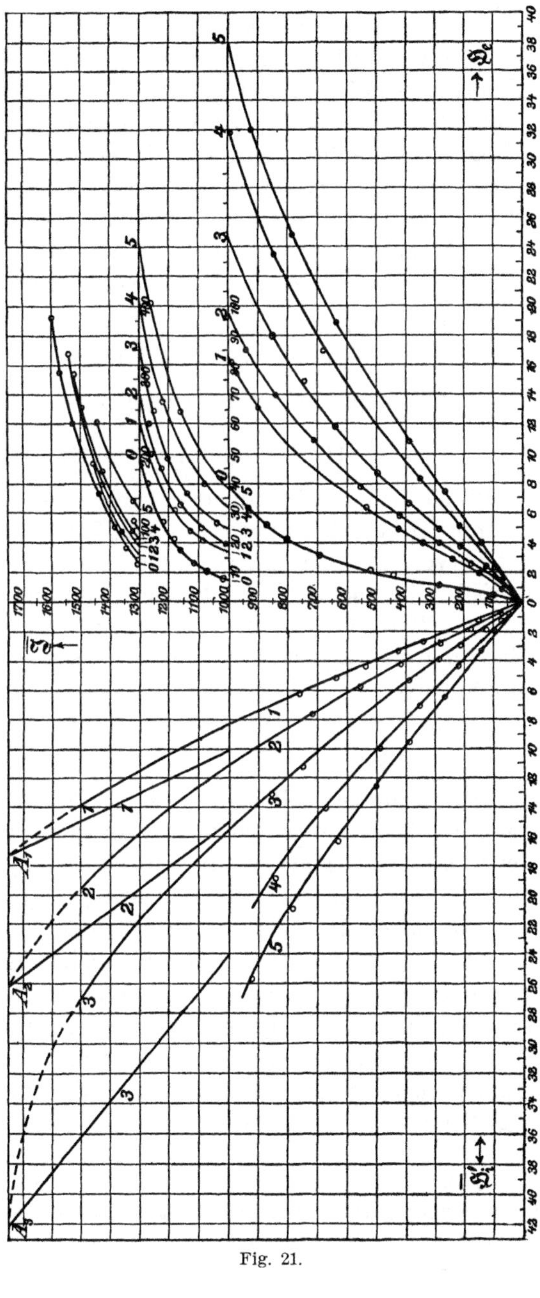

Fig. 21.

werthe der untersuchten Eisensorte entspricht) innerhalb der Grenzen der Beobachtungsfehler auf geraden Linien[1]). Die Entmagnetisirungslinien drücken die Beziehung zwischen der mittleren Magnetisirung $\mathfrak{J}$ und der mittleren entmagnetisirenden Intensität $\mathfrak{H}_i'$ aus. Ihre anfängliche Geradlinigkeit liefert daher den experimentellen Beweis dafür, dass das Verhältnis der Ordinate zur Abscisse, d. h. der mittlere Entmagnetisirungsfaktor $\overline{N}$, bis etwa zur halben Sättigung konstant bleibt. Die beobachteten Werthe desselben betragen im Bereiche seiner Konstanz für die verschiedenen Kurven

No.	0	1	2	3	4	5
$\overline{N}$:	0	0,0079	0,0102	0,0140	0,0203	0,0246;

auf diese Zahlen werden wir weiter unten zurückkommen (§ 89).

II. Streuungskoefficienten.

Bisher haben wir nur den Inhalt der beiden ersten Spalten der Tab. III berücksichtigt. Aus den Zahlen in den letzten Spalten geht hervor, dass der experimentell gemessene Streuungskoefficient ebenfalls bis ungefähr zur halben Sättigung konstant bleibt, bei höheren Werthen der Magnetisirung aber allmählich abnimmt. Sofern derselbe konstant ist, betragen seine mittleren Werthe für die Schlitze

No.	0	1	2	3	4	5
ν:	1,00	—	1,52	1,79	2,48	3,81.

Der Streuungskoefficient weist also schon bei verhältnismässig engen Schlitzen einen erheblich, von der Einheit verschiedenen, Werth auf. In Fig. 22 sind die Streuungskoefficienten ν als Funktion der mittleren Magnetisirung $\mathfrak{J}$ (untere Abscissenskale) für die Schlitze (2), (3), (4), (5) aufgetragen (bei dem engsten Schlitze (1) wurden Versuche über Streuung nicht angestellt). Die anfängliche Konstanz von ν äussert sich dadurch, dass die Kurven bis etwa zur halben Sättigung der Abscissenaxe parallel verlaufen. Bei höheren Werthen der Abscisse wenden sie sich abwärts; soweit die Beobachtungen reichen, sind die Kurven ausgezogen; verlängert man sie in ungezwungener Weise durch die punktirten

1) Die Punkte sind nicht wesentlich höher als bis zu dieser Ordinate eingezeichnet, weil ihre Bestimmung oberhalb dieses Werthes zu unsicher war. (Lehmann a. a. O. p. 437.)

Strecken, so scheinen sie beim Sättigungswerthe der Magnetisirung für die betreffende Eisensorte (ca. 1750 C.G.S.) gegen einen und

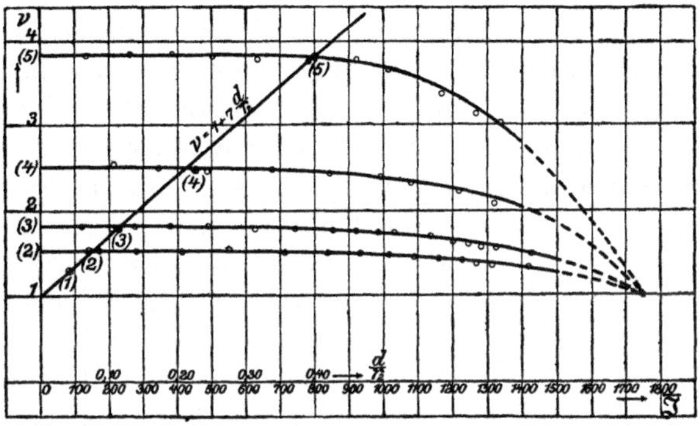

Fig. 22.

denselben Punkt hin zu konvergiren, dessen Ordinate dem Streuungskoefficient Eins entspricht.

III. Verlauf der Streuung.

Bei den drei weitesten Schlitzen wurden für drei Werthe der Magnetisirung (ungefähr 500, 1000 und 1500 C.-G.-S.) Beobachtungen

Tabelle IV.

$\bar{\mathfrak{J}}$	$\mathfrak{G}_S$	$\mathfrak{G}_{SO=SW}$	$\mathfrak{G}_{O=W}$	$\mathfrak{G}_{NO=NW}$	$\mathfrak{G}_N$
		Schlitz (3). $d = 0{,}103$ cm.			
492	17100	16650	15850	14400	8610
988	33560	32850	32100	29400	18000
1525	48000	48000	48000	48000	32500
		Schlitz (4). $d = 0{,}202$ cm.			
487	17630	17030	15950	13800	6230
997	34750	33550	32100	28700	13150
1520	46250	46000	46300	46100	24400
		Schlitz (5). $d = 0{,}357$ cm.			
503	18800	17900	16200	13500	4160
1015	36200	34500	32700	28300	8800
1455	46350	46100	—	45800	16800

über den Verlauf der Streuung am Umfange des Toroids entlang angestellt; dazu diente die (§ 86) erwähnte verschiebbare sekundäre Hilfsspule. In Tab. IV p. 137 geben wir die erhaltenen Resultate; darin ist die Lage der Hilfsspule am Umfang durch die Bezeichnungen der Windrose (Fig. 23) angedeutet und der dabei beobachtete Induktionsfluss durch die Hilfsspule angegeben. Aus dieser Tabelle folgt, dass selbst bei schwächerer Magnetisirung, bei der die Streuung am erheblichsten ist, dennoch deren Hauptantheil auf die den Schlitz enthaltende kurze Strecke des Umfanges zwischen *NW* und *NO* entfällt. Bei der höchsten erreichten Magnetisirung, bei welcher der Streuungskoefficient schon bedeutend geringer wird, ist dieses Verhalten derart ausgesprochen, dass bis zu dem Punkte *NO* bezw. *NW* eine merkliche Änderung des Induktionsflusses überhaupt nicht eintritt. Die Induktion ist mithin auf mehr als drei Viertel des Umfanges merklich peripherisch gleichförmig vertheilt und zwar wird die Gleichförmigkeit um so vollkommener, je höher der Werth der Induktion gesteigert wird.

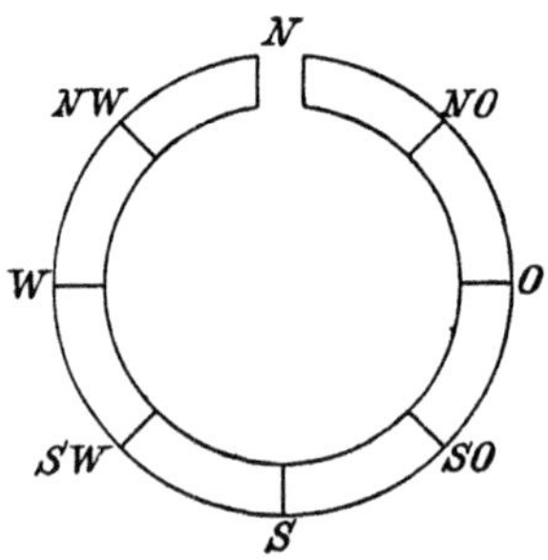

Fig. 23.

§ 89. Vergleich der Versuchsergebnisse mit der Theorie. Wir sind jetzt im stande, die mitgetheilten Versuchsergebnisse mit der im vorhergehenden Abschnitt entwickelten Theorie zu vergleichen. Durch die Gleichung III (§ 80)

$$\overline{N} = \frac{2\,d\,\mathfrak{n}\left(\frac{r_2}{d}, \overline{\mathfrak{I}}\right)}{r_1 - \frac{d}{2\pi}}$$

wird der mittlere Entmagnetisirungsfaktor $\overline{N}$ in Beziehung zur Funktion $\mathfrak{n}$, d. h. zum reciproken Werthe des Streuungskoefficienten ν, gebracht. Letzterer ist aber in Fig. 22 p. 137 als Funktion der Magnetisirung für vier der untersuchten Schlitze (2, 3, 4, 5) graphisch dargestellt. Wir können ferner aus (III) folgende Gleichung für die Entmagnetisirungslinien

$$\overline{\mathfrak{H}}_i' = \frac{2\,d}{r_1 - \frac{d}{2\pi}} \cdot \frac{\overline{\mathfrak{I}}}{\nu} \tag{28}$$

in einfacher Weise herleiten, wodurch jene Linien nun unter Heranziehung der Kurven $\nu = \text{funct.}\ (\mathfrak{J})$ der Fig. 22 konstruirbar werden.

In der linken Hälfte der Fig. 21 p. 135 sind die in dieser Weise konstruirten Entmagnetisirungslinien eingetragen. Und zwar sind (2) und (3) bis zur Ordinate $\overline{\mathfrak{J}} = 1500$ fortgesetzt, weil oberhalb dieses Werthes die vorausgesetzte Reciprocität von $\mathfrak{n}$ und ν nicht mehr genügend angenähert gelten würde (vergl. § 82); dagegen reichen (4) und (5) nur soweit, als sich die direkt beobachteten Punkte befinden[1]). Wie ersichtlich, liegen diese Punkte ziemlich genau auf den Entmagnetisirungslinien. Die Theorie ergibt somit mittelbar eine befriedigende Übereinstimmung der aus den Streuungsmessungen berechneten Entmagnetisirungslinien mit den Magnetisirungskurven, welche in ganz unabhängiger Weise bestimmt sind.

Ferner sind in Fig. 21 wenigstens für die drei engsten Schlitze (1), (2), (3), zwischen $\overline{\mathfrak{J}} = 1000$ und $\overline{\mathfrak{J}} = 1750$ C. G.-S. auch diejenigen geraden Entmagnetisirungslinien verzeichnet, deren Gleichung

$$\overline{\mathfrak{H}}_i' = \overline{N}_\infty \overline{\mathfrak{J}} \tag{29}$$

ist, wo nun $\overline{N}_\infty$ denjenigen Entmagnetisirungsfaktor bedeutet, welcher aus Gleichung (II) (§ 76) berechnet wird, und der nach der dort gemachten Annahme streng genommen erst für den gesättigten Zustand, d. h. für unendliche Werthe von $\mathfrak{H}_e$, gelten würde. Wir sehen nun aus Fig. 21 p. 135 wie die nach Gleichung (III), unter Benutzung der Streuungsmessungen, berechneten Werthe von $\overline{N}$, welche nach dem Vorhergehenden mit den beobachteten gut übereinstimmen, für den Sättigungswerth $\mathfrak{J}_m = 1750$ C.-G.-S. ebenfalls dem Werthe $\overline{N}_\infty$ zustreben[2]); denn die betreffenden Entmagnetisirungslinien lassen sich durch die punktirten Strecken

---

1) Fig. 22 gibt zwar die Funktion $\nu = \text{funct.}\ (\overline{\mathfrak{J}})$ nicht für Schlitz (1) aber, wie wir im nächsten Paragraphen sehen werden, lässt sie sich durch Interpolation finden. In dieser Weise ist die Entmagnetisirungslinie (1) in Fig. 21 erhalten worden.

2) Als Bedingung dafür, dass sich die Magnetisirung eines Körpers dem gesättigten Zustande nähere, und dass somit der Kirchhoff'sche Sättigungssatz eine angenäherte Giltigkeit erlange, wurde in § 57 zunächst vorausgeschickt, dass $\overline{\mathfrak{H}}'_i$ gering werde im Vergleich zu $\mathfrak{H}_e$ (vergl. Culmann, Wied. Ann. **48**, p. 380, 1893). In der That geht aus der Betrachtung der Fig. 21 hervor, dass für $\overline{\mathfrak{J}} = 1500$ C.-G.-S. die Grössenordnung von $\mathfrak{H}_e$ etwa die zehnfache derjenigen von $\overline{\mathfrak{H}}'_i$ beträgt.

ungezwungen so verlängern, dass sie die Schnittpunkte A_1, A_2, A_3, ebenfalls schneiden.

Die erörterten, etwas komplicirten Verhältnisse sind in Tab. V übersichtlich zusammengestellt, sofern es denjenigen unteren Magnetisirungsbereich $0 < \mathfrak{J} < 875$ betrifft, in welchem sowohl der Streuungskoefficient ν, wie auch der Entmagnetisirungsfaktor $\overline{N}$ als konstant zu betrachten sind. Die Bedeutung der einzelnen Spalten geht aus deren Überschriften genügend klar hervor.

Tabelle V.

No.	d	$\frac{d}{r_2}$	ν	$\mathfrak{n}$	berechnet $\overline{N}_\infty$	berechnet $\overline{N}$	$\overline{N}$ (beob.)	Differenz
1	0,040	0,045	1,31 [1])	0,765	0,0098	0,0077	0,0079	+ 2,5%
2	0,063	0,070	1,52	0,660	0,0151	0,0105	0,0102	— 3 »
3	0,103	0,115	1,79	0,558	0,0242	0,0145	0,0140	— 3 »
4	0,202	0,226	2,48	0,403	0,0451	0,0205	0,0203	— 1 »
5	0,357	0,400	3,81	0,262	0,0726	0,0236	0,0246	+ 4 »

Die Übereinstimmung der berechneten mit den beobachteten Werthen von $\overline{N}$ ist so gut als sie zu erwarten war, wenn in Betracht gezogen wird, dass einerseits die Theorie mit Annäherungen und Mittelwerthen zu operiren genöthigt ist, und andererseits die experimentellen Fehlerquellen, namentlich was die genaue Gestalt des Schlitzes betraf, sehr leicht eine Unsicherheit von einigen Procenten ergeben konnten.

Schliesslich können wir einmal die entwickelte Theorie als, für die meisten Zwecke genügend angenähert, durch die Versuche bestätigt betrachten; zweitens werden uns die letzteren Anhaltspunkte zur Bestimmung der Funktion $\mathfrak{n}$, bezw. des ihr reciproken Streuungskoefficienten ν geben; diese beiden Grössen mussten in die Theorie zunächst als unbekannt eingeführt werden (§§ 78, 80).

§ 90. Empirische Streuungsformel. Bei der Einführung der Funktion $\mathfrak{n}$ bezeichneten wir sie (§ 80) symbolisch mit

$$\mathfrak{n}\left(\frac{r_2}{d}, \overline{\mathfrak{J}}\right),$$

1) Interpolirter Werth; vergl. den nächsten Paragraphen.

wodurch ausgedrückt werden sollte, dass sie nur von dem Dimensionsverhältniss r_2/d des Schlitzes und von dem Werthe der Magnetisirung abhängen könnte, dagegen nicht von dem Radius des ganzen Toroids. Im Folgenden werden wir ausschliesslich den unteren Magnetisirungsbereich $0 < \mathfrak{J} < 875$ betrachten, welcher für die Anwendungen der wichtigere ist; wir können dann $\mathfrak{n} = 1/\nu$ setzen und beide Zahlen als von der Magnetisirung unabhängig voraussetzen.

Es fragt sich dann, wie der Streuungskoefficient ν (bezw. die Funktion $\mathfrak{n}$) von der durch das Verhältniss d/r_2 (bezw. r_2/d) bestimmten Gestalt des Schlitzes abhängt. Um auf diese Frage die experimentelle Antwort zu ermitteln, sind in Fig. 22 p. 137 die Ordinaten ν auch als Funktion von d/r_2 aufgetragen; für die Ablesung dieses Verhältnisses ist die zweite (obere) Abscissenskale angebracht. Es stellt sich nun die empirische Thatsache heraus, dass die vier beobachteten Punkte innerhalb der Grenzen der Beobachtungsfehler auf einer Geraden liegen. Diese schneidet die Ordinatenaxe bei $\nu = 1$, entsprechend der Thatsache, dass bei der Schlitzweite Null überhaupt keine Streuung auftritt. Ferner findet man als empirische Gleichung für jene Gerade

$$(30) \qquad \nu = 1 + 7\,\frac{d}{r_2} \qquad \left[0 < \frac{d}{r_2} < \frac{1}{2}\right],$$

welche man auch folgendermaassen umformen kann:

$$(31) \qquad \mathfrak{n} = \frac{\frac{r_2}{d}}{7 + \frac{r_2}{d}} \qquad \left[\infty > \frac{r_2}{d} > 2\right]$$

Diese Formel für $\mathfrak{n} = \text{Funct.}\,(r_2/d)$ wird durch eine Hyperbel dargestellt. In den eckigen Klammern hinter den Gleichungen (30) und (31) ist der Bereich des Arguments angegeben, innerhalb dessen die betreffenden Formeln zunächst gelten. Der Werth solcher rein empirischen Beziehungen darf allerdings nicht überschätzt werden. Für die eingehendere Erkenntnis des Wesens der Erscheinungen sind sie werthlos; für die Anwendungen dagegen ist es von Nutzen, wenigstens einen gewissen Anhaltspunkt für die Bestimmung des Streuungskoefficienten zu besitzen. Wir werden auf diese empirische Streuungsformel im Kap. IX zurückkommen. Im vorliegenden Falle kann sie dazu verwendet werden,

den Werth des Streuungskoefficienten $\nu = 1,31$ für den Schlitz (1), für welchen derselbe nicht gemessen wurde, durch Interpolation zu finden, wie das in Tab. V bereits geschehen ist.

Durch die beschriebenen Versuche ist zweifellos festgestellt, dass bei einem radial geschlitzten Toroid die Streuung im unteren Magnetisirungsbereiche ($0 < \mathfrak{J} < 875$) nahezu konstant bleibt, um darauf abzunehmen, wenn die Magnetisirung höher hinaufgetrieben wird. Nach der entwickelten Theorie muss dies in der That der Fall sein.

Um das zu zeigen, betrachten wir nochmals Fig. 13 p. 93 und 17 p. 120. Die spitzen Winkel ($90-\alpha'$), unter denen die Induktionslinien auf die Mantelfläche innerhalb des Toroids auftreffen, werden bei der schliesslichen Zunahme der Magnetisirung noch spitzer, da sich die (§ 76) angenommene peripherisch gerichtete Vertheilung der Magnetisirung und somit auch der Induktion nach dem Kirchhoff'schen »Sättigungssatze« (§ 57) herzustellen strebt. Betrachten wir ferner das tangentiale Brechungsgesetz der Induktionslinien [§ 62, Gleichung (12)], nach welchem

$$\operatorname{tg} \alpha = \frac{1}{\mu} \operatorname{tg} \alpha'.$$

Nach dem Vorigen wird bei wachsender Magnetisirung α' grösser, dagegen bekanntlich die Permeabilität geringer (§ 14), d. h. $1/\mu$ grösser. Beide Ursachen wirken zusammen, um α ebenfalls zu vergrössern, d. h. die Induktionslinien im Interferrikum werden mehr und mehr von der Normalen zur Mantelfläche abweichen, die Streuung mithin geringer werden, wie es thatsächlich experimentell gefunden wurde.

II. Theil.

Anwendungen.

Sechstes Kapitel.

Allgemeine Eigenschaften magnetischer Kreise.

A. Ungleichförmig magnetisirte Ringe.

§ 91. Allgemeines. Im vorhergehenden Kapitel haben wir den typischen Fall des gleichmässig bewickelten, radial geschlitzten Toroids noch möglichst streng, wenn auch nur mit einer gewissen Annäherung behandelt, und durch die experimentelle Untersuchung die theoretischen Folgerungen in genügendem Maasse bestätigt gefunden. Wir wenden uns jetzt solchen Fällen zu, wo die Spulen bezw. das Ferromagnetikum eine weniger einfache Anordnung aufweisen als wir sie bis jetzt zum Zwecke der theoretischen Betrachtung vorausgesetzt haben, wie solche aber für die Anwendungen des Elektromagnetismus im allgemeinen nicht genügt. Dabei werden wir uns jedoch mit groben Annäherungen begnügen müssen und können, da eine streng mathematisch-physikalische Behandlung derartiger Probleme ebenso undurchführbar wie zwecklos wäre.

Wenn wir bisher auch versucht haben, die aufgeworfenen Fragen von rein wissenschaftlichen Gesichtspunkten aus zu behandeln, so müssen wir uns jetzt darüber klar werden, dass es illusorisch wäre, eine solche Methode noch weiter befolgen zu wollen, da es als fast ausgeschlossen erscheint, in dieser Weise zu praktisch verwerthbaren Resultaten gelangen zu können.

Der in dem angedeuteten Sinne modificirte Standpunkt ist derjenige der angewandten Physik; er wird u. A. dadurch zum Ausdruck kommen, dass wir im allgemeinen nicht mehr die Magnetisirung $\mathfrak{J}$ an jedem einzelnen Punkte des Ferromagnetikums, jenen physikalisch fundamentalen Vektor, als Hauptgrösse betrachten (vergl. § 12). Vielmehr werden wir jetzt häufiger die Induktion 𝔅 bezw. den Induktionsfluss 𝔊 einführen; letzterer Vektor ist von der grössten praktischen Bedeutung, indem seine Änderungen die in den, ein Induktionslinienbündel umschnürenden Leitern inducirten elektromotorischen Antriebe bestimmen (§ 64).

§ 92. Versuche von Oberbeck mit Lokalspulen. Wir greifen zuerst wieder auf den Fall des geschlossenen Toroids (§ 9) zurück, welches nun aber nicht mehr dem Einfluss eines »peripherisch gleichförmigen« Feldes unterliegen soll; statt der bisher stets vorausgesetzten gleichmässigen Bewicklung soll vielmehr zunächst nur eine, einen Theil des Umfangs bedeckende, Spule etwa bei S angebracht sein (Fig. 24). Wir werden in erster Linie die experimentelle Untersuchung dieses Specialfalles mittheilen, welche von Oberbeck angestellt worden ist.

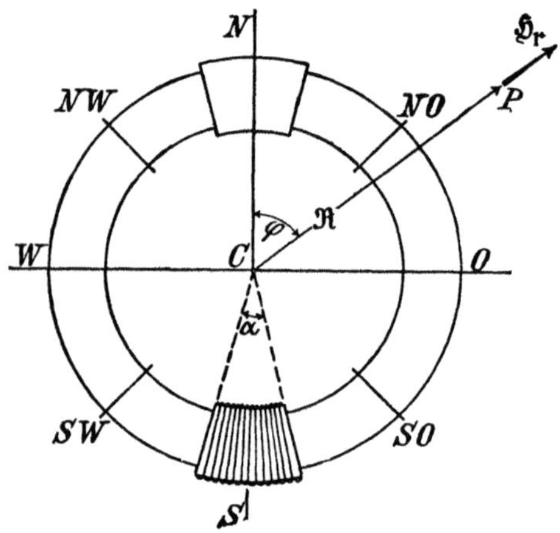

Fig. 24.

Das von ihm benutzte Toroid aus weichem Eisen hatte einen mittleren Radius $r_1 = 9{,}5$ cm, während der Querschnitt einen Radius $r_2 = 1$ cm aufwies[1]) (Fig. 15, p. 114). Nun wurde eine Primärspule von 145 Windungen gewickelt, welche den 15. Theil des Umfangs bedeckte, sodass der Winkel α (Fig. 24) 24^0 betrug. Am ganzen Umfange des Toroids entlang liess sich eine Sekundärspule mit nur wenigen Windungen verschieben bezw. an beliebigen Stellen festklemmen. Beim Kommutiren des magnetisirenden Stromes entstand dann in dieser Sekundärspule ein, mittels ballistischen Galvanometers zu messender, Stromimpuls, der das Maass für den durch die sekundären Windungen in ihrer augenblicklichen Lage

1) Oberbeck, Fortpflanzung der magnetischen Induktion im Eisen, Habil. Schrift, Halle 1878; die Dimensionsangabe p. 5 erscheint unklar.

umschnürten Induktionsfluss $\mathfrak{G}$ abgab. Die Lage der Sekundärspule auf dem Umfang deuten wir in Fig. 24, wie bereits in Fig. 23 p. 138, wieder durch die Bezeichnungen der Windrose an, und die entsprechenden Werthe des Induktionsflusses versehen wir mit demselben Index, wie in Tabelle IV p. 137 ebenfalls geschah; dabei gehen wir von dem höchsten Werthe des Induktionsflusses, welcher offenbar in S herrscht, aus und setzen demgemäs $\mathfrak{G}_S = 100$. Oberbeck fand nun z. B. in einem Falle

$$\mathfrak{G}_O = \mathfrak{G}_W = 93$$

und

$$\mathfrak{G}_N = 91$$

In Anbetracht der völlig ungleichmässigen Vertheilung der magnetisirenden Intensität $\mathfrak{H}_e$ der Spule am Umfang des Toroids entlang ist diejenige des Induktionsflusses fast gleichmässig zu nennen, namentlich über diejenige Hälfte des Toroids, welche gar nicht bewickelt ist. Aus dem Abfall der Werthe von $\mathfrak{G}$ nach der, der Spule diametral gegenüberliegenden Stelle hin folgt, dass einige der Induktionsröhren (§ 61) aus der ferromagnetischen Substanz austreten und sich in den umgebenden indifferenten Raum verbreiten werden; es tritt mit anderen Worten eine Streuung auf, welche sich durch das Bestehen einer Fernwirkung bemerkbar machen wird (vergl. §§ 15, 78).

Bei Anwendung je einer Spule in S und in N, von denen jede etwa 18°, d. h. den 20. Theil des Umfangs, umfasste, und die beide eine Magnetisirung im gleichen Sinne zu erzeugen strebten, war:

$$\mathfrak{G}_S = \mathfrak{G}_N = 100$$
$$\mathfrak{G}_O = \mathfrak{G}_W = 98.$$

Die Variation war also nur äusserst gering. Der Fall, dass beide Spulen sich entgegen wirkten, und zwar entweder in gleichem oder in ungleichem Maasse, wurde ebenfalls von Oberbeck eingehend untersucht, bietet jedoch für den augenblicklich vorliegenden Zweck weniger Interesse.

§ 93. Weitere Versuche von v. Ettingshausen und Mues. Bald nach der Veröffentlichung der Oberbeck'schen Untersuchungen publicirte v. Ettingshausen[1]) ganz ähnliche Messungen.

1) v. Ettingshausen, Wied. Ann. 8. p. 554, 1879. Diese Versuche wurden u. a. zu dem Zwecke angestellt, eine Gleichung zu prüfen,

Er bediente sich zuerst eines geschweissten Toroids aus gewöhnlichem Stabeisen ($r_1 = 12{,}26$ cm, $r_2 = 0{,}77$ cm), bei dem die Lokalspule in S den 45. Theil des Umfangs ($\alpha = 8^0$) bedeckte. Es wurden nun weit grössere Unterschiede des Induktionsflusses zwischen S und N konstatirt, als sie Oberbeck gefunden hatte; diese Differenzen wurden jedoch um so geringer, je stärker der angewandte Primärstrom war. Darauf wurde ein zweites Toroid aus einer Platte steierischen weichen Eisens (also ohne Schweissstelle, $r_1 = 10{,}95$ cm, $r_2 = 0{,}75$ cm) gedreht, und in genau derselben Weise bewickelt, wie bei Oberbeck, d. h. mit 145 Windungen auf dem 15. Theil des Umfangs ($\alpha = 24^0$). Hierbei ergab sich bereits eine bessere Übereinstimmung mit den Oberbeck'schen Resultaten, und zwar wieder um so besser, je höher der magnetisirende Strom hinaufgetrieben wurde.

Den Versuchen v. Ettingshausen's ist das absolute Maasssystem zu Grunde gelegt, was bei denen Oberbeck's nicht der Fall war; es dürfte aber wahrscheinlich Letzterer höhere magnetisirende Intensitäten erreicht haben als Ersterer (wobei nur vom Mittelwerthe der längs des Umfangs variirenden Intensität die Rede sein kann); darin findet die noch bestehende Abweichung der Resultate der beiden Forscher vermuthlich ihren Grund, wie im folgenden Paragraphen ausführlicher erörtert werden soll.

Neuerdings hat Mues[1]) unter Leitung Oberbeck's den Fall des durch zwei Lokalspulen magnetisirten Rings in etwas anderer Weise untersucht, indem er die der auftretenden Streuung entsprechende Fernwirkung messend verfolgte. Die untersuchten ausgeglühten Eisenringe hatten rechteckiges Profil und waren an zwei, sich diametral gegenüberliegenden Stellen N und S mit Spulen von gleicher Windungszahl bewickelt, welche den Ring in gleichem Sinne und Maasse zu magnetisiren bestrebt waren. Bei der

---

welche Boltzmann (Wiener Anzeiger Nr. 22, p. 203, 1878; Wied. Beibl. 3. p. 372, 1879) für den vorliegenden Fall hergeleitet hatte. Diese Formel bietet ausschliesslich mathematisches Interesse, da ihre Herleitung auf der Annahme konstanter Susceptibilität fusst, ein Ansatz welcher unter keinen Umständen gerechtfertigt ist und gerade im gegenwärtigen Falle, wie übrigens auch v. Ettingshausen bemerkt, nicht einmal angenähert richtige Resultate zu liefern geeignet erscheint (vergl. § 54).

1) Louis Mues, Magnetismus von Eisenringen .... u. s. w.; Dissertation, Greifswald 1893.

Bestimmung der Fernwirkung wurden nur Punkte in der Ebene des Rings (wie z. B. P, Fig. 24 p. 146) betrachtet und in diesen speciell die Radialkomponente des Feldes $\mathfrak{H}_r$ bestimmt.

Offenbar muss diese Radialkomponente aus Symmetriegründen in allen Punkten schwinden, welche auf den Geraden $\overline{NS}$ oder $\overline{WO}$ liegen[1]), wie auch experimentell bestätigt wurde. Bestimmt man die Lage des Punktes P einmal durch sein »Azimuth« φ von $\overline{NS}$ aus gerechnet (Fig. 24 p. 146) und zweitens durch seine Entfernung $\mathfrak{R}$ vom Ringmittelpunkte C, so muss der Natur der Sache nach der Werth der Radialkomponente eine periodische Funktion des Azimuths φ sein, deren Periode π beträgt, und welche nach einer Fourier'schen Reihe entwickelt werden kann.

Der Versuch zeigte nun, dass das erste Glied einer solchen Reihe, welches bekanntlich ($\sin 2\varphi$) proportional ist, bereits mit genügender Genauigkeit die Messungen darstellte. Der Werth von $\mathfrak{H}_r$ erreichte also Maxima für $\varphi = 45^0$, 135^0, 225^0, 315^0, während er bei $\varphi = 0^0$, 90^0, 180^0, 270^0 Null wurde. Falls einer gegebenen Strom richtung in den Spulen beispielsweise im NO-Quadranten eine von C auswärts gerichtete Radialkomponente entsprach, so war das auch im SW-Quadranten der Fall, während dagegen in den SO- und NW-Quadranten die Radialkomponente dann auf den Ringmittelpunkt zu gerichtet war. Schliesslich wurde noch festgestellt, dass innerhalb eines gewissen Bereichs $\mathfrak{H}_r$ umgekehrt proportional $\mathfrak{R}^4$ war.

§ 94. Theoretische Erklärung der Versuche. Was die Erklärung der mitgetheilten Versuche Oberbeck's und v. Ettingshausen's betrifft, so wird zunächst durch das Experiment eine angenäherte Konstanz des totalen Induktionsflusses $\mathfrak{G}_t$ am Umfang des Toroids entlang bewiesen; des konstanten Querschnitts halber gilt dies ebenso für die Totalinduktion $\mathfrak{B}_t$. Dies bedeutet schliesslich, dass die Totalintensität $\mathfrak{H}_t$, welche jene Totalinduktion $\mathfrak{B}_t$ erzeugt, ebensowenig wie sie, erhebliche Variationen aufweisen kann. Da nun[2]) $\mathfrak{H}_t = \mathfrak{H}_e + \mathfrak{H}_i$ [in algebraischem Sinne, nach Gleichung (1) § 53] so folgt schliesslich aus dem Versuch, dass die erheblichen Änderungen des von der Spule herrührenden Gliedes $\mathfrak{H}_e$

1) Es braucht wohl kaum daran erinnert zu werden, dass die Bezeichnungen der Windrose namentlich N und S, nichts mit Nord- oder Südmagnetismus zu thun haben, sondern nur zur Orientirung dienen.

2) Was die Bedeutung der sog. »Quellenindices« e, i, t anbelangt, so sei auf p. 80 verwiesen, wo diese ausführlich besprochen wurde.

nahezu kompensirt werden durch diejenigen der ebenfalls am Umfang entlang veränderlichen selbstentmagnetisirenden Intensität $\mathfrak{H}_i$, die dem Spulenfelde $\mathfrak{H}_e$ entgegengerichtet und bei den benutzten, verhältnismässig geringen Werthen desselben auch von der gleichen Grössenordnung sein wird (vergl. hierzu §§ 18, 53, 54).

Hinwieder folgt aus der doch nur angenäherten Konstanz des Induktionsflusses, dass immerhin einige Induktionsröhren austreten und dementsprechend Endelemente auf der toroidalen Mantelfläche entstehen werden; und zwar in genügender Stärke, um die erforderlichen kompensirenden Variationen der selbstentmagnetisirenden Intensität $\mathfrak{H}_i$ zu bedingen. Schliesslich gelangen wir so zu dem, auf den ersten Blick auffallenden, Resultate, dass, gerade weil das Toroid nur eine Lokalspule trägt und dadurch Streuung der Induktionsröhren in die Umgebung stattfindet, die dadurch nothwendig erzeugten Endelemente einen Ausgleich des von vorneherein ungleichförmigen Spulenfeldes herbeizuführen streben. Infolgedessen kann die Vertheilung der Totalintensität, und damit diejenige der Magnetisirung sowie der Totalinduktion, doch nur verhältnissmässig wenig von einer peripherisch gleichförmigen abweichen, was thatsächlich beobachtet wurde.

Ferner erscheint es erklärlich, warum bei den beschriebenen Versuchen die peripherische Gleichförmigkeit der Totalinduktion um so angenäherter erreicht wurde, je stärker der angewandte Strom war. Denn da, soweit sich beurtheilen lässt, das Maximum der Susceptibilität bei den benutzten Stromstärken noch nicht eingetreten war, so musste jene Zahl noch mit wachsender Stromstärke zunehmen. Es leuchtet aber wohl ohne weiteres ein, dass, je grösser cet. par. die Susceptibilität, um so vollkommener auch der Ausgleich der Ungleichförmigkeit des fremden Feldes durch die Eigenwirkung sein wird. In Übereinstimmung damit fand von Ettingshausen bei dem geschweissten Toroid aus gewöhnlichem Stabeisen eine weniger vollkommene Gleichförmigkeit als bei dem aus einer steierischen weichen Eisenplatte von jedenfalls weit höherer Susceptibilität gedrehten Versuchsobjekt.

§ 95. Selbstausgleichende Wirkung der Streuung. Dieses sich selbst Entgegenwirken der Streuung magnetischer Kreise, wie wir sie an dem verhältnismässig einfachen Beispiele des Toroids konstatirt haben, ist eine ganz allgemeine Erscheinung. Örtliche

Änderungen des Induktionsflusses bedingen das Austreten einiger Induktionsröhren, d. h. das Auftreten der Streuung, und damit das Entstehen von Endelementen, deren Stärke um so erheblicher sein wird, je mehr Einheitssolenoide (§ 63) austreten. Der Sinn der Fernwirkung dieser Endelemente wird nun, wie eine einfache Überlegung zeigt, stets derart sein, dass sie an den Stellen grösseren Induktionsflusses dem fremden Felde entgegenwirkt, dagegen an den Stellen geringeren Induktionsflusses dasselbe unterstützt. In dieser Weise werden die örtlichen Änderungen des Induktionsflusses in gewissem Sinne automatisch eingeschränkt.

Die selbstausgleichende Wirkung der Streuung bei magnetischen Kreisen bietet eine gewisse Analogie mit der selbstentmagnetisirenden Tendenz der das Interferrikum begrenzenden Stirnflächen (§ 18). Beide Wirkungen lassen sich folgendermaassen unter einen einheitlichen theoretischen Gesichtspunkt bringen. Wir haben gesehen (§ 50), dass jedes scheinbare Fernwirkungscentrum durch Lokalvariationen der Stärke der Magnetisirung bedingt ist. Es lässt sich nun leicht zeigen, dass die Intensität der von diesen ausgehenden Fernwirkung an Stellen grösserer Stärke der Magnetisirung entgegengerichtet, an Stelle geringerer Stärke ihr gleichgerichtet sein wird; mithin werden die Lokalvariationen mittelbar sich selbst auszugleichen bestrebt sein.

Bei den im Vorigen beschriebenen Versuchen war das Feld so schwach dass den Bedingungen des § 11, Gl. (14) genügt, mithin die Magnetisirung der Induktion proportional, und wie diese solenoidal vertheilt war; dementsprechend genügte es, Endelemente auf der Mantelfläche anzunehmen, wie sie unmittelbar durch die Streuung bedingt werden. Die zuletzt erwähnte theoretische Formulirung umfasst aber auch solche Variationen der Stärke, die im Innern des Ferromagnetikums stattfinden, wenn die Magnetisirung nicht mehr solenoidal vertheilt ist, folglich ihre Konvergenz endlich wird, wie das bei höheren magnetisirenden Intensitäten leicht eintreten kann (vergl. hierzu §§ 11, 59).

Wie sich die Streuungsverhältnisse in letzterem Falle gestalten werden, bezw. welcher Endzustand einem über jede Grenze wachsenden magnetisirenden Felde entsprechen würde, lässt sich allgemein nicht feststellen. Jedenfalls wird aber dann der Kirchhoff'sche »Sättigungssatz« (III § 57) anwendbar; es fragt sich demnach nur noch wie die Intensitätslinien des fremden Feldes in

Bezug auf die geometrische Gestalt des magnetischen Kreises verlaufen werden; denn jene werden dem genannten Satze zufolge die übrigen Vektoren zuletzt völlig richten und beherrschen. Die Beantwortung dieser Frage hängt von dem betrachteten Specialfalle ab und wird meistens erhebliche Schwierigkeiten bereiten. Schon in dem einfachen Falle des durch eine Lokalspule magnetisirten Toroids kommt es z. B. zunächst auf das Verhältnis der Spulendimensionen zum Durchmesser des Toroids an[1]), sodass eine allgemeine Fassung, geschweige denn eine auf alle Fälle anwendbare Lösung des beregten Problems ausgeschlossen erscheint.

Nachdem schliesslich experimentell nachgewiesen und theoretisch erklärt worden ist, wie bei einem durch eine Lokalspule magnetisirten Toroid der Vektor $\mathfrak{H}_t$ trotzdem ziemlich unveränderlichen Werth aufweist, fragt es sich, wie man für jenen Vektor einen Mittelwerth berechnen kann. Dazu bemerken wir, dass das Linienintegral von $\mathfrak{H}_e$ an einer im Toroid liegenden Integrationskurve entlang nach wie vor $4\pi n I$ beträgt, worin n die Windungszahl der Lokalspule, I die Stromstärke (in Dekaampère) bedeutet; das Linienintegral von $\mathfrak{H}_i$ ist jedoch, wie immer, so auch hier gleich Null. Den Mittelwerth $\overline{\mathfrak{H}}_t$ findet man durch Division des mittlern Umfangs des Toroids $(2\pi r_1)$ in die Summe beider Linienintegrale, welche in diesem Falle offenbar auch $4\pi n I$ beträgt; daher wird

$$(1) \qquad \overline{\mathfrak{H}}_t = \frac{4\pi n I}{2\pi r_1} = \frac{2 n I}{r_1}$$

derselbe Ausdruck, den wir bereits früher im Falle einer gleichmässigen Bewicklung d. h. eines genau peripherisch gleichförmigen Feldes, [§ 72 Gleichung (1)] fanden. Jene, früher stets ausdrücklich oder stillschweigend gemachte Voraussetzung einer gleichmässigen Bewicklung werden wir nach alledem im Folgenden fallen lassen.

B. Hopkinson'sche synthetische Methode.

§ 96. Grundzüge der Methode. Wir wenden uns jetzt einer ebenso originellen wie fruchtbaren Behandlungsweise magnetischer Kreise zu, welche 1886 von J. und E. Hopkinson ver-

---

1) Vergl. hierzu die graphische Darstellung der Intensitätslinien eines einzigen kreisförmigen Stromleiters: Maxwell, Treatise 2. Taf. XVIII.

öffentlicht wurde [1]). Sie beruht auf zwei Grundgedanken, deren jeder sich wieder auf ein mathematisch scharf zu beweisendes Theorem stützt.

Es wird dabei ausgegangen von der Betrachtung des totalen Induktionsflusses, dessen »Erhaltung« das erste der benutzten Grundprincipe bildet; wir haben dieses, oder was auf dasselbe hinauskommt, die allgemein stattfindende Solenoidalität oder Kontinuität der Totalinduktion, eingehend besprochen und gezeigt wie sich ihm eine Reihe von Erscheinungen unterordnen (§§ 60—65).

Zweitens wird der Fundamentalsatz angewandt, dass das Linienintegral der magnetischen Totalintensität $\mathfrak{H}_t$ längs jeder geschlossenen Kurve $4\pi n I$ beträgt, wenn n die Anzahl der mit ihr verschlungenen Stromleiter, I den Strom bedeutet, welcher letztere sämtlich durchfliesst (§ 56).

Ferner wird der magnetische Kreis in seine natürlichen Theile zerlegt, durch welche die Integrationskurve sich der Reihenfolge nach hindurch windet. Es wird dann der jeder einzelnen der so gebildeten Theilstrecken entsprechende Antheil an obigem Linienintegral berechnet, indem der Mittelwerth $\overline{\mathfrak{H}}_t$ in jedem Theile mit der auf diesen entfallenden Strecke der Integrationskurve multiplicirt wird. Eine wesentliche, hierbei stillschweigend vorausgesetzte Bedingung ist die in den vorigen Paragraphen besprochene Tendenz der Totalinduktion $\mathfrak{B}_t$, sich möglichst gleichmässig zu vertheilen, so dass ihre Änderungen längs einer solchen Kurvenstrecke nur geringe sind; aus $\mathfrak{B}_t$ findet man $\mathfrak{H}_t$ nach Gleichung (3a) (p. 154).

Die Integralantheile werden schliesslich summirt, und ihre Summe muss $4\pi n I$ betragen. Wir können so zu jedem gegebenen oder vorgeschriebenen Werthe des totalen Induktionsflusses $\mathfrak{G}_t$ den zugehörigen Werth des Linienintegrals, welchen wir mit M bezeichnen, auf synthetischem Wege ermitteln. Die Beziehung zwischen beiden Grössen, M und $\mathfrak{G}_t$, können wir graphisch darstellen; und zwar ist es nach dem Vorgange der Gebr. Hopkinson üblich, erstere als Abscisse, letztere als Ordinate zu wählen. Die in dieser Weise erhaltene Kurve, welche die Hopkinson'sche Funktion

$$(2) \qquad M = F_H(\mathfrak{G}_t) \qquad \text{oder} \qquad \mathfrak{G}_t = \Phi_H(M)$$

1) J. und E. Hopkinson, Phil. Trans. **177.** I p. 331, 1886. Abgedruckt in: J. Hopkinson, Original papers on dynamo machinery and allied subjects, p. 79, New York 1893.

darstellt, kann man die magnetische Charakteristik des betreffenden magnetischen Kreises nennen.

Damit das, hiermit in seinen allgemeinen Grundzügen dargelegte Verfahren durchführbar sei, muss für die in Betracht kommenden ferromagnetischen Substanzen die Beziehung zwischen den, bekanntlich in jedem Punkte gleichgerichteten (§ 54) Vektoren $\mathfrak{B}_t$ und $\mathfrak{H}_t$ gegeben sein. Wir können sie darstellen durch die Gleichung

$$\mathfrak{B}_t = \varphi(\mathfrak{H}_t) \tag{3}$$

oder umgekehrt durch

$$\mathfrak{H}_t = f(\mathfrak{B}_t). \tag{3a}$$

Die Funktionen f und φ sowie F_H und Φ_H sind »inverse Funktionen«[1]); erstere werden durch die normale Induktionskurve (§ 13) des betreffenden Materials empirisch gegeben vorausgesetzt.

§ 97. Anwendung auf radial geschlitzte Toroide. Da das Verständniss der Hopkinson'schen synthetischen Methode anfangs einige Schwierigkeiten bereiten dürfte, so werden wir wieder zunächst die Art ihrer Anwendung an dem typischen Beispiel des radial geschlitzten Toroids erläutern. Wir werden dann schliesslich sehen, dass sie zu denselben Resultaten führt, wie die auf den ersten Anblick gänzlich verschiedene Methode, welche wir in Kap. V entwickelt haben.

Indem wir dieselben Bezeichnungen wie früher wählen (§ 75, Fig. 15), nehmen wir in erster Annäherung an, dass die Schlitzweite d eine geringe und infolgedessen die Streuung zu vernachlässigen sei. Oder, wie die Gebr. Hopkinson sich ausdrücken, wir denken uns durch irgend eine Wunderwirkung die Induktionsröhren daran gehindert, aus der Mantelfläche des Toroids auszutreten, so dass sie nur von der einen Stirnfläche zur andern durch das, den Zwischenraum ausfüllende Interferrikum hindurchtreten. $S\,[=\pi r_2^2]$ sei der Querschnitt des Toroids wie auch des Schlitzes; dann ist unter obiger Voraussetzung[2])

$$\mathfrak{G}_t' = \mathfrak{G}_t = \mathfrak{B}_t S.$$

1) Der bei britischen Autoren für inverse Funktionen üblichen Bezeichnungsweise entsprechend, ist in der Hopkinson'schen Abhandlung $\varphi = f^{-1}$ gesetzt.

2) Es sei daran erinnert, dass die Accentuirung der Buchstaben die Werthe der entsprechenden Grössen innerhalb des Ferromagnetikums kennzeichnet.

Bilden wir nun die Theilintegrale, wie oben angegeben. Dazu fassen wir erstens den Schlitz in's Auge, wo $\mathfrak{B}_t = \mathfrak{H}_t$, folglich (vergl. Fig. 15 p. 114)

$$(4) \qquad \int\limits_A^E \mathfrak{H}_t \, d L = \mathfrak{H}_t \, d = \mathfrak{B}_t \, d = \frac{\mathfrak{G}_t}{S} \, d.$$

Zweitens ist im übrigen, ferromagnetischen Theil des Toroids unter Einführung des Mittelwerths der Totalintensität $\overline{\mathfrak{H}}_t'$

$$(5) \qquad \int\limits_E^A \mathfrak{H}'_t \, d L = \overline{\mathfrak{H}}'_t \, (2 \pi r_1 - d) = (2 \pi r_1 - d) f\left(\frac{\mathfrak{G}_t}{S}\right),$$

worin nun f die Funktion der Gleichung (3a) bedeutet. Die Summe beider Theilintegrale (4) und (5) muss nach dem vorigen Paragraphen $M = 4 \pi I n$ betragen, daher erhalten wir schliesslich

$$(\mathrm{I}) \quad M = 4 \pi n I = \frac{\mathfrak{G}_t}{S} d + (2 \pi r_1 - d) f\left(\frac{\mathfrak{G}_t}{S}\right) = F_H(\mathfrak{G}_t).$$

Diese Gleichung stellt die Hopkinson'sche Lösung des Problems des radial geschlitzten Toroids dar.

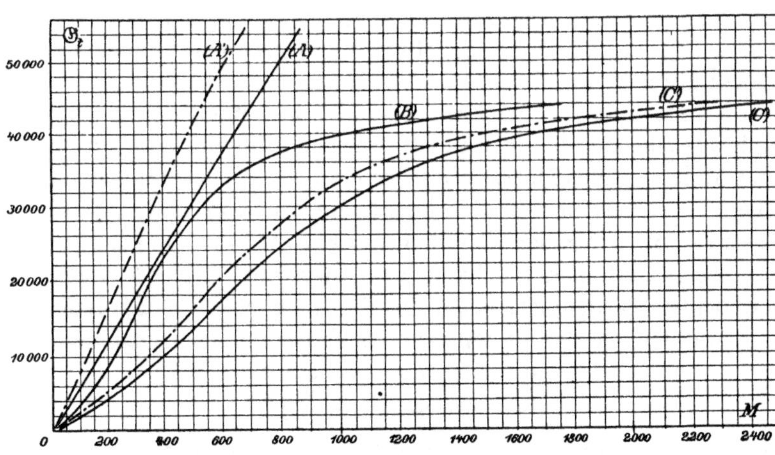

Fig. 25.

§ 98. Graphische Darstellung. — Kurventransformation.

In Fig. 25 ist diese Lösung für einen konkreten Fall graphisch dargestellt. Vorausgesetzt ist ein Toroid aus derjenigen Eisensorte, deren normale Magnetisirungskurve in Fig. 5 p. 26 durch die Kurve (A) dargestellt wird; seine möglichst abgerundeten Dimensionen seien folgende:

$r_1 = 10$ cm	Umfang	$L = 2\pi r_1 = 62,83$ cm
$r_2 = 1$ cm	Querschnitt	$S = \pi r_2^2 = 3,14$ cm
$d = 0,05$ cm	Verhältniss	$d/r_2 = 0,05$.

Die beiden, den zwei Theilintegralen entsprechenden, Glieder der Gleichung (I) werden nun je durch eine ausgezogene Kurve (A) bezw. (B) dargestellt, wovon erstere offenbar eine Gerade durch den Ursprung sein muss. Summiren wir dann die Abscissen dieser beiden Kurven (A) und (B), so erhalten wir eine dritte ausgezogene Kurve (C), welche die gesuchte Beziehung zwischen $\mathfrak{G}_t$ und M darstellt, daher die magnetische Charakteristik des geschlitzten Toroids ist.

Auf den ersten Blick fällt es auf, dass diese Abscissensummirung auf dasselbe hinauskommt, als ob wir die Kurve (B) von einer links von der Ordinatenaxe symmetrisch zur Geraden (A) gelegenen Richtlinie aus bis zur Ordinatenaxe parallel den Abscissen gescheert hätten (§ 17). Dies deutet bereits auf eine Analogie mit der im vorigen Kapitel befolgten Methode (vergl. Fig. 21 p. 135) hin. Um diese Analogie näher zu erläutern, werden wir die früher[1]) gegebene Magnetisirungskurve [$\mathfrak{J} = \text{funct}(\mathfrak{H}_e)$] in die jetzt [Fig. 25, Kurve (C)] dargestellte magnetische Charakteristik [$\mathfrak{G}_t = F_H(M)$] überzuführen versuchen.

Bereits in § 13 haben wir gesehen, wie Magnetisirungskurven in Induktionskurven verwandelt werden können, nämlich durch eine Änderung des Maassstabes der Ordinatenskale und eine darauf folgende Scheerung parallel den Ordinaten von einer unter der Abscissenaxe gelegenen Geraden aus bis zur Abscissenaxe.

Die Induktionskurve kann aber wieder durch blosse Änderung der beiden Skalenmaassstäbe in die magnetische Charakteristik umgewandelt werden, indem wir beachten, dass bei letzterer

die Ordinate: $\mathfrak{G}_t = \mathfrak{B}_t S$
die Abscisse: $M = \mathfrak{H}_e L$

ist, wenn S den Querschnitt, L den Umfang des Toroids bedeutet.

1) Nämlich in Fig. 5 p. 26, Kurve (B), welche sich nicht nur, wie im Texte bemerkt, auf dasselbe Material bezieht, sondern auch für dieselben Dimensionen gezeichnet ist, wie die im vorliegenden Beispiele gewählten.

Es kann dem Leser überlassen bleiben, die vollständige Transformation der Kurve (B) Fig. 5 in die Kurve (C) Fig. 25 in der angedeuteten Weise graphisch durchzuführen. Es wird sich dann herausstellen, dass die beiden gänzlich verschiedenen Darstellungsarten genau auf dasselbe hinauskommen, indem die betreffenden Kurven sich schliesslich überdecken.

§ 99. Zweite Annäherung; Einführung der Streuung. Im weiteren Verlaufe ihrer Abhandlung lassen die Gebr. Hopkinson die vereinfachende Annahme fallen, dass die Streuung verhindert werde, und führen darauf den Streuungskoefficient ν in der Weise ein, wie es bereits früher geschehen ist. Wir gaben damals die denselben definirende Gleichung [§ 78, Gleichung (17)]

$$(6) \qquad \nu = \frac{\overline{\mathfrak{G}}_t'}{\mathfrak{G}_t} \qquad [\nu \geqq 1],$$

worin $\overline{\mathfrak{G}}_t'$ den mittlern totalen Induktionsfluss im Ferromagnetikum, $\mathfrak{G}_t$ denjenigen im Schlitz bedeutet; hier ist die Totalinduktion

$$(7) \qquad \mathfrak{B}_t = \frac{\mathfrak{G}_t}{S} = \frac{\overline{\mathfrak{G}}_t'}{\nu S}.$$

Dagegen beträgt der Mittelwerth dieses Vektors im Ferromagnetikum

$$(8) \qquad \overline{\mathfrak{B}}'_t = \frac{\overline{\mathfrak{G}}_t'}{S} = \frac{\nu \mathfrak{G}_t}{S}.$$

Wenn wir diese, durch die Streuung bedingte Modifikation bei der Herleitung des § 97 berücksichtigen, so wird die Gleichung (I) in zweiter Annäherung, wie sich leicht übersehen lässt

$$(\text{II}) \quad M = 4\pi n I = \frac{\mathfrak{G}_t}{S} d + (2\pi r_1 - d) f\left(\frac{\nu \mathfrak{G}_t}{S}\right) = F_H(\mathfrak{G}_t).$$

Diese ist die Fundamentalgleichung der Hopkinson'schen Methode, welche sich in komplicirteren Fällen ohne Weiteres verallgemeinern lässt, wie wir im folgenden Paragraphen sehen werden. Wählen wir aber jetzt, des bessern Vergleichs halber, statt $\mathfrak{G}_t$ im Schlitz, $\overline{\mathfrak{G}}_t'$ im Ferromagnetikum als Argument, so wird

$$(\text{II a}) \quad M = 4\pi n I = \frac{\overline{\mathfrak{G}}_t'}{\nu S} d + (2\pi r_1 - d) f\left(\frac{\overline{\mathfrak{G}}_t'}{S}\right) = F_H'(\overline{\mathfrak{G}}_t').$$

Wenn wir auch diese letztere Funktion F_H' graphisch darstellen, und zwar für denselben konkreten Fall wie oben, so sehen wir, wie an Stelle der Geraden (A), welche für Gleichung (I) das erste Glied darstellte, jetzt die strich-punktirte Linie (A') tritt (Fig. 25 p. 155). Der Werth von ν, sofern derselbe konstant ist, ist der in § 90 angeführten empirischen Gleichung (30)

$$\nu = 1 + 7\frac{d}{r_2}$$

entnommen und es war daher [da $d/r_2 = 0{,}05$] $\nu = 1{,}35$ zu setzen; ferner wissen wir, dass er sich mehr und mehr dem Werthe Eins nähert, je weiter die Sättigung des Ferromagnetikums fortschreitet.[1]) Die resultirende Hopkinson'sche Funktion F_H' erhalten wir wieder durch Abscissensummirung; sie wird jetzt durch die strich-punktirte Kurve (C') dargestellt.

Die früher (§ 17) gegebene Konstruktion, deren Analogie mit dem Hopkinson'schen Verfahren im Vorhergehenden eingehend erörtert wurde, erleidet infolge der Berücksichtigung der Streuung ganz ähnliche Modifikationen (vgl. Fig. 21 p. 135), sodass die Übereinstimmung der beiden nach wie vor bestehen bleibt. Wir können daher die Bestätigung der in Kap. V gegebenen Theorie des Verfassers durch die eigens zu diesem Zwecke angestellten Versuche Lehmann's auch als eine solche der Hopkinson'schen Methode betrachten, wenigstens sofern es sich um den verhältnismässig einfachen Fall des an einer Stelle radial geschlitzten Toroids handelt. Von den beiden, auf den ersten Anblick ganz verschiedenen Theorien hat bald die eine, bald die andere ihre Vorzüge sobald man sie vom Standpunkt ihrer Anwendbarkeit betrachtet.

§ 100. Verallgemeinerung der Methode. So besteht ein Vorzug des Hopkinson'schen Verfahrens darin, dass es sich auf unvollkommene magnetische Kreise allgemeinerer Art als das im Vorhergehenden betrachtete typische Beispiel ohne weiteres anwenden lässt. Wir haben schon früher den Fall mehrfach radial geschlitzter Toroide unter Berücksichtigung der Streuung theoretisch behandelt (§ 81). Führen wir ferner die Verallgemeinerung des § 15 ein, wonach die Leitkurve des Ringes eine beliebige ebene oder räumliche Kurve sein kann, vorausgesetzt nur, dass ihr

---

1) Die schliessliche Abnahme von ν äussert sich in Fig. 25 nur dadurch, dass die anfänglich gerade Kurve (A') sich oberhalb des Werthes $\mathfrak{G} = 40000$ etwas der Geraden (A) zubiegt.

Krümmungsradius stets gross bleibe gegen die Dimensionen des Querschnitts des Profils; dieses letztere kann dabei beliebige, aber unveränderliche Gestalt haben. Heben wir endlich auch diese letzteren Beschränkungen auf, sodass die Leitkurve nun scharf gebogen, und das Profil sowie sein Querschnitt veränderlich sein können; setzen wir dann noch voraus, dass die ferromagnetischen Theile aus verschiedenem Material bestehen, so erhalten wir offenbar einen unvollkommenen magnetischen Kreis der denkbar allgemeinsten Art.

Wir gehen nun aus von dem mittlern Induktionsfluss $\mathfrak{G}_0$ in einem der interferrischen Zwischenräume, dessen Länge und Querschnitt entsprechend mit L_0 bezw. S_0 bezeichnet seien. In den übrigen Theilen 1, 2, 3, u. s. w., in die wir den magnetischen Kreis zerlegen können, seien dann die Induktionsflüsse $\nu_1 \mathfrak{G}_0$, $\nu_2 \mathfrak{G}_0$, $\nu_3 \mathfrak{G}_0$ u. s. w. Ebenso seien die besonderen Funktionen f, welche für die verschiedenen ferromagnetischen Substanzen gelten, welche jene Theile bilden, mit f_1, f_2, f_3 u. s. w. bezeichnet [§ 96, Gleichung (3a)]. Nennen wir noch die entsprechenden Wegstrecken L_1, L_2, L_3 u. s. w. und die Querschnitte S_1, S_2, S_3 u. s. w., so wird aus der Gleichung (II) p. 157 schliesslich die allgemeinere

$$M = 4\pi n I$$

$$\text{(III)} \quad = L_0 \frac{\mathfrak{G}_0}{S_0} + L_1 f_1\left(\frac{\nu_1 \mathfrak{G}_0}{S_1}\right) + L_2 f_2\left(\frac{\nu_2 \mathfrak{G}_0}{S_2}\right) + \ldots \text{u. s. w.} = F_H(\mathfrak{G}_0).$$

Sofern ausser dem durch das erste Glied dargestellten Theile des magnetischen Kreises noch andere aus indifferenter Substanz bestehen sollten, z. B. der n-te Theil, so wird einem jeden dieser Theile ein lineares Glied

$$(9) \qquad L_n \frac{\nu_n \mathfrak{G}_0}{S_n}$$

entsprechen, indem in diesem Falle die Funktion f_n ihrem Argumente einfach gleich wird.

Durch rein magnetische Experimente ist diese allgemeinste Gleichung bisher kaum geprüft worden. Auch wäre der Versuch einer genauen Prüfung zwecklos, da die Methode speciell für die nothwendigen Bedürfnisse der Technik geschaffen ist und naturgemäss nur mit Mittelwerthen und groben Annäherungen zu operiren gestattet. Wir werden in Kap. VIII bei der Besprechung ihres Hauptanwendungsgebiets, der Dynamomaschine, auf sie zurückkommen und zeigen wie es den Gebr. Hopkinson gelang die Bestimmung der elektromotorischen Kraft der Maschine als Funktion des Stromes in ihrer Magnetbewicklung zur Prüfung der Theorie heranzuziehen. Durch die ausgeführten Messungen konnte die angenäherte Richtigkeit des synthetischen Verfahrens im Grossen und Ganzen bestätigt werden (vergl. namentlich §§ 128, 129).

C. Elektromagnetische Zwangszustände.

§ 101. Beschreibung des Zwangszustandes. Wir wenden uns nun der näheren Betrachtung der Zwangszustände zu, die in den ferromagnetischen Theilen magnetischer Kreise auftreten bezw. in den sie trennenden interferrischen Zwischenräumen herrschen; letztere bedingen die bekannten scheinbaren Fernwirkungen, welche sich im allgemeinen als eine gegenseitige Anziehung bezw. Abstossung der ferromagnetischen Theile äussert. Diesen Betrachtungen schicken wir einige elementare Definitionen voraus.

Unter einem Zwang (engl. »stress«) verstehen wir allgemein ein System von Kräften, welches einen Körper nicht zu bewegen, sondern nur zu deformiren bestrebt ist. Der Zwang wird im allgemeinen eine Deformation (engl. »strain«) erzeugen; die nähere Untersuchung der letztern sowie ihrer Beziehungen zum Zwang bildet ein Problem der Geometrie bezw. der Elasticitätstheorie.

Jeder Zwang ist auszudrücken als eine Kraft pro Flächeneinheit und hat infolgedessen im absoluten Maasssystem die Dimension $[L^{-1} M T^{-2}]$. Es gibt verschiedene elementare Formen des Zwangs; die wichtigsten sind Scheerung (engl. »shearing stress«), Zug bezw. Spannung (engl. »pull, tension«) und Schub bezw. Druck (engl. »thrust, pressure«).

Nach diesen einleitenden Bemerkungen erinnern wir daran, dass wir bereits im theoretischen Theile (§ 65) den von Maxwell mathematisch hergeleiteten allgemeinsten Zwangszustand in einem magnetisirten Körper durch einige Gleichungen beschrieben haben. Unter der vereinfachenden Voraussetzung, dass die Induktion $\mathfrak{B}$ und die Intensität $\mathfrak{H}$[1]) dieselbe Richtung haben, wie es ja bei der

1) Da es sich im Folgenden stets um die Totalintensität und die Totalinduktion handeln wird, so lassen wir der Kürze halber das Präfix „Total" ebenso wie den entsprechenden Quellenindex t (§ 53) an dem betreffenden Buchstaben fallen.

bisher stets gemachten Annahme isotroper hysteresisloser Substanzen thatsächlich zutrifft (§ 54), nehmen jene Gleichungen eine ziemlich elementare Gestalt an und lässt sich dementsprechend der Zwangszustand durch folgende zwei Elementarformen vollständig beschreiben:

1. Ein nach allen Richtungen gleicher (hydrostatischer) Druck, welcher in absolutem Maasse $\mathfrak{H}'^2/8\pi$ beträgt.

2. Ein einfacher Zug in der Richtung der Induktionslinien, welcher ebenfalls in absolutem Maasse den Werth $\mathfrak{B}'\mathfrak{H}'/4\pi$ aufweist.

Wie gesagt, ist die Untersuchung der durch den so beschriebenen elektromagnetischen Zwangszustand erzeugten Deformation [1]) Sache der Elasticitätstheorie. Die Prüfung dieser Deformation in Bezug auf ihre Zulässigkeit in konstruktiver Beziehung gehört dagegen zur Festigkeitslehre. Nach keiner von diesen beiden Richtungen hin haben wir die hier angeregte Frage in diesem Buche zu verfolgen; ihre Wichtigkeit geht aber aus dem Gesagten hervor, denn, wie wir sehen werden, kann der Zwangszustand unter Umständen ein sehr erheblicher werden.

§ 102. Resultirender Zug im Interferrikum. Im vorigen Paragraphen ist der Zwangszustand in einem Ferromagnetikum vollständig beschrieben; im Folgenden werden wir nur eine seiner Äusserungen betrachten, und zwar diejenige, welche vorwiegend experimentelles und praktisches Interesse bietet; wir werden uns auf die Untersuchung des resultirenden Zugs in der Richtung der Induktionslinien beschränken. Diesen Vektor bezeichnen wir (im Ferromagnetikum) mit $\mathfrak{Z}'$; wir erhalten ihn wenn wir von dem oben sub (2) angegebenen Werthe des einfachen Zugs in der Richtung der Induktionslinien noch den sub (1) erwähnten Druck subtrahiren, welcher ja auch in der gedachten Richtung, ebenso wie in allen anderen, auftritt. Dementsprechend erhalten wir die Gleichung

$$\mathfrak{Z}' = \frac{1}{4\pi}\mathfrak{B}'\mathfrak{H}' - \frac{1}{8\pi}\mathfrak{H}'^2. \tag{10}$$

1) Auf die beim Magnetisiren auftretenden Zwangszustände und die (jedenfalls theilweise) durch sie erzeugten geringen Änderungen der Dimensionen bezw. der Gestalt ferromagnetischer Körper haben wir übrigens schon früher hingewiesen (§ 10).

Betrachten wir nun einen unendlich engen Schnitt im Ferromagnetikum, welcher senkrecht zur Richtung der Induktions- und Intensitätslinien orientirt sei (vergl. § 51) und irgendwelche Störungen, wie z. B. entmagnetisirende oder streuende Wirkungen, nicht verursache. Da dies jedoch in Wirklichkeit stets mehr oder weniger der Fall sein wird, so werden wir von einer solchen Unterbrechung der Kontinuität des Ferromagnetikums als von einem idealen Schnitt reden. In ihm sind dann, als in einer indifferenten Substanz, $\mathfrak{H}$ und $\mathfrak{B}$ identisch, und zwar gleich $\mathfrak{B}'$ in der ferromagnetischen Substanz, wie aus dem Princip von der normalen Kontinuität der Induktion (§ 58) hervorgeht; folglich beträgt nun der resultirende Zug $\mathfrak{Z}$ in dem idealen Schnitte selbst

$$\text{(IV)} \qquad \mathfrak{Z} = \frac{1}{4\pi}\mathfrak{H}^2 - \frac{1}{8\pi}\mathfrak{H}^2 = \frac{1}{8\pi}\mathfrak{H}^2 = \frac{1}{8\pi}\mathfrak{B}'^2.$$

Dieser Werth für $\mathfrak{Z}$ in dem engen Interferrikum ist nun bedeutend grösser als derjenige für $\mathfrak{Z}'$ im Ferromagnetikum. Bilden wir die Differenz beider Grössen und führen wir dann die Magnetisirung $\mathfrak{J}$ ein, wobei an die fundamentale Beziehung

$$\mathfrak{B}' - \mathfrak{H}' = 4\pi\mathfrak{J}$$

erinnert sei [§ 11, Gleichung (13)]. Wir erhalten, indem wir die oben gegebene Gleichung (10) von (IV) subtrahiren

$$\mathfrak{Z} - \mathfrak{Z}' = \frac{1}{8\pi}\mathfrak{B}'^2 - \frac{1}{4\pi}\mathfrak{B}'\mathfrak{H}' + \frac{1}{8\pi}\mathfrak{H}'^2$$

oder

$$\text{(11)} \qquad \mathfrak{Z} - \mathfrak{Z}' = \frac{1}{8\pi}(\mathfrak{B}' - \mathfrak{H}')^2 = \frac{16\pi^2\mathfrak{J}^2}{8\pi} = 2\pi\mathfrak{J}^2.$$

Diese Differenz $2\pi\mathfrak{J}^2$ zwischen den Werthen des resultirenden Zugs im Ferromagnetikum bezw. im idealen interferrischen Schnitt kann nur durch die beiden Stirnflächen des Schnitts bedingt sein. Auf diesen treten nämlich magnetische Endelemente auf, deren Stärke pro Oberflächeneinheit $+\mathfrak{J}$ bezw. $-\mathfrak{J}$ beträgt. Wie wir (§ 21) ausgeführt haben, wird aber von den Endelementen der einen Stirnfläche eine scheinbare Anziehung auf die Endelemente der gegenüberliegenden ausgeübt, welche letztere entgegengesetztes Vorzeichen aufweisen.

In der Sprache der alten Theorie ziehen die beiden, mit fiktiven Fluidis entgegengesetzten Vorzeichens und von der gleichmässigen Dichte $\pm\mathfrak{J}$ belegten, Stirnflächen sich gegenseitig an, gerade so wie etwa die beiden Platten eines zur elektrischen »Flächendichte« $\pm \mathfrak{J}$ geladenen Luftkondensators. Diese Anziehung lässt sich einfach berechnen[1]) und hat pro Querschnittseinheit eben jenen Werth $2\pi \mathfrak{J}^2$, welchen wir in Gleichung (11) fanden.

§ 103. Theoretische Tragkraft diametral durchschnittener Toroide. Betrachten wir zunächst der Einfachheit halber wieder ein durch eine gleichmässige, fest aufliegende Bewicklung peripherisch gleichförmig magnetisirtes Toroid, welches nun aber an zwei diametral entgegengesetzten Stellen radial durchschnitten sei (Fig. 26). Denken wir uns die Schnittflächen völlig eben und polirt, sodass die beiden Hälften des Toroids sich vollständig einander anpassen. Die Weite der Schnitte wird dann eine möglichst geringe, so dass sie sich von dem im vorigen Paragraphen postulirten idealen Schnitt möglichst wenig unterscheiden. Ihre entmagnetisirende Wirkung[2]) ebenso wie die Streuung nehmen wir zunächst als unendlich gering an; inwiefern dies statthaft ist, werden wir weiter unten diskutiren.

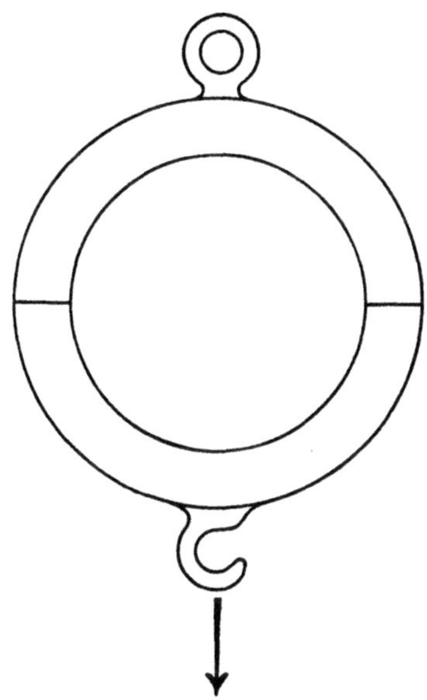

Fig. 26.

Untersuchen wir nunmehr die Anziehung, welche die beiden Hälften aufeinander ausüben, d. h. also, wenn wir diese Kraft durch Anhängen von Gewichten an die untere Hälfte bestimmen, die maximale Tragkraft des diametral durchschnittenen Toroids. Der doppelte Querschnitt sei S, dann beträgt nach Gleichung (IV) des vorigen Paragraphen die anziehende Kraft $\mathfrak{F}$ beider Schnittstellen

$$(12) \qquad \mathfrak{F} = \mathfrak{Z} S = \frac{1}{8\pi} \mathfrak{B}'^2 S.$$

Den Werth der Kraft $\mathfrak{F}$ erhält man durch Gl. (12) in absolutem Maasse, d. h. in Dyne, wofern $\mathfrak{B}'$ und S in C. G. S.-Einheiten

1) Siehe z. B. Mascart et Joubert, Electr. et Magn. 1 § 81.

2) Vergl. die Theorie mehrfach radial geschlitzter Toroide § 81.

ausgedrückt sind. Will man sie dagegen in Kilogramm-Gewicht ausdrücken, und bezeichnet man sie alsdann zur Unterscheidung mit $\mathfrak{F}_1$, so wird

$$\mathfrak{F}_1 = \mathfrak{Z}_1 S = \frac{1}{8000 \pi g} \mathfrak{B}'^2 S, \tag{12a}$$

worin g die Beschleunigung der Schwere bedeutet; setzen wir diese der ganzen Zahl[1]) 981 cm pro sec.^{2} gleich, so wird

$$\mathfrak{F}_1 = \mathfrak{Z}_1 S = \frac{1}{24\,700\,000} \mathfrak{B}'^2 S,$$

oder mit einer, für die meisten Zwecke genügenden, Annäherung[2])

$$\mathfrak{Z}_1 = \frac{\mathfrak{F}_1}{S} = \left(\frac{\mathfrak{B}'}{5000}\right)^2. \tag{12b}$$

Wenn man bedenkt, dass unter gewöhnlichen Umständen der praktisch erreichbare Werth der Induktion in einem weich-eisernen Toroid kaum 20000 C.-G.-S.-Einheiten übertrifft, so folgt aus der Näherungsformel (12b), dass der entsprechende Zug, d. h. die Tragkraft pro Querschnittseinheit, ungefähr 16 kg-Gewicht pro qcm betragen wird; dies wäre also praktisch die obere Grenze für jene Grösse. Dem höchsten überhaupt erreichbaren Werth $\mathfrak{B} = 60\,000$ C.-G.-S. entspricht freilich ein Zug von fast drei Centnern (144 kg-Gewicht) pro qcm (vergl. Kap. IX).

---

1) Streng genommen hängt freilich, wegen der Veränderlichkeit von g, die Tragkraft eines Elektromagnets von der geographischen Breite ab.

2) Da die Dimension eines Zugs dieselbe ist, wie diejenige eines hydrostatischen Drucks, oder allgemeiner, wie diejenige eines jeden Zwangs (§ 101), so kann man ihn auch in Atmosphären ausdrücken; eine solche ist aber gleich 1,0136 Megadyne pro Quadratcentimeter; führen wir dies in Gleichung (12) ein und versehen wir die Vektoren zur Unterscheidung mit dem Index 2, so wird

$$\mathfrak{Z}_2 = \frac{\mathfrak{F}_2}{S} = \frac{1}{25\,400\,000} \mathfrak{B}'^2$$

oder wieder mit ziemlicher Annäherung

$$\mathfrak{Z}_2 = \frac{\mathfrak{F}_2}{S} = \left(\frac{\mathfrak{B}'}{5000}\right)^2. \tag{12c}$$

Nach Gleichung (12b) erhält man also den Zug, in Kilogramm-Gewicht pro Quadratcentimeter ausgedrückt, um etwa 1,5% zu klein (vergl. Tab. VI p. 172), nach Gleichung (12c) in Atmosphären ausgedrückt, um ungefähr ebensoviel zu gross.

§ 104. Zerlegung und Deutung der Maxwell'schen Gleichung. Die Maxwell'sche Gleichung (IV) p. 162 für den resultirenden magnetischen Zug im Interferrikum

$$\mathfrak{Z} = \frac{1}{8\pi} \mathfrak{B}'^2$$

kann in drei Glieder zerlegt werden, indem wieder die fundamentale Beziehung

$$\mathfrak{B}' = 4\pi \mathfrak{J} + \mathfrak{H}'$$

berücksichtigt wird. Es wird dann

$$\mathfrak{Z} = \frac{1}{8\pi} (16\pi^2 \mathfrak{J}^2 + 8\pi \mathfrak{J}\mathfrak{H}' + \mathfrak{H}'^2)$$

oder

$$(13) \qquad \mathfrak{Z} = 2\pi \mathfrak{J}^2 + \mathfrak{J}\mathfrak{H}' + \frac{1}{8\pi} \mathfrak{H}'^2.$$

Es lässt sich nun zeigen, dass vom Standpunkt der Annahme einer unvermittelten Fernwirkung jedes der drei Glieder der Gleichung (13) seine besondere, physikalisch zu interpretirende Bedeutung hat, welche wir zum Schlusse kurz erörtern.

1. $2\pi \mathfrak{J}^2$ entspricht dem eigentlichen magnetischen Zug zwischen den beiden Hälften des Toroids, wie er durch die Anziehung der Schichten fiktiven Fluidums auf den die Schnitte begrenzenden Stirnflächen dargestellt werden kann (§ 102). Dieses Glied würde z. B. allein zur Geltung kommen, falls die Magnetisirung nur durch Hysteresis des Materials bedingt wäre, d. h. also bei einem Werthe $\mathfrak{H}' = 0$, $\mathfrak{J}$ einen endlichen, von der Retentionsfähigkeit abhängigen Werth aufwiese. Unter gewöhnlichen Umständen überwiegt dieses erste Glied der Gleichung (13) die beiden übrigen bei weitem[1]).

2. $\mathfrak{J}\mathfrak{H}'$ entspricht dem elektromagnetischen Zug der unteren [bezw. oberen] Spulenhälfte auf die obere [bezw. untere] Hälfte des ferromagnetischen Toroids.

---

1) Stefan (Wien. Ber. **81**. 2. Abth. p. 89, 1880) hat eine Formel für die Tragkraft hergeleitet, welche überhaupt nur dieses Glied enthält. Ihre Annäherung an die vollständige Gleichung (13) ist deshalb von derselben Ordnung wie diejenige, mit der man für gewöhnlich $\mathfrak{B}' = 4\pi \mathfrak{J}$ setzen darf (vergl. §§ 11, 59).

3. $\mathfrak{H}'^2/8\pi$ stellt die rein elektrodynamische Wirkung der beiden Spulenhälften aufeinander dar.

Falls die Windungen nicht, wie oben vorausgesetzt, fest auf das Toroid gewickelt sind, sodass sie mit ihm gewissermaassen einen einzigen starren Körper bilden würden, kann es nöthig werden, jene drei Glieder scharf zu unterscheiden. Die eingehende Diskussion [1]) aller möglichen Versuchsbedingungen würde zu weit führen; zu bemerken ist nur, dass in der Praxis das letzte »elektrodynamische« Glied $1/8\pi\,\mathfrak{H}'^2$ sehr klein wird gegen das zweite »elektromagnetische«, welches seinerseits, wie gesagt, wieder erheblich vom ersten »magnetischen« Gliede übertroffen wird; die rechte Seite der Gleichung (13) ist somit nach abnehmenden Werthen ihrer drei Glieder geordnet.

D. Magnetische Tragkraft.

§ 105. Ältere Untersuchungen über magnetische Tragkraft. Die in den vorigen Paragraphen besprochene Theorie der magnetischen Tragkraft ist eine ebenso übersichtliche wie einfache; kommt sie doch vollständig in der elementaren Maxwell'schen Gleichung (12) oder gar (12a) zum Ausdruck. So einfach aber jene Theorie, so schwierig ist sie durch einwandsfreie Versuche zu prüfen, so dass sie bis jetzt kaum als experimentell vollkommen bestätigt betrachtet werden darf; freilich erscheint es wahrscheinlich, dass die zur Zeit noch bestehenden Divergenzen nicht der Unzulänglichkeit der Theorie, sondern den eigenthümlichen Schwierigkeiten der auf den ersten Blick leicht ausführbar scheinenden Abreissversuche zuzuschreiben sind.

Eine grosse Anzahl Untersuchungen jeglicher Art sind über die magnetische Tragkraft der verschiedensten Formen elektromagnetischer, sowie remanent-magnetischer Systeme angestellt worden. Erwähnt seien nur diejenigen von Dub, Lamont, Nicklès, du Moncel, dal Negro, Joule, von Waltenhofen, W. v. Siemens u. A., welche auch theilweise zur Aufstellung einer Reihe der verschiedensten empirischen Tragkraftformeln führten.[2])

1) Vergl. Silv. P. Thompson, Phil. Mag. [5] **26**. p. 70, 1888; du Bois, daselbst **29**. p. 294, 1890; Shelford Bidwell, daselbst **29**. p. 440, 1890.

2) Siehe Zusammenstellungen in folgenden Werken: Dub, Elektromagnetismus, Leipzig, 1861. G. Wiedemann, Lehre v. d. Elektricität,

Wir werden uns hier auf die Besprechung einiger neuerer Untersuchungen beschränken, einmal weil diese unter Berücksichtigung bezw. zur Prüfung der in den vorigen Paragraphen niedergelegten theoretischen Grundsätze angestellt wurden, dann aber auch weil das absolute Maasssystem bei ihnen zu Grunde gelegt ist, wodurch sie den älteren Arbeiten gegenüber erheblich an Werth gewinnen. Denn einer Interpretirung oder einer kritischen Diskussion jener früheren Resultate stehen hauptsächlich deswegen unüberwindliche Schwierigkeiten entgegen, weil bei den betreffenden Arbeiten aus irgend einem Grunde nur relative oder überhaupt keine Maasse zur Angabe gelangten.

§ 106. Versuche Wassmuth's. Wassmuth hat zuerst genaue, auf absolute Messungen gegründete Beobachtungen durchgeführt und seine Versuche mit der ausgesprochenen Absicht, den Bedingungen der Theorie soweit möglich zu entsprechen, angeordnet.[1])

Zur Verwendung gelangten:

1. Ein Eisentoroid ($r_1 = 5{,}84$ cm; $r_2 = 0{,}30$ cm; $2\,S = 0{,}565$ qcm, siehe Fig. 15, p. 114).

2. Ein geschweisster Reifring aus Walzeisen ($r_1 = 5{,}69$ cm, $\varrho = 0{,}55$ cm; $\zeta = 1{,}97$ cm; $2\,S = 2{,}17$ qcm, Fig. 14, p. 111).

Beide wurden diametral durchschnitten und die Berührungsflächen sorgfältig eben geschliffen und polirt; es gelang dann, beide Enden des »Ankers« (d. h. der unteren Ringhälfte) mittels einer Federwaage »fast gleichzeitig« abzureissen. Sowohl die obere wie die untere Hälfte war mit Primärwindungen fest bewickelt; die jeweilige Magnetisirung wurde mittels sekundärer Windungen um den Anker bei Stromkommutirung gemessen.

Es wurden folgende Maximalwerthe erreicht, welche immerhin noch verhältnismässig gering sind, namentlich im Vergleich zu den im folgenden Paragraphen angegebenen.

Bei 1.: $\mathfrak{H} = 93$ C.-G.-S.; $\mathfrak{J} = 1308$ C.-G.-S; $\mathfrak{Z} = 8{,}4$ kg-Gewicht pro qcm.

Bei 2.: $\mathfrak{H} = 138$ C.-G.-S; $\mathfrak{J} = 1157$ C.-G.S.; $\mathfrak{Z} = 6{,}6$ kg-Gewicht pro qcm.

---

3. Aufl. **3**. §§ 666—682 und 717—745, Braunschweig, 1883. Silv. P. Thompson, The Electromagnet, Cantor lectures, London 1890; übers. von Grawinkel, Halle 1893.

1) Wassmuth, Wien. Ber. **85**, 2. Abth. p. 327, 1882.

Was die Beziehung zwischen $\mathfrak{Z}$ und $\mathfrak{J}$ betrifft, so fand Wassmuth, dass erstere Grösse weniger rasch als $\mathfrak{J}^2$ wuchs, wie es nach dem ersten Gliede der Gleichung (13) der Fall sein müsste, jedoch rascher als $\mathfrak{J}$; dabei stellte sich noch ein besonderes Verhalten in der Nähe des Maximums der Susceptibilität heraus.[1]) Ähnliche Resultate hatte W. v. Siemens gelegentlich der in § 105 erwähnten, nicht näher zu erörternden, Untersuchung sehr hoher Reifringe, d. h. diametral durchschnittener Rohrstücke, erhalten.

§ 107. Versuche Bidwell's — Fehlerquellen. — Ferner sind von Shelford Bidwell Versuche mit einem diametral durchschnittenen geschweissten Toroid aus weichem Holzkohleneisen ($r_1 =$ 3,76 cm, $r_2 = 0,24$ cm) angestellt worden.[2]) Die Berührungsstellen waren zwar fein geschliffen worden, hatten aber trotzdem eine schwach konvexe Gestalt behalten. Jede Hälfte war mit fast 1000 Windungen fest bewickelt; infolgedessen liess sich die unter diesen Umständen hohe Feldintensität von 585 C.-G.-S.-Einheiten erreichen, wobei der Zug 15,9 kg-Gewicht pro qcm betrug, also nahe gleich dem oben (§ 103) angegebenen praktisch erreichbaren Maximalwerthe war; derart hohe Werthe hatte bis dahin kein Beobachter erreicht.

Bidwell stellte keine Messungen der Magnetisirung bezw. der Induktion mittels Sekundärwindungen an, sodass seine Versuche die Gleichung (13) experimentell zu prüfen nicht geeignet sind. Vielmehr nahm er diese als richtig an (wobei er sich auf die beiden ersten Glieder beschränkte) und berechnete mit ihrer Hilfe aus den beobachteten Werthen des Zugs die zugehörige Magnetisirung als Funktion der magnetisirenden Intensität. Auf dieses Verfahren, welches die Grundlage neuerer Messmethoden und Apparate bildet, werden wir in Kap. X zurückkommen.

Es ist hier der Ort der Fehlerquellen zu erwähnen, welche der scheinbar einfachen Bestimmung der Tragkraft durch Abreissen

1) Wassmuth erwähnt a. a. O. p. 336 noch eine, freilich schwer erklärliche Beobachtung: wenn sich zwischen den polirten Stirnflächen je ein sehr dünnes Glimmerblättchen befand, so erhielt er, namentlich bei schwächeren Magnetisirungen, in der Sekundärspule einen grösseren Stromimpuls und dementsrechend grössere Tragkraft, als ohne die Blättchen; bei dickeren Zwischenlagen war das Gegentheil der Fall.

2) Shelford Bidwell, Proc. Roy. Soc. **40**, p. 486, 1886.

stets anhaften. Die theoretische Annahme eines unendlich engen Schnitts im Ferromagnetikum (§ 102) von welcher unsere Herleitung ausging, ist praktisch ebensowenig zu verwirklichen, wie die Vernachlässigung der entmagnetisirenden und streuenden Wirkung der Schnitte, kurz das Auffassen derselben als ideale Schnitte, statthaft ist. Denn die sich berührenden Stirnflächen mögen noch so sorgfältig aufeinander geschliffen und polirt sein, jeder Schnitt wird trotzdem erfahrungsmässig immer derartige Unregelmässigkeiten bedingen, welche nur durch Anwendung starken äussern Drucks aufgehoben werden können und welche vielleicht das Bestehen einer Trennungsfläche nothwendig mit sich bringt (vergl. Kap. IX).

Andererseits hat gerade das Schleifen und Poliren der Berührungsflächen den Nachtheil, dass die natürliche Adhäsion eine erhebliche werden kann, wodurch namentlich bei schwacher Magnetisirung die Tragkraft zu gross erscheint. Doch die Hauptfehlerquelle dürfte in der Undefinirtheit des »Abreissens« solcher sich berührender Flächen zu suchen sein, namentlich wo zwei Kontaktstellen in Betracht kommen. Wie oben bemerkt, gibt Wassmuth ein »fast gleichzeitiges« Abreissen an; dieses scheint aber gerade zweifellos zu bedeuten, dass thatsächlich zuerst die eine Kontaktstelle losreisst; dadurch entsteht sofort ein Luftschlitz, welcher auf das ganze Toroid stark entmagnetisirend wirkt; der hierdurch unmittelbar erfolgenden Abnahme der Induktion zufolge muss dann der andere Kontakt auch alsbald nachgeben. In diesem Fall ist es fraglich, ob man nicht mit der sonst günstigeren Gestalt des Toroids unsicherere Resultate erhält als mit einem durchschnittenen Stab, bei dem es nur eine Schnittstelle gibt; am geeignetsten wäre wohl ein äquatorial durchschnittenes gestrecktes Ovoid.

Doch selbst mit einer einzigen Kontaktstelle bleibt eine Unsicherheit bestehen, wie die Erfahrung seit den ältesten derartigen Bestimmungen übereinstimmend gelehrt hat. Durch die weiter unten (Kap. IX) mitzutheilenden neueren Untersuchungen über die Wirkung von Schnittflächen wird diese Unsicherheit zum Theil erklärt, aber man ist darum nicht im Stande, sie aufzuheben. Man muss annehmen, dass allmählich eine Lockerung des Kontaktes eintritt, und dass dieser im allgemeinen zuerst an einem Punkte nachgeben wird; dann bestimmt man also, ähnlich wie bei allen Festigkeitsversuchen, den Widerstand der schwächsten Stelle, nicht den mittlern Widerstand, auf den es eigentlich ankommt.

Ebenso wie die Magnetisirung einen Zwangszustand im Ferromagnetikum zur Folge hat, übt auch umgekehrt ein durch äussere Kräfte erzeugter Zwangszustand einen Einfluss auf die Magnetisirung[1]), welche bereits vorhanden ist. Indessen ist diese Wirkung eine verhältnismässig geringe, sodass die ihr zuzuschreibenden Fehler wegen der schwachen äusseren Kräfte, welche bei Abreissversuchen in's Spiel treten, den übrigen, im Vorhergehenden erwähnten, Fehlerquellen gegenüber vernachlässigbar sein dürften.

§ 108. Versuche Bosanquet's. Bidwell hat a. a. O. auch einige Messungen an durchschnittenen Stäben beschrieben, jedoch auch in diesem Falle die Induktion nicht bestimmt. Fast gleichzeitig wurde von Bosanquet[2]) dieser Fall messend verfolgt. Seine Versuchsanordnung ist in Fig. 27 abgebildet. Der kreiscylindrische Eisenkern bestand aus zwei Stücken von je 20 cm Länge und 0,526 cm Durchmesser; um jede Hälfte war eine Spule von 1096 Windungen festgewickelt. Der obere Elektromagnet war starr auf einem Tische befestigt, während der untere mitsamt seiner Spule zwischen zwei Messingführungen möglichst reibungslos auf und ab bewegt werden konnte; die Stirnflächen waren aufeinander geschliffen. Der untere Elektromagnet trug eine Schale, welche zur Aufnahme der Gewichte bestimmt war; das todte Gewicht wurde dabei in der aus Fig. 27 ersichtlichen Weise im Gleichgewicht gehalten, sodass die in die Schale zuzusetzenden Gewichte ohne weiteres das Maass für die magnetische Tragkraft bildeten. In der Nähe des Schnitts befand sich eine kleine Sekundärspule, mittels derer die Induktion gemessen werden konnte, indem man den Primärstrom kommutirte. Es wurden Gewichte zugesetzt, bis der untere Elektromagnet abriss und einige mm weit auf eine Arretirung herabfiel.

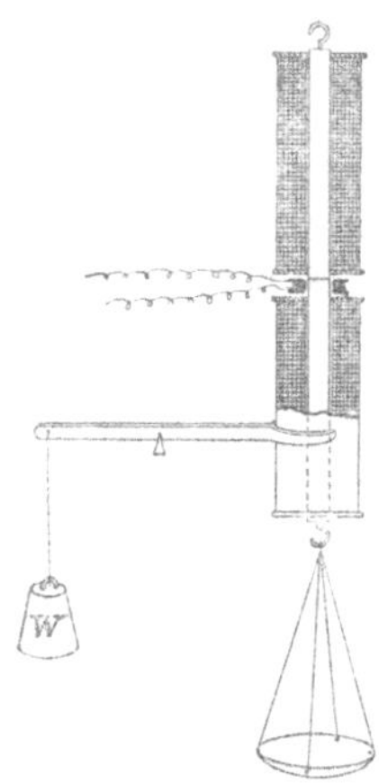

Fig. 27.

1) Für die Einzelheiten dieser Erscheinung verweisen wir auf Ewing, magnetische Induktion in Eisen und verwandten Metallen (Kap. IX), übers. Berlin 1892.

2) Bosanquet, Phil. Mag. [5] 22, p. 535, 1886.

Der höchste erreichte Werth des Zugs betrug 14,6 kg-Gewicht pro qcm bei einer Induktion von 18500 C.-G.-S.-Einheiten. Im Grossen und Ganzen kann durch diese Versuche Bosanquet's die Gleichung (12a) § 103

$$\mathfrak{F}_1 = \frac{1}{8000\,\pi\,g}\,\mathfrak{B}'^2 S$$

als bestätigt angesehen werden. Die Abweichungen dürften sich aus den verschiedenen Fehlerquellen erklären lassen.[1])

Nach alledem ist das Maxwell'sche Fundamentalgesetz des magnetischen Zugs, wie es durch Gleichung (12) § 103 zum Ausdruck kommt, nicht als widerlegt, sondern als mit ziemlicher Annäherung experimentell bestätigt zu betrachten; allerdings wären vollkommen einwurfsfreie Versuche über diese wichtige Frage sehr wünschenswerth[2]). Schliesslich geben wir in Tab. VI eine Zusammenstellung der zu einander gehörigen Werthe der Induktion $\mathfrak{B}'$ und des Zugs $\mathfrak{Z}$; und zwar sind in der vierten Spalte die Werthe[3]) nach der strengen Gleichung (12a), in der dritten nach der bequemen angenäherten Gleichung (12b) angegeben; beide stimmen, wie ersichtlich, nahe überein (vergl. Anm. p. 164).

---

1) Neben den unregelmässigen Abweichungen, welche auf die im vorigen Paragraphen diskutirte Unsicherheit des Abreissens zurückzuführen sind, fand Bosanquet durchweg etwas zu grosse Tragkräfte, namentlich bei geringeren Werthen der Induktion. Dies dürfte seinen Grund ausser in der gewöhnlichen Adhäsion der Berührungsflächen auch namentlich in der Reibung der Messingführungen haben. Auch war die gegenseitige elektrodynamische Anziehung der beiden Spulen grösser als $\mathfrak{H}'^2 S/8\pi$ [dem letzten Gliede der Gleichung (13) entsprechend], weil dabei infolge ihres erheblichen Durchmessers ein weit grösserer Querschnitt als derjenige des Stabes S in Betracht kam.

2) In diesem Zusammenhang mag noch erwähnt werden, dass die entsprechenden Maxwell'schen Gleichungen für paramagnetische und diamagnetische Substanzen von konstanter Susceptibilität, welche wir für unsere vorliegenden Zwecke als magnetisch indifferent betrachten, experimentell vollkommen bestätigt worden sind; wenigstens innerhalb des Bereichs der diesbezüglichen mittelst der »Steighöhenmethode« ausgeführten Versuche Quincke's und anderer Forscher. Siehe du Bois, Wied Ann. **35** p. 137, 1888, wo die einschlägige Literatur zusammengestellt ist (vergl. auch Kap. X).

3) Den „Cantor lectures on the electromagnet" von Silv. P. Thompson (London, 1890, übers. Halle 1893) p. 30 entnommen.

Tabelle VI.

$\mathfrak{B}'$ C.-G.-S. Einheit.	$\frac{\mathfrak{B}'}{5000}$	$\mathfrak{Z}$ kg-Gew. pro qcm		$\mathfrak{B}'$ C.-G.-S. Einheit,	$\frac{\mathfrak{B}'}{5000}$	$\mathfrak{Z}$ kg-Gew. pro qcm	
		Gl. (12 b)	Gl. (12 a)			Gl. (12 b)	Gl. (12 a)
1000	0,2	0,04	0,041	11 000	2,2	4,84	4,907
2000	0,4	0,16	0,162	12 000	2,4	5,76	5,841
3000	0,6	0,36	0,365	13 000	2,6	6,76	6,855
4000	0,8	0,64	0,649	14 000	2,8	7,84	7,550
5000	1,0	1,00	1,014	15 000	3,0	9,00	9,124
6000	1,2	1,44	1,460	16 000	3,2	10,24	10,39
7000	1,4	1,96	1,987	17 000	3,4	11,56	11,72
8000	1,6	2,56	2,596	18 000	3,6	12,96	13,14
9000	1,8	3,24	3,286	19 000	3,8	14,44	14,63
10000	2,0	4,00	4,056	20 000	4,0	16,00	16,23

§ 109. Folgerungen aus Maxwell's Gesetz. Das Maxwell'sche Gesetz bildet nun die gemeinsame Grundlage, auf welche alle Betrachtungen über magnetischen Zug, Anziehung, Tragkraft u. s. w. zu basiren sind.[1]) Maxwell, der das Gesetz übrigens nur beiläufig in wenigen Sätzen erwähnt[2]), hat dadurch auf diesem Gebiete eine rationelle Erkenntniss erschlossen, wie sie die grosse Anzahl experimenteller Untersuchungen, welche vorher angestellt worden sind, auch nicht entfernt anzudeuten im Stande gewesen waren. Wir werden zum Schlusse einige Gesichtspunkte erörtern, welche bei der Anwendung des Gesetzes auf die verschiedenen praktisch vorkommenden Arten magnetischer Kreise im Auge zu behalten sind.

Es ist in jedem Punkte einer idealen Schnittfläche [Gleichung (IV) § 102] der magnetische Zug, d. h. die Zugkraft pro Flächeneinheit des Schnitts

$$\mathfrak{Z} = \frac{1}{8\pi}\mathfrak{B}'^2.$$

1) In manchen besonderen Fällen ist es freilich nach wie vor bequemer das Coulomb'sche Gesetz (§ 21) zu Grunde zu legen. Übrigens steht dieses mit dem Maxwell'schen in engem Zusammenhang.

2) Maxwell, Treatise 2. Aufl. 2. § 642.

Falls nun über den ganzen Querschnitt S der Schnittfläche die Induktion $\mathfrak{B}'$ denselben Werth aufweist, wie es z. B. bei der theoretischen Herleitung für das Toroid (§ 103) angenommen wurde, so beträgt der Induktionsfluss durch denselben

$$\mathfrak{G}' = \mathfrak{B}' S,$$

daher wird die gesamte Zugkraft $\mathfrak{F}$

$$\mathfrak{F} = \frac{1}{8\pi} \mathfrak{B}'^2 S = \frac{1}{8\pi} \frac{\mathfrak{G}'^2}{S}. \tag{14}$$

Diese Gleichung besagt in Worten:

Bei gegebener Induktion ist die Zugkraft direkt proportional dem Querschnitt, bei gegebenem Induktionsfluss aber umgekehrt proportional demselben.

Letzterer, auf den ersten Anblick vielleicht befremdende Satz ist eine einfache Folgerung aus dem quadratischen Zuggesetz. Um ihn etwas näher zu erläutern, denken wir uns einen magnetischen Kreis, zunächst ohne Streuung, sodass der Induktionsfluss darin überall denselben Werth aufweist. Es wird dann die Gesamt-Zugkraft an einer Schnittfläche um so grösser sein, je geringer deren Querschnitt ist, und zwar im umgekehrten Verhältniss desselben. Durch die nicht zu vermeidende Streuung wird indessen eine wesentliche Einschränkung bedingt, sodass die Gesammt-Zugkraft bei abnehmendem Querschnitt thatsächlich einen Maximalwerth erreichen und dann wieder abnehmen wird.

Dabei ist ausdrücklich vorausgesetzt, dass der Induktionsfluss irgendwie konstant erhalten wird, zu welchem Zwecke beim Verringern des Querschnitts an einer oder mehreren Stellen des magnetischen Kreises eine grössere mittlere magnetische Intensität erforderlich wird. Denn bei gegebenen Werthen des magnetisirenden Stromes und der Windungszahl wird jede solche »Einschnürung« des magnetischen Kreises eine Verringerung des mittlern Induktionsflusses mittelbar hervorrufen; es folgt das aus der Hopkinson-schen Theorie oder auch aus den Betrachtungen des folgenden Kapitels.

§ 110. Belastungsverhältniss eines Magnets. Für die im vorigen Paragraphen gezogenen Folgerungen gibt es eine Anzahl experimenteller Belege, bezw. einfacher Beispiele, wegen derer wir auf Kap. IX sowie auf das bereits citirte Buch Silv. Thompson's verweisen. Eine weitere Folgerung aus dem Grundgesetze

$$\mathfrak{F} = \frac{1}{8\pi} \mathfrak{B}'^2 S$$

ist die, dass die in der älteren Literatur öfters auftauchende Frage nach dem Verhältniss der Tragfähigkeit zum Eigengewicht eines Elektromagnets oder remanenten Magnets eine völlig müssige ist. Denn bei ähnlichen elektromagnetischen Systemen mit Strömen proportional den Lineardimensionen (§ 67) wird die Intensität und damit die Induktion an ähnlichen Stellen dieselben Werthe aufweisen, wie es auch bei starren Magneten der Fall ist, wenn die Magnetisirung in ähnlichen Punkten denselben Werth hat. Folglich wird die Tragfähigkeit ähnlich gelegener Schnitte derer Querschnitt, d. h. dem Quadrat der Lineardimensionen, proportional sein; das Eigengewicht des Magnets wächst dagegen der dritten Potenz der Lineardimensionen proportional. Es folgt daraus, dass das erwähnte Belastungsverhältniss (Tragfähigkeit/Eigengewicht) bei ähnlichen Magneten den Lineardimensionen umgekehrt proportional wird. Somit sind grosse Magnete in dieser Beziehung ungünstiger dimensionirt, während man das Belastungsverhältniss theoretisch in's Unbegrenzte steigern kann, je kleiner man den Magnet nimmt. Hiermit ist die Erfahrung im Einklang: Silv. Thompson[1]) erwähnt einen kleinen Elektromagnet von 0,1 Gramm Gewicht, welcher 250 Gramm-Gewicht zu tragen vermochte, d. h. das 2500-fache des Eigengewichts.

Falls die Induktion über die Schnittfläche nicht konstant, sondern variabel ist, wird die gesamte Zugkraft $\mathfrak{F}$ offenbar gegeben sein durch das Doppelintegral

$$(15) \qquad \mathfrak{F} = \frac{1}{8\pi} \int\int \mathfrak{B}'^2 \, d\, S$$

über die Schnittfläche S genommen. Dieser Werth wird nach einem bekannten Satze stets grösser sein als der Werth $\mathfrak{F}'$

1) Silv. Thompson, l. c. p. 34. Daselbst wird gezeigt, wie man die oben hergeleitete Beziehung auch so ausdrücken kann, dass die Tragfähigkeit der $^2/_3$ Potenz bezw. der $^3/_2$ Wurzel des Eigengewichts proportional ist, was mit der alten Bernouilli-Häcker'schen empirischen Regel übereinstimmt (siehe auch Phil. Mag. [5] **26**, p. 70, 1888.)

$$\mathfrak{F}' = \frac{1}{8\pi}\overline{\mathfrak{B}}'^{\,2} S = \frac{1}{8\pi}\frac{\mathfrak{G}'^{\,2}}{S},$$

den man durch Einführung des arithmetischen Mittelwerths der Induktion

$$\overline{\mathfrak{B}} = \frac{1}{S}\int\int \mathfrak{B}' \, d\, S = \frac{\mathfrak{G}'}{S}$$

erhalten würde. Eine ungleichmässige Vertheilung der Induktion ist daher in gewissem Sinne vortheilhaft, solange man nur dafür Sorge trägt, dass ihr Flächenintegral über den Querschnitt des magnetischen Kreises, d. h. der Induktionsfluss, einen gegebenen Werth beibehält.

Siebentes Kapitel.

Analogie magnetischer Kreise mit verschiedenartigen Stromkreisen.

A. Historische Übersicht.

§ 111. Ältere Entwicklung; erstes Stadium. Der Gedanke einer Analogie magnetischer Systeme mit verschiedenartigen Stromsystemen (hydrokinetischen, thermischen, galvanischen) taucht bereits 1761 bei Euler auf[1]). Im Gegensatze zur Poisson'schen Hypothese der zwei Fluida (§ 27), welche seinerzeit noch nicht aufgestellt worden war, nahm er eine einzige, subtile Materie an, welche die Magnete, sowie den umgebenden Luftraum mit grosser Geschwindigkeit durchströmen sollte. Dabei wird ihrer Bewegung im Ferromagnetikum ein weit geringerer Widerstand entgegengesetzt als in dessen indifferenter Umgebung, sodass sie stets vorzugsweise durch ersteres ihren Weg zu nehmen bestrebt ist.

Die Bahnen jener subtilen Materie werden von Euler als mit den durch Feilstaub dargestellten Linien (§ 4) identisch vorausgesetzt, und er legt daher, bedeutendes Gewicht auf die Bestimmung dieser Figuren. Aus der Tendenz der magnetischen Materie ihren Verlauf soweit möglich durch das Ferromagnetikum zu lenken, welches zu diesem Zwecke zahllose feine Kanäle enthalten soll, erklärt er eine Anzahl Erscheinungen in einer Weise, die auffallend an den heutigen Sprachgebrauch erinnert. Jene ganz

---

1) Euler, Briefe an eine deutsche Prinzessin **3**, (Brief 176—186, pp. 95—150). Leipzig 1780. Jene Betrachtungen beziehen sich ausschliesslich auf remanente Magnete, da die Beziehungen zwischen Elektricität und Magnetismus damals noch unbekannt waren.

elementar gehaltenen Briefe und Figuren enthalten eine merkwürdige Vorahnung von Anschauungen, welche mehr als ein Jahrhundert später erst zur vollen Entfaltung gelangen sollten.

Wiederholt findet man dann in der späteren Literatur Hinweise auf die allerdings noch sehr unklare Vorstellung, als ob der Magnetismus etwas in geschlossenen Bahnen Strömendes sei, verbunden mit der Annahme, dass diese Strömung in Eisen leichter vor sich gehe als in indifferenten Medien. Bereits 1821 stellte Cumming in diesem Sinne Versuche über magnetische Leitfähigkeit an[1]).

Ferner wird in verschiedenen Schriften von Ritchie, Sturgeon, Dove, Dub und de la Rive mehr oder weniger deutlich die Theorie solcher geschlossenen magnetischen Kreisbahnen erörtert. Joule, welcher sich in den ersten Jahren seiner wissenschaftlichen Thätigkeit vielfach mit der Untersuchung elektromagnetischer Maschinen beschäftigte, hebt an einer Stelle folgenden Satz hervor[2]): Die maximale Leistungsfähigkeit eines Elektromagnets ist direkt proportional seinem geringsten Querschnitt. Er stellt dann andererseits a. a. O. p. 36 die Behauptung auf, dass der »Widerstand« gegen Induktion der Länge des (geschlossenen) Elektromagnets proportional sei. Wenn wir diese und einige andere Sätze in den Schriften Joule's zusammenfassen, erhalten wir schon eine angenähert richtige Vorstellung der modernen Anschauungsweise auf diesem Gebiete, welcher freilich das mathematische Gewand noch fehlt.

§ 112. Fortsetzung (Faraday, Maxwell). In ein vorgeschritteneres Stadium trat die Frage durch die von Faraday eingeführten Auffassungen, zu deren Veranschaulichung er sich mit Vorliebe der Kraftlinien bediente (§ 65)[3]). Seine theoretischen Vorstellungen wurden allerdings von den meisten seiner Zeitgenossen weder verstanden noch gewürdigt, wenn auch seine experimentellen Forschungen die höchste Bewunderung hervorriefen. Es lässt sich freilich nicht verkennen, dass den Anschauungen Faraday's manche Unklarheit anhaftete, welche erst später, namentlich durch die Bemühungen Maxwell's, allmählich aufgehoben wurde.

1) Cumming, Phil. Trans. Cambridge Soc. 1821.

2) Joule, Reprint of scientific papers, **1** p. 34. London 1884.

3) Faraday, Exp. Res. **3**, pp. 328—443.

Faraday zeigte vor allem, dass seine Kraftlinien stets geschlossene Kurven bilden müssen, deren Verlauf durch die magnetische »Leitfähigkeit« der von ihnen durchsetzten Medien beeinflusst wird. Auch war er der erste, welcher einen Elektromagnet mit einer Volta'schen Säule verglich; und zwar dachte er sich diese, um den Vergleich zu vervollständigen, in einen Elektrolyten getaucht, dessen endliche Leitfähigkeit das Analogon der endlichen — der Einheit gleichen — Permeabilität der das Ferromagnetikum umgebenden Luft bilden sollte; denn bei der gewöhnlichen Anordnung elektrischer Stromkreise ist die Leitfähigkeit der Umgebung offenbar Null, bezw. äusserst gering. Die erwähnte Analogie findet man bei späteren Autoren noch häufig hervorgehoben. (§§ 123, 133).

Maxwell gebührt das Verdienst, die Anschauungen Faraday's geklärt und ihnen eine mathematische Form verliehen zu haben. Antatt der Betrachtung der Kraftlinien führte er diejenige der Induktionssolenoide ein (§ 63). An einer Stelle seines Werkes äussert er sich etwa wie folgt:

»Das Problem der magnetischen Induktion, insbesondere der Beziehung zwischen Induktion und Intensität, entspricht genau dem Probleme der Leitung elektrischer Ströme durch heterogene Medien.«

»Die magnetische Intensität lässt sich aus dem magnetischen Potential ableiten, ebenso wie die elektromotorische Intensität aus dem elektrischen Potential abgeleitet wird. Der magnetische Induktionsfluss genügt denselben Kontinuitätsbedingungen wie der elektrische Strom.«

»In isotropen Medien hängt die Induktion von der magnetischen Intensität in einer Weise ab, welche der Beziehung zwischen der elektrischen Strömung und der elektromotorischen Intensität entspricht; die magnetische Permeabilität in dem einen Probleme entspricht dem elektrischen Leitungskoefficient im andern.«[1])

Diese Sätze bilden den Kern der neueren Entwicklung auf dem vorliegenden Gebiete.

---

1) Maxwell, Treatise 2. Aufl. 2, § 428 p. 51; der letzte Passus beruht offenbar auf der Annahme einer konstanten Permeabilität; seine Bedeutung wird, wie wir alsbald sehen werden, wesentlich dadurch eingeschränkt, dass diese Annahme der Wirklichkeit nicht entspricht.

§ 113. Fortsetzung (Lord Kelvin). In seiner Theorie des Magnetismus[1]) hat Lord Kelvin wiederholt auf die vollständige Analogie hingewiesen, welche zwischen den mathematischen Theorien der magnetischen Induktion, der dielektrischen Polarisation und der Fourier'schen Theorie der Wärmeleitung einerseits, und der Theorie gewisser hydrokinetischer Vorgänge andererseits besteht.

Ferner hat er, unter Hinweis auf die oben mitgetheilten Spekulationen Euler's, gezeigt, dass man den Vektor, welchen wir die magnetische Intensität $\mathfrak{H}$ genannt haben, nicht der Geschwindigkeit einer inkompressibelen Flüssigkeit assimiliren darf; denn dies führt logischerweise zu der Annahme einer Erschaffung bezw. Vernichtung jener Flüssigkeit an den Stellen, wo sich bei dem entsprechenden elektromagnetischen System Endelemente befinden würden. Dagegen zeigte Lord Kelvin schon damals (1872), dass es die Induktion $\mathfrak{B}$ sei[2]), welche in diesem Falle das Analogon zur Geschwindigkeit der inkompressibelen Flüssigkeit bilden müsse, und stellt u. a. folgenden Satz auf (loc. cit. § 576):

»Innerhalb des vom Magnet eingenommenen Raumes stimmt die »elektromagnetisch definirte« resultirende Kraft, ausserhalb desselben die für diesen Fall unzweideutig definirte resultirende magnetische Kraft überall nach Werth und Richtung überein mit der Geschwindigkeit in einem mathematisch möglichen Falle der Bewegung einer inkompressibelen Flüssigkeit, welche den ganzen Raum erfüllt.«

Um die Analogie noch vollkommener zu entwickeln, ersann Lord Kelvin sodann eine besondere Art von Medium (loc. cit. Art. 42): nämlich einen porösen festen Körper von unendlich feinem Gefüge, durch welchen eine inkompressibele reibungslose Flüssigkeit hindurchfiltrirt; deren Bewegung muss irrotational sein

---

1) Sir W. Thomson, Repr. pap. El. Magn. Artt. 27, 31, 32, 41, 42.

2) Den Vektor $\mathfrak{H}$ nannte Lord Kelvin (loc. cit. § 479) die »resultirende magnetische Kraft«, sofern es sich um Punkte im indifferenten Raume handelt. Was das Innere des Ferromagnetikums betrifft, so unterschied er später (loc. cit. § 517) die »polar definirte« ($\mathfrak{H}$) und die »elektromagnetisch definirte« ($\mathfrak{B}$) resultirende Kraft je nachdem die spaltförmige Höhlung parallel bezw. senkrecht zur Magnetisirungsrichtung orientirt ist (vergl. Kap. III, § 51). Er wendet sich überhaupt ausdrücklich (math. & phys. pap. **3**, p. 478 Anm.) gegen die von Maxwell eingeführte Benennung »Induktion« für $\mathfrak{B}$ (vergl. Kap. I p. 13 Anm.).

oder, anders gesagt, ein sogenanntes Geschwindigkeitspotential aufweisen.[1]) Je durchlässiger nun ein derartiges poröses Medium ist, um so grösser wird die Strömung[2]) der hindurchfiltrirenden Flüssigkeit im Verhältniss zur kinetischen Energie, welche auf die Volumeinheit des von dem betreffenden Körper und der Flüssigkeit eingenommenen Raumes entfällt. Das Verhältniss jener beiden Grössen bildet daher ein Maass für die Durchlässigkeit des porösen Körpers; man kann es die hydrokinetische Permeabilität nennen.

Auf Grund der bestehenden Analogien schlug dann Lord Kelvin vor, den Begriff der Permeabilität auszudehnen und die analoge Eigenschaft in den vier von ihm angeführten analogen Theorien mit demselben Ausdruck zu bezeichnen; er unterschied daher (loc. cit. Art. 31) neben der im Vorhergehenden definirten hydrokinetischen Permeabilität noch:

1. Magnetische Permeabilität: Verhältniss der Induktion zur Intensität.

2. Dielektrische Permeabilität: gleichbedeutend mit Dielektricitätskonstante.

3. Thermische Permeabilität: gleichbedeutend mit Wärmeleitungskoefficient.

Diese Analogien werden dann noch an besonderen Beispielen durch Rechnungen und graphische Darstellungen erläutert. Die einschlägigen Erörterungen umfassen a. a. O. mehr als 50 Paragraphen, über die wir hier nur eine kurze Übersicht geben konnten. Angesichts der modernen Entwicklung und weiten Verbreitung der ihnen zu Grunde liegenden Anschauungen beanspruchen jene Arbeiten heute grosses Interesse[3]).

---

1) Wenn die Geschwindigkeitskomponenten die hydrodynamischen Irrotationalitätsgleichungen [Gl (7) § 39] erfüllen, so ist die Vertheilung der Geschwindigkeit nach dem a. a. O. ausgeführten eine lamellare und dieser Vektor hat daher ein »Geschwindigkeitspotential«.

2) Unter »Strömung« wird die Flüssigkeitsmenge verstanden, welche pro Zeiteinheit durch den Querschnitt Eins des von dem porösen Körper und der Flüssigkeit eingenommenen Raumes fliesst.

3) Es sei schliesslich noch bemerkt, dass ausser der besprochenen rein mathematisch-hydrokinetischen Analogie noch eine tiefergehende hydrodynamische erörtert wird; (loc. cit. Art. 41); im Anschluss daran werden Versuche von Schellbach und Guthrie über Abstossungen und Anziehungen durch Schwingungen in einer Flüssigkeit besprochen;

§ 114. Zusammenfassung. Nach alledem kann füglich behauptet werden, dass die mathematische Analogie der Theorie elektromagnetischer Systeme mit anderen längst bekannten physikalischen Theorien durch die erwähnten Schriften Euler's, Faraday's, Maxwell's und Lord Kelvin's nicht nur angedeutet, sondern sogar, namentlich von Letzterem, in allen Einzelheiten ausgearbeitet war, und zwar in unanfechtbarer Weise; es bedurfte nur einer richtigen Interpretirung, um diese mathematischen Resultate auf praktische Probleme anzuwenden.

Die Übertragung jener Anschauungen auf das Gebiet angewandter Wissenschaft, zu deren Besprechung wir jetzt schreiten, fällt indessen ausschliesslich in das letzte Jahrzehnt. Wenn man noch berücksichtigt, dass dabei eine Anzahl Unrichtigkeiten untergelaufen sind, die zu offenbaren Widersprüchen führen können, findet man es begreiflich, dass diese moderne Entwicklung, als überhaupt nicht einmal neu und noch dazu theilweise unrichtig, von manchen Physikern bisher wenig beachtet wurde.

Wir glauben am sichersten zu gehen, wenn wir von vornherein behaupten, dass jene moderne Entwicklung rein wissenschaftlich nur eine untergeordnete Rolle spielt und immer spielen wird. Ihr zweifellos grosser Erfolg auf praktischem Gebiete macht indessen eine eingehende Beschäftigung mit ihr nothwendig; wir werden uns dabei bemühen, die unterlaufenden Fehler gleich im Keime klar hervortreten zu lassen, und dadurch zu verhindern suchen, dass wir zu falschen Resultaten gelangen. Vorher werden wir jedoch die bisher mitgetheilten historischen Notizen auch über das letzte Jahrzehnt weiterführen und zwar in der chronologischen Reihenfolge der Veröffentlichungen.

§ 115. Neuere Entwicklung (Rowland). Im September 1884 schlug Rowland eine Formel für die Kraftlinienzahl in den Feldmagneten einer Dynamomaschine vor.[1]) Er bildete dazu einen Bruch, dessen Zähler das Produkt aus der Stromstärke in die Zahl stromdurchflossener Windungen bildete (dieses Produkt pflegt man heutzutage die »Ampèrewindungen« zu nennen); der Nenner war ein komplicirterer Ausdruck, welcher den »Widerstand« des Eisens

---

bekanntlich ist dieses Gebiet neuerdings von Bjerkness mathematisch und experimentell eingehend bearbeitet worden.

1) H. A. Rowland, the Electrician **13**, p. 536. 1884.

und der Luft darstellen sollte; auch wurde die Streuung bereits berücksichtigt. Wir haben diesen Vorschlag Rowland's an erster Stelle genannt, weil eine Andeutung davon bereits in einer 1873 veröffentlichten, ausgedehnten Experimentaluntersuchung zu finden ist[1]); er schrieb dort [a. a. O. p. 145 Gleichung (3) und (4)] den erwähnten Bruch folgendermaassen:

$$(1) \qquad Q' = \frac{M}{R},$$

was in unserer, weiter unten (§ 119) näher zu besprechenden, Bezeichnungsweise durch nachstehende Formel auszudrücken sein würde

$$(2) \qquad \mathfrak{G} = \frac{\mathfrak{H}}{\left(\frac{X}{L}\right)}.$$

Das Rowland'sche R, unser (${X}/{L}$), wird von ihm als der magnetische Widerstand pro Längeneinheit definirt. In obigen Brüchen ist daher nur noch Zähler und Nenner mit der Länge L der betrachteten Theilstrecke des magnetischen Kreises zu multipliciren, um sie in die jetzt übliche Form zu verwandeln [§ 119, Gl. (I)].

Das für die Praxis wichtige Konstruktionsprincip, den magnetischen Widerstand immer möglichst herabzudrücken, wurde 1879 in der Elphinstone-Vincent'schen sechspoligen Dynamomaschine angewandt und ausdrücklich ausgesprochen.[2]) Dass diese Maschine technischer Schwierigkeiten der Konstruktion halber keine dauernde Aufnahme fand, verringert deren historisches Interesse keineswegs.

§ 116. Fortsetzung (Bosanquet). Im März 1883 entwickelte Bosanquet die mathematische Analogie des Magnetismus mit der Elektricitätsleitung und stellte in diesem Sinne Versuche mit geschlossenen Ringen an.[3]) Er führte zuerst den Ausdruck »magnetomotorische Kraft«, als Analogon der elektromotorischen Kraft ein; er definirte erstere Grösse einfach als eine magnetische

---

1) H. A. Rowland, Phil. Mag. [4] **46**, p. 140. 1873.

2) Siehe Silv. Thompson, Dynamo-Electric Machinery. 3. Aufl. p. 211; 4. Aufl. p. 172; der Vergleich der verschiedenen Auflagen dieses Buches liefert ein getreues Bild der historischen Entwicklung auf dem vorliegenden Gebiete.

3) Bosanquet, Phil. Mag. [5] **15**, p. 205, 1883; u. **19**, p. 73. 1885.

Potentialdifferenz, ebenso wie eine elektromotorische Kraft in manchen Fällen nur ein anderer Ausdruck statt elektrischer Potentialdifferenz ist. Statt nun die magnetische Intensität $\mathfrak{H}$ als Ausgangspunkt zu wählen, ging er von deren Linienintegral, d. h. eben jener magnetomotorischen Kraft M, aus; gegen die Benutzung dieses übrigens längst vorher eingeführten Begriffs lässt sich nichts einwenden. Nur der Name war neu, und wir können diesen nicht als einen glücklich gewählten betrachten; dieser Einwand richtet sich allerdings ebenso gegen sein Prototyp »elektromotorische Kraft«, welche wenig passende Benennung trotzdem so allgemein eingebürgert ist, dass an eine Namensänderung nicht gedacht werden kann.

Bosanquet behielt ferner die Induktion $\mathfrak{B}$ bei und nannte nun $M/\mathfrak{B}$ den magnetischen Widerstand; obwohl aus seiner Abhandlung hervorzugehen scheint, dass er wohl einsah, dass der Querschnitt noch hätte berücksichtigt werden sollen. In der That, in dem Rahmen der von ihm durchgeführten Analogie entspricht nicht die Induktion $\mathfrak{B}$, sondern der Induktionsfluss $\mathfrak{G}$ dem elektrischen Strom. Wenn man also überhaupt einen magnetischen Widerstand einführt, so hat man dazu das Verhältniss $M/\mathfrak{G}$, nicht $M/\mathfrak{B}$ zu wählen, wie das auch in der Folge seitens aller Autoren geschehen ist.

§ 117. Fortsetzung (W. v. Siemens). Im Oktober 1884 beschäftigte sich sodann Werner v. Siemens in seinen »Beiträgen zur Theorie des Magnetismus«[1]) mit dieser Frage, wobei er mit geschlossenen und mit ungeschlossenen Elektromagneten experimentirte. Seine Resultate fasst er selbst im Anhang zu seinen Lebenserinnerungen folgendermaassen zusammen: »So kann man auch die magnetische Fernwirkung nach Faraday's Vorgang als eine von Molekül zu Molekül oder von Raumelement zu Raumelement fortschreitende Wirkung ansehen und ist dann berechtigt, die Gesetze für molekulare Übertragung von Wärme, Elektricität und elektrostatische Vertheilung auch auf den Magnetismus anzuwenden«.

»Diese Theorie bedingt ihrerseits die Annahme, dass der Magnetismus, wie der elektrische Strom und die elektrische Vertheilung, nur in geschlossenen Kreisen existiren kann, in denen

---

1) W. v. Siemens, Berl. Sitzungsber. Okt. 1884; Wied. Ann. **24**, p. 93, 1885.

das magnetische Moment dem Widerstande des Kreises umgekehrt proportional ist. Es führt diese Betrachtung daher zur Einführung der Begriffe »magnetischer Vertheilungswiderstand« und »magnetische Leitungsfähigkeit« des Raumes und der magnetischen Körper. Es kann hiernach in einer Eisenstange durch einen sie umkreisenden elektrischen Strom nur so viel Magnetismus erzeugt werden, als durch den die Eisenstange umgebenden Raum von einem zum andern Pole fortgeleitet oder gebunden werden kann. Meine Versuche haben diese Anschauung bestätigt, und es hat sich bei ihnen ergeben, dass die magnetische Leitungsfähigkeit des weichen Eisens annähernd 500 Mal so gross ist, wie die der nichtmagnetischen Materie und des leeren Raumes.«

»Es kann hiernach bei der Konstruktion elektromagnetischer Maschinen zur Ermittelung der zweckmässigsten Dimensionen das Ohm'sche Gesetz zur Anwendung gebracht werden, was dem Elektrotechniker in vielen Fällen von Nutzen sein wird. Der von mir, soviel ich weiss, zuerst eingeführte Begriff der magnetischen Leitungsfähigkeit ist inzwischen in technischen Arbeiten vielfach benutzt und weiter entwickelt — freilich ohne auf meinen Vorgang Bezug zu nehmen«.[1])

Was letzteren Passus anbelangt, so muss es dem Leser überlassen bleiben, sich über die relativen Verdienste der betheiligten Forscher ein Urtheil zu bilden. Die betreffende wissenschaftliche Epoche liegt für eine historisch-kritische Behandlung zu nahe, so dass wir uns hier darauf beschränken müssen, einen möglichst objektiven Überblick über die einschlägige Literatur zu geben.

Zur nähern Erläuterung des obigen, in gemeinverständlichem Tone gehaltenen Citats fügen wir noch folgende Erklärung hinzu und verweisen im übrigen auf die citirte Originalabhandlung.

Als allgemeines Gesetz wird folgendes aufgestellt (a. a. O. p. 95):

Die »Stärke des Magnetismus« [b] ist gleich der »Summe der magnetisirenden Kräfte« [e] dividirt durch die »Summe der ihnen entgegenstehenden Widerstände« [i] (vergl. §§ 119 und 124).

Statt [b] ist in unserer Benennungsweise zu lesen: Induktionsfluss; statt [e[: Linienintegral der magnetischen Intensität. [i] wird (a. a. O. p. 98) proportional der Länge, und umgekehrt proportional dem Querschnitt und der magnetischen Leitfähigkeit des Eisens

1) W. v. Siemens, Lebenserinnerungen. p. 314. Berlin 1892.

gesetzt. Die Veränderlichkeit letzterer Grösse wird betont und ihr höchster Werth durch Versuche ungefähr gleich 500 gefunden, wobei die Leitfähigkeit der Luft gleich Eins gesetzt wird.

§ 118. **Fortsetzung (Kapp; Pisati).** In 1885 entwickelte Gisbert Kapp aus den vorhergehenden Anschauungen empirische Regeln für den Bau von Dynamomaschinen, welche in der Technik vielfach mit grossem Erfolg benutzt worden sind.[1]) Anspruch auf wissenschaftlichen Werth können die Kapp'schen Regeln freilich weniger erheben, zum Theil auch schon deswegen, weil ihnen statt der allgemein üblichen C.-G.-S. Einheiten der englische Zoll und die Minute zu Grunde gelegt sind.

In diesem gemischten Maasssystem wird der magnetische Widerstandskoefficient der Luft durch die Zahl 1440 ausgedrückt; derjenige des Eisens wurde zuerst als konstant betrachtet; der Bequemlichkeit halber wurde für Schmiedeeisen die Zahl 2, für Gusseisen 3 angenommen. Allerdings ergab dann die Regel eine Kraftlinienzahl, welche unter Umständen bis zu 40% grösser war als die thatsächlich beobachtete; zum Theil rührte dies wohl von Streuung her. Sodann führte Kapp eine Arcustangens-Formel für den Magnetismus ein, wie solche schon 1850 von J. Müller, 1865 von v. Waltenhofen vorgeschlagen worden waren.[2])

In neuerer Zeit (1890) ist von Pisati[3]) die Analogie der Theorie magnetischer Kreise mit der Fourier'schen Wärmeleitungstheorie wieder hervorgehoben und experimentell verfolgt worden. Nach dem Obigen ist dies nur ein Specialfall der allgemeinen Analogie; man hat dann folgerichtig, wie wir weiter unten sehen werden, die Induktion der Wärmeströmung (d. h. der pro Zeiteinheit durch die Einheit des Querschnitts fliessenden Wärmemenge), die magnetische Intensität dagegen dem Temperaturgefälle zu assimiliren. Das Verhältniss beider Grössen ist im einen Falle die magnetische Permeabilität, im andern der Fourier'sche Wärmeleitungskoefficient. Letzterer ist nun thatsächlich keine Konstante, wie von Fourier zwar ursprünglich vorausgesetzt wurde, sondern er hängt von der Temperatur ab; diese Analogie ist daher weniger

---

1) Gisbert Kapp, the Electrician. Band **14**, **15**, **16**. 1885.

2) J. Müller, Pogg. Ann. **79**, p. 337, 1850 u. **82**, p. 181. 1851; von Waltenhofen, Wien. Ber. **52**, 2. Abth. p. 87. 1865.

3) Pisati, Rend. R. Acc. Lincei. **6**, pp. 82, 168, 487. 1890.

mangelhaft, als die mit dem Ohm'schen Gesetz, bei dem der elektrische Leitungskoefficient absolut konstant ist (§ 120). Um indessen die Analogie zu einer mathematisch vollkommenen zu gestalten, müsste der Wärmeleitungskoefficient keine Funktion der Temperatur, sondern eine solche des Temperaturgefälles sein, was, soweit bisher bekannt, nicht der Fall ist.

In der Fourier'schen Theorie wird ferner noch ein zweiter Wärmeleitungskoefficient eingeführt, welcher die Wärmeentziehung an der Oberfläche der Leiter durch Konvektion, Strahlung und Leitung der Luft berücksichtigt. Diese Erscheinung soll nach Pisati das Analogon zur magnetischen Streuung bilden.

Den Fall von Stäben und Ringen, welche lokale Spulen tragen, vergleicht er dann mit dem bekannten Fourier'schen Probleme des einer gegebenen Temperaturvertheilung unterliegenden Wärmeleiters, welcher im übrigen in ein abkühlendes Medium gebettet ist. Die Versuche Pisati's zeigen zum Theil eine gute Übereinstimmung mit seiner Theorie.

In allerneuester Zeit reihen sich der einschlägigen Literatur Abhandlungen von Steinmetz, Kennelly, Corsepius, R. Lang und O. Frölich an.[1]) Nach diesem historischen Überblick wenden wir uns zur Darstellung des augenblicklichen Standes der Anschauungen auf dem vorliegenden Gebiete.

B. Moderne Auffassung des magnetischen Kreises.

§ 119. Definitionen. Zunächst schicken wir die Definitionen der neu einzuführenden Begriffe voraus und erläutern diese wie üblich am typischen Beispiel des geschlossenen, peripherisch gleichförmig magnetisirten Toroids; dessen mittlerer Umfang sei wieder mit L, der Querschnitt des Profils mit S bezeichnet. Sämmtliche zu definirenden Grössen lassen sich in der einfachsten Weise aus den Vektoren $\mathfrak{B}$ und $\mathfrak{H}$ und den geometrischen Dimensionen L und S herleiten.

1. Der Induktionsfluss (engl.: »flux of induction«) $\mathfrak{G}$ ist bereits früher definirt worden (§ 61); es ist

$$\mathfrak{G} = \mathfrak{B} S. \tag{3}$$

---

1) Steinmetz, Elektrotechn. Zeitschr. **12**, pp. 1, 13, 573. 1891; **13**, pp. 203, 365. 1892. Kennelly, daselbst **13**, p. 205. 1892. Corsepius, daselbst **13**, pp. 243, 414. 1892. R. Lang, daselbst **13**, pp. 473, 485, 495, 510, 522. 1892. O. Frölich, daselbst **14**, pp. 365, 387, 401. 1893.

2. Das Linienintegral der Intensität $\mathfrak{H}$ am Umfang des Toroids entlang ist ($\mathfrak{H}\,L$); diese Grösse nennt man nach dem Vorgange Bosanquet's (§ 116) ziemlich allgemein die magnetomotorische Kraft (engl. »magnetomotive force«); wir bezeichnen sie mit M. Im vorliegenden Falle kann sie nicht als magnetische Potentialdifferenz aufgefasst werden, weil das magnetische Potential in dem toroidalen Raumgebiet vieldeutig ist. Wir haben also

$$M = \mathfrak{H}\,L. \tag{4}$$

3. Die Permeabilität (engl. »permeability«) μ ist bereits anfangs definirt worden (§ 14); es ist

$$\mu = \frac{\mathfrak{B}}{\mathfrak{H}}. \tag{5}$$

4. Der Widerstandskoefficient (engl. »reluctivity«) ξ ist ebenfalls früher eingeführt worden (§ 14); es ist

$$\xi = \frac{1}{\mu} = \frac{\mathfrak{H}}{\mathfrak{B}}. \tag{6}$$

Wir werden nun zwei weitere Grössen betrachten, welche aus den beiden letztgenannten Zahlen in rein geometrischer Weise hergeleitet werden. Diese Zahlen charakterisiren nur die magnetischen Eigenschaften der betrachteten Substanz, während bei den neu einzuführenden skalaren Grössen auch die Längs- und Querdimensionen des zu magnetisirenden Körpers berücksichtigt werden.

5. Die magnetische Leitfähigkeit (engl. »permeance«) V wird definirt durch die Gleichung

$$V = \frac{\mu S}{L} \tag{7}$$

und deren reciproker Werth:

6. der magnetische Widerstand (engl. »reluctance«) X durch die Gleichung

$$X = \frac{\xi L}{S} = \frac{1}{V}. \tag{8}$$

Gehen wir nun aus von der Gleichung (5), welche wir in folgender Form schreiben:

$$\mathfrak{B} = \mu\,\mathfrak{H}$$

und multipliciren wir beide Seiten mit S/L, so kommt nach einer einfachen Umformung

$$(\mathfrak{B}\,S) = \frac{\mu\,S}{L}\,(\mathfrak{H}\,L).$$

Führen wir jetzt die oben definirten Grössen ein, so wird

$$\text{(I)} \qquad \mathfrak{G} = M\,V = \frac{M}{X}.$$

Diese Gleichung besagt:

I. Der Induktionsfluss ist gleich dcr magnetomotorischen Kraft multiplicirt in die magnetische Leitfähigkeit, bezw. dividirt durch den magnetischen Widerstand.

§ 120. Das Ohm'sche Gesetz. Dieser Satz lautet in der angeführten Fassung dem Ohm'schen Gesetz ähnlich, ist aber in Wirklichkeit gerade in dem Kernpunkte davon verschieden, wie alsbald ausführlich dargelegt werden soll. Es muss daher als unwissenschaftlich bezeichnet werden, die Übertragung des Ohm'schen Gesetzes auf elektromagnetisches Gebiet ohne weiteres vorzunehmen, wie es vielfach geschehen ist. Eine solche Übertragung bietet zwar gewisse praktische Vorzüge, indem sie gestattet, einige uns geläufige Vorstellungen beizubehalten, welche sich an das Ohm'sche Gesetz knüpfen; indessen ist dies selbstverständlich keine genügende Begründung für ihre unbedingte Zulässigkeit, welche namentlich aus folgenden Gründen nicht zugegeben werden kann.

Die Quintessenz des Ohm'schen Gesetzes ist die Konstanz des elektrischen Widerstandes, d. h. seine vollkommene Unabhängigkeit von der Stromstärke; bekanntlich hängt jene Grösse nur von der Beschaffenheit des Leiters, seiner Temperatur[1]) und

---

1) Dass die Temperatur unter Umständen durch die entwickelte Stromwärme erhöht wird und dadurch mittelbar der Widerstand von der Stromstärke abhängig werden kann, ist ganz nebensächlich und kann durch geeignete Anwendung von Eisbädern u. dgl. verhindert werden. Die Temperatur ist durch den Strom durchaus nicht eindeutig bestimmt; sie ist keine Funktion desselben, sondern vielmehr als eine unabhängig Variabele zu betrachten. Diese übrigens auf der Hand liegende Bemerkung wird hier eingeschaltet, da von einigen Seiten aus der Erhitzung durch Stromwärme entgegengesetzte Schlüsse gezogen worden sind.

seinen geometrischen Dimensionen ab; von der Natur des umgebenden Mittels ist sie nach den bisherigen Erfahrungen ebenfalls unabhängig.[1]) Maxwell drückt sich, nachdem er das Ohm'sche Gesetz aufgestellt hat, darüber wörtlich folgendermassen aus:

»Hierbei wird ein neuer Ausdruck, der Widerstand eines Leiters, eingeführt, welcher als das Verhältniss der elektromotorischen Kraft zu der von ihr erzeugten Stromstärke definirt wird Die Einführung dieses Ausdrucks hätte keinen wissenschaftlichen Werth gehabt, wenn nicht Ohm durch seine Versuche gezeigt hätte, dass er einer wirklichen physikalischen Grösse entspricht, d. h. dass er einen bestimmten Werth hat, welcher sich nur ändert, wenn die Natur [d. h. Beschaffenheit, Dimension und Temperatur] des Leiters eine andere wird«.[2])

Diese Warnung Maxwell's, dass die Einführung neuer Begriffe, bezw. moderner Ausdrücke für alte Begriffe, lieber unterlassen werden sollte, solange deren wissenschaftlicher Werth nicht nachgewiesen ist, dürfte neuerdings nicht immer genügend beherzigt worden sein.

Nach den von Maxwell erwähnten Versuchen, welche Ohm selbst anstellte, sind noch unzählige andere zur Prüfung seines Gesetzes ausgeführt worden. Wir erwähnen nur diejenigen von Fechner, Pouillet, Beetz, R. Kohlrausch und Chrystal[3]). Letzterer fasst die Resultate seiner Untersuchungen, bei welchen eine von Maxwell vorgeschlagene Methode benutzt wurde, wie folgt zusammen: »Der elektrische Widerstand eines Leiters ändert sich innerhalb des ausgedehnten, zur Untersuchung herangezogenen Strombereichs noch nicht um ein Billionstel seines Werthes.« Das Ohm'sche Gesetz ist demnach mit einer Genauigkeit bestätigt worden, welche in der Physik kaum ihresgleichen findet.

§ 121. Die magnetische Widerstandsfunktion. Stellen wir nun dem klassischen Ohm'schen Gesetze in seiner üblichen einfachen Form

---

1) Dabei wird von den neuesten Versuchen Sanford's (Phil. Mag. [5] **35**, p. 65, 1893) abgesehen, da diese einer Reihe kritischer Bedenken unterliegen, mindestens aber der einwandsfreien Bestätigung bedürfen.

2) Maxwell, Treatise 2. Aufl. **1** § 241.

3) Siehe Wiedemann, Lehre v. d. Elektricität. 3. Aufl. **1**, §§ 329 bis 353.

(9) $$I = \frac{E}{R}$$

die oben aufgestellte magnetische Gleichung (I) gegenüber

$$\mathfrak{G} = \frac{M}{X}.$$

Es ist darin zwar der Induktionsfluss $\mathfrak{G}$ eine, abgesehen von Hysteresis, eindeutige Funktion der magnetomotorischen Kraft M; beide Grössen sind aber durchaus nicht proportional, indem ihr Verhältniss X keineswegs konstant ist, daher nicht als ein Widerstand im Sinne Ohm's betrachtet werden darf. Denn sobald man von dieser Konstanz des Widerstandes absieht, könnte man in folgerichtiger Weise jede beliebige, noch so komplicirte Funktion in ihr Argument dividiren und den Quotienten als einen mathematischen Widerstand entgegen dem Anwachsen der Funktion betrachten. Auch wäre man dann im Stande, fast jeden in der Natur stattfindenden Vorgang durch eine dem Ohm'schen Gesetze entsprechende Gleichung darzustellen.

Was den thatsächlichen Verlauf der magnetischen »Widerstandsfunktion« X für einen gegebenen ferromagnetischen Körper betrifft, so erinnern wir an die oben gegebene Definition, [Gleichung (8)]

$$X = \frac{\xi L}{S}.$$

Da L und S geometrische Konstanten sind, genügt es, den Gang des Widerstandskoefficienten ξ (des Reciproken der Permeabilität μ) zu betrachten, wie das bereits im ersten Kapitel (§ 14) geschehen ist. Wir verweisen dafür auf die Kurve $\xi =$ funct. ($\mathfrak{H}$) [Fig. 4 p. 23] und die Diskussion des Verlaufs derselben. Man kann bekanntlich jede beliebige Kurve innerhalb eines kurzen Bereichs immer angenähert durch eine Gerade darstellen; so weicht auch jene Kurve des Widerstandskoefficienten, nachdem sie ihren Minimumpunkt durchlaufen hat, nur wenig von einer solchen ab. Sie kann daher wenigstens in dem, für das betreffende Gusseisen geltenden Abscissenintervall zwischen 25 und 500 C.-G.-S., innerhalb dessen die technisch benutzten Intensitäten meistens liegen werden, dargestellt werden durch die Gleichung

(10) $$\xi = a + b\,\mathfrak{H} \qquad [25 < \mathfrak{H} < 500],$$

worin a und b zwei Konstanten bedeuten; und zwar wird a in dem vorliegenden Falle nur einen geringen Werth aufweisen, da die betreffende Gerade fast durch den Ursprung geht. Letzteres wäre genau der Fall, wenn die Induktion $\mathfrak{B}$ innerhalb des betrachteten Bereichs vollkommen konstant wäre; denn der Definition gemäss ist $\xi = \mathfrak{H}/\mathfrak{B}$, also bei konstantem Nenner proportional dem Zähler, d. h. graphisch darstellbar durch eine Gerade durch den Ursprung. Bekanntlich ist aber die Induktion zwar in einem gewissen Intervall wenig veränderlich, jedoch nirgends vollkommen konstant und strebt dieselbe auch keinem konstanten Werthe zu (vergl. Fig. 3 p. 21).

Jene empirische Lineargleichung (10) ist in neuester Zeit von verschiedenen Seiten besonders hervorgehoben worden[1]); sie besitzt in Wirklichkeit eine wissenschaftlich untergeordnete Bedeutung. Setzt man sie in die Gleichung

$$\mathfrak{B} = \frac{\mathfrak{H}}{\xi}$$

ein, so kommt

$$\mathfrak{B} = \frac{\mathfrak{H}}{a + b\mathfrak{H}} = \frac{1}{b} \cdot \frac{\left(\frac{b}{a}\right)\mathfrak{H}}{1 + \left(\frac{b}{a}\right)\mathfrak{H}}, \tag{11}$$

welche Gleichung bis auf den konstanten Faktor $1/b$ mit der weiter unten (§§ 138, 139) zu besprechenden älteren Frölich'schen Formel übereinstimmt. Obige, ebenfalls rein empirische und auf dasselbe Bereich wie die Gleichung (10) zu beschränkende Beziehung (11) gilt offenbar zunächst nur für geschlossene Ringe, weil die ihr zu Grunde liegende Kurve ξ = funct. ($\mathfrak{H}$) [Fig. 4 p. 23] aus der normalen Magnetisirungskurve [Fig. 2 p. 20] hergeleitet ist, bei welcher entmagnetisirende Wirkungen nicht berücksichtigt sind.

§ 122. Zusammenfassung. Wir haben die auf magnetischem Gebiete noch vielfach herrschenden empirischen Methoden nicht oder nur beiläufig erwähnt, was um so mehr gerechtfertigt war, als wir uns jetzt im Besitze genügender rationeller Anhaltspunkte befinden, um die Lösung der meisten praktischen Fragen mit Erfolg in Angriff nehmen zu können.

Namentlich ist es die in Kap. VI (§§ 96—100) behandelte Theorie der Gebr. Hopkinson vom Jahre 1886, welcher in

1) Vergl. namentlich Kennelly, Elektrotechn. Zeitschr. **13**, p. 205. 1892.

dieser Hinsicht grosse Bedeutung zukommt; sie vereinigt Schärfe mit Kürze und Eleganz; wesentliche Einwände lassen sich kaum gegen sie erheben. In der oben citirten Hopkinson'schen Abhandlung wird man vergeblich die Ausdrücke »magnetomotorische Kraft« und »Widerstand«, geschweige denn irgendwelche Bezugnahme auf ein dem Ohm'schen nachgebildetes Gesetz suchen. Freilich ist dort der durch ersteren Ausdruck bezeichnete Begriff, das Linienintegral der Intensität, als Hauptvariabele neben dem Induktionsfluss eingeführt; infolgedessen lässt sich die Hopkinson'sche Gleichung auch ohne Weiteres in eine Reihe von Gliedern umformen, deren jedes die Gestalt der Gleichung (I) (§ 119) hat, wie wir später (§ 131) zeigen werden.

Übrigens sei nochmals hervorgehoben, dass es an und für sich durchaus statthaft ist, wenn es auch keinen besondern wissenschaftlichen Werth hat, die magnetomotorische Kraft durch den Induktionsfluss zu dividiren und den Quotienten den magnetischen Widerstand zu nennen, bezw. dessen Reciprokes als magnetische Leitfähigkeit einzuführen. Es soll auch die Anschaulichkeit, welche durch die Einführung dieser beiden Grössen gewonnen wird, durchaus nicht geleugnet werden; wir werden uns davon in den folgenden Kapiteln noch wiederholt überzeugen können. Der Fehlschluss tritt eben, wie gesagt, erst dann auf, wenn man den so definirten magnetischen Widerstand, welcher von der Intensität bezw. der Induktion in der willkürlichsten Weise abhängt, nun ohne weiteres dem elektrischen Widerstande assimilirt[1]), dessen wesentliche Haupteigenschaft gerade die absolute Konstanz ist.

---

1) Die nicht zu leugnende formelle, rein oberflächliche Analogie der beiden Begriffe, neben welcher ein so fundamentaler Unterschied in den Eigenschaften einhergeht, kommt in den, von den meisten britischen Autoren adoptirten verschiedenen Bezeichnungen »electric resistance« und »magnetic reluctance« einigermaassen zum Ausdruck. Leider lassen sich dafür schwerlich zwei genau entsprechende Ausdrücke finden, und muss in beiden Fällen dasselbe Wort »Widerstand« benutzt werden, wobei man sich den Unterschied stillschweigend hinzuzudenken hat. Überhaupt lässt sich die ebenso klare wie begrifflich scharf getrennte englische Nomenklatur: »electric resistance, resistivity; conductance, conductivity«; dagegen »magnetic reluctance, reluctivity; permeance, permeability« (vgl. § 119) schwerlich ohne Sprachverstümmelung nachahmen.

§ 123. Streuung — Magnetische Nebenschlüsse. Obige Behauptungen werden dadurch nicht entkräftet, dass man in einigen Fällen bei der Anwendung eines dem Ohm'schen nachgebildeten Gesetzes auf magnetische Kreise ungefähr richtige Resultate erhalten hat. Namentlich kann dies zutreffen, solange die Permeabilität des Ferromagnetikums im Vergleich zu derjenigen des umgebenden indifferenten Raumes, d. h. zur Einheit, sehr gross ist, Es wird in vielen Fällen gleichgültig sein, ob die Permeabilität z. B. den Werth 200 oder 2000 aufweist; beide Zahlen sind so gross, dass die praktischen Resultate dadurch nicht wesentlich berührt werden; dagegen wird die Giltigkeit des Ohm'schen Gesetzes dadurch offenbar wohl beeinträchtigt.

Die Abweichungen werden um so stärker hervortreten, je mehr die Permeabilität des Ferromagnetikums abnimmt, d. h. je mehr die magnetische Intensität wächst. Nehmen wir einen Augenblick diskussionshalber die unbedingte Richtigkeit der Analogie eines magnetischen Kreises mit einer, in einen Elektrolyten getauchten, Volta'schen Säule an (§ 112). Das Abnehmen der Permeabilität und ihre allmähliche Annäherung an den Werth Eins (§ 14) würde dann sein Analogon darin finden müssen, dass die Leitfähigkeit der Säule irgendwie herabgedrückt würde und sich der geringeren Leitfähigkeit der umgebenden Flüssigkeit immer mehr näherte. Offenbar würde dann der elektrische Strom sich mehr in den Elektrolyten verbreiten; d. h. die Stromlinien würden sich immer mehr aus der Säule in den Elektrolyten zerstreuen. Nach der angenommenen Analogie hat man nun bisher meistens geschlossen, dass die Streuung der Induktionslinien im magnetischen Kreise ebenfalls bei wachsender Intensität unter allen Umständen zunehmen müsse, dass also auch die Streuungskoefficienten grössere Werthe annehmen müssen.

Dies ist aber im Widerspruch mit den Thatsachen. Wir haben bereits (§ 88) darauf hingewiesen, dass nach den Versuchen Lehmann's beim gleichförmig peripherisch magnetisirten, radial geschlitzten Toroid die Streuung schliesslich abnimmt. Dieser Versuch ist der jetzt besprochenen Auffassung gegenüber gewissermassen als »experimentum crucis« zu betrachten. Wir haben dann (§ 90) jene Abnahme durch das Kirchhoff'sche Sättigungsgesetz in Verbindung mit dem tangentialen Brechungsgesetz der Induktionslinien erklärt. Indessen lassen sich leicht elektromagnetische

Systeme ersinnen, bei denen die Streuung zuletzt zunimmt, und es ist das sogar vermuthlich bei den meisten praktisch angewandten Anordnungen thatsächlich der Fall, obwohl ausführlichere Versuche hierüber zur Zeit nicht vorliegen. Es hängt eben alles von der Vertheilung des magnetisirenden Feldes der Spulen mit Bezug auf die geometrische Gestalt des Ferromagnetikums ab, wie früher (§ 95) eingehend erörtert wurde. Bei dem galvanischen Analogon giebt es jedoch offenbar kein einziges Moment, welches diesen magnetischen Sättigungserscheinungen entspricht.

Nach alledem muss unsere Schlussfolgerung dahin lauten, dass die Übertragung des Ohm'schen Gesetzes auf magnetische Kreise unzulässig ist. In noch höherem Maasse gilt dies betreffs der Kirchhoff'schen Gesetze für verzweigte Stromleiter, welche das Ohm'sche zur nothwendigen Voraussetzung haben. Die Anwendung jener Regeln auf magnetische Verzweigungen und »Nebenschlüsse« wird fast immer zu quantitativ falschen Ergebnissen führen, oder im günstigsten Fall zu Resultaten, welche nur qualitativ oder in roher Annäherung innerhalb eines engen Bereichs richtig sind,[1]) jedenfalls aber keine allgemeinere Bedeutung beanspruchen können.

§ 124. Vergleichstabelle. Wenngleich nach obigen Ausführungen die physikalische Identität der Theorie der magnetischen Kreise mit der Theorie von Stromkreisen der verschiedensten Art nicht zutrifft, so ist dagegen deren rein formelle Ähnlichkeit eine weitgehende. Diese, eine Anzahl Gebiete der Physik umfassende mathematische Analogie bietet immerhin grosses Interesse; wir geben daher in diesem Paragraphen eine vergleichende Tabelle, aus welcher das Wesen derselben in übersichtlicher Weise hervorgehen dürfte. In 6 verschiedenen Spalten sind die den 6 betrachteten Theorien zugehörigen Begriffe aufgeführt, und zwar in nachfolgender Reihenfolge:

---

1) Vergl. hierzu Ayrton and Perry, on magnetic shunts, Journ. Soc. Telegr. Engin. **15**, p. 539, 1886 (das Original war dem Verfasser nicht zugänglich). Einer Privatmittheilung des leider seither verstorbenen römischen Physikers Pisati zufolge bestätigten die von ihm seiner Zeit mit magnetischen Nebenschlüssen erhaltenen unregelmässigen Versuchsresultate das im Texte Behauptete. Soweit der Verf. erfahren konnte sind diese Untersuchungen Pisati's nicht mehr veröffentlicht worden.

Sp. I. Filtration inkompressibeler reibungsloser Flüssigkeiten durch poröse Körper (Lord Kelvin).
Sp. II. Diffusion gelöster Substanzen in Lösungen (Fick).
Sp. III. Wärmeleitung (Fourier).
Sp. IV. Dielektrische Polarisation (Maxwell).
Sp. V. Elektricitätsleitung (Ohm).
Sp. VI. Ferromagnetische Induktion (Faraday, Maxwell).

Tabelle VII.

	I. Filtration (§ 113)	II. Diffusion in Lösungen	III. Wärmeleitung	IV. Dielektrische Polarisat.	V. Elektricitätsleitung	VI. Ferromagnet. Induktion
[a]	Flüssigk.-Menge	Masse	Wärmemenge	—	Elektric.-menge Q	—
[b]	Strom	Massenstrom	Wärmefluss	Dielkt. Indukt.-Fl.[1]	Elektr. Strom I	Indukt.-Fluss $\mathfrak{G}$
[c]	Strömung	Massenströmung	Wärmeströmung	Dielektr. Indukt.[1]	Elektr. Strömg. $\mathfrak{C}$	Induktion $\mathfrak{B}$
[d]	Kinet. Energ. pr. Vol.-Einh.	Koncentrationsgefälle[2]	Temper.-gefälle	Elektr. Intensität	Elektrom. Intensität $\mathfrak{E}$	Magnet. Intensität $\mathfrak{H}$
[e]	—	Koncentration[2]	Temperatur	Elektr. Potential	Elektromot. Kraft E	Magnetomot. Kraft M
[f]	Hydrokinet. Permeabilität	Diffusionskoefficient	Wärmeleitungskoefficient	Dielektricitätskonstante	Leitungskoefficient	Magnet. Permeabilität μ
[g]	—	—	—	—	Widerst.-koeffic.	Widerst.-koeffic. ξ
[h]	—	—	—	—	Leitfähigkeit	Mgn. Leitfähigk. V
[i]	—	—	—	—	Widerstand R	Magn. Widerst. X

1) Mascart et Joubert, Electricité et Magn. 1, § 115. Paris 1882.

2) Nach der neueren Diffusionstheorie würde man an dieser Stelle das osmotische Druckgefälle bezw. den osmotischen Druck einführen,

In einer und derselben Zeile der Tab. VII sind die sich entsprechenden Begriffe angeführt, und zwar in Zeile

[a] Die reelle oder fiktive Substanz, welche strömt.

[b] Die Menge dieser Substanz, welche pro Zeiteinheit durch irgend einen Querschnitt S strömt, d. h. der Strom oder der Fluss durch diesen Querschnitt.

[c] Der Strom pro Einheit des Querschnitts, d. h. die Strömung; falls diese über den betrachteten Querschnitt gleichförmig ist, so ist

$$[b] = [c]\, S. \tag{12}$$

[d] Das antreibende Agens, welches die Strömung bedingt.

[e] Das Linienintegral desselben längs irgend einer Strecke L. Es ist daher im Fall der Gleichförmigkeit über diese Strecke

$$[e] = [d]\, L. \tag{13}$$

[f] Die Eigenschaft, welche bei gegebener Intensität des antreibenden Agens [d] den Werth der Strömung [c] bestimmt. Es ist in allen Fällen

$$[f] = \frac{[c]}{[d]}. \tag{14}$$

Dieses Verhältniss ist genau konstant sub V und, soweit bis jetzt bekannt, auch sub IV; angenähert konstant ist es sub II und III und wohl auch I; völlig veränderlich sub VI.

[g] Die Eigenschaft, welche durch den reciproken Werth von [f] gemessen wird, daher

$$[g] = \frac{1}{[f]} = \frac{[d]}{[c]}. \tag{15}$$

[h] Durch Definition gleich [f] S/L gesetzt, daher auch

$$[h] = \frac{[c]\, S}{[d]\, L} = \frac{[b]}{[e]}, \quad \text{oder} \quad [b] = [e]\,[h] \tag{16}$$

[i] Durch Definition gleich [g] L/S gesetzt, daher auch

$$[i] = \frac{[d]\, L}{[c]\, S} = \frac{[e]}{[b]}, \quad \text{oder} \quad [b] = \frac{[e]}{[i]} \tag{17}$$

---

welche dem Koncentrationsgefälle bezw. der Koncentration proportional sind. Bei der Interdiffusion von Gasen wäre dagegen der Partialdruck einzuführen.

In die beiden letzteren Grössen [h] und [i] gehen ausser den specifischen Eigenschaften des betrachteten Körpers noch dessen geometrische Dimensionen ein.

Die einfache Anwendung der gegebenen symbolischen Beziehungen (12)—(17) auf die einzelnen Gebiete wird einen genügenden Einblick in die Natur der in diesem Kapitel behandelten Analogien gewähren. Die gegebene Tabelle VII umfasst in dieser Weise eine grosse Anzahl physikalischer Fundamentalgleichungen. Aus den nebeneinander befindlichen Spalten V und VI dürfte die Natur der speciellen Analogie zwischen Elektricitätsleitung und magnetischer Induktion noch besonders deutlich zu ersehen sein.

Achtes Kapitel.

Magnetischer Kreis von Dynamomaschinen oder Elektromotoren.

§ 125. Maschinen mit einfachem magnetischen Kreise. In diesem und dem folgenden Kapitel soll eine kurze Anleitung für die Anwendung der bisher gewonnenen Ergebnisse auf technische Konstruktionsaufgaben gegeben werden. Und zwar werden wir zunächst den magnetischen Kreis von Dynamomaschinen oder Elektromotoren betrachten; bekanntlich ist das theoretische Schema beiden Maschinenarten dasselbe, sodass infolge der Reversibilität der zu Grunde liegenden Wirkungen jede Dynamomaschine als Elektromotor benutzt werden kann und umgekehrt; dagegen wird man freilich betreffs der konstruktiven Einzelheiten den jeweilig in's Auge gefassten Zweck berücksichtigen. Wir beschränken uns auf die Behandlung möglichst einfacher und typischer Fälle, indem wir für alle weiteren Ausführungen auf specielle Werke verweisen.[1])

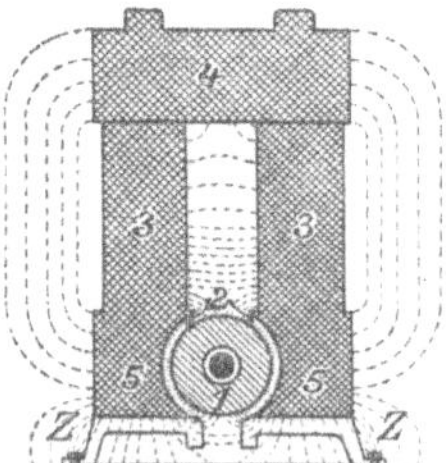

Fig. 28.

Wir knüpfen zunächst an Kap. VI (§§ 96—100) an und wenden die dort gegebene allgemeine Methode der Gebr. Hopkinson beispielsweise auf den einfachen magnetischen Kreis der von ihnen

1) So z. B. Silv. Thompson, Dynamo-electric Machinery, 4. Aufl. London 1892; Kittler, Handbuch der Elektrotechnik, 2. Aufl. Stuttgart 1892. O. Frölich, Die dynamoelektrische Maschine, Berlin 1886, und manche andere.

untersuchten Edison-Hopkinson'schen Gleichstromdynamo an, welcher in Fig. 28 schematisch dargestellt ist.[1]) Wir haben bei diesem magnetischen Kreise fünf in der Figur entsprechend numerirte Hauptttheile zu unterscheiden; die ferromagnetischen Theile sind schraffirt.

1) Die Armatur; deren mittlerer Eisenquerschnitt sei S_1, die mittlere Strecke, welche die Induktionslinien im Eisen durchlaufen, L_1.

2) Das Interferrikum, d. h. der magnetisch indifferente Raum, welcher zwischen dem Eisenkern der Armatur und der zu ihrer Aufnahme dienenden Ausbohrung der Polstücke offen bleibt, und welcher theils durch die kupfernen Armaturleiter, theils durch die umgebenden Isolirmittel und durch Luft ausgefüllt ist. Die Oberfläche der beiden die Armatur einschliessenden »Polflächen« sei für jede derselben S_2, die lichte Weite des Interferrikums L_2.

3) Die Feldmagnetschenkel. Die mittlere Länge der Induktionslinien, welche auf jeden Schenkel entfällt, sei L_3, der mittlere Querschnitt der letzteren S_3. Die Schenkel seien zusammen mit n Windungen bewickelt, durch die der Strom I'_M fliesse.[2])

4) Das obere Joch. Die entsprechenden Grössen seien für diesen Theil des magnetischen Kreises L_4 und S_4.

5) Die beiden Polschuhe, mit den entsprechenden Dimensionen L_5 und S_5.

Bei der durchaus nicht einfachen geometrischen Gestalt der Theile des magnetischen Kreises und dem theilweise schwer zu übersehenden Verlaufe der Induktionslinien innerhalb derselben können obige mittlere Querschnitte und Längen nur in roher Annäherung angegeben werden; diese Dimensionen unterliegen daher offenbar in hohem Maasse der subjektiven Schätzung.

§ 126. Vorausberechnung. — Totale Charakteristik. Die Fragestellung bei der Vorausberechnung des magnetischen Kreises einer Dynamomaschine, welche heute zu Tage innerhalb weniger Procente zuverlässige Resultate liefert, ist nun kurz gesagt folgende:

---

1) Siehe J. Hopkinson, Original papers on dynamo machinery and allied subjects, p. 94, New-York 1893.

2) Es sei daran erinnert, dass die Accentuirung des I' ebenso wie früher bedeutet, dass der Strom in Ampère, nicht in absoluten C.-G.-S.-Einheiten (Dekaampère), auszudrücken ist.

Wie ist der Werth des Produkts ($n I_M'$), welches man kurz als die Ampèrewindungen der Feldmagnete zu bezeichnen pflegt, zu wählen, damit in der, zunächst als ruhend und stromlos vorausgesetzten, Armatur ein vorgeschriebener Werth der Induktion $\mathfrak{B}$ erzeugt werde?

Es sei hier bemerkt, dass ein bestimmter Induktionswerth für alle Dynamomaschinen nicht vorgeschrieben werden kann; der günstigste Werth hängt gegebenen Falls noch von einer Anzahl Umstände ab. In der Praxis dürfte der Durchschnittswerth der Armaturinduktion, welche ihrer normalen Kontinuität (§ 58) halber mit der Feldintensität im Interferrikum nahezu identisch ist, etwa zwischen 5000 und 15 000 C.-G.S.-Einheiten schwanken. Bei Dynamomaschinen ist es kaum üblich, letztern Werth zu überschreiten; dagegen wird man, der auftretenden Energievergeudung durch Hysteresis wegen, sogar meistens noch bedeutend darunter zu bleiben suchen (vergl. § 143).

Der angegebene höchste Werth ist immerhin noch gering zu nennen, wenn man bedenkt, dass es bei gutem Schmiedeeisen möglich ist, die Induktion $\mathfrak{B} = 60\,000$ C.-G.-S. zu erreichen (vergl. Fig. 3 p. 21 und Kap. IX), und theoretisch ein Grenzwerth für diese Grösse überhaupt nicht existirt. Jedenfalls ist der Beziehung $\mathfrak{B} = 4\pi\,\mathfrak{J}$ [§ 11, Gl. (14)] stets mit sehr grosser Annäherung Genüge geleistet; infolgedessen wird unter den bei einer Dynamomaschine obwaltenden Bedingungen die Permeabilität immer eine sehr hohe sein, ein Umstand, der die hierher gehörigen Betrachtungen in mancher Hinsicht sehr vereinfacht.

Haben wir einmal den Werth der in der Armatur zu erzeugenden Induktion $\mathfrak{B}_1$ bestimmt, dann beträgt der gesamte Induktionsfluss $\mathfrak{G}_1$, welcher sie und daher der Kontinuität (§ 61) halber auch das Interferrikum durchsetzen muss, damit an den einzelnen Stellen der Armatur jene Induktion auftrete,

$$\mathfrak{G}_1 = \mathfrak{B}_1 S_1.$$

Setzt man nunmehr die, bisher als ruhend vorausgesetzte, Armatur in drehende Bewegung, ohne jedoch ihren Stromkreis zu schliessen, so wird in ihrer Bewickelung insgesamt eine elektromotorische Kraft E inducirt werden. Nach den Grundsätzen der Induktion elektromotorischer Antriebe (§ 64) ist diese proportional dem Induktionsfluss $\mathfrak{G}_2$ durch das Interferrikum, weil die kupfernen

Armaturleiter durch letzteres sich hindurchbewegen; nach dem Vorigen ist $\mathfrak{G}_2 = \mathfrak{G}_1$ zu setzen; ferner ist E der Windungsfläche der Armaturbewickelung sowie ihrer Tourenzahl proportional. Unter Einführung eines nur noch von den Dimensionen und der Winkelgeschwindigkeit der Armatur abhängenden Proportionalitätsfaktors A können wir daher

$$E = A\,\mathfrak{G}_2$$

schreiben. Die zwischen den zwei Kommutatorbürsten auftretende Potentialdifferenz ist jener elektromotorischen Kraft gleich, solange die Armatur stromlos bleibt. Bei gegebener Tourenzahl wird sie als Funktion des Stromes I_M' in den Feldmagneten (welchen wir uns zunächst als von einer äussern unabhängigen Stromquelle herrührend denken können) durch eine Gleichung

$$E = \text{funct}\,(I_M') \tag{1}$$

dargestellt. Die betreffende Kurve nennt man nach Marcel Deprez und J. Hopkinson die totale Charakteristik der Dynamomaschine für die betreffende Tourenzahl. Neuerdings führt man übrigens vielfach die Ampèrewindungen statt des Stromes als Argument ein, sodass die Gleichung (1) dann folgendermaassen zu schreiben ist

$$E = \text{funct}\,(n\,I_M'). \tag{1a}$$

Aus dem oben Angeführten geht hervor, dass die diesen Gleichungen entsprechende Kurve bis auf die Skalenmaassstäbe identisch sein muss mit der in § 96 ausführlich besprochenen magnetischen Charakteristik, deren Gleichung folgendermaassen lautet

$$\mathfrak{G}_2 = \Phi_H\,(M), \tag{2}$$

und die den Induktionsfluss durch das Interferrikum in seiner Beziehung zur magnetomotorischen Kraft (§ 119) der Schenkelbewickelung darstellt. Letztere Grösse wird bekanntlich durch die Gleichung

$$M = 0{,}4\,\pi\,(n\,I_M')$$

gegeben (§ 96). Denn die sich links oder rechts entsprechenden Glieder der Gleichungen (1) [bezw. (1a)] und (2) sind den unmittelbar vorhergehenden Beziehungen zufolge nur um die konstanten Faktoren A oder $0{,}4\,\pi\,n$ [bezw. $0{,}4\,\pi$] verschieden.

§ 127. Stromgebende Armatur. — Äussere Charakteristik. Sobald ein Strom durch die Armatur fliesst, ist die Potentialdifferenz zwischen den Kommutatorbürsten — bezw. diejenige zwischen den Hauptklemmen der Maschine — welche wir mit E_K bezeichnen,[1]) nicht mehr gleich der gesamten elektromotorischen Kraft. Sie ist kleiner oder grösser als letztere, je nachdem die Maschine Strom erzeugt oder als Motor arbeitet. Die Kurve, welche diese Potentialdifferenz E_K als Funktion des Nutzstromes I' im äussern Stromkreise darstellt, also der Gleichung

$$(3) \qquad E_K = \text{funct}\,(I')$$

entspricht, nennt man die äussere Charakteristik der Maschine.

Der Strom, welcher die Armatur durchfliesst, hat ferner das, die Vertheilung im magnetischen Kreise erheblich beeinflussende Bestreben, jenes Organ zu magnetisiren, und zwar in einer Richtung, die fast senkrecht ist zu derjenigen der durch die Feldmagnete ursprünglich erzeugten Induktionskomponente. Die aus diesen beiden resultirende Gesamtinduktion erscheint daher in der Armatur gegen letztere Komponente abgelenkt, und zwar

a) im Sinne der Armaturdrehung, d. h. »vorwärts«, wenn die Maschine als Stromerzeuger arbeitet;

b) entgegengesetzt dem Sinne der Armaturdrehung, d. h. »rückwärts«, wenn die Maschine als Elektromotor arbeitet.

Dieser Armaturreaktion halber, welche wir noch näher besprechen werden (§ 134), erleidet die sog. neutrale Zone einen Vorschub bezw. Rückschub und muss die Bürstenstellung dem Armaturstrome entsprechend vorwärts bezw. rückwärts regulirt werden, damit der Kommutator funkenlos arbeite. Dies ergibt wieder eine Verringerung des Induktionsflusses durch den Armaturstrom.

Die äussere Charakteristik (3)

$$E_K = \text{funct}\,(I')$$

für eine gegebene Tourenzahl lässt sich bei arbeitender Maschine mittelst Voltmeter und Ampèremeter in der einfachsten Weise bestimmen und graphisch darstellen. Sie liefert alle nöthigen Anhaltspunkte für die Vorausbestimmung der von der Maschine zu erwartenden Leistungen und spielt daher bei ihrer Beurtheilung eine ähnliche Rolle wie das Indikatordiagramm bei derjenigen einer Dampfmaschine. Sei es, dass die Dynamo als Elektromotor oder

---

1) Diese Potentialdifferenz E_K wird in der technischen Literatur meistens kurz die »Klemmenspannung« genannt.

zur Erzeugung von Strömen für die verschiedensten Zwecke arbeiten soll, stets kann man die hauptsächlich in Betracht kommenden Grössen von vorneherein aus der äussern Charakteristik herleiten. Die hierzu erforderlichen bequemen graphischen Konstruktionen sind nach allen Richtungen hin ausgebildet.[1])

Die äussere Charakteristik hinwieder kann man berechnen aus der eigentlichen totalen Charakteristik [Gleichung (1)], indem man die oben erwähnte Armaturreaktion berücksichtigt und die Widerstände der Armatur und der Magnetbewickelung je nach der besondern Schaltungsart in Rechnung bringt. Als unabhängige Variabele (Abscisse) der totalen Charakteristik (1) bezw. (1a) wird entweder der Strom in der Bewickelung der Feldmagnete oder deren »Ampèrewindungen« betrachtet; denn durch diese Variabele wird die gesamte Leistung der Maschine im Grunde genommen beherrscht. Wegen ihrer oben erwähnten Analogie mit der magnetischen Charakteristik $\mathfrak{G}_2 = \Phi_H(M)$ zeigen die totalen Charakteristiken aller Dynamomaschinen in der Hauptsache einen ganz ähnlichen Typus. Anders die äussere Charakteristik, deren Verlauf namentlich durch die Schaltungsart sehr wesentlich beeinflusst wird, sodass den drei Hauptschaltungen, »Hauptstrom«, »Nebenschluss« und »Verbund« (d. h. gemischte Bewickelung), ebensoviele Arten der äusseren Charakteristik entsprechen, auf deren Einzelheiten hier nicht näher eingegangen werden kann.

Diese kurze Angabe der hauptsächlichsten Gesichtspunkte, welche bei der Vorausbestimmung bezw. der Beurtheilung der Leistungen einer Dynamomaschine maassgebend sind, führt uns also schliesslich auf die Bestimmung der totalen Charakteristik als Hauptaufgabe. Und diese wiederum ist im Grunde nichts anderes als die magnetische Charakteristik $\mathfrak{G}_2 = \Phi_H(M)$, deren Diskussion wir daher jetzt nach obiger Abschweifung fortsetzen werden.

§ 128. Untersuchung der Gebr. Hopkinson. Was den magnetischen Kreis der geprüften Dynamomaschine (Fig. 28 p. 198) betrifft, so wurden der Vereinfachung halber zunächst folgende Voraussetzungen gemacht:

Der in dem oberen Joch (4) herrschende gesamte Induktionsfluss ist derselbe wie derjenige in den beiden Schenkeln (3); er

---

1) Vergl. Silv. Thompson Dynamo-electric Machinery 4. Aufl. Kap. X.

sei daher mit $\mathfrak{G}_3$ bezeichnet. Ebenso ist der »nützliche Induktionsfluss« in der Armatur (1) gleich demjenigen im Interferrikum (2) und den beiden Polschuhen (5); er sei mit $\mathfrak{G}_2$ bezeichnet.

Diese beiden Werthe des Induktionsflusses sind nun ungleich und ihr Verhältniss wird von den Gebr. Hopkinson a. a. O. p. 87 definirt als der Streuungskoefficient

$$\nu = \frac{\mathfrak{G}_3}{\mathfrak{G}_2}.$$

Indem wir nun von dem Induktionsfluss $\mathfrak{G}_2$ im Interferrikum, welcher nach dem Vorigen für die zu erzeugenden elektromotorischen Kräfte maassgebend ist, ausgehen, wird die allgemeine Gleichung (III) des § 100 im vorliegenden Falle

$$\text{(I)} \qquad M = 0{,}4\,\pi\, n\, I_M =$$

$$L_1 f_1\left(\frac{\mathfrak{G}_2}{S_1}\right) + 2 L_2 \frac{\mathfrak{G}_2}{S_2} + 2 L_3 f_3\left(\frac{\nu\,\mathfrak{G}_2}{S_3}\right) + L_4 f_4\left(\frac{\nu\,\mathfrak{G}_2}{S_4}\right) + 2 L_5 f_5\left(\frac{\mathfrak{G}_2}{S_5}\right).$$

worin M die gesamte von der Schenkelbewickelung erzeugte magnetomotorische Kraft (§ 119), f_1, f_3, f_4, f_5 die Funktionen

$$\mathfrak{H} = f(\mathfrak{B})$$

für die, die betreffenden Theile des magnetischen Kreises bildenden, ferromagnetischen Körper bedeuten (vergl. § 96).

Obige Gleichung (I) wurde von den Gebr. Hopkinson experimentell an der mehrfach erwähnten Maschine geprüft. Die Polschuhe waren von der gusseisernen Bodenplatte G durch ein magnetisch indifferentes Zwischenstück Z aus Zinkguss getrennt. Die Hauptdimensionen der Maschine können nach der Angabe geschätzt werden, dass die Fig. 28 p. 198 in $^1/_{40}$ der natürlichen Grösse ausgeführt ist; ausserdem seien noch folgende Einzelheiten angeführt:

1) Die Armatur bestand aus 1000 eisernen Scheiben, welche durch Papierblätter getrennt und stark zusammengepresst waren; es wurde der Querschnitt $S_1 = 810$ qcm, die Strecke $L_1 = 13$ cm angenommen. Die Bewickelung war nach dem von Hefner-Alteneck'schen Systeme mit 40 Windungen ausgeführt, welche einen Widerstand von nahe 0,01 Ohm hatten. Bei einer normalen Tourenzahl von 12,5 Umdrehungen pro Sekunde gab die Armatur 320 Ampère bei 105 Volt. Der Induktionsfluss betrug dann $\mathfrak{G}_1 = 11$ Millionen C.-G.-S.-Einheiten, entsprechend einer Induktion $\mathfrak{B}_1 = \mathfrak{G}_1/S_1 = 13\,500$ C.-G.-S.

2) Interferrikum: Querschnitt $S_2 = 1600$ qcm; lichte Weite $L_2 = 1{,}5$ cm.

3) Die Schenkel bestanden aus gehämmertem und nachträglich ausgeglühtem Schmiedeeisen. Ihr rechteckiger Querschnitt betrug $22 \times 44{,}5$ qcm; die Ecken waren der bequemeren Bewickelung halber etwas abgerundet, sodass $S_3 = 980$ qcm wurde. Die Länge eines jeden Schenkels war $L_3 = 46$ cm. Die gesamte Windungszahl beider Schenkel war $n = 3260$.

4) Joch: $S_4 = 1120$ qcm; $L_4 = 49$ cm.

5) Polschuhe: $S_5 = 1230$ qcm; $L_5 = 11$ cm.

Die Funktionen f_1, f_3, f_4, f_5 wurden als identisch betrachtet und früher von J. Hopkinson bestimmten Induktionskurven entnommen. Der Streuungskoefficient wurde experimentell in näher zu beschreibender Weise bestimmt und dementsprechend $\nu = 1{,}32$ gesetzt (§ 130).

§ 129. Graphische Konstruktion. Im vorigen Paragraphen sind bereits alle nöthigen Daten angegeben, welche nur noch in Gleichung (I) einzusetzen sind. Nach dem Vorgange der Gebr. Hopkinson selbst ist es allgemein üblich, das betreffende Rechenverfahren auf graphischem Wege auszuführen, wie wir es auch bereits in dem verhältnissmässig einfachen Fall des radial geschlitzten Toroids in Fig. 25 p. 155 gethan haben.

Die graphische Konstruktion für die beschriebene Edison-Hopkinson'sche Dynamomaschine ist in Fig. 29 p. 206, welche der Hopkinson'schen Arbeit direkt entnommen ist, dargestellt. Die Abscissen stellen die magnetomotorische Kraft M, die Ordinaten den Induktionsfluss $\mathfrak{G}_2$ durch das Interferrikum dar.[1])

Es entspricht die Kurve (H) den Polschuhen, (A) der Armatur, (G) dem Joche, (C) den Magnetschenkeln, die Gerade (B) dem Interferrikum; letzteres beansprucht, wie ersichtlich, nament-

---

1) Die Zahlen der Abscissenskale bedeuten (wie bei Hopkinson) C.-G.-S.-Einheiten; multiplicirt man sie mit 0,8 (sehr nahe $= 1/0{,}4\pi$) so erhält man M in Ampèrewindungen ausgedrückt, wie es auch vielfach üblich ist. Die Zahlen der Ordinatenskale bedeuten Millionen C.-G.-S.-Einheiten.

Die höchsten Werthe von M bezw. $\mathfrak{G}$ betragen bei der untersuchten Maschine ungefähr:

M: 50 000 C.-G.-S. = 40 000 Amp.-Wind. — $\mathfrak{G}$: 15.10^6 C.-G.-S.

lich bei geringeren Werthen des Induktionsflusses, bei weitem den grössten Antheil der gesamten magnetomotorischen Kraft.

Aus den 5 Theilkurven, welche den 5 Gliedern der Gleichung (I) entsprechen, findet man schliesslich die resultirende Kurve (*D*) durch Summirung der Abscissen. Übrigens sind (*C*) und (*G*) nicht einfache Kurven, sondern Schleifen, entsprechend der Hy-

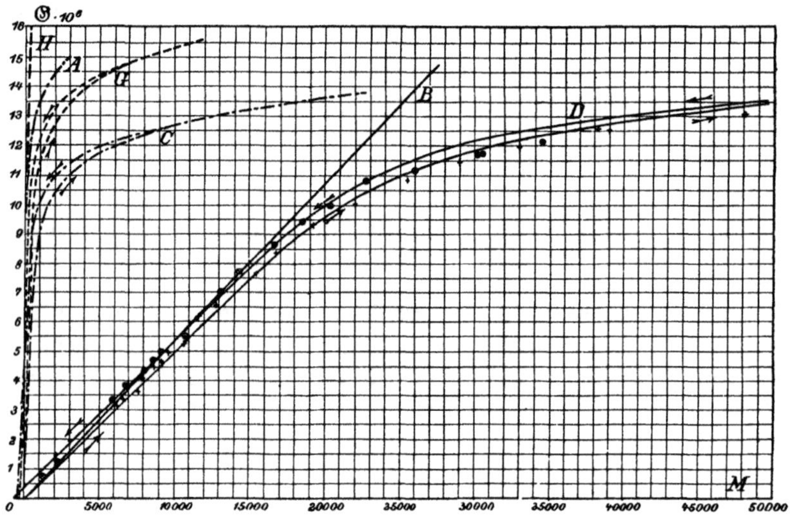

Fig. 29.

steresis der betreffenden ferromagnetischen Theile; durch die Pfeile sind die aufsteigenden, bezw. absteigenden Äste gekennzeichnet; dies überträgt sich bei der Summirung auch auf die Kurve (*D*), welche somit ebenfalls als Schleife erscheint und $\mathfrak{G}_2 = \Phi_H\,(M)$ für den ganzen magnetischen Kreis der Maschine darstellt.

Bei den zur Prüfung der Theorie angestellten Versuchen wurden die Feldmagnete durch einen besonders erzeugten und gemessenen Strom I_M' erregt; daraus fand man mittels der oben angegebenen Windungszahl

$$M = 0{,}4\,\pi \times 3260\; I_M' = 4100\; I_M'.$$

Ferner wurde die zugehörige Potentialdifferenz E_K der Klemmen bei normaler Tourenzahl und stromloser Armatur gemessen; sie war daher der elektromotorischen Kraft gleich. Sie wurde in passendem Maassstabe als Funktion von *M* aufgetragen; die so erhaltenen Punkte sind für aufsteigende Ströme mit +, für absteigende mit ⊕ bezeichnet und in die Fig. 29 ebenfalls eingetragen.

Wie ersichtlich, ist die Übereinstimmung so gut, wie sie bei derartigen Messungen an einer in Bewegung befindlichen Maschine überhaupt erwartet werden kann. Freilich liegen die beobachteten Punkte bei höheren magnetomotorischen Kräften noch etwas unterhalb der theoretisch konstruirten Kurve (vergl. § 132). Die angenäherte Richtigkeit der Theorie und die Brauchbarkeit der auf ihr beruhenden graphischen Konstruktion werden aber durch die Versuche im Grossen und Ganzen bestätigt.

§ 130. Experimentelle Bestimmung der Streuung. Der Streuungskoefficient ν wurde von den Gebr. Hopkinson durch besondere Versuche mittels Probespulen (§ 2) bestimmt.

Einmal wurde um die Mitte der Magnetschenkel eine einzige Drahtwindung gelegt, deren Enden mit einem ballistischen Galvanometer verbunden waren. Es wurde dann zur Schenkelbewicklung ein Kurzschluss angeordnet, bei dessen Öffnung oder Schliessung am Galvanometer ein Ausschlag beobachtet wurde; dieser bildete das Maass für den gesamten Induktionsfluss durch die Schenkel, wofern von remanenter Induktion abgesehen wurde.[1])

Zweitens wurde der Ausschlag des ballistischen Galvanometers bestimmt, wenn seine Zuleitungen an diejenigen Kommutatorsegmente gelöthet waren, welche der in der sogenannten Kommutirungsebene (bei der untersuchten Maschine Fig. 28 die Vertikalebene) gelegenen Armaturwindung entsprechen. Dieser Ausschlag bildete dann ein Maass für den »nützlichen Induktionsfluss« durch die Armatur (§ 128).

Das Verhältniss des ersten zum zweiten Ausschlag ist auch dasjenige des gesamten zum nützlichen Induktionsfluss, d. h. es

1) Gegen solche ballistische Messungen an Dynamomaschinen u. dgl. lässt sich allerdings im allgemeinen der Einwand erheben, dass die Periode des Galvanometers kaum als genügend gross vorausgesetzt werden kann im Vergleich zu der verhältnissmässig langen Zeit, welche die Schenkel zur Magnetisirung, Entmagnetisirung bezw. Ummagnetisirung, ihrer erheblichen Selbstinduktion wegen brauchen (Kap. IX u. X). Jene Voraussetzung bildet aber eine wesentliche Bedingung für die Anwendbarkeit der ballistischen Methode. Ferner wäre es im vorliegenden Falle besser gewesen, die Probespule um den oberen Theil der Schenkel statt um die Mitte zu legen (vergl die Rechnungen von Forbes § 132).

ist gleich dem Streuungskoefficient, dessen Werth für die untersuchte Maschine in dieser Weise zu 1,32 bestimmt wurde. Dabei wurde der Streuungskoefficient nahezu konstant, d. h. unabhängig vom Werthe der Induktion gefunden, was bei dem geringen Betrag der letzteren nicht Wunder nehmen darf (vergl. § 95, 126).

Setzen wir also den gesamten Induktionsfluss = 100, so wird der nützliche Induktionsfluss durch die Armatur = 100/1,32 = 75,8. Die Differenz 24,2 ist gleich dem »zerstreuten Induktionsfluss«. Es frägt sich nun, wie sich letzterer über die verschiedenen Luftzwischenräume vertheilt. Die Gebr. Hopkinson haben auch diese Frage untersucht, indem sie Drahtschleifen in den verschiedensten Lagen und Orientirungen anbrachten und ebenso wie oben die inducirten Stromstösse mit demselben ballistischen Galvanometer untersuchten. Sie fanden in dieser Weise:

1. »Zerstreuter Induktionsfluss«:	
Zwischen den »Polhörnern« . . .	2,8 %,
» » Schenkeln	7,0 %,
Durch die gusseiserne Bodenplatte .	10,3 %,
Übrige Streuung	4,1 %.
2. »Nützlicher Induktionsfluss«	75,8 %.
Gesamter Induktionsfluss	100,0 %.

In Fig. 28 p. 198 geben die punktirten Intensitätslinien nach Silv. Thompson ein ungefähres Gesamtbild der Streuungsverhältnisse im ganzen Interferrikum. Die Bodenplatte spielt offenbar trotz der Zinkzwischenlage *Z* eine ungünstige Rolle, indem sie einen theilweisen magnetischen Kurzschluss bildet.

Ähnliche, sehr vollständige Messungen sind auch von Lahmayer[1]) angestellt worden. Versuche über Streuung sind ferner von Hering, Carhart, Trotter, Esson, Corsepius, Wedding[2]) u. A. veröffentlicht worden, auf deren Einzelheiten wir hier nicht eingehen können, da sie weniger allgemein theoretisches

1) Lahmeyer, Elektrotechn. Zeitschr. **9**, p. 283. 1887.

2) C. Hering, Electr. Review **21**, pp. 186, 205. 1887. Carhart, Electrician **23**, p. 644. 1889. Trotter, Journ. Inst. Electr. Engineers **19**, p. 243, 1890. Esson, Journ. Inst. Electr. Engineers **19**, p. 122. 1890. Corsepius, theoretische und praktische Untersuchungen zur Konstruktion magnetischer Maschinen p. 85 ff. Berlin 1891. Wedding, Elektrotechn. Zeitschr. **13**, p. 67, 1892.

Interesse beanspruchen, als vielmehr für specielle Fälle bezw. bestimmte Maschinentypen gelten und daher hauptsächlich in praktischer Beziehung werthvoll sind.[1])

§ 131. Einführung des magnetischen Widerstandes. Wir werden jetzt den magnetischen Kreis der Dynamomaschine vom Standpunkt der in Kapitel VII entwickelten Anschauungen betrachten. Wir führen dazu den magnetischen Widerstand ein und zerlegen den magnetischen Kreis wieder in fünf Theile, wie oben (§ 125). Die gesamte magnetomotorische Kraft ist dann wieder die Summe von fünf Antheilen, deren jeder sich auch als das Produkt des betreffenden Induktionsflusses in den zugehörigen magnetischen Widerstand auffassen lässt, daher dann eine durch Gleichung I (§ 119) bestimmte Form annimmt. Die Summe der fünf Glieder, d. h. das rechte Glied der Hopkinson'schen Fundamentalgleichung (I) des § 128 wird dadurch ohne Weiteres einer etwas andern Interpretirung fähig. Übrigens ist diese Umformung der Hopkinson'schen Gleichung, welche wir in § 122 in Aussicht stellten, eine rein äusserliche, welche das Wesen derselben in keiner Weise berührt, vielmehr in gewissem Sinne bereits in ihr enthalten ist; ein Gegensatz zwischen der Hopkinson-schen Behandlungsweise und der jetzt zu erörternden Auffassung besteht nicht. Um dies analytisch näher zu erläutern, bemerken wir, dass jedes der fünf Glieder der Gleichung (I) § 128, z. B. das erste, unter Heranziehung der Definitionen des § 119 folgendermaassen umgestaltet werden kann:

$$L_1 f_1 \left(\frac{\mathfrak{G}_2}{S_1}\right) = L_1 \mathfrak{H}_1 = M_1 = X_1 \mathfrak{G}_2. \tag{4}$$

Die vollständige Gleichung der magnetischen Charakteristik (§ 96) wird, indem wir jedes einzelne Glied der Gleichung (I) in ähnlicher Weise transformiren,

$$M = X_1 \mathfrak{G}_2 + 2 X_2 \mathfrak{G}_2 + 2 X_3 \nu \mathfrak{G}_2 + X_4 \nu \mathfrak{G}_2 + 2 X_5 \mathfrak{G}_2 = F_H(\mathfrak{G}_2) \tag{Ia}$$

oder

$$\mathfrak{G}_2 = \frac{M}{2 X_2 + (X_1 + 2 \nu X_3 + \nu X_4 + 2 X_5)} = \Phi_H(M). \tag{II}$$

---

1) Eine sehr vollständige und übersichtliche tabellarische Zusammenstellung der Versuchsergebnisse von Streuungsmessungen gibt Kittler, Handbuch der Elektrotechnik 2. Aufl. 1, p. 650, Stuttgart 1892.

Der Induktionsfluss durch das Interferrikum ist demnach gleich der gesamten magnetomotorischen Kraft, dividirt durch die Summe der magnetischen Widerstände der Theile des magnetischen Kreises. Die Streuung wird dadurch berücksichtigt, dass die Widerstände der Schenkel und des Jochs mit dem Streuungskoefficienten ν multiplicirt erscheinen; in Wirklichkeit ist der zur Magnetisirung dieser Organe erforderliche magnetomotorische Kraftantheil nicht etwa deswegen ein grösserer, weil ihr Widerstand zugenommen hätte, sondern selbstverständlich ist dies nur aus dem Grunde der Fall, weil durch sie ein grösserer Induktionsfluss $\mathfrak{G}_3 = \nu \mathfrak{G}_2$ geleitet werden muss. Zur Erläuterung können wir Gleichung (II) auch noch anders schreiben, indem wir jenen gesamten Induktionsfluss $\mathfrak{G}_3$ statt des nützlichen $\mathfrak{G}_2$ einführen:

$$\text{(IIa)} \qquad \mathfrak{G}_3 = \nu \mathfrak{G}_2 = \frac{M}{2\frac{X_2}{\nu} + \left(\frac{X_1}{\nu} + 2X_3 + X_4 + 2\frac{X_5}{\nu}\right)}$$

wodurch der Einfluss der Streuung genügend klargestellt wird, indem sie die Widerstände X_1, X_2, und X_5 scheinbar verringert.

Gegen Gleichung (II) bezw. (IIa) ist nichts einzuwenden, solange man nur im Auge behält, dass alle Widerstände variabel sind ausser X_2, dem konstanten Widerstande des Interferrikums. Obwohl theoretisch die Schreibweise der Gleichung (II) gegenüber der ursprünglichen der Gleichung (I) kaum einen Vorzug bietet, ergibt sich doch praktisch ein Verhalten, welches die Frage in einem wesentlich verschiedenen Lichte erscheinen lässt.

Jener konstante Widerstand X_2 der Luft und des Kupfers zwischen Armatur und Polschuhen ist nämlich bei Dynamomaschinen fast immer bedeutend grösser als alle übrigen variabelen Widerstände zusammen, wenigstens innerhalb des geringen Bereichs der Induktion ($\mathfrak{B} < 15000$ C.-G.-S.), welches in der Praxis vorkommt, sodass dieser interferrische Theil des magnetischen Kreises im allgemeinen den grössten Bruchtheil der gesamten magnetomotorischen Kraft erfordert. Wir bemerkten das übrigens bereits in § 129 bei der Betrachtung der Fig. 29, in der die gerade »Luftlinie« (*B*) den Verlauf der Charakteristik (*D*) vorwiegend bestimmt. Man kann daher für die Permeabilität der Eisentheile des magnetischen Kreises ziemlich beliebige Werthe annehmen, ohne dass das Resultat dadurch wesentlich berührt wird, solange man nur den

Luftwiderstand richtig in die Rechnung einführt; gerade dies bietet aber eigenthümliche Schwierigkeiten und bildet daher nach dem Urtheil erfahrener Techniker häufig einen schwachen Punkt bei der Anwendung der vorliegenden Theorie. Wir werden uns jetzt eingehender mit der theoretischen bezw. empirischen Bestimmung von Luftwiderständen beschäftigen.

§ 132. Berechnung von Luftwiderständen. Solange es sich nur um die Luftschicht zwischen zwei parallelen ferromagnetischen Flächen von der Ausdehnung S in der gegenseitigen Entfernung d handelt, beträgt der magnetische Widerstand gemäss der theoretischen Definition (§ 119) einfach

$$X = \frac{d}{S}, \tag{5}$$

oder die magnetische Leitfähigkeit

$$V = \frac{S}{d}, \tag{6}$$

weil die Permeabilität der Luft bezw. des Interferrikums bekanntlich gleich Eins ist. In manchen Fällen liegen aber die Verhältnisse weniger einfach, und ist die magnetische Leitfähigkeit der Luft zwischen beliebig gestalten Eisenflächen zu bestimmen.

Für einige der am meisten vorkommenden Specialfälle hat daher Forbes[1]) die Leitfähigkeit annähernd berechnet, indem er einfache Annahmen über den Verlauf der Induktionslinien in der Luft machte, und folgende Lösungen angegeben:

I. Magnetische Leitfähigkeit des Interferrikums zwischen zwei parallelen Flächen von ungleicher, aber nicht allzusehr verschiedener Ausdehnung S_1 und S_2 (Fig. 30 p. 212). Nimmt man an, dass die Induktionslinien gerade und gleichmässig über beide Flächen vertheilt sind, so wird offenbar

$$V = \frac{S_1 + S_2}{2d}. \tag{7}$$

II. Magnetische Leitfähigkeit des Interferrikums zwischen zwei gleichen rechteckigen ferromagnetischen Flächen, welche nahe bei einander in einer Ebene liegen, wie in Fig. 31 dargestellt. Unter

1) Forbes, Journ. Soc. Telegr. Engineers **15**, p. 551. 1886.

der Annahme, dass die Induktionslinien Halbkreise sind, wie sie in dieser Figur punktirt angegeben sind, findet Forbes

$$V = a \int_{r_1}^{r_2} \frac{dr}{\pi r} = \frac{a}{\pi} \operatorname{lognat} \frac{r_2}{r_1} = \frac{a}{\pi} \operatorname{lognat} \frac{d_2}{d_1}, \tag{8}$$

worin $d_1 = 2\,r_1$, $d_2 = 2\,r_2$ ist, und die Bedeutung der Buchstaben im Übrigen aus Fig. 31 hervorgeht.

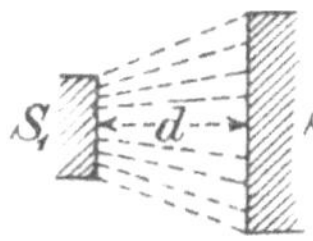

Fig. 30.

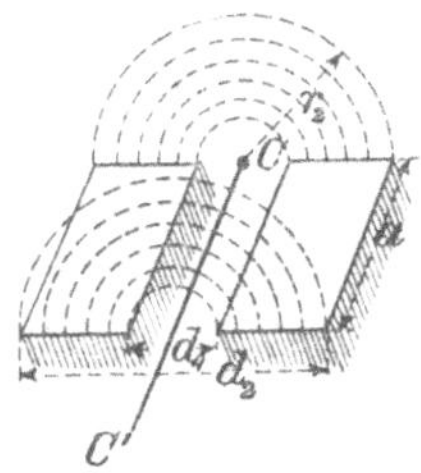

Fig. 31.

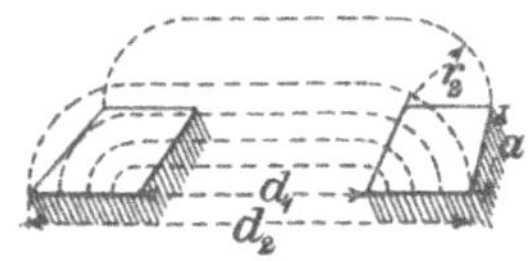

Fig. 32.

III. Magnetische Leitfähigkeit in dem durch Fig. 32 veranschaulichten Falle, dass die ferromagnetischen Flächen weiter auseinander liegen. Unter der Annahme des punktirt abgebildeten Verlaufs der Induktionslinien findet Forbes

$$V = a \int_{0}^{r_2} \frac{dr}{\pi r + d_1} = \frac{a}{\pi} \operatorname{lognat} \frac{\pi r_2 + d_1}{d_1}. \tag{9}$$

Falls die beiden Flächen nicht, wie in Fall II (Fig. 31) den Winkel π mit einander bilden, sondern einen Winkel α, wobei man sich dieselben um die Gerade $\overline{CC'}$ gedreht denken muss, so ist an Stelle von π in Gleichung (8) der Werth von α (in Bogenmaass) einzusetzen.

Bei diesen Berechnungen haftet der einfachen Voraussetzung, dass die Induktionslinien aus Kreisbögen und Geraden bestehen, eine erhebliche Willkür an, jedoch kann man in derartigen Fällen nur den Erfolg entscheiden lassen. Bei der praktischen Anwendung sind obige Formeln in manchen Fällen näherungsweise bestätigt worden, indem es mit ihrer Hilfe häufig gelingt, ein angenähert richtiges Bild der Streuung einer noch gar nicht vorhandenen Maschine zu entwerfen. Forbes selbst hatte bereits die Streuung der oben beschriebenen Edison-Hopkinsonschen Dynamo (§§ 125, 130) nach dem in Fig. 28 p. 198 dargestellten Streuungsschema durchgerechnet; er leitete daraus einen vom Werthe der Induktion unabhängigen Streuungskoefficient $\nu = 1,40$ ab. Er zeigte ferner, dass, wenn man diesen Werth in Gleichung (I) (§ 128) einsetzte, die Kurve D (Fig. 29 p. 206) noch besser mit den von den Gebr. Hopkinson beobachteten Punkten zusammenfiel, als unter Einführung des Werthes $\nu = 1,32$, wie er von den Gebr. Hopkinson gemessen war (§ 130); die Ursache dieser Abweichung ist wahrscheinlich theilweise darin zu suchen, dass diese Forscher die Probespule um die Mitte statt um den oberen Theil der Magnetschenkel legten (vergl. p. 207 Anmerk.).

Demgegenüber lässt sich nicht verkennen, dass in manchen anderen Fällen die theoretische Vorausberechnung magnetischer Luftwiderstände noch Vieles zu wünschen übrig gelassen hat, indem bei der fertigen Maschine häufig erheblich kleinere Widerstände beobachtet wurden, als die vorausberechneten Werthe. Es rührt das zum grossen Theile daher, dass am Rande des Interferrikums die Induktionslinien infolge der Streuung nach Aussen hin Ausbuchtungen aufweisen; der in Rechnung zu ziehende Querschnitt des Interferrikums wird dadurch grösser als der geometrische und zwar um einen Betrag, der sich schwerlich ohne Willkür richtig schätzen lässt. Die Gebr. Hopkinson wiesen übrigens in ihrer grundlegenden Arbeit (a. a. O. p. 95) auf diesen Umstand hin und berücksichtigten ihn dadurch, dass sie den Querschnitt des Interferrikums $S_2 = 1600$ qcm setzten (wie § 128 angegeben), während er thatsächlich nur 1410 qcm betrug.

§ 133. Sonstige Bestimmung von Luftwiderständen. Aus dem besondern, wiederholt betonten Grunde, dass bei Dynamomaschinen die konstanten magnetischen Widerstände der interferrischen bezw. Lufträume die Hauptrolle spielen, kann man auch die im vorigen Kapitel VII besprochenen Analogien zu ihrer Bestimmung oder ungefähren Schätzung heranziehen. Die Permeabilität des Interferrikums ist bekanntlich Eins, während diejenige des Ferromagnetikums gegen jene als unendlich gross betrachtet werden darf, da sie unter den bei einer Dynamomaschine obwaltenden Umständen immer sehr hohe Werthe aufweist, wie oben (§ 126) angegeben.

Betrachten wir zunächst das dielektrische Analogon (Tab. VII Spalte IV § 124). Die magnetische Leitfähigkeit eines beliebig gestalteten Luftzwischenraums ist der a. a. O. entwickelten Analogie zufolge proportional der elektrostatischen Kapacität desselben, sofern die beiden ferromagnetischen Begrenzungen als leitende Kondensatorbelegungen aufgefasst werden. Durch die experimentelle Bestimmung der letzteren würde man daher auch erstere finden können[1]).

Fassen wir sodann die Analogie mit der Elektricitätsleitung (a. a. O. Spalte V) in's Auge, welcher praktisch für die Bestimmung der magnetischen Leitfähigkeit von Luftzwischenräumen der Vorzug gebührt. Letztere Grösse ist proportional der elektrischen Leitfähigkeit eines schlecht leitenden Elektrolyten, welcher gut leitende Elektroden umspült, deren Gestalt wieder derjenigen der ferromagnetischen Begrenzungen entspricht.

In diesem Zusammenhange citiren wir noch folgende Bemerkungen von Ayrton und Perry.[2])

»Eine der besten Methoden, die vermuthliche magnetische Streuung einer Dynamomaschine zu bestimmen, bevor sie konstruirt ist, besteht darin, dass man ein kleines Modell aus derselben Eisensorte anfertigt, die Feldmagnete desselben erregt und nun die Streuung mittels Probespule und ballistischen Galvanometers untersucht.«

»Eine andere einfache Methode, welche schon ziemlich weitgehende Schlüsse gestattet, und welche wir angewandt haben, besteht darin, dass man ein Holzmodell anfertigt, von dem man gewisse Partieen, namentlich die Polschuhe und die Armatur, und die Hälfte der Feldmagnete mit Metallblech bedeckt. Das Modell wird in ein Fass Regenwasser gestellt, und der elektrische Widerstand zwischen je zwei Theilen der Metallhülle bestimmt, wenn zwischen ihnen eine elektrische Potentialdifferenz erzeugt wird. Wegen der Bequemlichkeit, mit der die Anordnung des Modells umgeändert werden kann, liefert diese Methode interessante

1) du Bois, Wied. Ann. **46**, p. 495. 1892. Da die Dielektricitätskonstante der Luft Eins ist, wird der Proportionalitätsfaktor 4π, wie aus den elektrostatischen Kapacitätsgleichungen hervorgeht.

2) Ayrton and Perry, the Magnetic Circuit of Dynamo Machines, Phil. Mag. [5] **25**, p. 505. 1888.

Resultate. Die elektrischen Ergebnisse dürfen aber auf das magnetische Analogon nicht urtheilslos angewandt werden; vielmehr muss stets darauf Bedacht genommen werden, dass die Permeabilität des Eisens keine unveränderliche Grösse ist.«

Was die Bestimmung der Streuung auf direktem magnetischem Wege anbelangt, so verweisen wir schliesslich auf die empirische Streuungsformel Lehmann's, welche für zwei »halb unendliche« Kreiscylinder gilt, die sich in einer gewissen Entfernung gegenüberstehen (§ 90). Bei Dynamomaschinen dürfte sie allerdings nur ausnahmsweise verwerthbar sein. Auf ihre Anwendung in anderen Fällen werden wir im folgenden Kapitel zurückkommen.

§ 134. Einfluss der Bürstenstellung. Eine Betrachtung des magnetischen Kreises von Dynamomaschinen oder Elektromotoren wäre unvollständig ohne die nähere Erörterung der bereits § 127 erwähnten sogenannten Armaturreaktion. In ihrer schon häufig angeführten bahnbrechenden Untersuchung ziehen die Gebr. Hopkinson[1]) auch diese Frage in Betracht. Wir werden im Folgenden die a. a. O. angestellten Betrachtungen ohne viele Änderungen wiedergeben, und zwar ziemlich ausführlich, da sie ein geeignetes Beispiel für die praktische Anwendung der Theorie der magnetischen Kreise bilden.

Wie bereits § 127 angedeutet hat ausser dem im Vorigen als einzige unabhängige Variabele angenommenen Strom in den Feldmagneten I_M' auch der Armaturstrom I_A' einen Einfluss auf die Richtung[2]) und mittelbar auf den Werth des Induktionsflusses,

---

1) J. u. E. Hopkinson, Phil. Trans. **177**, [I] pp. 342—347. 1886. Oder: Original papers on dynamo machinery and allied subjects pp. 103—111, New-York 1893; durch letzteren Wiederabdruck wird das sehr zu empfehlende Quellenstudium der Hopkinson'schen Arbeiten bedeutend erleichtert.

2) Man war früher geneigt, die Ablenkung der Magnetisirungsrichtung in der Armatur auf ein gewisses Mitschleifen der Induktionslinien durch die Armaturumdrehung zurückzuführen; man erklärte dies damals durch die Erscheinung der sogenannten magnetischen Verzögerung, betreffs deren unsere Kenntniss auch heute noch sehr lückenhaft ist (siehe Wiedemann, Lehre v. d. Elektricität **4**, §§ 290—326, Braunschweig 1885; Ewing, magnetische Induktion in Eisen und verwandten Metallen §§ 88, 89, Übers. Berlin 1892). Andererseits kann jene Ablenkung zum Theil auch durch Richtungshysteresis entstehen,

sodass er als zweite unabhängige Veränderliche einzuführen ist; die elektromotorische Kraft der Maschine wird also, streng genommen, durch eine Oberfläche statt durch eine Kurve darzustellen sein. Bei den neueren gut konstruirten Maschinen wird zwar der Einfluss des Armaturstroms auf ein Minimum reducirt, sodass er meistens nicht viel mehr als 5% der Wirkung des Stromes in den Feldmagneten ausübt, er ist aber trotzdem durchaus nicht zu vernachlässigen; bei älteren Maschinen stieg dieses Verhältniss unter Umständen bis zu 25%.

Wenn eine Abtheilung der Armaturspulen kommutirt wird, muss sie nothwendig während eines Augenblicks kurz geschlossen werden; falls während dieser Zeit die Variation des von den betreffenden Windungen umschnürten Induktionsflusses keine sehr geringe ist, wird ein starker Strom inducirt werden, welcher Verlust an Leistung und schädliche Funkenbildung verursacht. Die günstigste Bürstenstellung ist diejenige, bei welcher während des Kurzschlusses einer Spulenabtheilung der von dieser umschnürte Induktionsfluss $\mathfrak{G}$ gerade durch ein Maximum geht. Zu Anfang des Kurzschlusses nimmt $\mathfrak{G}$ noch etwas zu, es wird ein schwacher Strom im bisherigen Sinne inducirt; dann folgt der Scheitel des Maximums, wo die Variation unendlich gering ist, mithin auch der inducirte Strom verschwindet; endlich nimmt $\mathfrak{G}$ etwas ab, sodass nun ein schwacher Strom im entgegengesetzten Sinne eingeleitet wird.

Die günstigste Bürstenstellung hängt von einer grossen Zahl von Umständen ab; in der Praxis wird die Regulirung sich nach dem Funkenminimum richten. Wir werden sie also am besten ebenfalls als unabhängige Variabele betrachten, welche ausschliesslich vom Maschinenwärter bestimmt wird. Das Maass der Bürsten-

eine Erscheinung, über die bisher ebenfalls nur sehr spärliche Beobachtungen vorliegen; man kann sie als eine Verallgemeinerung der gewöhnlichen Hysteresis auffassen, bei der ausser dem numerischen Werthe und dem Vorzeichen der beiden magnetischen Vektoren auch noch ihre Richtung in Betracht kommt, welche man ja für gewöhnlich bei Untersuchungen über Hysteresis als gleich und unveränderlich annimmt. Obwohl es jetzt keinem Zweifel unterliegt, dass praktisch der Armaturstrom bei weitem die Hauptrolle spielt, dürfte doch immerhin jenen beiden Faktoren sowie auch dem Auftreten von Wirbelströmen (§ 143) ein gewisser, wenn auch vielleicht nur geringer, Einfluss zuzuschreiben sein, welcher aber immer einen Vorschub der Induktionsrichtung bewirken wird.

verschiebung bildet der Winkel α, um welchen die neutrale Zone im Sinne der Drehung der Armatur von ihrer symmetrischen Stellung, der »Kommutirungsebene« bei stromloser Armatur, abweicht. Der Winkel α ist daher positiv, wenn die Maschine als Stromerzeuger mit Bürstenvorschub, negativ, wenn sie als Motor mit Bürstenrückschub benutzt wird; wir betrachten ihn im Folgenden als in Bogenmaass ausgedrückt (d. h. wenn γ denselben Winkel in Graden bedeutet, so ist $\alpha = \pi\,\gamma/180$).

§ 135. Berechnung der Armaturreaktion. Der Armaturstrom I'_A sei positiv angenommen im Sinne der von der Maschine selbst inducirten elektromotorischen Kraft (bezw. Gegenkraft). Arbeitet sie daher als Stromerzeuger, so ist der Strom positiv, benutzt man sie dagegen als Motor, so wird er negativ. Betrachten wir nun irgend einen geschlossenen Integrationsweg durch den magnetischen Kreis der Maschine, etwa $\overline{ABCDEFA}$ (Fig. 33), zunächst abgesehen von der Schleife $\overline{BCGH}$. Das Linienintegral $M = 0{,}4\,\pi\,n\,I'_M$ der von den Feldmagneten erzeugten Intensität (§ 126) wird dann, falls die Maschine Strom erzeugt, verringert infolge der Wirkung derjenigen »Ampèrewindungen« der Armatur, welche zwischen den um die spitzen Winkel $+\alpha$ und $-\alpha$ zu der (im vorliegenden Falle vertikalen) Symmetrieebene geneigten Ebenen liegen. Die übrigen Ampèrewindungen der Armatur erzeugen Induktionslinien parallel der (vertikalen) Symmetrieebene, kommen daher nur für die Ablenkung der Richtung des Induktionsflusses, nicht für die Verringerung seines Werthes in Betracht.

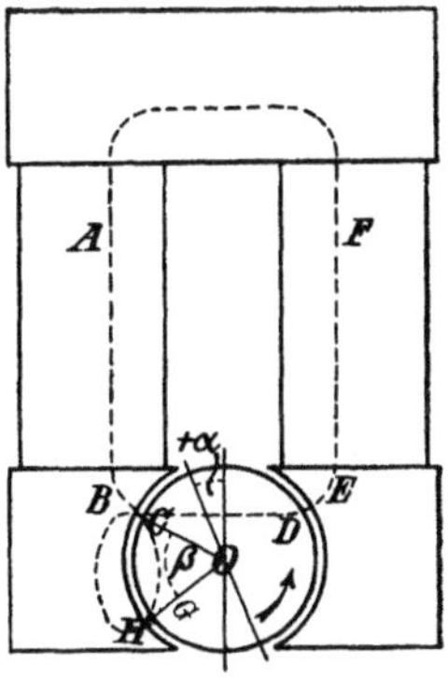

Fig. 33.

Bei einer Edison-Hopkinson'schen Armatur von m Windungen lässt sich aus der Art, wie die Integrationskurve mit den Windungen verschlungen ist, zeigen, dass diese Verringerung des Linienintegrals, d. h. gewissermaassen die »magnetomotorische Gegenkraft« [1]) der Armatur, gleich $0{,}4\,\alpha\,m\,I'_A$ ist, wobei, wie gesagt,

1) Es ist zu bemerken, dass bei Bürstenvorschub die magnetomotorische Kraft der Armaturwindungen eine »Gegenkraft« bildet, wenn die Maschine Strom erzeugt, dagegen beim Elektromotor diejenige der

α in Bogenmaass ausgedrückt sein soll. Die gesamte magnetomotorische Kraft wird daher bei stromgebender Armatur

$$(10) \qquad M = 0{,}4\, \pi\, n\, I'_M - 0{,}4\, \alpha\, m\, I'_A.$$

Bei einer Hauptstrommaschine, bei welcher der Armaturstrom auch die Feldmagnete durchfliesst, mithin $I'_M = I'_A$ ist, wird

$$(11) \qquad M = 0{,}4\, I'_A\, (\pi\, n - \alpha m).$$

Ausser dieser Verringerung der gesamten magnetomotorischen Kraft tritt durch die von den übrigen Armaturwindungen herrührende (im vorliegenden Beispiele vertikale) Induktionskomponente eine Störung in der Vertheilung der Induktion über die ausgebohrten Polflächen auf. So ist z. B. die Induktion bei $\overline{BC}$ nicht dieselbe wie bei $\overline{GH}$ (Fig. 33). Denn betrachten wir die Schleife $\overline{BCGH}$ als Integrationsweg, so sind die Antheile des Linienintegrals längs $\overline{CG}$ und $\overline{BH}$ zu vernachlässigen. Das gesamte Linienintegral wird wieder bestimmt durch die auf $\overline{CG}$ entfallenden, vom Integrationswege umschlungenen Armatur-Ampèrewindungen; es ist offenbar gleich der Differenz ΔM der magnetomotorischen Kräfte zwischen B und C einerseits, zwischen G und H andererseits; denn falls diese beiden Antheile etwa gleich wären, so würde deren algebraische Summe, d. h. eben das gesamte Linienintegral Null sein, was nicht der Fall ist. Wenn der Winkel $\sphericalangle COG$ mit β (in Bogenmaass) bezeichnet wird, so lässt sich zeigen, dass

$$(12) \qquad \Delta M = 2\beta m I'_A.$$

Diese Störung der Vertheilung hat zwar keinen wesentlichen Einfluss auf die gesamte Potentialdifferenz zwischen den Bürsten, beeinflusst aber die Potentialvertheilung um den Kommutator herum in erheblicher Weise. Diese wird bekanntlich im idealen Falle einer in einem gleichförmigen Felde gleichmässig rotirenden Windung durch eine Sinuskurve dargestellt, welche nun aber infolge der Armaturreaktion mehr oder weniger verzerrt erscheint.

Magnetschenkel unterstützt; bei Bürstenrückschub verhält es sich gerade umgekehrt. Nach dem, was über die, durch das Funkenminimum bestimmte Bürstenstellung gesagt ist, leuchtet ein, dass in der Praxis immer eine magnetomotorische Gegenkraft der Armatur auftreten wird (vergl. Silv. Thompson, loc. cit. pp. 585—590).

§ 136. Versuche über Armaturreaktion. In einer neueren Arbeit von J. Hopkinson und Wilson[1]) werden die Rechnungen des vorigen Paragraphen an zwei Maschinen von Siemens Brothers geprüft, welche sowohl als Stromerzeuger wie auch als Motor untersucht wurden. Zunächst wurde die Potentialvertheilung um den Kommutator mittels eines drehbaren isolirten Hilfsbürstenpaares bestimmt und durch Kurven dargestellt. Diese zeigen die erwähnte charakteristische verzerrende Wirkung der Armaturreaktion, welche verschieden ausfällt, je nachdem die Maschine Strom erzeugt oder als Motor arbeitet. Es ergab sich eine Übereinstimmung mit der oben gegebenen Theorie, welche mit Rücksicht auf die vielen bei solchen Versuchen auftretenden Fehlerquellen befriedigend genannt werden kann.

Bei den untersuchten Maschinen hatte die Armatur einen grösseren Querschnitt S_1 als die Magnetschenkel, sodass das erste Glied der Hopkinson'schen Gleichung (I) § 128 vernachlässigt werden konnte. In Betracht kamen nur das Interferrikum (L_2, S_2), sowie Polschuhe, Schenkel und Joch, welche zusammen die Länge L_3, den mittleren Querschnitt S_3 hatten. Die Gleichung vereinfacht sich dann und nimmt, vorläufig abgesehen von der Armaturreaktion, folgende Form an:

$$(13) \qquad 0{,}4\,\pi\, n\, I'_M = 2\, L_2 \frac{\mathfrak{G}_2}{S_2} + L_3 f\left(\frac{\nu\, \mathfrak{G}_2}{S_3}\right),$$

welche wir abgekürzt folgendermaassen schreiben können, indem wir die Hopkinson'sche Funktion Φ_H des § 96 einführen

$$(14) \qquad \mathfrak{G}_2 = \Phi_H(0{,}4\,\pi\, n\, I'_M) = \Phi_H(M).$$

Φ_H ist also die magnetische Charakteristik beim Armaturstrom $I'_A = 0$. In der ersten Hopkinson'schen Abhandlung war nun bereits eine allgemeine Gleichung hergeleitet worden, bei welcher die Armaturreaktion berücksichtigt wurde; unter Einführung der Funktion Φ_H lautete sie (a. a. O. p 108):

$$(15) \quad \mathfrak{G}_2 = \Phi_H\left(0{,}4\,\pi\, n\, I'_M - \frac{4\,\alpha\, m\, I'_A}{\nu}\right) - \frac{2\,(\nu - 1)}{\nu} \cdot \frac{\alpha\, m\, I'_A\, S_2}{L_2}.$$

Die Buchstaben haben dabei dieselbe Bedeutung wie bisher. Es wurde bereits anfangs bemerkt, dass nach dieser Gleichung

---

1) J. Hopkinson u. Wilson, Proc. Roy. Soc. Febr. 1892; Electrician **28**, p. 609. 1892. In dem Wiederabdruck pp. 134—147, New-York 1893.

$\mathfrak{G}_2$ als Funktion der zwei unabhängig variabelen Ströme I'_M und I'_A, streng genommen nur durch eine Fläche graphisch dargestellt werden kann; diese »charakteristische Fläche« wurde a. a. O. geometrisch diskutirt. Namentlich wurde daraus die gewöhnliche zweidimensionale Charakteristik einer Hauptstrommaschine hergeleitet, für welche beide Variabelen $I'_M = I'_A$ wieder in eine einzige übergehen. Es wurde u. A. gezeigt, wie der Induktionsfluss durch die Armatur unter Umständen ein Maximum erreichen könne, um daraufhin wieder abzunehmen, entsprechend der bekannten Thatsache, dass bei Hauptstrommaschinen die elektromotorische Kraft häufig einen Maximalwerth erreicht und nachher bedeutend abfällt.

Die ziemlich komplicirte Gleichung (15) wurde nun auch von J. Hopkinson und Wilson an den erwähnten Maschinen geprüft und innerhalb gewisser Grenzen bestätigt gefunden. Dabei wurde die eine Maschine als Stromerzeuger, die andere als Motor benutzt und die Feldmagnete mittels einer Batterie besonders erregt. Für weitere Einzelheiten muss auf das Original verwiesen werden, ebenso wie wir uns für weitere Untersuchungen über die Armaturreaktion, welche für die Lehre des magnetischen Kreises weniger Interesse bieten, mit einem Hinweis auf die in der Anmerkung p. 198 citirten Handbücher begnügen müssen.

§ 137. Empirische Formeln. Wir haben im Vorigen gezeigt, wie man aus der normalen (für endlose Gestalten geltenden) Magnetisirungs- bezw. Induktionskurve (§ 13) in rationeller, wenn auch nur angenäherter Weise zu der Beziehung gelangen kann, welche zwischen dem nützlichen Induktionsfluss durch das Interferrikum und der gesamten magnetomotorischen Kraft einer Dynamomaschine besteht. Die entwickelten Methoden lassen sich am besten graphisch darstellen und ausführen; bisher haben wir keinen Versuch gemacht, für die Kurven einen analytischen Ausdruck zu gewinnen.

Die Aufstellung solcher Ausdrücke hat man nun aber für magnetische Kurven schon seit langer Zeit angestrebt, obwohl nicht recht einzusehen ist, warum eine angenäherte empirische Formel den menschlichen Forschungstrieb eher befriedigen bezw. sich zur Lösung praktischer Aufgaben besser eignen soll, als eine ebenfalls empirische Kurve, die aber doch wenigstens die Vorgänge genau so darstellt, wie sie beobachtet wurden. Im Laufe der Zeit sind eine grosse Anzahl der verschiedensten empirischen Formeln vorgeschlagen worden, häufig ohne die geringste Rücksicht darauf, ob sie für vollkommen geschlossene oder für unvollkommene magnetische Kreise mit mehr oder weniger ausgedehnten interferrischen Zwischenräumen gelten sollten. Letzterer Umstand bedingt aber, wie nach allem Vorhergehenden wohl nicht mehr betont zu werden braucht, einen fundamentalen Unterschied.

In § 118 erwähnten wir bereits die Arcustangens-Formel, welche G. Kapp nach dem Vorgange J. Müller's und v. Waltenhofen's vorschlug und auf den magnetischen Kreis von Dynamomaschinen anwandte. Für eine historisch-kritische Darstellung sämtlicher überhaupt vorgeschlagener Formeln begnügen wir uns mit einem Hinweis auf Specialwerke, da dieselben doch nur historisches Interesse beanspruchen.[1]) Einer bereits mehrfach (§§ 33, 121) angeführten Formel wollen wir jedoch noch eine nähere Betrachtung widmen; es entspricht diese der sogenannten »Kurve des wirksamen Magnetismus« von O. Frölich.

§ 138. Frölich'sche Formel. Diese Formel wurde von ihrem Urheber in empirischer Weise begründet, indem sie die einfachste analytische Darstellung der bei Dynamomaschinen beobachteten Kurven gab. Allerdings hat sie gewisse Anknüpfungspunkte mit einer früher von Lamont[2]) gegebenen ersten Annäherung an die Reihenentwickelung einer Exponentialformel. Die Frölich-sche Formel bildet die Grundlage seiner,[3]) sowie der Clausius-schen[4]) Theorie der Dynamomaschinen.

Diese Formel ist nach Frölich (loc. cit. p. 11) »für alle Maschinen dieselbe, und das einzige Individuelle daran ist der Maassstab, in welchem die Abscissen aufgetragen werden«. Wir können sie daher durch eine möglichst allgemeine Gleichung darstellen, und zwar folgendermaassen:

---

1) G. Wiedemann, Lehre v. d. Elektricität **3**, § 450 ff., Braunschweig 1883. Silv. Thompson, Dynamo-electric Machinery, 3. Aufl. pp. 302—311. London 1888.

2) Lamont, Handbuch des Magnetismus, p. 41. 1867.

3) O. Frölich, Die dynamoelektrische Maschine, Berlin 1886.

4) Clausius, Zur Theorie der dynamoelektrischen Maschinen, Wied. Ann. **20**, p. 353, **21** p. 385, **31** p. 302.

$$(16) \qquad y = \frac{\frac{1}{Q}x}{1 + \frac{1}{Q}x} \quad \text{oder} \quad x = \frac{Qy}{1-y}.$$

Darin ist x proportional den Ampèrewindungen der Feldmagnete, y dem nützlichen oder »wirksamen« Induktionsfluss durch das Interferrikum; letzterer würde nach obiger Formel für $x = \infty$ einen asymptotischen Maximalwerth erreichen, was bekanntlich, streng genommen bei der Induktion nicht zutrifft (Fig. 3 p. 21); indessen soll die Formel auch nur in dem praktisch benutzten Bereiche eine angenäherte Giltigkeit beanspruchen. Jener vorausgesetzte Maximalwerth ist zugleich als Ordinateneinheit gewählt, denn aus der Formel ist ersichtlich:

$$\text{für } x = \infty \text{ wird } y = 1,$$

Dagegen

$$\text{für } x = Q \text{ wird } y = \frac{1}{2}.$$

Q ist daher derjenige Werth von x, für welchen das Eisen »halbgesättigt« ist oder, wie Silv. Thompson es gelegentlich ausgedrückt hat,[1]) seinen »diakritischen Punkt« erreicht.

Wie man sich leicht überzeugt, stellt die empirische Frölich'sche Formel eine Hyperbel dar, deren eine Asymptote im Abstande 1 der X-Axe parallel verläuft.

§ 139. Beziehung der Frölich'schen zu anderen Formeln. Es bietet ein gewisses Interesse, diese Kurve des wirksamen Magnetismus mit der vom Verfasser[2]) in rationeller, wenn auch nur angenäherter Weise entwickelten Magnetisirungskurve für Körper mit erheblichem Entmagnetisirungsfaktor zu vergleichen. Dafür wurde ebenfalls eine Hyperbel gefunden, deren eine Asymptote mit der soeben erwähnten identisch ist; ihre Gleichung lautete [§ 33, Gleichung (18)]

$$(17) \quad x = Ny + \frac{P}{1-y} \quad \text{oder} \quad x = \frac{Ny + (P - Ny^2)}{1-y}.$$

---

1) Silv. Thompson, Dynamoelectr. Machinery. 3. Aufl. p. 307. London 1888.

2) du Bois, Verhandl. der Sektions-Sitz. des Elektrotechn. Kongr. Frankfurt p. 75, 1891.

Darin bedeutet N den Entmagnetisirungsfaktor, P eine zweite Konstante, welche von der Natur des Ferromagnetikums abhängt; als Koordinateneinheit ist dabei der numerische Werth der Maximalmagnetisirung zu betrachten, und zwar sowohl für die Ordinaten wie auch für die Abscissen.

Die zweite Schreibweise der beiden Kurvengleichungen (16) und (17) zeigt, wie sie um das Glied $(P - Ny^2)$ im Zähler differiren. Die zweite, geneigte, Asymptote der Frölich'schen Hyperbel ist verschieden von derjenigen der zuletzt erwähnten Kurve; auch hat erstere eine flachere Lage als letztere, und es ist stets unmöglich, der Konstanten Q einen solchen Werth zu ertheilen, dass die beiden Kurven übereinstimmen.

Bei diesem Vergleich der beiden, auf verschiedenem Wege erhaltenen Kurven ist freilich zu beachten, dass wir die Formeln der besseren Übersicht halber in die einfache Gestalt $y = \text{funct}\,(x)$ bezw. $x = \text{funct}\,(y)$ gebracht haben, ohne die physikalische Bedeutung der Koordinaten zu berücksichtigen. Nun stellt, abgesehen von Proportionalitätsfaktoren, welche nur die Koordinatenmaassstäbe beeinflussen, die Frölich'sche Formel (16) eine magnetische Charakteristik (§ 96), d. h. eine Beziehung zwischen dem wirksamen Induktionsfluss $\mathfrak{G}$ und der gesamten magnetomotorischen Kraft M dar; die Gleichung (17) dagegen entspricht einer, von der Normalkurve verschiedenen Magnetisirungskurve (§ 13), d. h. einer Beziehung zwischen Magnetisirung $\mathfrak{J}$ und Intensität $\mathfrak{H}$ in einem unvollkommenen magnetischen Kreis. Indessen haben wir schon bei einer früheren Gelegenheit gezeigt, wie sich zwei solche, scheinbar verschiedene Funktionen ohne Schwierigkeit ineinander überführen lassen (§ 98).

In ihrer allerersten Gestalt hatte die Frölich'sche Formel (16) im Nenner noch ein Glied mit x^2; dieses wurde später fallen gelassen, als sich herausgestellt hatte, dass es überflüssig war, indem die einfachere Form die Verhältnisse ebensogut darzustellen im stande war. Diese letztere bildete Jahre lang den einzigen Leitfaden für die Interpretirung der damals noch manche Unklarheiten bietenden Wirkungsweise der Dynamomaschine; der Werth einer so einfachen Formel, womit man die komplicirte Gesamtwirkung einer Maschine, wenn auch nur in angenäherter und empirischer Weise, darstellen konnte, war für die Praxis nicht zu unterschätzen.

Den Zusammenhang der empirischen Lineargleichung (10) § 121 für den magnetischen Widerstandskoefficient ξ als Funktion der Intensität $\mathfrak{H}$ mit der Frölich'schen Formel haben wir bereits a. a. O. besprochen; er fällt beim ersten Blick auf, wenn man Gleichung (11) p. 191 vergleicht mit Gleichung (16) p. 222. Freilich bezieht sich letztere demnach nur auf geschlossene magnetische Kreise ohne Interferrikum und gilt ausschliesslich innerhalb des Bereichs, in welchem für das betreffende ferromagnetische Material

$$\xi = a + b\,\mathfrak{H}$$

gesetzt werden darf.

Dementsprechend äussert sich Frölich in einer neueren Abhandlung folgendermaassen[1]: »Wie aus unseren Betrachtungen hervorgeht, gilt meine ältere Formel (16) für Elektromagnete mit geringen Luftzwischenräumen, also gerade für die neueren Dynamomaschinen, bei welchen man die Luftzwischenräume auf ein Minimum zu reduciren sucht.« Im Anschlusse hieran entwickelt Frölich sodann eine neuere Formel mit einem Zusatzgliede, welche nun auch für Elektromagnete mit beliebig ausgedehntem Interferrikum in gewisser Annäherung gilt.

Da aber die Gleichung (17), wie ausdrücklich bemerkt, nur für unvollkommene magnetische Kreise mit bereits erheblichem Entmagnetisirungsfaktor gilt, so darf deren Nichtübereinstimmung mit der älteren Frölich'schen Formel nicht Wunder nehmen, vielmehr dürfte sie durch das verschiedene Anwendungsbereich beider Ausdrücke genügend begründet erscheinen.

§ 140. Allgemeine Anordnung des magnetischen Kreises. Wir haben die bisherigen, vorwiegend theoretischen Erörterungen über den magnetischen Kreis von Dynamomaschinen und Elektromotoren immer an einem bestimmten, klassisch gewordenen Beispiel, der Edison-Hopkinson'schen Maschine (Fig. 28 p. 198), erläutert. Wir schreiten jetzt zu einer Besprechung der sehr verschiedenen Formen, welche solche magnetische Kreise bei den in der Praxis vorkommenden Maschinen zeigen.

Trotz der ausserordentlichen Mannigfaltigkeit der Konstruktionstypen, welche sich beim Bau von Dynamomaschinen und Elektromotoren in den letzten zwanzig Jahren entwickelt und zum

---

1) O. Frölich, Elektrotechn. Zeitschr. **14**, p. 403. 1893.

Theil eingebürgert haben, und der entsprechenden Verschiedenheit in der Anordnung des magnetischen Kreises, lassen sich doch bei letzterm immer drei Haupttheile unterscheiden:

1. Der Feldmagnet, dessen Zweck am allgemeinsten dahin zusammengefasst werden kann, dass ihm die dauernde Durchleitung des magnetischen Induktionsflusses der Maschine auf einem grossen Theile seines Verlaufs zufällt; zugleich ist er in der überwiegenden Mehrzahl der Fälle der Sitz der magnetomotorischen Kräfte, welche jenen Induktionsfluss erzeugen.

2. Die Armatur, das Hauptorgan der Dynamomaschine, welches die Stromleiter [1]) trägt, in denen die, die mit der Maschine bezweckte Stromerzeugung bedingenden, elektromotorischen Kräfte inducirt werden.

3. Das Interferrikum, welches den Übergang des Induktionsflusses zwischen den beiden, sich relativ zu einander bewegenden, ferromagnetischen Haupttheilen vermittelt.

Diese drei Theile lassen sich bei allen Dynamomaschinen erkennen, sie mögen zur Erzeugung von Gleichstrom, gewöhnlichem zweiphasigen oder auch mehrphasigen Wechselstrom (»Drehstrom«) [2]) bestimmt sein; bei der Unterscheidung jener Theile ist ausschliesslich ihre Wirkungsweise, nicht ihre äussere geometrische oder mechanische Anordnung zu beachten. Bei fast allen Gleichstrommaschinen bleibt der Feldmagnet unbeweglich, während die Armatur sich dreht. Bei manchen Wechselstrommaschinen trifft dies ebenfalls zu, während es sich bei vielen anderen umgekehrt verhält, indem eine fest gelagerte Armatur im Betrieb erfahrungsgemäss manche Vorzüge bietet.

Für die Frage, welcher Theil als Feldmagnet, welcher als Armatur aufzufassen ist, kommt indessen die Drehbarkeit desselben gar nicht in Betracht. Vielmehr ist in jedem Fall der Feldmagnet dasjenige Organ, in Bezug auf welches der sich hindurchwindende Induktionsfluss, unabhängig von jeder Drehung, unveränderlich bleibt. Hingegen erleidet die Magnetisirung der Armatur periodische Änderungen des Werthes, der Richtung, oder der Vertheilung,

1) Diese bestehen meistens aus Kupfer; vergl. indessen § 144.

2) Gleichstromarmaturen unterscheiden sich in magnetischer Hinsicht nicht wesentlich von solchen für Wechselstrom. Der Unterschied ist in überwiegendem Maasse in der Bewickelungsart und im Stromabgeber zu suchen.

welche die Induktion elektromotorischer Kräfte bedingen. Wir werden nun die Anordnung der einzelnen Haupttheile des magnetischen Kreises einer näheren Betrachtung unterziehen.

§ 141. Anordnung des Feldmagnets (Gerüst). Der wichtigste Gesichtspunkt beim Entwurf des Feldmagnets ergibt sich aus der Nothwendigkeit, seinem magnetischen Kreis einen möglichst geringen Widerstand zu verleihen; dem entspricht ein Minimum der zur Erregung eines vorgeschriebenen Induktionsflusses nothwendigen magnetomotorischen Kraft, das heisst eine möglichst geringe Zahl Ampèrewindungen; dadurch wird ferner die, infolge der durch diese Letzteren erzeugten Stromwärme unvermeidliche Energievergeudung ebenfalls auf ein Minimum reducirt. Demnach wird man schliesslich bestrebt sein müssen, den Feldmagnet möglichst kurz, von thunlichst grossem Querschnitt und aus Eisen von möglichst hoher Permeabilität herzustellen. Die hieraus sich ergebenden konstruktiven Anforderungen betreffen also einmal die Gestalt des Gerüstes des Feldmagnets, zweitens das Material, aus dem derselbe besteht.

Was zunächst die Gestalt des Magnetgerüstes betrifft, so wählt man das Profil der Schenkel am zweckmässigsten kreisförmig, weil dann bekanntlich sein Umfang im Verhältniss zu seinem Querschnitt ein Minimum wird; mithin weist dann auch die zur Magnetisirung eines gegebenen Querschnitts mit einer vorgeschriebenen Anzahl Ampèrewindungen erforderliche Drahtlänge, und damit die Energievergeudung durch Stromwärme, einen möglichst geringen Werth auf. Ausserdem sind Schenkel von kreisförmigem Profil auf der Drehbank am leichtesten herzustellen und zu bewickeln. Indessen kommen auch häufig ovale oder rechteckige Schenkelprofile vor; bei letzteren werden die Ecken aus verschiedenen Gründen zweckmässig abgerundet.

Gemäss dem heut zu Tage allgemein klar erkannten Grundsatz, den magnetischen Kreis nicht unnütz zu verlängern, weisen die Magnetgerüste aller gut gebauten modernen Maschinen gedrungene Formen auf. Ausser der Verringerung des magnetischen Widerstandes ergibt sich dabei noch der Vortheil, dass die Streuung möglichst herabgedrückt wird. Die Berücksichtigung des letztern Umstandes wird den Entwurf eines Magnetgerüstes noch in manchen anderen Einzelheiten beeinflussen, für welche allgemeine

Regeln schwerlich aufzustellen sind. Hervorgehoben sei nur, dass die Hauptlinien des Gerüstes sich möglichst dem Verlaufe der Induktionslinien anschmiegen sollen; dementsprechend sind starke Krümmungen der Leitkurve des magnetischen Kreises (§ 15) zu vermeiden, weil die Induktionslinien diesen nicht folgen können.

Ferner sollen zwei Theile des Kreises, deren magnetisches Potential merklich verschieden ist, zwischen denen folglich eine erhebliche magnetomotorische Kraft besteht, sich gegenseitig an keiner Stelle zu sehr nähern, damit nicht ein Übergang der Induktionslinien durch die zwischenliegende Luft, d. h. ein Verlust derselben, stattfinde. Auch sollen an Stellen, wo merkliche magnetomotorische Kräfte auftreten, keine anderen Zwecken dienende ferromagnetische Körper — Bodenplatten, Axen, Verbindungsbolzen u. s. w. — angebracht werden, weil diese schädliche magnetische Kurzschlüsse bedingen.[1] Endlich sind alle vorspringenden Punkte, Ecken und Kanten thunlichst abzurunden, weil erfahrungsmässig immer eine gewisse Streuung von ihnen ausgeht.

§ 142. Fortsetzung (Polschuhe, Material). Besondere Sorgfalt erheischt die Gestaltung der Polschuhe, welche sich an die Armatur anschmiegen; sie sollen einen möglichst gleichmässigen Übergang der Induktionslinien über die ganze Ausdehnung des Interferrikums bewerkstelligen. Sie beeinflussen dadurch mittelbar die Potentialvertheilung am Kommutator, die nicht allzuviel von der idealen Sinuskurve[2]) abweichen soll. Auch ist ein direkter Übergang von Induktionslinien zwischen benachbarten »Polhörnern«, statt durch die Armatur, zu verhindern.

Die ökonomischen Gründe, wegen derer man die Grösse des Feldmagnets oder vielmehr die »Feldampèrewindungen« zu verringern strebt, finden ihr natürliches Gegengewicht in der Nothwendigkeit, jene die »Armaturampèrewindungen« stets beherrschen zu lassen, so dass Armaturreaktion und Funkenbildung nicht zu sehr Überhand gewinnen (vergl. § 134). Und zwar gilt dies für Stromerzeuger wie auch für Elektromotoren; nur in Fällen, wo es bei Letzteren auf möglichst geringes Gewicht ankommt, konstruirt man zuweilen leichtere Feldmagnete.

---

1) Vergl. die Angabe über Kurzschluss durch eine Bodenplatte (§ 130).

2) Vergl. § 135; von der Selbstinduktion der Armaturbewicklung wird dabei abgesehen. Siehe auch p. 295 Anm.

Um die Forderung möglichst hoher Permeabilität zu erfüllen, wählt man als Material für die Feldmagnete am besten das weichste ausgeglühte Schmiedeeisen. Da jedoch die im Vorigen erörterten Bedingungen häufig zu sehr komplicirten Gestalten für das Gerüst führen, welche man nicht wohl schmieden kann, so zieht man oft vor, dasselbe aus einem Guss herzustellen, wodurch dann zugleich Fugen vermieden werden (§ 144). Der weit geringern Permeabilität des Gusseisens wegen muss man dann alle Querschnitte grösser wählen. Übrigens können auch verschiedene Arten Gussstahl, sogenannter »Mitisguss«[1]) oder »schmiedbarer Guss«[2]) benutzt werden. Vielfach werden schmiedeeiserne Schenkelkerne mit gusseisernen Einfassungen und Polschuhen kombinirt.

Wegen der fast völligen Unveränderlichkeit des Induktionsflusses durch den Feldmagnet kommt es auf die Hysteresis des Materials an und für sich weniger an; diese bietet sogar für das »Angehen« der Maschine einen gewissen Vorzug. Ebensowenig sind Wirbelströme zu befürchten, sodass man das Material nicht zu zertheilen braucht, sondern es massiv verwenden kann.[3])

§ 143. Anordnung der Armatur. Für Armaturen gilt gerade das Gegentheil des im letzten Absatz Angeführten, indem hier die Magnetisirung eine in jeder Hinsicht wesentlich veränderliche Grösse ist (§ 140). Man baut dieses Organ daher ausschliesslich aus dünnem gestanzten Eisenblech oder aus Eisenband (in einzelnen Fällen auch noch aus rundem oder besser quadratischem Eisendraht) auf, dessen Dicke je nach den rascheren oder langsameren Variationen der Magnetisirung einen kleinern oder grössern Bruchtheil eines Millimeters beträgt (vergl. § 187). Entsprechend dem Zweck dieser Zertheilung, die Bahnen der parasitischen Wirbelströme (»Foucault-Ströme«) im Armaturkörper zu unterbrechen,

---

1) Durch geringen Aluminiumzusatz leichtflüssig gewordenes Schmiedeeisen; diese Legirung empfiehlt Silv. Thompson, Dynamo-electric Machinery, 4. Aufl. p. 149, London 1892.

2) Der Verf. (Elektrotechn. Zeitschr. **13**, p. 580, 1892) fand, dass dieses Material bedeutend höhere Permeabilität und dabei geringere Hysteresis aufweist als gewöhnliches Gusseisen (vergl. Fig. 94 p. 370).

3) Für weitere Einzelheiten betreffs der Konstruktion der Feldmagnete sei auf Kittler, Handbuch der Elektrotechnik, 2. Aufl. **1**, Kap. IX, Stuttgart 1892, hingewiesen.

muss sie in Ebenen senkrecht zu jenen Bahnen, d. h. also parallel den Induktionslinien sowie der Bewegungsrichtung, stattfinden.

Da durch die Zertheilung der Eisenquerschnitt verringert wird[1]), erleidet der magnetische Widerstand eine unvermeidliche Zunahme; hingegen treten entmagnetisirende Wirkungen dadurch kaum auf, wie es wohl der Fall sein würde, wenn die Induktionslinien senkrecht zu den Theilungsebenen gerichtet wären (vergl. § 30 E), statt ihnen parallel zu verlaufen. Unter Berücksichtigung jenes Umstandes ist der Querschnitt der Armatur so zu bemessen, dass ihre Magnetisirung sich nie der Sättigung nähert, vielmehr stets auf der mittlern ansteigenden Theilstrecke der Magnetisirungskurve (§ 13) verbleibt; ihr höchster zulässiger Werth wird dann für gutes Schmiedeeisen etwa $\mathfrak{J} = 1200$ C. G. S., entsprechend einer Induktion $\mathfrak{B} = 15000$ C.-G.-S., wie anfangs (§ 126) angegeben.

Als Material wählt man stets möglichst reines weiches Schmiedeeisen, am besten schwedisches, welches hohe Permeabilität mit geringer Hysteresis vereinigt; das Blech wird nach dem Stanzen sorgfältig ausgeglüht. Da es trotzdem nie gelingt, die Wärmeentwicklung infolge von Hysteresis und Wirbelströmen ganz zu unterdrücken, und ohnedies die Stromwärme noch hinzukommt, so ist besonders auf ausreichende Wärmeabgabe zu achten; dies ist bei der raschen Drehung unschwer zu erreichen, da jede Armatur naturgemäss als Centrifugalventilator wirkt. Auf die Güte der Isolation der einzelnen Eisenscheiben kommt nicht viel an; man wählt dünnes Papier, oder einen Lack- bezw. Firnissüberzug.[2]) Der in der beschriebenen Weise aufgeschichtete Armaturkern wird mittels starker Bolzen u. dergl. zu einem kompakten Körper gepresst, sodann abgedreht und bewickelt. Bandeisen verwendet

---

1) Das Eisenvolum einer in solcher Weise zertheilten Armatur beträgt in Procenten des Ganzen bei Verwendung von:

Eisenblech oder Eisenband	etwa	80—90 %.
Quadratischem Eisendraht	»	70—80 %.
Rundem Eisendraht	»	60—70 %.

2) Der beim Ausglühen entstehende Hammerschlag genügt zu diesem Zweck bereits; indessen ist es besser ihn zu entfernen, da man beobachtet hat, dass solche Armaturen zuweilen auffallend hohe Hysteresis zeigen, wohl infolge der Bildung von Eisenoxyduloxyd ($Fe_3 O_4$), welches bekanntlich mit dem stark hysteretischen Magneteisenstein identisch ist.

man fast ausschliesslich zu Flachringarmaturen; auf die Einzelheiten des Aufbaus und der Bewicklung der übrigen Hauptgattungen von Armaturen (Trommel-, Ring-, Scheiben-, Nuten-, Locharmaturen) aus Blechscheiben nach den verschiedensten Schablonen kann hier nicht näher eingegangen werden.[1])

§ 144. **Anordnung des Interferrikums.** Wie wir gesehen haben, liefert das Interferrikum stets den Hauptantheil zum magnetischen Gesamtwiderstand (§ 131); da es ökonomischer Rücksichten halber erwünscht ist, diesen möglichst herabzudrücken, so hat man die dahin zielenden Maassnahmen vor allem auf das Interferrikum anzuwenden. In erster Linie sind unnütze Luftzwischenräume, namentlich Fugen zwischen den einzelnen Eisentheilen, soweit möglich, zu vermeiden, weil sie immer einen magnetischen Widerstand verursachen und ausserdem eine gewisse Streuung bedingen. Falls Trennungsflächen bei der Konstruktion nicht umgangen werden können, so sind die beiden Stirnflächen womöglich aufeinander zu schleifen und die entsprechenden Eisenstücke mit Bolzen unter starkem Druck zu befestigen (§§ 151, 152).

Was ferner das nützliche Interferrikum betrifft, so wird man bestrebt sein, auch dessen lichte Weite möglichst zu verringern. Bei ganz umwickelten Armaturen ist letztere durch den nöthigen Querschnitt des Kupfers und der Isolation vorgeschrieben, sowie durch den Spielraum, welcher zwischen der sich rasch drehenden Bewicklung und den Polschuhen erforderlich ist[2]); infolgedessen ist eine untere Grenze für die lichte Weite alsbald gegeben.

Man verwendet daher auch häufig, in Nachahmung der ursprünglichen Pacinotti'schen Anordnung, Nutenarmaturen, deren Profil demjenigen eines Zahnrads ähnlich ist; die Bewicklung liegt in den Nuten, während durch die herausragenden Zähne der magnetische Widerstand bedeutend verringert wird. Neuerdings

1) Siehe Silv. Thompson, loc. cit. Kap. XIII. Kittler, loc. cit. Kap. VII.

2) Es entstehen häufig Betriebsstörungen durch das Schleudern der Bewickelung gegen die Polschuhe; eine ganz umwickelte Armatur kann naturgemäss nicht so genau centrirt werden wie eine, deren Umfang ganz oder theilweise durch den Eisenkern selbst — den man genau centrisch abdrehen kann — gebildet ist, wie es bei den im Folgenden noch zu erwähnenden Armaturtypen der Fall ist.

hat man auch Locharmaturen eingeführt, bei denen die Stromleiter in einer Anzahl Bohrungen parallel der Drehungsaxe nahe am Umfang der Armatur liegen; bei dieser Anordnung beschränkt sich das Interferrikum wesentlich auf jene Bohrungen.

Schliesslich hat man den naheliegenden Gedanken zur Ausführung gebracht, Eisen statt Kupfer für die Stromleiter zu verwenden, wodurch das Interferrikum und damit der magnetische Widerstand auf das denkbar geringste Maass reducirt wird; freilich bildet der beträchtlich höhere elektrische Widerstand dabei einen Nachtheil. Obwohl solche Eisenbewicklungen bisher wenig Aufnahme gefunden haben, bieten sie vom rein magnetischen Standpunkt Interesse; wir haben sie bei der theoretischen Behandlung eines stromdurchflossenen Ferromagnetikums erwähnt (§ 60). Angeführt sei die Konstruktion von Forbes, welche überhaupt das einfachste Schema einer Dynamo darstellt: Ein massiver Cylinder bezw. eine Scheibe aus Schmiedeeisen rotirt mit möglichst geringem Spielraum innerhalb einer sie völlig einschliessenden dicken Eisenhülle; das Feld wird durch einige peripherische Windungen erzeugt, welche in der Eisenhülle unbeweglich eingebettet liegen; in dem rotirenden Eisenkern werden radiale elektromotorische Kräfte inducirt, welche Ströme in dem an der Axe und an der Peripherie mittels Schleifkontakte anliegenden äussern Stromkreise erzeugen.[1]) Schliesslich sei die neuerdings von Fritsche konstruirte »Radankerdynamo«, bei deren Armatur die Stromleiter ebenfalls aus Schmiedeeisen bestehen, erwähnt.[2])

§ 145. Maschinen mit mehrfachem magnetischem Kreise. Wir haben bei unseren theoretischen Entwickelungen (§§ 125—135), der Übersichtlichkeit halber, stillschweigend Maschinen in's Auge gefasst, bei denen der nützliche Induktionsfluss an einer Stelle in die Armatur eintritt, um an der gegenüberliegenden wieder auszutreten und sich ohne weitere Verzweigungen durch das Magnetgerüst zu schliessen. Solche Maschinen haben einen sog. ein-

---

1) Forbes nannte seine Dynamo eine »nonpolare«. Sie gehört zur Gattung der kommutatorlosen Maschinen, deren Armaturen die Induktionslinien kontinuirlich schneiden und deren allererste Vertreterin die sog. Faraday'sche Scheibe ist. Man bezeichnet sie noch häufig mit dem wenig geeigneten Namen: »unipolare Maschinen«.

2) W. Fritsche, Die Gleichstrom-Dynamomaschine. Berlin 1889.

fachen magnetischen Kreis; die Betrachtung wird dabei möglichst übersichtlich, wie wir es an dem Beispiel der Edison-Hopkinson'schen Dynamo gezeigt haben. Nun ist zwar von Rowland bewiesen worden, dass es aus theoretischen Gründen besser ist, wenn der magnetische Kreis einer Dynamo ein einfacher ist, als dass man einen mehrfachen bezw einen verzweigten Kreis anordne; jedoch die theoretischen Gründe sind in solchen Fällen nicht immer die einzigen zu berücksichtigenden.

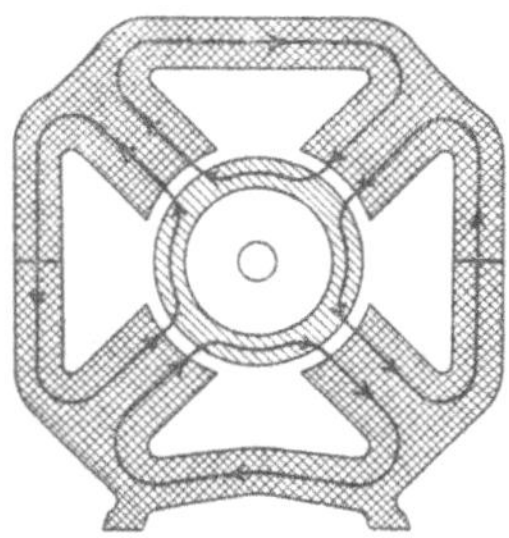

Fig. 34.

Was zunächst die gewöhnlichen Gleichstrommaschinen betrifft, so wird bei verzweigtem magnetischen Kreise das magnetische Feld symmetrischer; ferner ist es in diesem Falle leichter, den mechanisch-konstruktiven Schwierigkeiten zu begegnen, welche aus den sehr erheblichen magnetischen Zugkräften erwachsen. Eine kommutatorlose Gleichstrommaschine mit einfachem magnetischen Kreise liefert einen zweiphasigen Wechselstrom, dessen Frequenz[1]) der Tourenzahl gleich ist. Da aber letztere nicht soweit gesteigert werden kann, dass erstere einen genügenden Werth erreicht, so ergibt sich bei Wechselstrommaschinen die Nothwendigkeit, die Periodenzahl dadurch zu ver-n-fachen, dass man n magnetische Kreise anordnet, wobei es ganz gleichgiltig ist ob die Armatur oder aber die Feldmagnete beweglich sind.

In Fig. 34 ist beispielsweise das Schema einer Maschine mit vierfachem magnetischem Kreise dargestellt; durch die Pfeile ist die Richtung der Induktionslinien angedeutet. Man wird nun beim Entwurf der Maschine jeden der vier magnetischen Theilkreise für sich nach den im Vorigen entwickelten maassgebenden Gesichtspunkten betrachten; das Produkt $\mathfrak{G} X$ des vorgeschriebenen Induktionsflusses $\mathfrak{G}$ in den vorausberechneten, möglichst niedrig zu haltenden, magnetischen Widerstand X ergibt die erforderliche magnetomotorische Kraft M, welche auf den betreffenden Theil-

1) d. h. die Anzahl voller Perioden pro Sekunde (gleich der halben »Wechselzahl«), welche bei den heute üblichen Wechselströmen etwa zwischen 40 und 120 zu liegen pflegt; dabei zeigt sich eine ausgesprochene Tendenz die Frequenz bis zu jenem untern Grenzwerth zu verringern.

kreis zu entfallen hat; dividirt man jenes Produkt noch durch $0{,}4\,\pi$ (bezw. multiplicirt man es mit 0,8), so erhält man die für ihn erforderliche Zahl von Ampèrewindungen.

§ 146. Schemata verschieden angeordneter magnetischer Kreise. In Fig. 35 p. 234 sind die magnetischen Kreise von fünfzehn thatsächlich gebauten und mehr oder weniger verbreiteten Maschinentypen nach Silv. Thompson[1]) schematisch abgebildet, und zwar ist die Auswahl so getroffen, dass solche Anordnungen, gegen die sich vom rein magnetischen Standpunkt schwerwiegende Bedenken erheben lassen, nicht angeführt sind. Die Reihenfolge der einzelnen Figuren A—O ist dabei eine solche, dass sie von der allereinfachsten bis zur komplicirtesten magnetischen Anordnung fortschreiten. Die felderzeugenden ferromagnetischen Theile sind kreuzweise, die überall leicht zu erkennende stromerzeugende Armatur einfach schraffirt. Die Namen der Konstrukteure sind nicht angeführt, da viele der Anordnungen mit nur geringen Modifikationen bei verschiedenen Maschinen angewandt werden, und weil es darauf für die Zwecke dieses Buches weniger ankommt.

Einfache magnetische Kreise haben die durch die Figuren A bis E dargestellten Maschinen, von denen mehrere grosse Verbreitung gefunden haben; die Anordnungen ergeben sich zur Genüge aus den Figuren, sodass eine weitere Beschreibung unterbleiben kann.

Zweifache magnetische Kreise sind in den Figuren F bis J dargestellt. Letztere zeigt eine Anordnung, bei der die magnetisirenden Windungen um die Armatur statt um die Feldmagnetschenkel gewickelt sind. Diese interessante Bewickelungsart ist seitens verschiedener Elektriker aus dem theoretischen Grunde empfohlen worden, dass dabei der gesamte erzeugte Induktionsfluss auch nützlich verwendet und nicht zum Theil unnütz zerstreut wird. In der Praxis lassen allerdings solche umwickelte Armaturen keine genügende Ventilation zu.

---

1) Silv. Thompson, Dynamo-electric Machinery. 4. Aufl. Kap. VIII, welchem der Inhalt und die Figuren dieser Schlussparagraphen mit gütiger Zustimmung des Hrn. Verf. in der Hauptsache entnommen sind. Bei Kittler, loc. cit. Figg. 462—466, sind ferner über 60 solcher magnetischer Kreisschemata abgebildet.

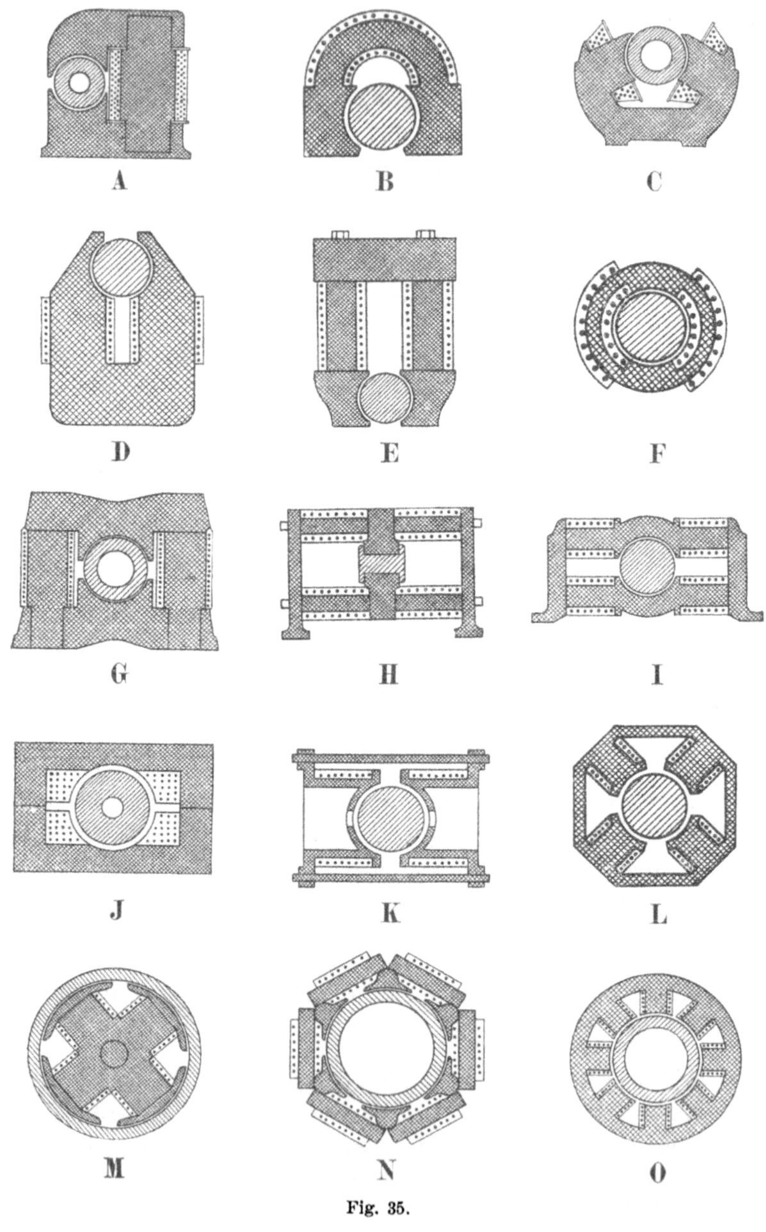

Fig. 35.

Mehrfache magnetische Kreise zeigen endlich die Maschinenschemata K bis O. Bei K kommt das zuletzt erwähnte Wickelungsprincip bei hohlen Magnetschenkeln[1]) und kugelförmiger Armatur in gewissem Maasse zur Geltung; der magnetische Kreis ist durch eine Anzahl eiserner Stangen geschlossen, von denen die obere und untere in der Figur dargestellt sind. L und M haben einen vierfachen magnetischen Kreis; bei letzterer Maschine ist die Armatur ausserhalb der Feldmagnete angebracht, wie es neuerdings vielfach angeordnet wird (§ 140). Schliesslich weist N einen sechsfachen und O einen achtfachen magnetischen Kreis auf.[2])

---

1) Vergl. hierzu Grotrian, Wied. Ann. **50**, p. 737, 1893 und du Bois, Wied. Ann. **51**, 1894, wo der magnetische Kreis solcher Maschinen einer Diskussion unterzogen ist (siehe auch p. 279, Anm. 1).

2) Die Eintheilung der Maschinen nach der Anzahl magnetischer Kreise ist vom magnetischen Standpunkt wohl die rationellste; in der Praxis spricht man allerdings noch häufig von »unpoligen«, einpoligen (vergl. p. 231 Anm.), zweipoligen, mehrpoligen, ebenso wie von Aussenpol-, Innenpol-, Folgepolmaschinen u. dergl.

Neuntes Kapitel.

Magnetischer Kreis verschiedenartiger Elektromagnete und Transformatoren.

A. Physikalische Grundlagen.

§ 147. **Magnetische Kreisprocesse.** Wir setzen im vorliegenden Kapitel die Behandlung praktischer Beispiele für die Anwendung der für magnetische Kreise geltenden Grundsätze fort, wobei wir aus der grossen Mannigfaltigkeit der in Betracht kommenden Vorrichtungen der verschiedensten Art nur solche herausgreifen, die gewissermaassen typisch sind und besonderes theoretisches Interesse bieten. Zuvor haben wir jedoch die dabei zu berücksichtigenden Resultate experimenteller Untersuchungen und theoretischer Betrachtungen zu erörtern, welche sich insbesondere auf die Änderung magnetischer Zustände beziehen. Wir betrachten zunächst die Erscheinung der magnetischen Hysteresis; in § 8 hatten wir deren allgemeinen Charakter gekennzeichnet, haben jedoch bei unseren späteren Entwickelungen von hysteretischen Vorgängen stets abgesehen. Wir beschränken uns jetzt auf die Darlegung der Hauptzüge dieser wichtigen Erscheinung, indem betreffs experimenteller Einzelheiten wieder auf Werke hingewiesen sei, in denen die ferromagnetische Induktion ausführlicher behandelt wird als es dem Zwecke dieses Buchs entsprechen würde.[1])

Unterziehen wir nach dem Vorgange Warburg's[2]) eine ferromagnetische Substanz von endloser Gestalt einem magnetischen Kreisprocess, indem wir die magnetische Intensität

---

1) Siehe z. B. Ewing, magn. Indukt. u. s. w. Kap. V.

2) E. Warburg, Wied. Ann. **13**, p. 141. 1881. Warburg und Hönig, Wied. Ann. **20**, p. 814, 1883. Siehe auch E. Cohn, Wied. Ann. **6**, p. 388. 1879.

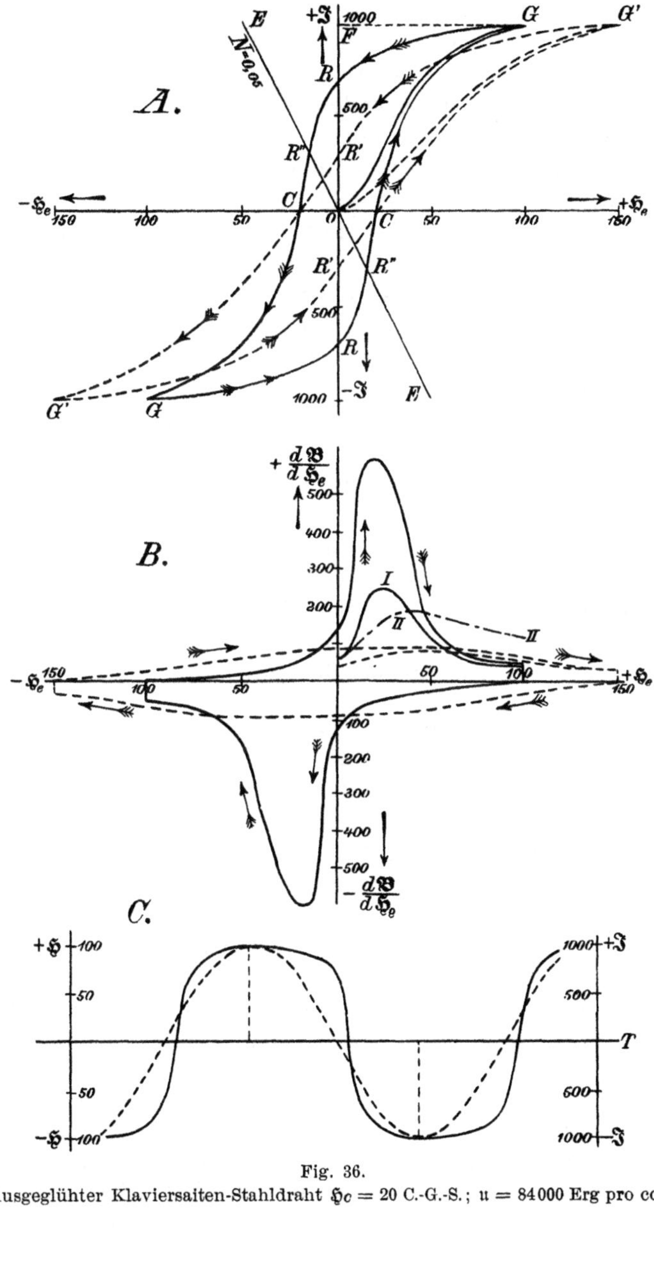

Fig. 36.
Ausgeglühter Klaviersaiten-Stahldraht $\mathfrak{H}_C = 20$ C.-G.-S.; $\mathfrak{u} = 84000$ Erg pro ccm.

alle Werthe von $-\mathfrak{H}_G$ bis $+\mathfrak{H}_G$ und wieder zurück bis $-\mathfrak{H}_G$ durchlaufen lassen, wo $\mathfrak{H}_G$ irgend einen beliebigen Grenzwerth bedeutet. Die Hysteresis äussert sich dann dadurch, dass die entsprechenden aufeinanderfolgenden Werthe der Magnetisirung nicht auf einer einfachen Kurve, sondern bei einer genügenden Anzahl von Wiederholungen des Processes auf einer ganz bestimmten Kurvenschleife liegen. Beispielsweise stellt die ausgezogene Kurve (Fig. 36 A. p. 237) eine solche typische Hysteresisschleife dar, welche ungefähr dem Verhalten ausgeglühten Klaviersaiten-Stahldrahts entspricht. Dabei sind die numerischen Werthe der Übersichtlichkeit halber abgerundet; das Abscissenbereich beschränkt sich auf die Werthe $(-100 < \mathfrak{H} < +100)$, während das entsprechende Magnetisirungsbereich $(-1000 < \mathfrak{J} < +1000)$ beträgt. Mittels der Pfeile sind die, zunehmenden [oder abnehmenden] Magnetisirungswerthen entsprechenden, sog. aufsteigenden [bezw. absteigenden] Kurvenäste gekennzeichnet. Die pfeillose Kurve $\overline{OG}$ hingegen ist die unseren bisherigen Betrachtungen stets zu Grunde liegende »aufsteigende Kommutirungskurve« (vergl. § 85). Einer jeden solchen cyklischen Änderung der Intensität zwischen beliebigen Grenzwerthen entspricht bei öfterer Wiederholung eine bestimmte Kurvenschleife von mehr oder weniger grosser Ausdehnung, je nach dem Magnetisirungsbereich.

§ 148. Energieumsatz durch Hysteresis. Die Haupteigenschaft der Hysteresisschleifen besteht darin, dass ihr Flächeninhalt das Maass für die bei dem betreffenden Kreisprocess pro Volumeinheit des Ferromagnetikums in Wärme umgesetzte Energie $\mathfrak{u}$ bildet. Denn, wie von Warburg a. a. O. und bald darauf unabhängig von Ewing gezeigt wurde, ist

$$(1) \qquad \mathfrak{u} = \int \mathfrak{J}\, d\,\mathfrak{H} = \frac{1}{4\pi} \int \mathfrak{B}\, d\,\mathfrak{H}\,,$$

zwischen den jeweiligen Grenzwerthen des Kreisprocesses genommen[1]); der Beweis dieses Fundamentalsatzes, der in ver-

1) Der zweite Ausdruck für $\mathfrak{u}$ gilt nicht nur mit derselben Annäherung, mit der $\mathfrak{B} = 4\pi\mathfrak{J}$ gesetzt werden darf, sondern vollkommen streng, da das Integral $\int \mathfrak{H}\, d\,\mathfrak{H}$ für alle geschlossenen Kurvenschleifen nothwendig schwinden muss. Streng genommen gilt die Gleichung (1) zwar nur unter bestimmten Voraussetzungen über den Wärmeaustausch, z. B.

schiedener Weise gegeben werden kann, würde hier zu weit führen. Die entwickelte Wärmemenge bewirkt unter geeigneten Umständen eine Temperaturerhöhung des Ferromagnetikums, welche freilich bei einem nur einmaligen Kreisprocess einen geringen Werth, etwa von der Ordnung eines Tausendstel Grad, aufweist, bei häufiger Wiederholung aber recht merklich wird.

Einen vollständigen Kreisprocess nennt man, streng genommen, einen solchen, welcher sich zwischen den Intensitätsgrenzen $-\infty$ und $+\infty$ abspielt, denen als Ordinatenbereich offenbar die Maximalmagnetisirung (§ 13) entspricht. Für die meisten Zwecke genügt es jedoch schon, dass man hohe endliche Werthe der Intensität in's Auge fasst; insbesondere kann dann weder der Grenzwerth der Magnetisirung noch die umgesetzte Energiemenge noch merklich zunehmen; es genügt daher, den Werth der letztern für solche angenähert vollständige Processe anzugeben. Solche Bestimmungen hat Ewing bei seiner umfassenden Durchforschung des vorliegenden Gebiets in grosser Anzahl geliefert[1]). Der Werth von $\mathfrak{u}$ variirt etwa zwischen 10000 Erg pro Kubikcentimeter für das weichste ausgeglühte Eisen und über 200000 Erg pro Kubikcentimeter für glasharten Wolframstahl.

Bei unvollständigen Kreisprocessen mit beschränkterem Magnetisirungsbereich weist auch die umgesetzte Energie dementsprechend geringere Werthe auf. Schon bei seinen grundlegenden Bestimmungen hatte Warburg versucht, ihre Beziehung zum Grenzwerthe der Magnetisirung klarzulegen, fand aber keine Gesetzmässigkeiten, namentlich keine Proportionalität von $\mathfrak{u}$ mit $\mathfrak{J}_G^2$. Neuerdings hat Steinmetz, indem er sich auf das Zahlenmaterial Ewing's stützte, gefunden, dass man die Vorgänge durch folgende empirische Beziehung angenähert darstellen kann:

$$\mathfrak{u} = C(\mathfrak{J}_1 - \mathfrak{J}_2)^{1,6} \qquad \text{oder} \qquad \mathfrak{u} = B(\mathfrak{B}_1 - \mathfrak{B}_2)^{1,6},$$

worin C und B Materialkonstanten, $\mathfrak{J}_1$ und $\mathfrak{J}_2$ (bezw. $\mathfrak{B}_1$ und $\mathfrak{B}_2$) den obern und untern Grenzwerth bedeuten; letztere brauchen nicht numerisch gleich zu sein. Die — im algebraischen Sinne

---

für isotherme oder für isentropische (adiabatische) Kreisprocesse (siehe Warburg und Hönig loc. cit. p. 817, Ewing, Proc. Roy. Soc. **23**, p. 22, 1881 und **24**, p. 39, 1882); indessen kommt es hierauf für die meisten Zwecke wenig an.

1) Ewing, Phil. Trans. **176**, II, p. 523. 1885.

aufzufassende — Differenz ($\mathfrak{J}_1 - \mathfrak{J}_2$) stellt das ganze umfasste Magnetisirungsbereich bezw. den entsprechenden Ordinatenabschnitt dar, welcher übrigens auch nicht symmetrisch zur Abscissenaxe zu sein braucht; es können sogar $\mathfrak{J}_1$ und $\mathfrak{J}_2$ dasselbe Zeichen aufweisen.[1]) In besonderen Fällen war Ewing den Energieumsatz u als lineare Funktion des Intensitätsbereichs darzustellen im stande.[2]) Vor kurzem hat W. Kunz[3]) den Einfluss der Temperatur auf die Hysteresis eingehend untersucht; er findet als Hauptresultat, dass im Grossen und Ganzen der einem beliebigen Bereich entsprechende Energieumsatz mit steigender Temperatur abnimmt, bis er bei derselben Temperatur, wo die Magnetisirung bis auf unmerkliche Werthe schwindet, offenbar ebenfalls ganz aufhören muss (vergl. p. 17 Anm.). Ausser Temperaturerhöhungen wirken auch Erschütterungen antihysteretisch, wie bereits § 8 erwähnt.

Obige Erörterungen beziehen sich auf den Fall, dass der Kreisprocess langsam durchlaufen wird, wie es bei den üblichen »statischen« Methoden, mittels derer die Hysteresisschleifen bestimmt werden können (§ 207), der Fall ist. Die Frage, ob bei rascher sich abspielenden Kreisprocessen ihre Dauer einen wesentlichen Einfluss auf den Werth des Energieumsatzes hat, ist noch als eine offene zu betrachten; sie hängt mit den wenig erforschten Erscheinungen der zeitlichen magnetischen Verzögerung zusammen (vergl. p. 215 Anm. 2). Nach den kalorimetrischen Versuchen von Warburg und Hönig und von Tanakadaté, sowie nach den mittels verschiedener Methoden ausgeführten Untersuchungen von J. und B. Hopkinson (§ 221), Evershed und Vignoles, Ayrton und Sumpner[4]) muss es als wahrscheinlich hingestellt werden, dass jener Einfluss keinesfalls ein tief eingreifender ist; wenigstens sofern die Dauer des Kreisprocesses nicht unter die Grössenordnung eines Hundertstel einer Sekunde herabsinkt, welche auch ungefähr

---

1) Steinmetz, Elektrot. Zeitschr. **12**, p. 62, 1891; **13**, p. 519 ff., 1892.

2) Ewing, the Electrician, **28**, p. 635. 1892.

3) W. Kunz, Abhängigkeit der magn. Hyst. von der Temperatur, Progr.-Beilage Gymn. Darmstadt, Ostern 1893; auch Dissert., Tübingen 1893.

4) Warburg und Hönig, loc. cit. Tanakadaté, Phil. Mag. [5] **28**, p. 207, 1889. J. und B. Hopkinson, the Electrician, **29**, p. 510, 1892. Evershed und Vignoles, daselbst **27**, p. 664, 1891, **29**, pp. 583, 605, 1892. Ayrton und Sumpner. daselbst **29**, p. 615, 1892.

die untere Grenze für die Periode der bisher in der Technik üblichen Wechselströme bildet (vergl. p. 232 Anm.).

Die in einem magnetischen Kreise infolge der Hysteresis pro Zeiteinheit in Wärme umgesetzte Energiemenge, d. h. die als verloren zu betrachtende Leistung[1]), erhält man offenbar durch Multiplikation der Werthe des Hysteresisintegrals, bezw. des Flächeninhalts der entsprechenden Schleife, in das Volum des Ferromagnetikums und in die Anzahl der Kreisprocesse, welche sich pro Zeiteinheit abspielen.

§ 149. Einfluss der Gestalt. — Retentionsfähigkeit; Koercitivintensität. Wie auf die Magnetisirungskurven, so übt auch auf die Form der Hysteresisschleifen die Gestalt des Ferromagnetikums einen erheblichen Einfluss aus, der sich wieder in derselben Weise durch entsprechende Kurvenscheerung berücksichtigen lässt (§ 17). In Fig. 36 A. p. 237 galt bisher die ausgezogene Kurvenschleife $\overline{CGCG}$ für ein endloses Gebilde, stellte daher gewissermaassen die Normalschleife des Materials dar. Die gerade Richtlinie $\overline{EOE}$ entspreche nun beispielsweise einem Entmagnetisirungsfaktor $N = 0{,}05$[2]); scheert man die Normalschleife von ihr aus bis zur Ordinatenaxe, so erhält man die punktirte Schleife $\overline{CG'CG'}$, welche für den angegebenen Werth von N gilt. Wenn man im Verlauf eines Kreisprocesses nach der Magnetisirung in einem bestimmten, beispielsweise dem positiven Sinne die Intensität wieder bis auf den Werth 0 abnehmen lässt, so wird die Magnetisirung bekanntlich nicht ebenfalls verschwinden, sondern einen gewissen positiven Werth beibehalten. Dieser, die remanente Magnetisirung $\mathfrak{J}_R$, ist gleich der Ordinate $\overline{OR}$ des Schnittpunkts R des absteigenden Astes der Schleife mit der Ordinatenaxe, im vorliegenden Beispiel $\mathfrak{J}_R = 700$ C.-G.-S. Das Verhältniss $\mathfrak{f}$ der remanenten

1) Es dürfte nicht überflüssig sein zu bemerken, dass mit dem Worte Leistung (engl. »power«, »activity«) der mechanische Begriff der pro Zeiteinheit geleisteten Energie ausgedrückt werden soll. Die gleichdimensionelle C.-G.-S.-Einheit ist das Erg pro Sekunde; die praktische Einheit ist das Watt bezw. das Kilowatt; bekanntlich ist

1,36 Pferdestärke = 1 Kilowatt = 1000 Watt = 10^{10} Erg pro Sekunde.

2) Wie ihn z. B. nach Tab. I p. 45 ein Stück des Klaviersaiten-Stahldraht saufweisen würde, dessen Länge ungefähr den 25-fachen Werth seiner Dicke haben würde.

Magnetisirung zum vorhergegangenen Grenzwerth derselben nennt man die Retentionsfähigkeit (engl. »retentivity«); diese beträgt also hier $\mathfrak{k} = \mathfrak{J}_R / \mathfrak{J}_G = 70\,\%$.

Um die Magnetisirung ferner auf den Werth 0 herabzudrücken, bedarf es der Anwendung einer gewissen Intensität im entgegengesetzten, negativen Sinne, welche man die Koercitivintensität nennt; diese entspricht nun offenbar der Abscisse $\overline{OC}$ des Schnittpunktes C des absteigenden Astes mit der Abscissenaxe und beträgt für das gewählte Beispiel $\mathfrak{H}_C = 20$ C.-G.-S. Wie ein Blick auf Fig. 36 A. p. 237 zeigt, ändert sich letztere Grösse bei der Scheerung nicht, d. h. sie ist unabhängig von der Gestalt. Anders mit der remanenten Magnetisirung, welche durch die Scheerung stets herabgedrückt wird, sodass sie in dem dargestellten Specialfall nur noch 300 C.-G.-S. beträgt ($\mathfrak{k} = 30\%$); dieser der Ordinate $\overline{OR'}$ entsprechende Werth ist offenbar auch die Ordinate des Schnittpunkts R'' der Richtlinie $\overline{OE}$ mit dem absteigenden Aste; die hierauf beruhende einfache graphische Bestimmung der Retentionsfähigkeit verschieden gestalteter Körper wurde von J. Hopkinson[1]) angegeben, der dabei zuerst das Präfix »Koercitiv« in der angegebenen Weise einem unzweideutig definirbaren Begriffe anpasste. Da beide Äste der Schleife etwa bis zum halben Grenzwerth der Magnetisirung wenig von Geraden abweichen und dabei gegen die Abscissenaxe meist sehr steil verlaufen im Vergleich zur Richtlinie — wofern wenigstens der Werth von N kein allzu geringer und die Koercitivintensität keine allzu erhebliche ist —, so ergibt die Betrachtung des Dreiecks OCR'' für diesen Fall die bequeme Näherungsgleichung

$$(2) \qquad \mathfrak{J}_R = \frac{\mathfrak{H}_C}{N},$$

welche, wie gesagt, erst bei grösseren Werthen von N anwendbar wird. Ausser $\mathfrak{J}_R$ kommt in manchen Fällen noch die Differenz $\mathfrak{J}_G - \mathfrak{J}_R = \mathfrak{J}_E$ in Betracht (siehe z. B. § 179), welche in Fig. 36 A. durch den Ordinatenabschnitt $\overline{FR}$ bezw. $\overline{FR'}$ dargestellt wird und als die verschwindende Magnetisirung bezeichnet werden kann; diese nimmt mit dem Werth von N zu. Sowohl $\mathfrak{J}_R$ wie $\mathfrak{H}_C$ nehmen mit dem Magnetisirungsbereich des Kreisprocesses zu; indessen kann die unveränderliche Koercitivintensität für einen

1) J. Hopkinson, Phil. Trans. **176**, II p. 465. 1885.

(angenähert) vollständigen Kreisprocess als eine Materialkonstante betrachtet werden. Ebensowenig wie die Koercitivintensität ändert sich der Flächeninhalt der Schleifen bei der Scheerung; da erfahrungsgemäss die Abscissendifferenz zwischen dem auf- und dem absteigenden Aste der Schleife bei verschiedenen Werthen der Ordinate ziemlich unverändert bleibt, so ist jener Flächeninhalt in erster Annäherung gleich dem vierfachen Produkt aus der Koercitivintensität in den erreichten Grenzwerth der Magnetisirung; folglich kann man nach dem Vorgange J. Hopkinson's (a. a. O.) angenähert schreiben

$$u = 4 \mathfrak{J}_a \mathfrak{H}_c. \tag{3}$$

Bei einer bestimmten Substanz ist demnach der Energieumsatz für einen gegebenen Kreisprocess nur abhängig von dessen Magnetisirungsbereich, nicht von der Körpergestalt. Auch die procentuellen Differenzen der Ordinaten, welche dem auf- bezw. dem absteigenden Aste entsprechen, werden dadurch kaum berührt, wie Fig. 36 A. zeigt. Die häufig aufgestellte Behauptung, die Hysteresis komme bei kürzeren Körpergestalten weniger in Betracht, bezieht sich daher nur darauf, dass erstens für einen gegebenen Grenzwerth der Intensität des fremden Feldes das Magnetisirungsbereich und damit die Koercitivintensität dann von vorneherein geringer werden, und zweitens auf die im Vorigen erörterte erhebliche Abnahme der Retentionsfähigkeit.

§ 150. Permanente Magnete. Obwohl das Interesse an der Herstellung starker remanenter Magnete heutzutage ein weit geringeres ist, als zur Zeit, wo die Beziehungen zwischen Elektricität und Magnetismus noch nicht aufgedeckt waren, bleiben dieselben doch für manche Zwecke, namentlich der messenden Physik, wichtig. Dabei wird es in den meisten Fällen auf möglichste Konstanz der remanenten Magnetisirung, wodurch sie erst zu einer wirklich permanenten wird, in anderen mehr auf einen hohen Werth derselben ankommen; wir werden sehen, dass diese beiden Bedingungen sich bis zu einem gewissen Grade gegenseitig ausschliessen. Durch die Erfahrungen der allerneuesten Zeit scheint die Möglichkeit der Herstellung genügend permanenter Magnete wieder näher gerückt, nachdem man lange an ihr gezweifelt hatte. Die aufzustellenden Bedingungen betreffen die Gestalt, das Material und die Behandlung der Magnete. Zuvor ist zu bemerken, dass ein sich selbst überlassener, ungeschlossener permanenter Magnet sich gewissermaassen in labilem Gleichgewichtszustande befindet, indem die Magnetisirung sich trotz der allein wirkenden selbstentmagnetisirenden Intensität erhalten muss. Jenem Zustande wirken nun namentlich die auf die Dauer unvermeidlichen antihysteretischen Erschütterungen und Temperaturerhöhungen entgegen (§ 148, die Wirkung der letzteren wird durch etwa erfolgende Wiederabkühlungen nicht immer ganz aufgehoben); und zwar cet. par. in um so höherem Maasse, je grösser die entmagnetisirende Wirkung, d. h. also erstens der Magnetisirungswerth selbst, zweitens der Entmagnetisirungsfaktor N von vorneherein ist.

Nach alledem bedarf es keiner weiteren Erläuterungen, dass erstens die Gestalt so zu wählen ist, dass die entmagnetisirende Tendenz möglichst gering bleibe; man benutzt daher niemals kurze, gedrungene Formen, sondern stets langgestreckte. Falls der Magnet nicht Fernwirkungszwecken dienen soll, ist es noch besser, ihn zu einem Kreise mit möglichst engem Interferrikum zusammenzubiegen; hierauf beruhen die längst bekannten Vorzüge der Hufeisenmagnete, sowie die bekannte Regel, dass ein solcher stets mit anliegendem »Anker« bezw., dass Stabmagnete stets paarweise zwischen zwei Ankern zu verwahren sind. Wir werden weiter unten (§ 197) ein »permanentes Feldetalon« beschreiben, welches obigen Grundsätzen gemäss konstruirt ist. Eine ausgedehnte Verbreitung haben die sog. »Lamellenmagnete« nach J a m i n gefunden, welche aus einer Anzahl Stahlbändern zusammen gesetzt sind; die Enden sind meist so gebildet, dass die mittlere Lamelle hervorragt, während die übrigen treppenförmig zurückstehen; hierdurch wird die gegenseitige Entmagnetisirung erfahrungsmässig eine geringere.

Was zweitens das Material betrifft, so ist, sofern es sich um die Erreichung hoher Werthe der permanenten Magnetisirung handelt, eine Stahlsorte zu wählen, deren Hysteresisschleife nach der, der gewählten Gestalt entsprechenden, Scheerung eine möglichst hohe Retentionsfähigkeit im Sinne des § 149 ergibt. Wird hingegen das Hauptgewicht auf Konstanz gelegt, so folgt aus dem Obigen, dass man sich im Interesse einer geringeren Entmagnetisirung besser mit einem schwächeren Magnet begnügt; diese Behauptung wird auch durch die Erfahrung bestätigt. In diesem Falle kommt es weniger auf Retentionsfähigkeit als auf hohe

Koercitivintensität an [1]); letztere scheint in gewissem Sinne eine erhöhte Stabilität der Magnetisirung mit sich zu bringen.

Wie schon bemerkt, ist nun ein permanenter Magnet ausser gegen Erschütterungen, Stösse u. dgl. erfahrungsgemäss empfindlich gegen häufigen Temperaturwechsel. Diese schädlichen Momente sind daher beim Gebrauch möglichst fern zu halten, wie selbstverständlich auch direkte magnetische bezw. elektrische Einflüsse. Übrigens hat sich hauptsächlich infolge der Forschungen von Strouhal und Barus ergeben, dass man jene Empfindlichkeit gewissermaassen durch vorheriges Gewöhnen des Magnets verringern kann. Zu diesem Zwecke unterwirft man ihn während einiger Zeit einer übertrieben schroffen Behandlung, welche in Abkochen, Stossen, Schlagen, Fallenlassen, wiederholtem Magnetisiren u. dgl. besteht; man kann dieses Verfahren als künstliches Altern bezeichnen; derartig behandelte Magnete pflegen sich nachher besser zu halten. Ausser auf die Wahl des Materials vom Standpunkte seiner chemischen Zusammensetzung sowie seiner Struktur, seines Gefüges und seiner Homogenität, bei der man zwar von den oben angedeuteten Gesichtspunkten auszugehen, sich aber schliesslich vorwiegend durch die Erfahrung leiten lassen muss, kommt es auch wesentlich auf folgende Faktoren an. Erstens auf die vorhergehende Behandlung im Feuer beim Schmieden, sodann auf die Temperatur und andere Einzelheiten beim Härten und Anlassen des Stahls, sowie endlich auf die Art des Magnetisirens, welches heutzutage ausschliesslich durch Spulen, nicht mehr durch Streichen mit anderen Magneten erfolgt.[2])

1) Diese beiden Eigenschaften sind durchaus nicht zusammenhängend, wenigstens nicht bei geschlossenen magnetischen Kreisen; in diesem Fall ist bei sehr weichem Eisen zuweilen $\mathfrak{k} \geqq 90\%$, und $\mathfrak{H}_c \geqq 1$ C.-G.-S. Bei Stahl ist $\mathfrak{k}$ stets kleiner, dagegen $\mathfrak{H}_c$ weit grösser als die oben angegebenen Werthe, indem z. B. bei hartem Wolframstahl die Koercitivintensität unter Umständen bis zu 50 C.-G.-S. beträgt.

2) Ältere Angaben über die Herstellung permanenter Magnete findet man bei Lamont, Handbuch des Magnetismus, 1867. Siehe ferner Jamin, Compt. Rend. **76**, p. 1153, 1872 und **77**, p. 305, 1873; Strouhal und Barus, Wied. Ann. **11**, p 930, 1880, **20**, pp. 525, 621, 662, 1883. Holborn, Zeitschr. für Instrum.-Kunde **11**, p. 113. 1891, sowie viele andere Angaben Die neueste Zusammenstellung der einschlägigen, sehr zerstreuten Literatur, sowie tabellarisches Konstantenmaterial und dergl.

§ 151. Magnetischer Widerstand von Fugen. Wir haben wiederholt (§§ 16, 107, 144) auf den Einfluss hingewiesen, den selbst die feinsten Fugen und Risse bei magnetischen Kreisen ausüben und der sich durch Fernwirkung bezw. durch Entmagnetisirung und Streuung äussert; es ist hier der Ort, auf die einschlägigen neueren Untersuchungen näher einzugehen. Thomson und Newall[1]) haben zuerst nachgewiesen, dass Transversalfugen in Eisenstäben eine erhebliche entmagnetisirende und streuende Wirkung ausüben. Sie bestimmten zuerst die Magnetisirung in einem gegebenen Felde; nach dem Durchschneiden und Wiederzusammensetzen der Stäbe ergab sich eine überraschende Abnahme der Magnetisirung, die durch Behandlung der Enden auf dem Schleifstein nur theilweise aufgehoben werden konnte; bei Zwischenlage einer zunehmenden Anzahl dünner indifferenter Schichten wurde naturgemäss die Abnahme immer grösser. Sie haben auch die Streuung mittels Eisenfeilstaub bestimmt (§§ 4, 189) und die erhaltenen magnetischen Staubfiguren a. a. O. abgebildet.

Sodann beschäftigten sich Ewing und Low[2]) mit dieser Frage; sie untersuchten zunächst einen Eisenstab (Länge 12,7 cm, Durchmesser 0,79 cm, Querschnitt 0,49 qcm) mittels der ballistischen Schlussjochmethode (§ 218). Nachdem die Magnetisirungskurve des unzertheilten Stabes bestimmt worden, wurde er in der Mitte durchgeschnitten; die Enden wurden in der üblichen Weise durch Abschaben und Prüfen an einer ebenen Platte sorgfältig hergerichtet. Die beiden Stabhälften wurden daraufhin wieder unter möglichst inniger Berührung an einander gelegt, und die Magnetisirungskurve auf's neue bestimmt; sie erwies sich nun gegen die erste gescheert (siehe Fig. 37). Daraus folgt, dass eine Fuge sich wie ein Luftschlitz verhält, obwohl eine thatsächliche Berührung der beiderseitigen ferromagnetischen Stabenden in manchen Punkten der Trennungsfläche zweifellos stattfindet. Die entmagnetisirende Wirkung der Fuge wird am besten dadurch zum Ausdruck gebracht, dass man die Weite d des äquivalenten Luftschlitzes

gibt Silv. Thompson, the Electromagnet, 2. Aufl. (3. Aufl. seiner »Cantor Lectures«), Kap. XVI, London 1892; übers. Halle 1894.

1) J. J. Thomson und H. F. Newall, Proc. Phil. Soc. Cambridge **6**, II p. 84. 1887.

2) Ewing und Low, Phil. Mag. [5] **26**, p. 274, 1888; Ewing, daselbst **34**, p. 320. 1892.

zwischen zwei, im geometrischen Sinne ebenen Stirnflächen berechnet, welcher die gleiche Entmagnetisirung bezw. den gleichen magnetischen Widerstand hervorrufen würde, wobei jene sich aus den Abscissendifferenzen $\Delta\mathfrak{H}$ der beiden Magnetisirungskurven in der bekannten Weise herleiten lässt.

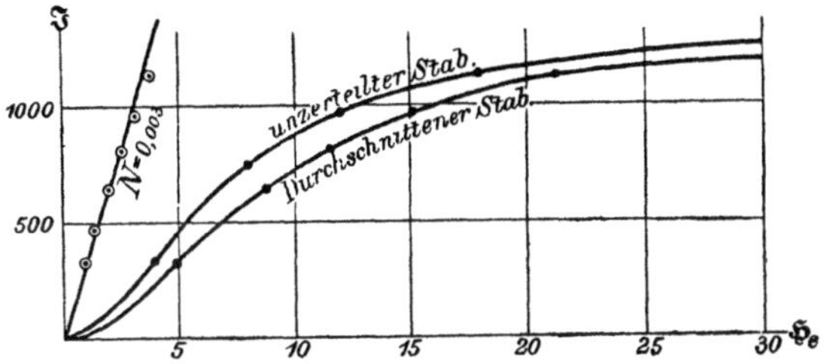

Fig. 37.

Wir betrachten zum Zwecke dieser Berechnung den Stab in seinem Schlussjoch (Fig. 38 p. 248), in erster Annäherung als ein radial geschlitztes Toroid, dessen Umfang $2\pi r_1 = L$, (der Stablänge) ist. Bei einem so engen Schlitz darf die einfache Gleichung (VII) § 82

$$N = \frac{2d}{r_1} = \frac{4\pi d}{L} \tag{4}$$

angewandt werden; setzen wir diesen Werth in die Gleichung $\Delta\mathfrak{H} = N\mathfrak{J}$ ein, so finden wir

$$d = \frac{L}{4\pi\mathfrak{J}}\Delta\mathfrak{H}. \tag{5}$$

Mittels letzterer Gleichung berechneten Ewing und Low die Weite des äquivalenten Luftschlitzes, welche in dieser Weise für zwei verschiedene Eisenstäbe ungefähr gleich 0,03 mm gefunden wurde; und zwar war dieser Werth ziemlich unabhängig von der Magnetisirung, wie die nahezu gerade Richtlinie der Fig. 37 beweist, welche einem Werthe $N = 0{,}003$ entspricht. Es lässt sich schwerlich entscheiden, ob jene äquivalente Schlitzweite dem mittlern Abstande der Stirnflächen thatsächlich entsprach, obwohl ein so erheblicher Werth des letzteren sehr unwahrscheinlich ist. Mit Sicherheit kann jedoch behauptet werden, dass eine in der angegebenen Weise hergerichtete Fläche sich noch erheblich von einem hochpolirten Planspiegel, geschweige denn von einer geometrischen Ebene unterscheidet. Ewing und Low haben ferner konstatirt, dass das Zwischenlegen eines einzigen Goldblättchens einen merklichen Einfluss auf den magnetischen Widerstand nicht weiter hatte; die Dicke solcher Häutchen beträgt bekanntlich auch nur Bruchtheile der Wellenlänge des Natronlichts, d. h. sie ist etwa von derselben Grössenordnung wie die Abweichungen eines guten Metallspiegels von einer absoluten geometrischen Ebene.

§ 152. Einfluss äusseren Longitudinaldrucks. Dieselben Forscher haben dann mittels des in Fig. 38 dargestellten Apparats den Einfluss eines Longitudinaldrucks auf das magnetische Verhalten einer Fuge zwischen zwei Stabhälften untersucht. Dabei

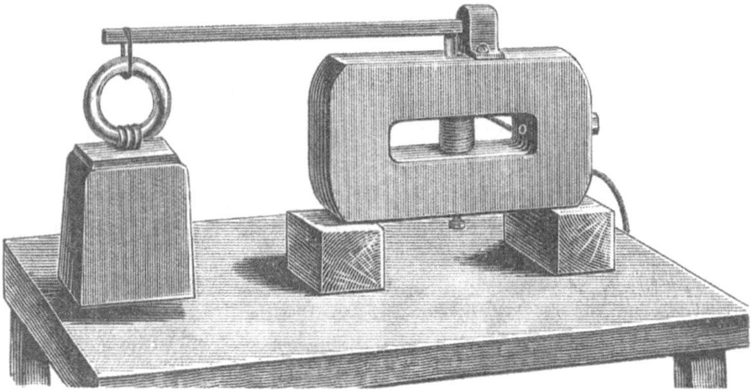

wurde berücksichtigt, dass die magnetischen Eigenschaften des Materials an und für sich durch den Druck beeinflusst werden (§ 107).

Sie fanden, dass die entmagnetisirende Wirkung, bezw. der magnetische Widerstand einer wie oben hergerichteten Fuge umsomehr abnimmt, je höher der Druck gesteigert wird, und dass bei einem Druck von etwas über 200 kg-Gewicht pro qcm irgendwelcher Unterschied zwischen einem unzertheilten und einem durchschnittenen Stab überhaupt nicht mehr nachweisbar war. In diesem Falle hatte nun freilich, wie zu erwarten, das Zwischenlegen eines Goldhäutchens einen merklichen, wenn auch nur geringen Einfluss. Hierbei ist zu bemerken, dass der magnetische Zug (§ 102) weniger als 1 kg-Gewicht pro qcm betrug, mithin gegen obigen Werth des äusseren Drucks kaum in Betracht kam.

Ewing und Low haben ferner Versuche mit »rauhen« Fugen, d. h. solchen, welche durch einfach abgedrehte, nicht weiter hergerichtete Stirnflächen begrenzt waren, angestellt. Es ergab sich, dass die Weite des äquivalenten Luftschlitzes für solche rauhe Fugen etwa 0,05 mm betrug und sich nur bis auf 0,04 mm reduciren liess durch einen Druck, welcher hingereicht hätte, den magnetischen Widerstand einer Fuge zwischen hergerichteten Stirnflächen völlig aufzuheben. Auch wurden Versuche mit Stäben angestellt, welche nicht nur eine Transversalfuge, sondern deren 3 bis 7 enthielten.

Die mitgetheilten Resultate bieten erhebliches praktisches Interesse. Sie führen zur Aufstellung der Regel, dass man, je weniger ein magnetischer Kreis sich von einem geschlossenen unterscheidet, um so sorgfältiger den schädlichen magnetischen Widerstand überflüssiger Fugen zu vermeiden hat; dass ferner dort, wo Fugen konstruktiver Rücksichten halber nicht zu umgehen sind, die Trennungsflächen einander sorgfältig anzupassen und, unter erheblichem Druck gegen einander gepresst, zu befestigen sind. Bei magnetischen Kreisen mit weitem Interferrikum kommt es freilich auf einen Schlitz von $^1/_{30}$ mm äquivalenter Weite mehr oder weniger nicht an, so dass in solchen Fällen die Fugen kaum eine Rolle spielen.[1])

§ 153. Zeitliche Variationen magnetischer Zustände. Wir haben uns bisher auf die Betrachtung unveränderlich fortdauernder magnetischer Zustände, d. h. auf den Fall stationärer Magnetisirung, beschränkt. Zwar haben wir gelegentlich (§ 64) die Induktion elektromotorischer Kräfte E infolge von variirender Magnetisirung besprochen; dabei wurde erwähnt, dass jene sich in absolutem Maasse als die pro Zeiteinheit erfolgende Variation des vom Leiter n-fach umschnürt gedachten Induktionsflusses $\mathfrak{G}$ ausdrücken lassen, d. h. also, dass

$$(6) \qquad E = \frac{d(n\mathfrak{G})}{dT}.$$

Wir haben aber dann des Weiteren ausschliesslich das Zeitintegral von E, bezw. den gesamten Stromimpuls berücksichtigt, welcher

1) Vergl. eine Untersuchung von Czermak und Hausmaninger, Wien. Ber. **98**, 2. Abth. p. 1142. 1889.

einer Variation $\delta \mathfrak{G}$, ganz abgesehen von ihrem zeitlichen Verlaufe, entspricht und zu ihrer Messung das geeignetste Mittel bietet.

Wir werden nunmehr derartige Variationen an sich näher untersuchen; dabei erläutern wir die etwas komplicirteren Vorgänge wie immer an dem Beispiele eines gleichmässig mit n Windungen (Widerstand R) bewickelten, geschlossenen oder radial geschlitzten Toroids (Radius r_1, Umfang $2\pi r_1 = L$, Querschnitt S). Lassen wir zu Anbeginn der Zeit ($T = 0$) plötzlich eine konstante fremde elektromotorische Kraft E_e auf eine solche »Induktionsspule« einwirken; dieser würde der Stationärstrom $I_e = E_e/R$ entsprechen, dessen sofortigem Entstehen sich indessen ein Hemmnis in Gestalt einer selbstinducirten elektromotorischen Gegenkraft E_i entgegenstellt.[1]) Die bezügliche Differentialgleichung lautet, wenn T die Zeit, I den thatsächlichen Strom bedeutet,

$$(7) \qquad I R = E_e - E_i = E_e - \frac{d\,(n\,\mathfrak{G})}{d\,T} = E_e - \frac{d\,(n\,\mathfrak{G})}{d\,I}\,\frac{d\,I}{d\,T}.$$

Ausser den Konstanten E_e und R und der einzigen Variabelen I — dem in jedem Augenblick fliessenden Strome — kommt darin die Ableitung $d\,(n\,\mathfrak{G})/d\,I$ vor, welche im Folgenden eine wichtige Rolle spielen wird; man nennt sie ganz allgemein den Selbst-Induktionskoefficient Λ (engl. »self-inductance«) der Spule, unabhängig von der im vorliegenden Beispiel gewählten einfachen Anordnung derselben. Aus den zur Genüge bekannten Gleichungen

$$\mathfrak{H}_e = \frac{4\pi\,n\,I}{L} \qquad \text{und} \qquad \mathfrak{G} = S\,\mathfrak{B}$$

1) Wir benutzen hier ähnliche »Quellenindices«, wie sie § 53 eingeführt wurden. — Es wird im Folgenden überall ausdrücklich von parasitischen (sog. Foucault'schen) Wirbelströmen im Ferromagnetikum selbst abgesehen; hierzu kann man sich dieses als von unendlich geringer elektrischer Leitfähigkeit, oder bis zu einem unendlich feinen Gefüge zertheilt denken (vergl. § 187). Ferner wird die elektrostatische Kapacität der Spule vernachlässigt und ihr Widerstand R als konstant betrachtet; d. h. der Strom wird auf der ganzen Länge des Leiters als konstant und über seinen ganzen Querschnitt gleichmässig vertheilt angesehen. Bei den ausserordentlich raschen Stromschwankungen, denen heutzutage das Interesse der Forscher in hohem Grade zugewendet ist, sind jene Voraussetzungen zwar unstatthaft; jedoch fassen wir hier Variationen in's Auge, welche verhältnissmässig langsam erfolgen.

folgt obiger Definition gemäss

$$\Lambda = \frac{d\,(n\,\mathfrak{G})}{d\,I} = \frac{4\pi\,n^2\,S}{L}\,\frac{d\,\mathfrak{B}}{d\,\mathfrak{H}_e} = \frac{2\,n^2\,S}{r_1}\,\frac{d\,\mathfrak{B}}{d\,\mathfrak{H}_e}. \tag{8}$$

Der variabele Koefficient Λ hängt demnach erstens von den Spulenabmessungen ab und hat die Dimension S/L, d. h. einer Länge [1]); er ist ferner proportional der Ableitung der Induktion $\mathfrak{B}$ in dem ferromagnetischen Kern nach der Intensität $\mathfrak{H}_e$ des Spulenfeldes; den Verlauf dieses Differentialquotients werden wir daher zunächst einer besondern Betrachtung unterziehen.

§ 154. Diskussion der Funktion $d\,\mathfrak{B}/d\,\mathfrak{H}_e$. Zunächst folgt aus der Fundamentalgleichung [§ 11, Gleichung (13)]

$$\mathfrak{B} = 4\pi\,\mathfrak{J} + \mathfrak{H}_e$$

die weitere Beziehung

$$\frac{d\,\mathfrak{B}}{d\,\mathfrak{H}_e} = 4\pi\,\frac{d\,\mathfrak{J}}{d\,\mathfrak{H}_e} + 1. \tag{9}$$

Wofern man das zweite gegen das erste Glied rechts in ersterer Gleichung vernachlässigen darf (§§ 11, 59), kann dies auch mit der entsprechenden Einheit in letzterer geschehen. Wir werden nun aus dem Werthe von $[d\,\mathfrak{B}_1\,/\,d\,\mathfrak{H}_e]$ bezw. von $[d\,\mathfrak{J}_1\,/\,d\,\mathfrak{H}_e]$ für einen gegebenen Werth der Induktion $\mathfrak{B}_1$ bezw. der Magnetisirung $\mathfrak{J}_1$ bei geschlossenem Toroid [2]) denjenigen herleiten, welcher cet. par. einem endlichen Entmagnetisirungsfaktor N entspricht. Es ist, abgesehen vom Vorzeichen [§ 53, Gleichung (1)]

$$\mathfrak{H}_e = \mathfrak{H}_t + \mathfrak{H}_i = [\mathfrak{H}_e] + N\,\mathfrak{J}.$$

---

1) Manche Autoren nennen Λ noch das Potential der Spule auf sich selbst; die C.-G.-S.-Einheit für jene Grösse ist naturgemäss das Centimeter; als praktische Einheit ist von den amtlichen Delegirten zum internationalen Chicagoer Elektrikerkongress 1893 das Henry (10^9 cm) festgestellt worden, eine Länge, die bisher auch als Secohm oder Quadrant (bezw. Quad!) bezeichnet wurde.

2) Die auf geschlossene Toroide ($N = 0$) bezüglichen Ausdrücke sind im Folgenden in [ ] gesetzt. Für die Differentialquotienten $[d\,\mathfrak{J}\,/\,d\,\mathfrak{H}_e]$ und $[d\,\mathfrak{B}\,/\,d\,\mathfrak{H}_e]$ hat Knott die Bezeichnung »differentielle Susceptibilität bezw. Permeabilität« vorgeschlagen, der wir uns hier indessen nicht anschliessen.

Durch Differentiation nach $\mathfrak{J}$ erhält man

$$\frac{d\,\mathfrak{H}_e}{d\,\mathfrak{J}} = \left[\frac{d\,\mathfrak{H}_e}{d\,\mathfrak{J}}\right] + N; \tag{10}$$

was auch schon daraus hervorgeht, dass durch die Scheerung die Tangente der Neigung eines jeden Kurvenelements gegen die Ordinatenaxe um einen mit N proportionalen Betrag vermehrt wird (siehe z. B. Fig. 36 A. p. 237). Setzt man nun letztere Gleichung in (9) ein, so wird

$$\frac{d\,\mathfrak{B}_1}{d\,\mathfrak{H}_e} = \frac{(4\pi + N)\left[\frac{d\,\mathfrak{J}_1}{d\,\mathfrak{H}_e}\right] + 1}{N\left[\frac{d\,\mathfrak{J}_1}{d\,\mathfrak{H}_e}\right] + 1}. \tag{11}$$

Was ferner den allgemeinen Verlauf der beim Auftreten von Hysteresis nicht mehr eindeutigen Funktion $[d\,\mathfrak{B}/d\,\mathfrak{H}_e]$ bezw. $d\,\mathfrak{B}/d\,\mathfrak{H}_e$ betrifft, so ist dieser in Fig. 36 B. p. 237 dargestellt; diese Kurven entsprechen genau den darüber in A. abgebildeten hysteretischen Kreisprocessen für ausgeglühten Stahldraht (§ 147), bedürfen daher kaum der nähern Erläuterung. Namentlich die einem geschlossenen Toroid entsprechenden ausgezogenen Kurven zeigen erstens eine charakteristisch hervortretende Erhöhung, die bei weichem Eisen noch weit stärker ausgeprägt und daher schwer darzustellen ist (vergl. Fig. 41 p. 257); zweitens eine, der Spitze G der Hysteresisschleife entsprechende Unstetigkeit. Die ausgezogene Kurve I im rechten obern Quadrant entspricht der aufsteigenden Kommutirungskurve $\overline{OG}$; ferner stellt die strichpunktirte Kurve II die Permeabilität $\mu = \text{funct.}\ (\mathfrak{H}_e)$ dar; wie ersichtlich haben beide zwar einen ähnlichen Verlauf, sind aber durchaus nicht identisch, ausser in ihrem Schnittpunkte, welcher dem Maximum der Permeabilität, d. h. demjenigen Punkte auf $\overline{OG}$ entspricht, in welchem diese Kurve von einer Geraden durch den Koordinatenursprung tangirt wird. Von einem konstanten Werth für $[d\,\mathfrak{B}\,/\,d\,\mathfrak{H}_e]$ (und daher für Λ) kann nicht die Rede sein; bei den punktirten Kurven, die einem geschlitzten Toroid ($N = 0{,}05$) entsprechen und die oben hervorgehobenen Eigenschaften in weniger ausgeprägtem Maasse zeigen, kann man allerdings innerhalb eines gewissen Bereichs schon eher einen angenähert konstanten Mittelwerth einführen. Hierzu ist man um so mehr berechtigt, je grösseren Werth der Entmagnetisirungsfaktor aufweist, je näher also die Proportionalität von $\mathfrak{B}$

mit $\mathfrak{H}_e$ zutrifft; in diesem Falle wäre offenbar $d\mathfrak{B}/d\mathfrak{H}_e = \mathfrak{B}/\mathfrak{H}_e =$ Const. Bei einem Toroid aus indifferentemMaterial (§ 9) wird offenbar $d\mathfrak{B}/d\mathfrak{H}_e = 1$, daher unter dieser Voraussetzung in streng richtiger Weise

$$(12) \qquad \Lambda = \frac{4\pi n^2 S}{L} = \frac{2n^2 S}{r_1} = \text{Const.}$$

Nur in diesem Falle lässt sich die Differentialgleichung (7) des § 153 ohne weiteres integriren; sie lässt sich indessen auch bei variabeler Selbstinduktion zuvor noch wie folgt umschreiben

$$(13) \qquad \frac{dI}{dT} = \frac{E_e - IR}{\Lambda} = \frac{I_e - I}{\theta}, \qquad \left[T = 0; \quad I = 0\right]$$

wobei $E_e/R = I_e$, dem Stationärstrom, und $\Lambda/R = \theta$, der im allgemeinen variabelen sog. Relaxationsdauer (engl. »time-ratio«) gleichgesetzt ist; die Anfangsbedingungen sind eingeklammert.

§ 155. Vereinfachung bei konstanter Selbstinduktion. Die Integration der Gleichung (13) wird nur bei konstantem θ ohne weiteres durchführbar und ergibt

$$(14) \qquad I = I_e\left(1 - e^{-T/\theta}\right),$$

d. h. das v. Helmholtz'sche logarithmische Gesetz für das allmählige Entstehen des Stromes in einer Induktionsspule.[1])

Wird andererseits zu Anbeginn der Zeit die fremde elektromotorische Kraft aufgehoben, indem der Spulenstromkreis dann einen plötzlichen Kurzschluss — keine Unterbrechung — erfährt, so findet man für das allmähliche Vergehen des Stromes folgendes analoge Gesetz (a. a. O. p. 537 bezw. 459)

$$(15) \qquad I = I_e e^{-T/\theta}.$$

Hiernach ist die Relaxationsdauer die Frist, welche nach dem Augenblick des Kurzschlusses vergeht bis der Strom auf $1/e$ seines Werthes herabsinkt, bezw. nach Gleichung (14) die Frist, innerhalb derer er nach dem Moment des Stromschlusses den Bruchtheil $(e - 1)/e$ seines Stationärwerths erreicht.

1) v. Helmholtz, Pogg. Ann. **83**, p. 511. 1851. Wiss. Abhandl. 1, p. 434, Leipzig 1882.

Von grosser Wichtigkeit ist ferner der Fall, dass die auf die Induktionsspule einwirkende fremde elektromotorische Kraft sinusoidal, d. h. eine Sinusfunktion der Zeit T ist von der Periode τ oder der Frequenz (Periodenzahl pro Zeiteinheit) $N = 1/\tau$, mithin durch folgende Gleichung dargestellt wird

$$E = E_M \sin(2\pi N T).$$

Es lässt sich zeigen, dass der in der Spule entstehende Wechselstrom folgender Gleichung genügt

$$(16) \qquad I = \frac{E_M}{J} \sin 2\pi \left(\frac{T}{\tau} - \chi\right),$$

worin zur Abkürzung

$$(17) \qquad \chi = \frac{1}{2\pi} \operatorname{arc\,tg} (2\pi N \theta)$$

gesetzt ist. Jener Strom wird daher ebenfalls durch eine Sinusfunktion dargestellt, deren Phase gegen diejenige der fremden elektromotorischen Kraft um den durch (17) gegebenen Bruchtheil χ verzögert ist.[1]) Der Buchstabe J in obiger Gleichung (16) ist eine Abkürzung für den Ausdruck

$$(18) \qquad J = \sqrt{R^2 + Y^2} = \sqrt{R^2 + 4\pi^2 N^2 \Lambda^2}.$$

Man nennt bei Induktionsspulen:
R, den Ohm'schen Widerstand (engl. »ohmic resistance«),
$Y = 2\pi N \Lambda$, den induktiven Widerstand (engl. »inductive resistance«),
$J = \sqrt{R^2 + Y^2}$, den virtuellen Widerstand (engl. »impedance«).

Durch letztern kommt die hemmende Wirkung sinusoidalen elektromotorischen Kräften gegenüber in analoger Weise zum Ausdruck, wie es stationären Potentialdifferenzen gegenüber durch den Ohm'schen Widerstand geschieht.[2]) Die Beziehung

---

1) Bei akustischen und optischen Betrachtungen pflegt man Phasendifferenzen oder Gangunterschiede als Bruchtheile der Periode bezw. der Wellenlänge auszudrücken, wie es oben im Texte geschehen ist. In der Wechselstromliteratur werden Phasen häufig als Theile des Kreisumfangs, und zwar in Grad, ausgedrückt; dazu hätte man obige Brüche mit 360 zu multipliciren.

2) Die speciell zu diesem Zweck in der Wechselstromtechnik vielfach angewandten Vorrichtungen kann man als Hemmspulen (engl. »choking coils«) bezeichnen.

zwischen R, Y und J wird in instruktiver Weise durch ein rechtwinkeliges Dreieck (Fig. 39) dargestellt, dessen spitzer Winkel — als Bruchtheil des Kreisumfangs ausgedrückt — der Phasenverzögerung gleich ist; näher auf die in diesem Paragraphen zusammengefassten einfachen Vorgänge bei konstantem Selbst-Induktionskoefficient einzugehen, ist indessen nicht unsere Aufgabe[1]). Wir wenden uns vielmehr zu dem Einfluss, den die Einführung ferromagnetischer Kerne mit variabelen bezw. mehrdeutigen Werthen von $d\mathfrak{B}/d\mathfrak{H}_e$ auf den Charakter jener Vorgänge hat, und den wir am übersichtlichsten graphisch darstellen. Dabei betrachten wir wieder der Reihenfolge nach zunächst die im vorliegenden Paragraphen behandelten Probleme des Entstehens bezw. Vergehens elektrischer Ströme, sowie ferner in § 157 die Eigenschaften von Wechselströmen unter dem Einflusse sinusoidaler elektromotorischer Kräfte.

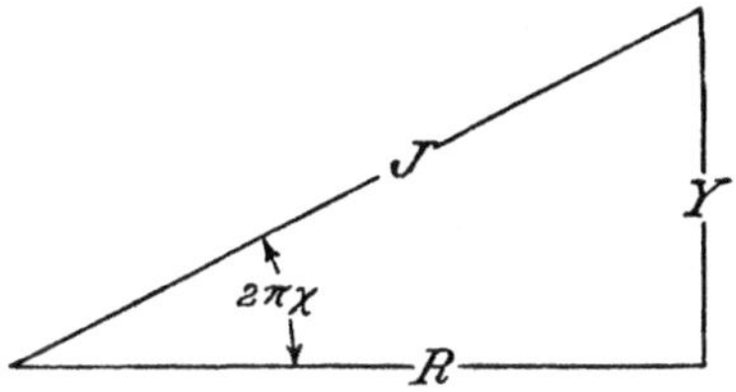

Fig. 39.

§ 156. **Einfluss veränderlicher Selbstinduktion.** Es sei die ausgezogene Kurve $\overline{OP}$ in Fig. 40 p. 256 eine gegebene Stromentstehungskurve $I = \text{funct.}\,(T)$; ihre Asymptote $\overline{M'M}$ entspricht dem Stationärstrom I_e. Es folgt nun aus der allgemeinen Differentialgleichung (13) des § 154 — die wie gesagt auch für variabele Selbstinduktion gilt —, dass

$$(19) \qquad \theta = \frac{\partial T}{\partial I}(I_e - I).$$

Die Relaxationsdauer θ ist daher für einen Punkt P gleich der Tangente der Neigung der Kurve zur Ordinatenaxe, multiplicirt in die Ordinatenstrecke $\overline{QP}$, welche den, bis zur Erreichung des Stationärstroms noch mangelnden Fehlbetrag darstellt. Ferner ergibt die Integration letzterer Gleichung bis zum Zeitpunkt T_1 (welcher dem Punkte P der Kurve entspreche) sofort, dass der Inhalt der von dem gebrochenen Zuge $PQM'OP$ eingeschlossenen schraffirten Fläche, d. h. (vergl. die Grundgleichungen des § 153)

1) Vergl. z. B. die elementaren graphischen Darstellungen bei Fleming, Alternate Current Transformer **1**, pp. 95—116. London 1890.

$$(20) \qquad (PQ\,M'\,O) = \int_0^{T_1} (I_e - I)\,d\,T = \frac{1}{R}\int_0^{I_1} \Lambda\,d\,I = \frac{nS}{R}\,\mathfrak{B}_1$$

proportional der Induktion $\mathfrak{B}_1$ ist, welche dem zur Zeit T_1 fliessenden Strom I_1 oder der Intensität $\mathfrak{H}_e = 4\pi\,n\,I_1\,/\,L$ entspricht. Es ergibt sich hieraus eine theoretisch interessante, von Th. Gray vorgeschlagene Methode, Induktionskurven aus Stromentstehungskurven herzuleiten, auf die wir in § 221 noch zurückkommen werden.

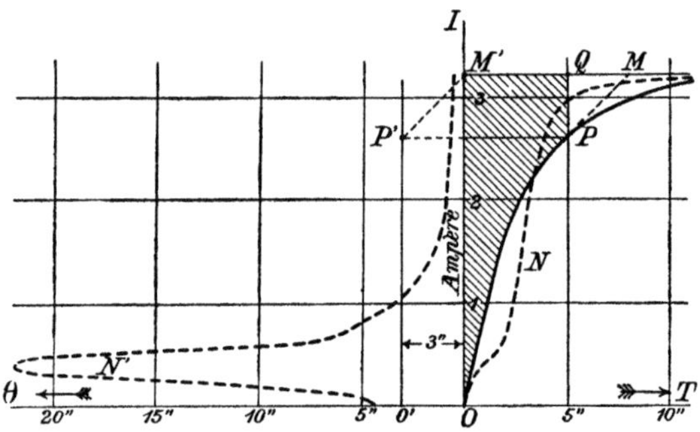

Fig. 40.

Die punktirte (I, T)-Kurve $\overline{ON}$ (Fig. 40) ist von dem genannten Forscher an einem grossen Elektromagnet[1]) beobachtet worden; ihr entspricht im linken Quadrant die punktirte Kurve N', welche die variabele Relaxationsdauer $\theta = \Lambda/R$ (Absc.) als Funktion des Stromes (Ordin.) darstellt (vergl. hierzu Fig. 36 B. p. 237). Behufs bessern Vergleichs wurde die ausgezogene Kurve $\overline{OP}$ nach der v. Helmholtz'schen Gleichung (14) unter Zugrundelegung der konstanten Relaxationsdauer $\theta = 3''$ berechnet, welche offenbar durch die, der Ordinatenaxe parallele Gerade $\overline{O'P'}$ dargestellt wird.

1) Th. Gray, Phil. Trans. **184**, A. p. 531, 1893; die Hauptkonstanten des Elektromagnets betrugen: $L = 265$ cm, $n = 3840$, $R = 11{,}5$ Ohm; bei den hier anzuführenden Versuchen war sein magnetischer Kreis geschlossen; die Messungen bei offenem Kreise sind nicht einwandsfrei. Es bedarf kaum der besondern Erwähnung, dass die Entwicklungen der §§ 153 ff. zwar am Beispiel des Toroids erläutert wurden, aber nicht auf diese einfache Gestalt beschränkt sind. — Der Kürze halber bedeutet im Folgenden eine (X, Y)-Kurve eine solche, welche X als Funktion von Y darstellt.

Ein Blick auf die Figur zeigt die charakteristischen Abweichungen, welche durch die variabele Selbstinduktion bedingt werden, namentlich das langsamere oder raschere Zunehmen des Stromes, je nachdem die variabele Relaxationsdauer grösser oder kleiner als 3″ ist. (Vergl. hierzu auch § 170).

Ferner ist zu bemerken, dass im einen wie im andern Falle die Tangente $\overline{PM}$ in einem Punkte P der (I, T)-Kurve parallel der

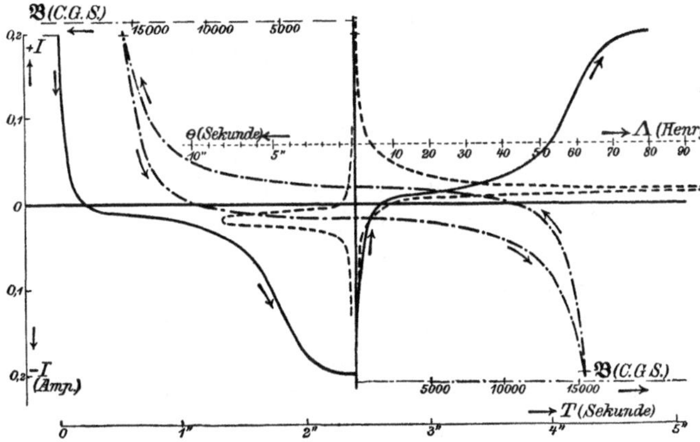

Fig. 41. — Weiches Schmiedeeisen.

Geraden verläuft, welche den entsprechenden Punkt P' der (θ, I)-Kurve mit dem festen Punkte M' verbindet. Hierauf hat Sumpner ein graphisches Verfahren begründet, mittels dessen für einen Elektromagnet, dessen Induktionskurve und Dimensionen bekannt sind, die (I, T)-Kurve konstruirt werden kann; und zwar nicht nur für den Fall des Entstehens oder Vergehens des Stroms, sondern auch wenn die fremde elektromotorische Kraft eine beliebige Funktion der Zeit ist.[1])

Schliesslich reproduciren wir beispielsweise in Fig. 41 eine der vielen, von Th. Gray a. a. O. gegebenen Diagramme; wie ersichtlich, umfasst dieses einen ganzen Kreisprocess. Es sind darin die

(I, T)-Kurven ausgezogen;
(θ, I)- bezw. (Λ, I)-Kurven punktirt;
$(\mathfrak{B}, I)$-Kurven strich-punktirt.

1) Sumpner, Phil. Mag. [5] **25**, p. 470 ff., Taf. III, 1888. Siehe auch Fleming, loc. cit. **1**, p. 263 ff.

Die zu den verschiedenen Kurven gehörigen Skalenmaassstäbe sind wie jene, nur dünner, gezeichnet, um Verwechslungen vorzubeugen; es entsprechen sich auf sämtlichen Kurven die Punkte in gleicher Ordinatenhöhe. Nach dem Vorigen bedarf diese Figur kaum der nähern Erläuterung; betreffs weiterer Einzelheiten verweisen wir auf die citirte Abhandlung Th. Gray's.

§ 157. Sinusoidale elektromotorische Kräfte. Falls die auf die Induktionsspule einwirkende fremde elektromotorische Kraft eine sinusoidale ist, so wird die in § 155 besprochene Wechselstromkurve durch Einführung eines ferromagnetischen Kerns sehr erheblich in ihrer Gestalt beeinflusst. Betrachten wir zuvor noch den einfacheren Fall, dass die Selbstinduktion eine verschwindend geringe sei, was z. B. nach Gleichung (12) dadurch zu erreichen ist, dass man Windungszahl und Querschnitt möglichst verringert; ihr Einfluss werde daher zunächst vernachlässigt, sodass der Wechselstrom durch eine einfache Sinusfunktion darstellbar wird. Dasselbe gilt dann für das Spulenfeld, welches durch die punktirte Sinuskurve — von beliebiger Periode — in Fig. 36 C. p. 237 als Funktion der Zeit dargestellt ist; trägt man nun die, aus dem darüber befindlichen Hysteresisdiagramm A. zu entnehmenden Werthe der Magnetisirung ebenfalls auf, so erhält man die ausgezogene ($\mathfrak{J}$, T)-Kurve von der gleichen Periode. Wie ersichtlich zeigt diese eine Nullpunktsverzögerung gegen die ($\mathfrak{H}$, T)-Kurve, während die Maxima übereinstimmen;[1]) die ($\mathfrak{J}$, T)-Kurve wird dadurch unsymmetrisch und infolge der beginnenden Sättigung eigenthümlich abgeflacht. Die in dem dargestellten Specialfall relativ geringe Nullpunktsverschiebung wird offenbar um so beträchtlicher, je geringer der beim Kreisprocess erreichte Grenzwerth der Intensität im Vergleich zur Koercitivintensität ist.

Nehmen wir nunmehr einen erheblichen Werth der Selbstinduktion an, so lässt sich theils theoretisch nachweisen, theils auch experimentell erhärten, dass die (I, T)-Kurve hauptsächlich in folgenden Punkten durch sie beeinflusst wird.

---

1) Von einer Phasenverzögerung kann, streng genommen, nur zwischen zwei Sinusfunktionen von gleicher Periode die Rede sein. — Es sei noch bemerkt, dass jene Nullpunktsverzögerung sich infolge der gewöhnlichen rein statischen Hysteresis ergibt und mit der Frage der zeitlichen magnetischen Verzögerung (§§ 134, 148) an und für sich nicht zusammenhängt.

Sobald die Magnetisirung in das Sättigungsstadium einzutreten beginnt, zeigen sich auf der (I, T)-Kurve charakteristische, von der Sinuskurve emporragende Erhöhungen, welche bei zunehmendem Sättigungsgrade in scharfe Spitzen übergehen; die hemmende Wirkung der Spule nimmt dann in erheblichem Maasse ab.

Die Hysteresis bedingt eine Asymmetrie der auf- und absteigenden Äste der (I, T)-Kurve, sowie die oben erörterte Nullpunktsverzögerung der ($\mathfrak{J}$, T)-Kurve gegen jene; deren veränderte Gestalt reagirt übrigens ihrerseits auf letztere, welche dadurch von der vorher diskutirten Form abweicht und sich wiederum der Sinusform nähert. Überhaupt zeigen die hier in Betracht kommenden periodischen Vorgänge eine gewisse Tendenz, sich infolge der Selbstinduktion ihrer einfachsten, durch die Sinuskurve dargestellten Grundform zu nähern, indem die höheren harmonischen Komponenten mehr abgetönt werden als jene; eine erschöpfende Diskussion dieser Eigenthümlichkeit würde zu weit führen.

Endlich erfolgt im Ferromagnetikum ein fortwährender Umsatz von Energie in Wärme, der sich nach den Angaben des § 148 in Rechnung ziehen lässt. Wir werden auf die im Vorhergehenden besprochenen Erscheinungen bei der Besprechung des magnetischen Kreises von Induktorien und Transformatoren (§§ 176—187) zurückkommen.

B. Elektromagnete zur Erzielung bewegender oder statischer Zugkräfte.

§ 158. Princip des geringsten magnetischen Widerstandes. Die im vorigen Kapitel besprochenen Elektromotoren im engeren Sinne, die bei kontinuirlicher Drehung grössere Energiemengen umsetzen und als Umkehrung der Dynamomaschine zu betrachten sind, haben die verschiedenen, zu diesem Zwecke früher ersonnenen Vorrichtungen fast völlig verdrängt. Immerhin gibt es innerhalb der verschiedenen Anwendungsgebiete des Elektromagnetismus noch manche Apparate — z. B. Messinstrumente, Bogenlampenwerke, Regulatoren, Relais, Wecker, Telephone und viele andere — bei denen der meist sehr geringe Energieumsatz kaum eine Rolle spielt, deren Wirkung aber eine relative Lagenänderung ihrer Theile mit sich bringt. Wir werden nun solche »elektromagnetische Mechanismen« von einigen allgemeinen Gesichtspunkten aus betrachten; von einer auch nur angenähert vollständigen Übersicht der einzelnen hierher gehörigen Vorrichtungen kann selbstverständlich in diesem Buche nicht die Rede sein.

Ihre Wirkungsweise wird durch folgendes Princip beherrscht, welches von einigen Autoren mehr oder weniger deutlich ausgesprochen wurde [1]) und sich in manchen praktischen Fällen als Richtschnur nützlich erweist, obwohl es auf besondere theoretische Bedeutung kaum Anspruch erheben dürfte:

I. Die freiwillige relative Lagenänderung der einzelnen Theile elektromagnetischer Systeme erfolgt stets in dem Sinne, dass der magnetische Widerstand des Ganzen einem Minimalwerth zustrebt.

Diese Bedingung ist offenbar äquivalent damit, dass bei der als gegeben vorauszusetzenden magnetomotorischen Kraft der Induktionsfluss einem Maximum zustrebt. Letzterer Satz hinwieder liesse sich wohl mittels der Betrachtung der allgemeinen Gleichungen der elektromagnetischen Energie unter gewissen Einschränkungen beweisen. In Anbetracht der wissenschaftlich untergeordneten Bedeutung und Undefinirbarkeit des Begriffs des magnetischen Widerstandes (§ 119) kann indessen auf einen scharfen mathematischen Beweis des obigen Princips verzichtet werden. Seine praktische Anwendbarkeit wird im Folgenden an einer Anzahl von Beispielen erläutert werden.

§ 159. Elektromagnetische Bewegungsmechanismen, bei denen, obigem Princip gemäss, ein offener magnetischer Kreis sich zu schliessen bestrebt ist, sind in grosser Anzahl konstruirt worden. Betrachten wir wieder beispielsweise einen diametral durchschnittenen Ring (Fig. 42 A. C.) [2]), dessen beide Hälften sich anziehen (vergl. § 103), d. h. den magnetischen Widerstand des Ganzen zu verringern streben; die Variation des Widerstandes für eine

---

1) Fleming, loc. cit. 1, pp. 28, 71. Silv. Thompson, The Electromagnet 2. Aufl. p. 277, London 1892, übers. Halle 1894; letzterm Buche ist ein Theil des Inhalts und der Figuren des vorliegenden Abschnitts mit Zustimmung des Herrn Verfassers entnommen; dasselbe dürfte die neueste und erschöpfendste Darstellung der auf diesem Specialgebiete in Betracht kommenden Konstruktionen bieten.

2) Bei den im Folgenden zur Darstellung gelangenden Figuren sind die ferromagnetischen Theile im Schnitt durchweg mittels Kreuzschraffur hervorgehoben.

kleine virtuelle Änderung der gesamten Schlitzweite bildet nun nach bekannten mechanischen Analogien ein Maass für die Anziehung zwischen den beiden Ringhälften.

Demnach ist diese bei verschwindender bezw. sehr geringer Schlitzweite eine erhebliche, fällt aber bei wachsender Entfernung der beiden Ringhälften rasch ab; das Bewegungsbereich, innerhalb dessen die Anziehung einen vorgeschriebenen Werth aufweist bezw. übertrifft, ist daher nur ein geringes. Diesen beiden Übelständen derart beschaffener Mechanismen, dem raschen Abfall der Anziehung, so wie dem beschränkten Bewegungsbereich, hat man von jeher mit verschiedenen Mitteln abzuhelfen gesucht, von denen wir einige erwähnen werden.

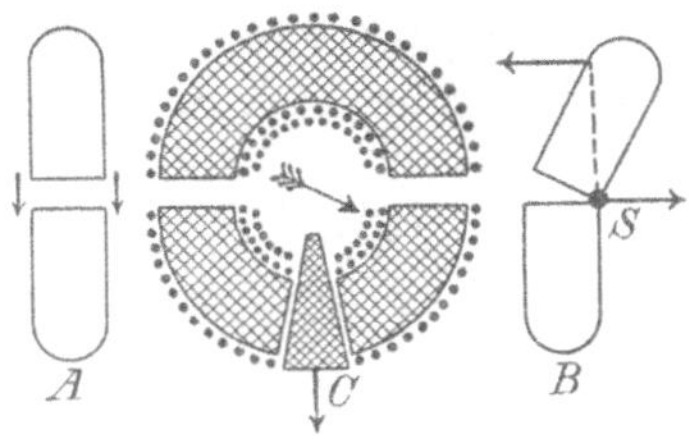

Fig. 42.

Beispielsweise kann man die Annäherung nicht freiwillig vor sich gehen lassen, wie sie nach den ungefiederten Pfeilen der Fig. 42 erfolgen würde, sondern man kann durch geeignete Führung eine schiefe Annäherung, etwa in Richtung des gefiederten Pfeils, erzwingen. Oder man kann die freiwillige Bewegung mittels einer der bekannten kinematischen Übertragungsvorrichtungen — verschiedenartige Hebel, Kammräder u. dgl. — vergrössern bezw. ausgleichen; dabei kann man die Änderungen der Anziehung durch geeignet angebrachte Federn zum Theil kompensiren. Ein anderes Mittel besteht darin, dass man den magnetischen Kreis mittels eines Eisenkeils, der in einer zur Leitkurve senkrechten Richtung geführt wird, mehr oder weniger schliessen lässt (siehe Fig. 42 C). Durch geeignete Wahl des Keilprofils lässt sich eine annähernd gleichmässige Zunahme des magnetischen Widerstandes beim Herausziehen des Keils in der Pfeilrichtung erreichen. Sofern es auf einen erheblichen Werth der Anziehung nicht ankommt, lässt sich ein besserer Ausgleich dadurch herbeiführen, dass der magnetische Kreis niemals ganz geöffnet, d. h. die Kontinuität des Ferromagnetikums niemals völlig unterbrochen wird. Das Schema einer solchen Anordnung gibt Fig. 42 B, wo die beiden Ringhälften um ein Scharnier S gegeneinander drehbar sind, daher immer in diesem Punkte in Berührung bleiben; die magnetische Anziehung wird auf die obere Ringhälfte ein bei der Drehung derselben ziemlich unveränderliches Kräftepaar ausüben, wie es durch die Pfeile dargestellt wird.

In Fig. 43, 44, 45 sind ferner einige von mehreren Konstrukteuren zu den verschiedensten Zwecken benutzte Elektromagnete dargestellt, deren Wirkungsweise ohne weiteres ersichtlich ist. Das Bewegungsbereich ist hierbei ein ziemlich ausgedehntes und zum Theil regulirbares; die Anziehung ist freilich nach wie vor eine

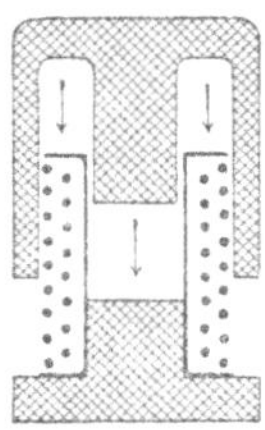

Fig. 43.

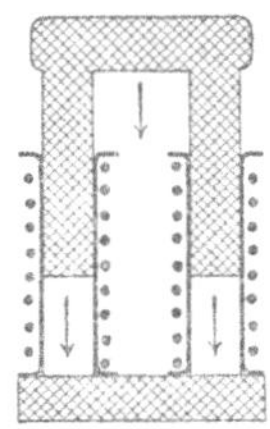

Fig. 44.

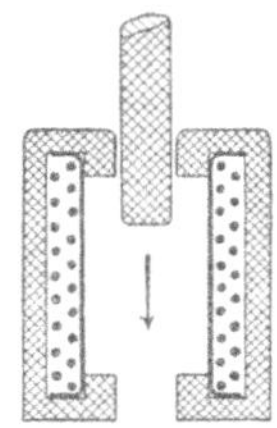

Fig. 45.

ungleichmässige. Diese Formen bilden den Übergang zu Anordnungen, bei denen ein weicher Eisenkörper in eine eisenumhüllte oder hüllenlose Spule hineingesogen wird, zu deren Besprechung wir uns nunmehr wenden.

§ 160. Kleine Eisenkugeln im magnetischen Felde. Untersuchen wir zuvor allgemein die mechanischen Kräfte, welche im elektromagnetischen Felde auf darin befindliche kleine ferromagnetische Körper ausgeübt werden; fassen wir der Einfachheit halber insbesondere eine kleine Eisenkugel in's Auge, da eine solche keine Vorzugsrichtung aufweist; in einem beliebig vertheilten fremden Felde wird daher ihre Magnetisirung aus Symmetriegründen in der Richtung der Feldintensität $\mathfrak{H}_e$ erfolgen. Nach § 33 weicht ferner die Magnetisirungskurve einer Eisenkugel zunächst kaum von einer Geraden durch den Koordinatenursprung ab, deren Gleichung, da der Entmagnetisirungsfaktor einer Vollkugel $4\pi/3$ beträgt (§ 30), folgende ist

$$\mathfrak{J} = \frac{3}{4\pi}\,\mathfrak{H}_e; \tag{21}$$

und zwar wird diese Beziehung etwa bis zu Werthen

$$\mathfrak{J} = 1500 \text{ C.-G.-S.,} \qquad \text{d. h.} \qquad \mathfrak{H}_e = 6000 \text{ C.-G.-S.}$$

mit genügender Annäherung zutreffen. Bedeutet V das Volum der Kugel, so wird ihr magnetisches Moment

$$\mathfrak{M} = \mathfrak{J}\, V = \frac{3}{4\pi}\, V \mathfrak{H}_e \tag{22}$$

gesetzt werden dürfen. Es lässt sich nun zeigen, dass die auf eine sehr kleine Kugel im Felde ausgeübte mechanische Kraft nach einer bestimmten Richtung, z. B. nach derjenigen der X-Axe, folgende Komponente $\mathfrak{F}_x$ aufweist

$$\mathfrak{F}_x = \mathfrak{M} \frac{\partial \mathfrak{H}_e}{\partial x} = \frac{3}{4\pi} V \mathfrak{H}_e \frac{\partial \mathfrak{H}_e}{\partial x} = \frac{3}{8\pi} V \frac{\partial (\mathfrak{H}_e^2)}{\partial x}. \tag{23}$$

Legen wir nun eine Fläche durch alle Punkte des Feldes, in denen die Intensität, ganz abgesehen von ihrer Richtung, einen vorgeschriebenen numerischen Werth aufweist, so ist auf einer solchen magnetischen Isodynamenfläche $\mathfrak{H}_e$, und somit auch $\mathfrak{H}_e^2$ konstant. Denkt man sich nun in der üblichen Weise eine Schaar solcher Flächen im Raume, welche einer arithmetischen Reihe von Werthen eines konstanten Flächenparameters (§ 38) entsprechen, so ist in jedem Punkte die auf die Eisenkugel wirkende resultirende Kraft nach der Normale $\mathfrak{N}$ zu der betreffenden, durch den Punkt gehenden Fläche gerichtet und beträgt

$$\mathfrak{F} = \mathfrak{F}_\nu = \frac{3}{8\pi} V \frac{\partial (\mathfrak{H}_e^2)}{\partial \mathfrak{N}}; \tag{24}$$

und zwar ist die Kraft bei einer ferromagnetischen Kugel im Sinne zunehmender Werthe von $\mathfrak{H}_e^2$ gerichtet. Wir können diese Entwicklungen in folgendem Satze zusammenfassen:

II. In einem beliebig vertheilten Felde ist eine kleine ferromagnetische Kugel stets bestrebt sich von Stellen niederer Intensität zu solchen höherer Intensität zu bewegen; und zwar ohne Rücksicht auf die Richtung dieses Vektors.

Die auf die Kugel ausgeübte mechanische Kraft $\mathfrak{F}$ hat ferner offenbar das skalare Potential (§ 39)

$$\Phi = -\frac{3}{8\pi} V \mathfrak{H}_e^2. \tag{25}$$

Obiger Satz wurde von Faraday auf Grund seiner Experimentaluntersuchungen aufgestellt; seine mathematische Formulirung rührt von Lord Kelvin her.[1])

§ 161. Saugkraft von Kreisleitern auf Kugeln. Wenden wir beispielsweise jenen Fundamentalsatz auf den einfachen Fall eines ebenen, vom Strome I durchflossenen Kreisleiters an. Es

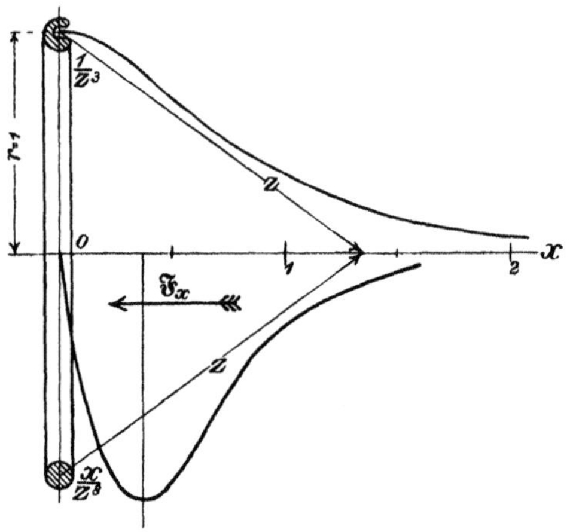

Fig. 46.

sei r der Radius des Kreises, x die Entfernung auf der Axe (Fig. 46), $z = \sqrt{x^2 + r^2}$ die Entfernung eines Axenpunktes vom Kreisumfang. Dann beträgt der numerische Werth der Feldintensität in einem Axenpunkte (x) [§ 6 C., Gleichung (4)]

$$(26) \qquad \mathfrak{H}_e = \pm \frac{2\pi I r^2}{z^3}, \qquad \text{daher} \qquad \mathfrak{H}_e^2 = + \frac{4\pi^2 I^2 r^4}{z^6}.$$

Die kleine Eisenkugel sei nun auf Bewegungen längs der X-Axe beschränkt, etwa indem sie sich innerhalb eines reibungslosen Rohres zu bewegen gezwungen sei. Die auf dieselbe wirkende Kraftkomponente beträgt dann nach den Gleichungen (23) und (26)

1) Faraday, Exp. Res. **3**, Ser. 21 speciell § 2418; Sir W. Thomson, Repr. pap. Electr. and Magn. §§ 634—646. Das oben eingeführte Potential Φ der mechanischen Kraft $\mathfrak{F}$ ist wohl zu unterscheiden von dem magnetischen Potential Υ (§§ 45, 48); ebensowenig hängen die hier eingeführten magnetischen Isodynamenflächen mit den gewöhnlichen Äquipotentialflächen unmittelbar zusammen.

$$(27) \quad \mathfrak{F}_x = \frac{3}{8\pi} V \frac{\partial (\mathfrak{H}_e^2)}{\partial x} = \frac{3}{2} \pi V I^2 r^4 \frac{\partial z^{-6}}{\partial z} \frac{\partial z}{\partial x} = -9\pi V I^2 r^4 \frac{x}{z^8}.$$

In der obern Hälfte der Fig. 46 ist für einen Kreisleiter vom Radius $r = 1$ die Funktion z^{-3} graphisch dargestellt; nach (26) ist diese noch mit der Konstanten $\pm 2\pi I r^2$ zu multipliciren, um gegebenenfalls die Intensität zu erhalten. Wie ersichtlich, erreicht diese in der Ebene des Kreisleiters ein Maximum [$\mathfrak{H}_e = 2\pi I/r$ nach Gleichung (5) § 6], beträgt aber beispielsweise in einer Entfernung $x = 2r$, d. h. gleich dem Kreisdurchmesser, nur noch 8 % jenes Maximalwerthes.

In der untern Hälfte der Fig. 46 ist dagegen der Bruch x/z^8 dargestellt; dieser ist in der Kreisebene selbst $= 0$ und steigt dann rasch an; er erreicht, wie eine nochmalige Differentiation ergibt, ein Maximum für $x = r/\sqrt{7} = 0{,}38\, r$ — während die steilste Stelle der Intensitätskurve bei $x = 0{,}5\, r$ liegt — und fällt alsbald wieder bis zu sehr geringen Werthen ab. Die Multiplikation jener Funktion mit $-9\pi V I^2 r^4$ ergibt die Kraftkomponente in absolutem Maasse; diese ist immer auf den Leiter zu, d. h. im Sinne zunehmender numerischer Werthe der Feldintensität — unabhängig von ihrer Richtung —, gerichtet. Die linke Hälfte der Fig. 46 ist weggelassen, da sie mit dem dargestellten rechten Theil symmetrisch ist.

§ 162. Saugkraft von Spulen auf Kugeln. Das Feld in der Axe einer langen, gleichmässig bewickelten Spule (§ 6 D.) kann als die Superposition der Felder der einzelnen Kreiswindungen betrachtet werden. Insbesondere wird der Uebergang von dem, bekanntlich gleichförmigen, Feldgebiet im mittlern Theil der Spule durch ihre Mündung nach Aussen hin durch eine Kurve dargestellt, welche ähnlich derjenigen der Fig. 46 verläuft; dabei erreicht das Feld in der Mündung die Hälfte seines in der Mitte obwaltenden Werthes und fällt dann nach Aussen rasch ab. Eine kleine Eisenkugel, deren Bewegungsfreiheit wieder auf die Spulenaxe beschränkt sei [1]), wird demnach, ähnlich wie beim Kreisleiter,

1) Eine solche Beschränkung ist hier, ebenso wie beim Kreisleiter, nothwendig, weil die Eisenkugel, gemäss dem Faraday'schen Satz (II § 160), sich sonst nach den Stellen höherer Feldintensität an der Oberfläche des Leiters, bezw. an der innern Wandung der Spule, hinbewegen würde.

in die Spule hineingesogen; die Saugkraft erreicht ihr Maximum nahe der Mündung und nimmt dann ab bis zum Gebiete merklich gleichförmiger Intensität, innerhalb dessen auf eine Eisenkugel eine mechanische Kraft nicht mehr ausgeübt wird.

Eine genaue Darstellung der Vorgänge durch Gleichungen oder Kurven wäre ebenso schwierig wie zwecklos, da diese von den jeweiligen Dimensionen der Spule abhängen würden. Sobald man von einer gleichförmigen Bewickelung absieht, kann man die Vertheilung des Feldes und damit diejenige der Saugkraft längs der Axe beliebig beeinflussen; man kann dies erreichen, indem man das Profil der Bewickelung beliebig abändert, sodass die Windungszahl pro Längeneinheit eine variabele Grösse wird. Will man z. B. zu irgend einem Zweck innerhalb eines vorgeschriebenen Bereichs der Spulenaxe eine unveränderliche Saugkraft erhalten, so muss

$$\frac{\partial (\mathfrak{H}_e^2)}{\partial x} = C,$$

daher

$$\mathfrak{H}_e^2 = \int C\,d\,x = Cx + B$$

und

$$\mathfrak{H}_e = \pm \sqrt{Cx + B} \tag{28}$$

werden, worin C und B Konstanten bedeuten. Wie die Spule bewickelt werden muss, damit sie in der That ein durch jene hyperbolische Gleichung gegebenes Feld erzeuge, lässt sich im allgemeinen nicht vorschreiben. Diese Frage ist gegebenenfalls durch empirisches Ausprobiren zu lösen, wobei die mitgetheilten Sätze allerdings als Richtschnur dienen können. Bei gegebener Lage der Kugel ist die Saugkraft nach Gleichung (27) cet. par. proportional dem Quadrat des Spulenstroms; die Sättigung kann unter dem Einflusse eines Spulenfeldes bei einer Kugel nie eintreten.

Die Ausführungen dieses Paragraphen beziehen sich nicht nur auf kleine Kugeln, sondern angenähert auch auf andere Eisenkörper, deren Dimensionen nach allen Richtungen ungefähr gleich und gering gegen diejenigen der Spule sind. Sobald dagegen eine Dimension überwiegt und mit der Spulenlänge vergleichbar wird, gestalten sich die theoretischen Ansätze so komplicirt, dass die Rechnung versagt, und man auf empirische Untersuchungen zurückzugehen gezwungen ist.

§ 163. Saugkraft von Spulen auf Eisenkerne. Messungen über das Einsaugen »kurzer« oder »langer« Kerne — d. h. solcher, die kürzer oder länger als die Spule sind — liegen in grosser Anzahl vor. Wir übergehen die älteren Arbeiten Hankel's, Dub's, v. Feilitzsch's, v. Waltenhofen's u. A.[1]) und beschränken uns auf die Besprechung der neueren systematischen Versuche Bruger's.[2])

Seine experimentelle Anordnung dürfte aus Fig. 47 zur Genüge ersichtlich sein; das jeweilige Eigengewicht des Eisenkerns wurde mittels eines ersten Laufgewichts kompensirt, und die Saugkraft durch ein zweites bei verschiedenen relativen Lagen des Kerns und der Spule gemessen; letztere war dazu in der Höhenrichtung verstellbar. Es wird Gleichgewicht herrschen, d. h. die Saugkraft verschwinden, wenn die Mitte *M* des symmetrisch gedachten Kerns und die Spulenmitte *m* zusammenfallen. Es folgt das aus Symmetriegründen sowie aus dem Princip des geringsten magnetischen Widerstands (§ 158); wir bestimmen daher die relative Lage durch die Höhe *Y* der Kernmitte über der Spulenmitte. Wird der kurze oder lange Kern herunterbewegt, so erreicht die Saugkraft einen merklichen Werth erst kurz vor dem Eintritt des untern Kernendes *U* in die obere Spulenmündung *o*; sie steigt dann bis zu einem Maximum und fällt wieder ab, bis obige Gleichgewichtslage erreicht ist. Bruger hat sich auf die Untersuchung langer Kerne beschränkt und fand — in Übereinstimmung mit älteren

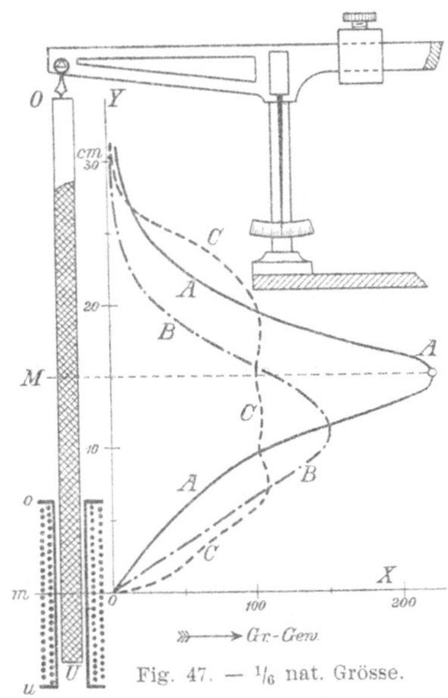

Fig. 47. — 1/6 nat. Grösse.

1) Siehe G. Wiedemann, Lehre v. d. Elektricität **3**, §§ 651—665. Braunschweig 1883.

2) Th. Bruger, Wirkung von Solenoiden auf verschieden geformte Eisenkerne. Inaug.-Dissert. Erlangen 1886.

Angaben —, dass die maximale Saugkraft ungefähr der Lage entspricht, bei der das untere Kernende U aus der untern Spulenmündung u hinauszutreten sich anschickt (wie in Fig. 47 dargestellt); und zwar gilt dies für Cylinderkerne, deren Länge mehr als die doppelte Spulenlänge beträgt.

Bruger benutzte u. A. eine Spule mit folgenden Konstanten: Länge $L_s = 13$ cm; Windungszahl $n = 266$; Feld $\mathfrak{H}_m$ in der Spulenmitte pro Ampère

$$\frac{\mathfrak{H}_m}{I'} = \frac{0{,}4\,\pi\,n}{L_s} = \text{ca. } 30 \text{ C.-G.-S.}$$

Er erhielt u. A. mit drei Kernen von ungefähr 39 cm ($= 3\,L_s$) Länge die in Fig. 47 abgebildeten Kurven; Y bestimmt nach Obigem die Kernlage; X gibt die ihr entsprechende Saugkraft in Gramm-Gewicht an. Es bedeuten in dem Kurvendiagramm:

$\overline{AA}$, ausgezogene Kurve: Cylinderkern; $\mathfrak{H}_m =$ ca. 180 C.-G.-S.
$\overline{BB}$, strich-punktirte Kurve: Doppelkonus; $\mathfrak{H}_m =$ ca. 180 C.-G.-S.
$\overline{CC}$, punktirte Kurve: Wulstiger Kern; $\mathfrak{H}_m =$ ca. 250 C.-G.-S.

Einzelheiten sind a. a. O. nachzusehen; konische Kerne gelangen in einigen Bogenlampenwerken zur Verwendung; der wulstige Kern ergab, wie beabsichtigt, eine über ein grösseres Bereich konstante Saugkraft. Solange die Sättigung ausgeschlossen ist, bleibt die Saugkraft in grober Annäherung etwa dem Quadrate des Spulenstromes proportional; Bruger gibt übrigens Kurven, ähnlich den oben dargestellten für verschiedene Stromstärken. Ähnlich liegen die Verhältnisse bei Spulen mit Eisenmantel, wie eine solche in Fig. 45 p. 262 dargestellt wurde; das Feld ist dabei zwischen den inneren Rändern des Mantels intensiver und gleichförmiger als bei einer mantellosen Spule, fällt dafür aber nach Aussen zu um so rascher ab, wodurch der Charakter der Saugkraftkurve etwas, aber nicht wesentlich, geändert wird. Ganz anders verhalten sich dagegen mantellose Spulen mit Eisenfutter; diese saugen Eisenkerne nicht ein, sondern stossen sie im Gegentheil aus; im Lichte des § 158 erörterten Princips erscheint dieses Verhalten ohne Weiteres erklärlich.

§ 164. Polarisirte Mechanismen. Wesentlich einfacher gestalten sich die Erscheinungen, falls der Spulenkern nicht erst durch den Strom magnetisirt wird, sondern von vorneherein eine starre Magnetisirung (§ 46) aufweist; diesen Fall werden wir kurz erörtern. Wir haben in § 21 gesehen, dass auf ein einzelnes magnetisches Ende in einem Felde eine mechanische Kraft in der Richtung des letztern ausgeübt wird, welche dem Produkt aus der Feldintensität in die Stärke des Endes gleich ist. Experimentell verwirklichen lässt sich dieser Fall, wenn man das eine Ende eines langgestreckten permanenten Magnets in das Spulenfeld hineinbringt, so dass die Wirkung des letztern auf das andere Ende vernachlässigt werden darf.

Es sei in Fig. 47 p. 267 $\overline{UO}$ nunmehr ein kräftiger Stahlmagnet, dessen unteres Ende U im Sinne [entgegengesetzt] der Richtung des Spulenfeldes sich bewegen wird, je nachdem sein Zeichen positiv [negativ] ist. In dem mittleren Theil der Spule, wo das Feld gleichförmig ist, wird die auf das Ende ausgeübte mechanische Kraft ebenfalls eine unveränderliche sein, während sie durch die Mündungen nach Aussen zu proportional der Feldintensität abnimmt. Das Spulenfeld wird dabei als so schwach vorausgesetzt, dass es eine merkliche inducirende Wirkung auf die starre Magnetisirung des Stahlkernes nicht ausübt.

Die besprochene Vorrichtung ist der Gruppe der sogenannten polarisirten Mechanismen einzureihen, bei denen in irgendwelcher Weise permanente Magnete zur Verwendung gelangen. Infolgedessen treten zwei Eigenschaften hervor, die soweit möglich zu entwickeln unter Umständen erwünscht ist.

Erstens eine Einseitigkeit der Wirkungsweise, infolge derer sich mit Strömen entgegengesetzten Sinnes auch ungefähr diesen proportionale entgegengesetzte Wirkungen erzielen lassen, was bei rein elektromagnetischen Mechanismen ausgeschlossen ist.

Zweitens die Möglichkeit, eine grössere Empfindlichkeit der Zugkraft gegen schwache Ströme bezw. Stromänderungen dI zu erreichen, wie sich aus folgender Überlegung ergibt. Nach Maxwell's Gesetz [§ 103, Gleichung (12)] beträgt im Allgemeinen die Zugkraft

$$\mathfrak{F} = \frac{S}{8\pi}\mathfrak{B}^2.$$

Daraus folgt durch Differentiation, dass die Empfindlichkeit $d\mathfrak{F}/dI$

$$\frac{d\mathfrak{F}}{dI} = \frac{S}{4\pi}\mathfrak{B}\frac{d\mathfrak{B}}{dI}.$$

Und da ferner $d\mathfrak{H}/dI$ konstant ist,

$$(29) \qquad \frac{d\mathfrak{J}}{dI} = \text{Const.}\ \mathfrak{B}\frac{d\mathfrak{B}}{d\mathfrak{H}}.$$

Das Produkt $\mathfrak{B}(d\mathfrak{B}/d\mathfrak{H})$, und damit die Empfindlichkeit, erreicht nun, ebenso wie die Ableitung $d\mathfrak{B}/d\mathfrak{H}$ für sich (vergl. § 154), ein Maximum für einen bestimmten Werth $\mathfrak{B}_1$, den man von vorneherein durch eine permanente Magnetisirung $\mathfrak{J}_1 = \mathfrak{B}_1/4\pi$ erzeugen kann. Man setzt am besten den magnetischen Kreis aus Stahl und weichem Eisen zusammen; ersterer liefert dann die permanente Induktion, während man auf letzteres den Strom vorwiegend wirken lässt, da der Werth von $d\mathfrak{B}/d\mathfrak{H}$ für Eisen bekanntlich ein weit grösserer ist.

Drittens lässt sich weiches Eisen mit seiner hohen Permeabilität und relativ geringer Hysteresis mit Stahl, welcher umgekehrt geringere Permeabilität bei erheblicher Hysteresis zeigt, derart kombiniren, dass eine der beiden Eigenschaften in der Kombination bedeutend abgeschwächt erscheint. Es ist dieses Verfahren analog demjenigen, nach welchem man in der Optik Prismenpaare ohne Ablenkung bezw. ohne Dispersion zusammenzusetzen vermag; und ebenso wie man dort achromatische Systeme kombiniren kann, leuchtet ein, wie im vorliegenden Falle die Konstruktion nahezu hysteresisloser Systeme möglich wird.

Polarisirte Mechanismen werden seit langer Zeit beispielsweise bei der Duplextelegraphie, dem Hughes'schen Drucktelegraphen, bei manchen Telephonen und anderen Apparaten angewandt. Neuerdings sind auch magnetische Kreise, welche aus Stahl- und Eisentheilen von verschiedenem Querschnitt — im »Nebenschluss« geschaltet — bestehen, von Abdank-Abakanowicz, Evershed und Vignoles, und J. Perry vorgeschlagen worden, um die Hysteresis — welche bei Messinstrumenten bekanntlich eine Hauptfehlerquelle bildet — in der oben angedeuteten Weise herabzudrücken bezw. zu kompensiren.[1])

§ 165. Erzielung statischer Zugkräfte. Nachdem 1825 von Sturgeon[2]) der erste Elektromagnet konstruirt worden, hat

1) Siehe Abdank-Abakanowicz, the Electrician **32**, p. 93, 1893. Vignoles, daselbst p. 166. Field und Walker, daselbst p. 186.

2) Sturgeon, Trans Soc. of Arts **43**, p. 38. 1825.

man sich lange Zeit hindurch bemüht, Apparate zur Erzielung möglichst grosser statischer Zugkräfte bezw. hoher Belastungsverhältnisse herzustellen. Heutzutage kommt diesen Bestrebungen nur eine untergeordnete Bedeutung zu, obwohl neuerdings Werkzeugmaschinen, z. B. zum Nieten von Schiffsplatten, sowie Übertragungs- bezw. Bremsvorrichtungen konstruirt worden sind, bei denen dem Elektromagnetismus ausschliesslich die Aufrechterhaltung einer statischen Zugkraft zufällt. Wir haben bereits in Kap. VI (§§ 109, 110) aus Maxwell's Zugkraftgesetz Folgerungen gezogen, welche als Grundlagen für die Konstruktion der hier in's Auge gefassten Art von Elektromagneten zu betrachten sind. Da der Zug cet. par. proportional dem Quadrat der Induktion ist, kommt es vor allem darauf an, letztere Grösse mindestens bis zu dem praktisch bequem erreichbaren Werth von 20000 C.-G.-S. Einheiten zu steigern, welchem dann ein Zug von ungefähr 16 kg-Gewicht pro qcm entspricht (§ 103). Um dieses Resultat mit einer möglichst geringen Zahl von Ampèrewindungen zu erreichen, wird man den Widerstand des, bei solchen Elektromagneten stets völlig zu schliessenden magnetischen Kreises möglichst gering, d. h. also seine Gestalt ziemlich gedrungen wählen.

Da ferner bei gegebener Induktion die Zugkraft proportional dem Querschnitt ist, hat man letzteren so gross wie möglich zu wählen; dabei kann es sich jedoch unter Umständen empfehlen, den Querschnitt in der Nähe der Trennungsflächen um Einiges zu verringern, und zwar wegen des § 109 besprochenen Satzes, demzufolge die Zugkraft bei gegebenem Induktionsfluss, abgesehen von Streuung, umgekehrt proportional dem Querschnitt wird. Wie a. a. O. bemerkt, ist diese Querschnittsverringerung jedoch nicht zu weit zu treiben, einmal, weil infolge der dadurch bedingten Streuung die Giltigkeit jenes Satzes schliesslich beeinträchtigt, und zweitens weil durch jede solche »Einschnürung« des magnetischen Kreises sein Widerstand vergrössert wird. Die aus zwei oder mehr einzelnen Flächenstücken bestehende Stirnfläche eines jeden der beiden Theile des magnetischen Kreises ist sorgfältig eben herzurichten und zu schleifen bezw. zu poliren, damit der Widerstand der entstehenden Fuge ein möglichst geringer sei (§ 151). Als Material ist das weichste Schmiedeeisen von hoher Permeabilität zu verwenden; eine Zertheilung desselben ist im vorliegenden Falle nicht nur zwecklos, sondern wegen der Vergrösserung des magnetischen Widerstandes sogar schädlich. Die Frage nach dem möglichen Belastungsverhältniss ist in § 110 diskutirt worden, so dass wir an dieser Stelle nicht darauf zurückzukommen brauchen.

§ 166. Beschreibung einiger Konstruktionstypen. Die älteste Form lehnt sich an die damals gebräuchlichen permanenten Hufeisenmagnete an (Fig. 48); die Bewickelung bestand meistens aus zwei längeren Spulen auf den beiden Schenkeln. Nach den im vorigen Paragraphen erörterten Grundsätzen verdient eine gedrungenere Form, etwa wie in Fig. 49 abgebildet, den Vorzug.[1]) Die früher erwähnten Untersuchungen Joule's über die Tragkraft

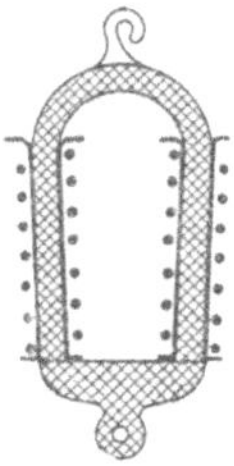
Fig. 48.

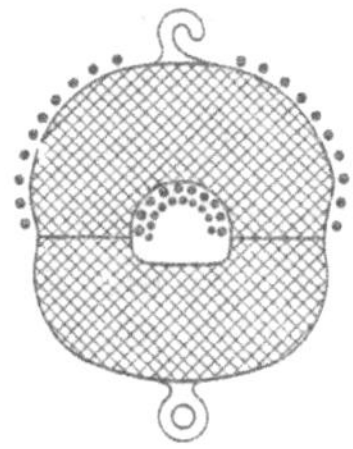
Fig. 49.

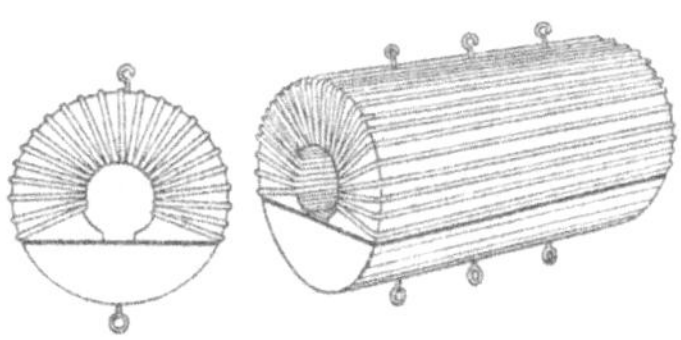
Fig. 50.

magnetischer Kreise (§§ 105, 111) führten ihn zur Konstruktion sehr kräftiger Elektromagnete, welche auch heute noch häufig vorkommen und als Joule'sche Elektromagnete bekannt sind (siehe Fig. 50); sie zeichnen sich durch eine erhebliche Länge aus; man kann sie aus einem zerschnittenen dickwandigen Eisenrohr, so z. B. auch aus einem Flintenlaufe, herstellen. Statt hufeisenförmig gebogener Elektromagnete benutzt man vielfach solche, welche aus zwei bewickelten geraden Schenkeln bestehen, welche durch ein parallelepipedisches Eisenjoch verbunden sind, wobei dann der Anker meist auch parallelepipedisch ist.

Hieran schliessen sich die sogenannten »hinkenden« Elektromagnete (»club-footed electromagnets«, »électro-aimants boiteux«) an, bei welchen dann der eine Schenkel bewickelt ist, der andere dagegen nur die Schliessung des magnetischen Kreises bewirkt; letztere kann auch nach dem Vorgange Nickles' durch zwei

1) Den »Anker« pflegt man gewöhnlich nicht zu bewickeln; nach den Ausführungen der §§ 94, 95 kommt es freilich kaum darauf an, wo die erforderliche Anzahl Ampèrewindungen untergebracht werden.

oder mehrere solcher magnetomotorisch inaktiver Eisenstäbe erfolgen, welche symmetrisch um die Spule herum angeordnet werden, und deren Gesamtquerschnitt mindestens gleich dem des innern Spulenkernes ist. Schliesslich lassen sich auch diese verschiedenen Stäbe zu einem einzigen cylindrischen Eisenmantel verschmelzen:

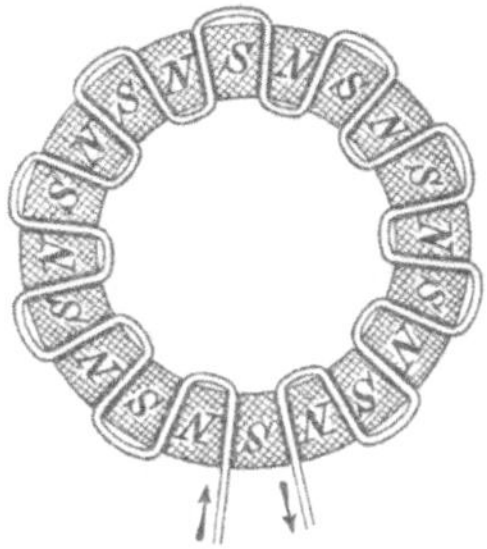

Fig. 51.

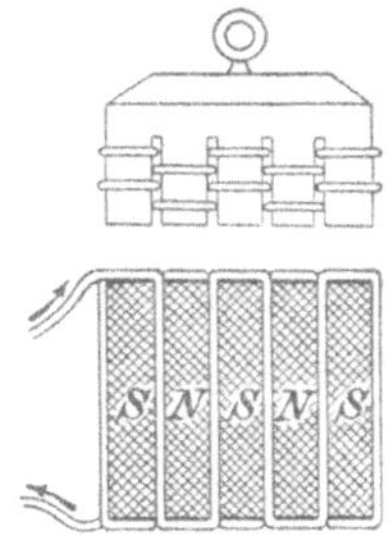

Fig. 52.

es entsteht dann der Typus der von Guillemin und Romershausen eingeführten »Topf- oder Glockenmagnete«; dabei ist der Eisenmantel mit dem Kerne mittels einer Eisenscheibe verbunden, während auch der Anker letztere Gestalt aufweist. Ähnliche Elektromagnete mit mehreren, abwechselnd in einander gefügten Eisenmänteln und Spulen sind von Camacho konstruirt worden, bieten aber theoretisch keine Vorzüge.

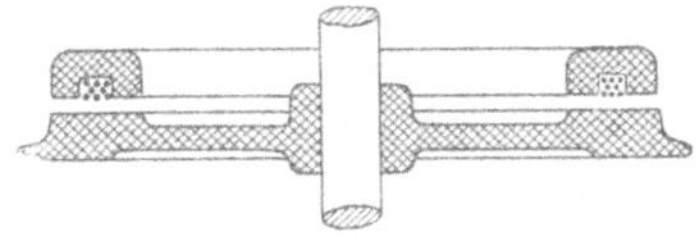

Fig. 53.

Diese eisenumhüllten Formen bilden den Übergang zu denjenigen sehr wirksamen Elektromagneten, bei denen der stromführende Leiter in enge Nuten innerhalb des Ferromagnetikums eingebettet ist. Hierher gehören die älteren Elektromagnete Roberts' und Joule's, deren Aufbau aus Fig. 51 und 52 zur Genüge hervorgehen dürfte. Endlich sei eine von Forbes und Timmis beschriebene Anordnung erwähnt, welche in Fig. 53 abgebildet ist und als eine Modifikation einer älteren Konstruktion Radford's betrachtet werden kann, bei der die Windungen spiralförmig statt kreisförmig verliefen. Die zuletzt erwähnten Elektromagnete sind hauptsächlich zu dem Zwecke konstruirt worden, einerseits die Übertragung von Bewegungen mittels der auftretenden Reibung zu vermitteln, andererseits als Bremsvorrichtung an Wagenrädern zu wirken, wie Fig. 53 es darstellt. In diesem Zusammenhang sei erwähnt, dass die sogenannte »magnetische Reibung« im Wesentlichen nur infolge des grösseren gegenseitigen Drucks der sich berührenden Flächen auftritt; die Frage, ob und inwiefern der Reibungskoefficient an sich durch die Magnetisirung, etwa infolge molekularer Oberflächenvorgänge, beeinflusst wird, ist bis auf weiteres noch als eine offene zu betrachten.[1])

C. Elektromagnete zur Erzeugung intensiver Felder.

§ 167. Übersicht der Konstruktionsformen. Für die Experimentalphysik ist das Problem der Erzeugung intensiver magnetischer Felder von erheblichem Interesse; viele Erscheinungen, namentlich solche Vorgänge, für die das Quadrat der Intensität maassgebend ist (vergl. §§ 203, 229), lassen sich überhaupt nur innerhalb der intensivsten Felder erfolgreich weiter untersuchen. Trotzdem ist die Frage der rationellen Konstruktion der dem genannten Zwecke dienenden Elektromagnete bisher kaum beachtet worden; wir werden sie daher einer etwas eingehenderen Betrachtung unterziehen, als die bisher besprochenen elektromagnetischen Vorrichtungen, zumal da wir daraus eine interessante Anwendung sowie eine Bestätigung der Theorie des Kap. V werden entnehmen können (siehe §§ 171—173).

Von den auf empirischem Wege entstandenen Konstruktionstypen dürften diejenigen am meisten verbreitet sein, welche den Hufeisenmagneten nachgebildet sind; sie bestehen wie diese (§ 166) aus zwei vertikalen bewickelten Schenkeln, deren untere Enden auf einem massiven Eisenjoch ruhen; auf die oberen Enden lassen sich Polschuhe von geeigneter Form befestigen. Bei vertikalen Elektromagneten sind die Schenkel meistens, behufs Unterbringung der erforderlichen Anzahl Windungen, sehr lang; infolge ihrer gegenseitigen Nähe findet daher direkt von Schenkel zu Schenkel eine erhebliche Streuung statt, welche den nützlichen Induktionsfluss zwischen den Polschuhen verringert.

Weitverbreitet sind ferner die erfahrungsmässig ebenso leistungsfähigen wie im Gebrauche zweckmässigen Elektromagnete Ruhmkorff'scher Konstruktion (siehe Fig. 54). Die beiden

1) Für weitere Einzelheiten sei auf das citirte Buch Silv. Thompson's hingewiesen; siehe auch G. Wiedemann, loc. cit. §§ 358—371.

winkelförmigen Eisenstücke $\overline{OO}$ und $\overline{O'O'}$ lassen sich horizontal verschieben, bezw. in beliebiger Lage festklemmen, wodurch die lichte Weite zwischen den Polschuhen bequem regulirbar wird; letztere lassen sich an die horizontalen Schenkel, welche behufs Vornahme magnetooptischer Beobachtungen durchbohrt sind, anschrauben. Die Lage der Spulen M und M' ist jedenfalls eine weit rationellere als bei den erwähnten vertikalen Elektromagneten

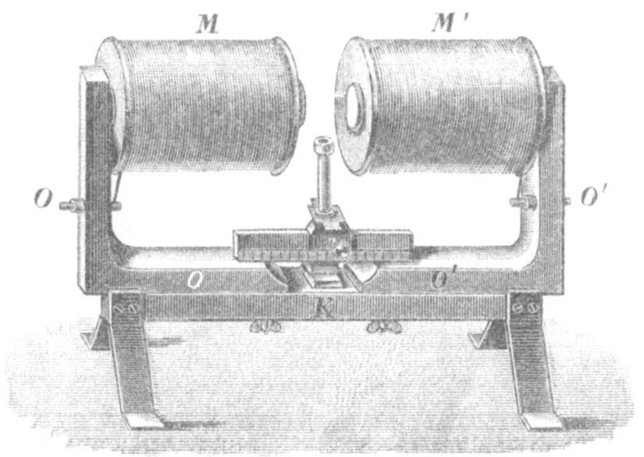

Fig. 54. — $^1/_{10}$ nat. Grösse.

(vergl. § 173). Es lässt sich der Einwand erheben, dass die Schliessung $\overline{OKO'}$ sowohl in magnetischer wie in mechanischer Beziehung eine zu schwache ist; infolgedessen ist einerseits ihr magnetischer Widerstand grösser, als nöthig wäre, andererseits biegen sich unter dem Einflusse der magnetischen Zugkraft die beiden Winkelstücke, wodurch die Entfernung der Polschuhe verringert wird. Übrigens könnte die magnetomotorische Kraft durch Bewickelung des untern Schlussstücks K noch bedeutend erhöht werden.

In dieser Beziehung erscheint der magnetische Kreis des in Fig. 55 abgebildeten — von Ewing und Low bei ihrer Isthmusmethode (§ 217) benutzten — Elektromagnets günstiger angeordnet, freilich auf Kosten der Bequemlichkeit der Handhabung, welche bei der Ruhmkorff'schen Konstruktion eine unübertroffene ist; diesem Übelstand würde sich indessen durch geeignete mechanische Einrichtungen abhelfen lassen. Der abgebildete Elektromagnet konnte mit 64000 Ampèrewindungen erregt werden; damit gelang es Ewing und Low, eine Intensität $\mathfrak{H} = 24500$ und eine Induktion $\mathfrak{B} = 45350$ C.-G.-S. — die höchste bis dahin überhaupt in weichem Eisen beobachtete — zu erhalten. Was die in Luft beobachteten Feldintensitäten betrifft, so geht aus den bezüglichen Literaturangaben hervor, dass Werthe über 28000 bis 30000 C.-G.-S. bis vor kurzem nicht erreicht worden sind.

Fig. 55. — $^1/_7$ nat. Grösse.

§ 168. Konstruktive Grundsätze. An und für sich schien die Erzeugung noch intensiverer Felder von vorneherein nicht ausgeschlossen. Der Verfasser hat daher die Konstruktion von Elektromagneten zur Erreichung dieses Zweckes in Angriff genommen und sich dabei durch folgende Erwägungen leiten lassen. Vor allem kommt es auf die Erzeugung eines möglichst hohen Werthes des Induktionsflusses an, welcher dann durch »Einschnürung« des magnetischen Kreises mittels passend geformter Polschuhe gewissermaassen koncentrirt wird, wie weiter unten näher besprochen werden soll (§ 175). Man wird daher den magnetischen Widerstand, welcher sich namentlich mit Rücksicht auf den unvermeidlichen Luftraum zwischen solchen Polschuhen nicht unbegrenzt herabmindern lässt, durch eine möglichst grosse Anzahl Ampèrewindungen zu überwinden haben; für die Unterbringung der erforderlichen Bewickelung kann der ganze Umfang des magnetischen Kreises verwendet werden (vergl. § 173).

Bei allen bis jetzt besprochenen, wie denn überhaupt bei der überwiegenden Mehrzahl der elektromagnetischen Apparate und Maschinen genügte es der Natur der Sache nach, die beiden ersten Stadien des Magnetisirungsprocesses (§ 13) zu berücksichtigen, wodurch sich die Betrachtungen zugleich erheblich vereinfachten; bei der vorliegenden Frage ist jedoch von vorneherein nur das dritte Sättigungsstadium in's Auge zu fassen; infolge dessen und des Umstandes, dass Rücksichten auf Ökonomie, Betriebssicherheit, Reparaturfähigkeit und dergl. hier weit weniger in Betracht kommen, werden die Konstruktionsbedingungen zum Theil wesentlich andere. Die Diskussion des § 95 ergab, dass das Spulenfeld die Tendenz zeigt, schliesslich die Vertheilung der Vektoren im magnetischen Kreise völlig zu richten und zu beherrschen; daher ist die Bewicklung so anzuordnen, dass sie an und für sich an jeder Stelle, namentlich aber zwischen den Polschuhen, schon ein Feld in der gewünschten Richtung, d. h. tangential zur Leitkurve des magnetischen Kreises, erzeugen würde. Bei einer solchen Anordnung wird die Streuung bei zunehmender Sättigung schliesslich abnehmen, und die dadurch gewonnenen Induktionsröhren werden nutzbar gemacht; dieses Resultat wurde durch Versuche bestätigt (§ 173). Was die dem Ferromagnetikum zu verleihende Gestalt anbelangt, so wird offenbar den erwähnten theoretischen Vorbedingungen am besten durch das radial geschlitzte Toroid genügt; im übrigen sei auch auf die § 141 besprochenen Gesichtspunkte für die Konstruktion der Feldmagnetgerüste bei Dynamomaschinen hingewiesen, welche im vorliegenden Fall jedoch nur mutatis mutandis maassgebend sind. Von den entwickelten Grundsätzen ausgehend, hat der Verfasser einen Elektromagnet konstruirt [1]), zu dessen Beschreibung wir zunächst schreiten. Die mit diesem Apparat gemachten, weiter unten mitzutheilenden Erfahrungen dürften als eine Bestätigung der Richtigkeit der bei seiner Konstruktion befolgten Grundsätze aufzufassen sein.

§ 169. Beschreibung des Elektromagnets. Da sich herausstellte, dass mit geeigneten technischen Hilfsmitteln die Herstellung eines schweren Eisentoroids weder umständlicher noch kostspieliger

1) du Bois, Wied. Ann. **51**, 1894

ist, als das Zusammenfügen eines Gerüstes aus mehreren Theilen, so wurde erstere Form endgültig gewählt. Fig. 56 stellt den Elektromagnet in $^{1}/_{15}$ der natürlichen Grösse theils im Vertikalschnitt, teils im Aufriss dar; in der Bezeichnung der Fig. 15 p. 114 ist $r_1 = 25$ cm, $r_2 = 5$ cm; daher $L = 157$ cm, $S = 78{,}5$ qcm. Bei S ist das Toroid tangential zum inneren Kreise durchschnitten; an dieser Stelle ist eine horizontale Schlittenführung angebracht, welche den rechten Theil des Toroids gegen den linken mittels einer Kurbel G zu verschieben gestattet; mittels dieser Vorrichtung lässt sich der obere Zwischenraum Z bequem auf eine beliebige Weite einstellen. Der Schlitten ist so gearbeitet, dass die Unterbrechung der Kontinuität des Ferromagnetikums eine möglichst geringe ist. Bei dem überwiegenden magnetischen Widerstande des Interferrikums Z kommt es übrigens auf einige Fugen ausserdem kaum an (vergl. § 152).

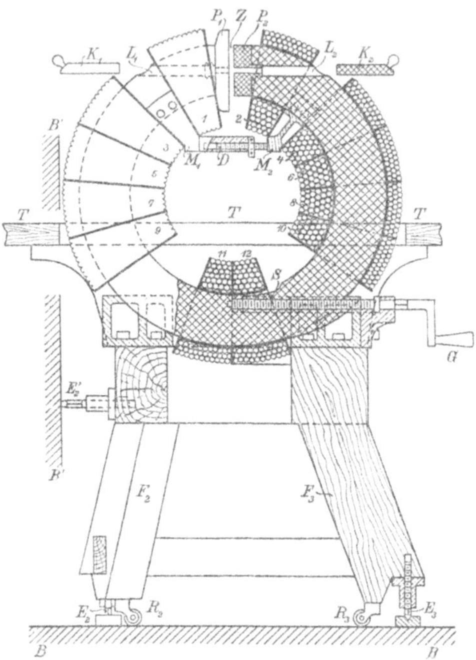

Fig. 56. — $^{1}/_{15}$ nat. Grösse.

Um einem Durchbiegen infolge der erheblichen magnetischen Zugkraft vorzubeugen, ist ein Messinghalter $\overline{M_1 D M_2}$, welcher mittels der Schraube der jeweiligen lichten Weite des Interferrikums angepasst wird, angebracht. Bei Benutzung flacher, durch einen engen Schlitz getrennter Polschuhe erreicht die Zugkraft indessen so hohe Werthe,[1]) dass nur direkte Metallzwischenlagen

1) Unter Zugrundelegung eines Zugs $\mathfrak{Z}$ von 16 kg-Gewicht pro qcm (§ 103) wird die gesamte Zugkraft $\mathfrak{F} = \mathfrak{Z}\, S = 16 \times 78{,}5 = 1250$ kg-Gewicht, während das Bruttogewicht des ganzen Elektromagnets nur 270 kg beträgt.

ihr zu widerstehen im stande sind. Die Bohrungen L_1, L_2 in der Richtung der Axe des Feldes gestatten gegebenenfalls magnetooptische Beobachtungen, werden aber für gewöhnlich mittels der losen Eisenkerne K_1 bezw. K_3 ausgefüllt, weil eine unnöthige Vermehrung des magnetischen Widerstandes an dieser Stelle nicht erwünscht ist.[1]) Das Toroid ruht auf zwei Rothgusslagern, welche ihrerseits von einem, mit Rollen R_1, R_2, R_3, und Stellschrauben E_1, E_2, E_3 versehenen, dreifüssigen Holzgestell $F_1 F_2 F_3$ unterstützt werden. Der Tisch TT dient zum Aufstellen von Hilfsapparaten; die Axe des Feldes kann durch Umstülpen des ganzen Apparats vertikal gestellt werden, wie es für manche Versuche erwünscht ist.

§ 170. Bewickelung des Elektromagnets. Von einer Besprechung allgemeiner Bewickelungsregeln und Schaltungsschemata für Elektromagnete ist bisher abgesehen worden, weil die Art der Bewickelung sich in jedem Specialfalle aus den obwaltenden besonderen Umständen meist in verhältnissmässig einfacher Weise bestimmen lässt[2]). Hervorgehoben sei nur, dass die althergebrachten Regeln, welche die Benutzung von Batterien, d. h. von Stromquellen, deren elektromotorische Kraft und innerer Widerstand als konstant betrachtet werden — was übrigens selten zutrifft — heutzutage weniger Interesse bieten. Vielmehr handelt es sich in den meisten Fällen um selbstregulirende Dynamomaschinen, Strassenleitungen oder Akkumulatoren, d. h. Stromquellen, welche eine konstante Potentialdifferenz liefern und bei

1) Sobald der Luftzwischenraum Z kein allzu geringer ist, kommt es freilich, wie auch die Beobachtung zeigte, wenig darauf an, ob die Bohrungen mit Eisenkernen ausgefüllt sind oder nicht, weil der Luftwiderstand dann überwiegt (vergl. § 175). Ähnliche Angaben macht auch Leduc (Journ. de physique [2] **6**, p. 239, 1887]; betreffs der Eigenschaften hohler Eisenkerne im allgemeinen sei u. A. auf v. Feilitzsch, Pogg. Ann. **80**, p. 321, 1850; Silv. Thompson, loc. cit. pp. 86, 184; Leduc, la Lumière électrique, **28**, p. 520, 1888; Grotrian, Wied. Ann. **50**, p. 705, 1893; du Bois, Wied. Ann. **51**, 1894, hingewiesen (vergl. p. 235, Anm. 1).

2) Vergl. übrigens Silv. Thompson loc. cit. Kap. VI, woselbst diese Frage für den Fall stationärer Ströme eingehend behandelt wird; in Kap. VII folgt sodann eine Diskussion der Wickelung und Schaltung von Spulen für variabelen Strom, wie sie z. B. bei elektromagnetischen Mechanismen in Betracht kommt, sobald deren möglichst rasche Wirkung ein wesentliches Erforderniss bildet.

deren Benutzung eine bestimmte Stromgrenze im allgemeinen nicht überschritten werden darf.

Im vorliegenden Falle betrug erstere 108 Volt, letztere etwa 50 Ampère. Jede einzelne Spule umfasst nun einen Sektor des Toroids von 20°; ihre 200 Windungen haben in warmem Zustand ungefähr 0,2 Ohm Widerstand; werden die 12 Spulen hintereinander geschaltet, so haben sie daher 2,4 Ohm Widerstand und bedecken 240°, d. h. ²/₃ des Umfangs. Durch jenen Gesamtwiderstand erzeugt die Potentialdifferenz 108 Volt einen Strom von 45 Ampère; dies entspricht einer magnetomotorischen Kraft von 108000 Ampèrewindungen oder 136000 C.-G.-S. Einheiten; die Division letzterer Zahl durch den Umfang $L = 157$ cm ergibt eine mittlere Intensität des Spulenfeldes von 860 C.-G.-S. Hiervon werden nur etwa 380 C.-G.-S. zur eigentlichen Inducirung angewandt; bei dem benutzten Eisen[1]) beträgt der hiermit erzeugte Werth der Magnetisirung 1600 C.-G.-S. Der Überschuss an Intensität (480 C.-G.-S.) dient ausschliesslich zur Aufhebung der selbstentmagnetisirenden Wirkung; will man den genannten Magnetisirungswerth innehalten, so ist noch ein Entmagnetisirungsfaktor bis zum Werthe

$$N = \frac{480}{1600} = 0,3$$

zulässig; dieser wird in der That bei den weitesten im Gebrauch vorkommenden Zwischenräumen, namentlich bei Benutzung zugespitzter Polschuhe, erreicht.

Die zur Erregung des Elektromagnets erforderliche Maximalleistung beträgt

$$45 \times 108 = 4860 \text{ Watt} = 6,5 \text{ Pferdestärke.}$$

Sein maximaler Selbst-Induktionskoëfficient bei geschlossenem magnetischem Kreise — wobei freilich von der alsdann kaum zu vernachlässigenden entmagnetisirenden Wirkung der Schlittenführung sowie sonstiger Fugen abgesehen wird — lässt sich nach § 153, Gleichung (8) folgendermaassen berechnen:

---

1) Es handelt sich um dieselbe Eisensorte, aus der das § 83 beschriebene Toroid hergestellt worden war, und deren normale Magnetisirungskurve in Fig. 21, p. 135 dargestellt ist.

$$\varLambda = \frac{2\,n^2\,S}{r_1}\,\frac{d\mathfrak{B}}{d\mathfrak{H}_e} = \frac{2\cdot(2400)^2\cdot 78{,}5}{25}\cdot 5000 = 180 \text{ Henry}^{1)};$$

der entsprechende Maximalwerth der Relaxationsdauer (§ 154) wird dann $\theta = \varLambda / R = 180 / 2{,}4 = 75''$. Beispielsweise wurde bei geschlossenem magnetischem Kreise für verschiedene Werthe des Stationärstroms I_e', bezw. des Spulenfeldes $\overline{\mathfrak{H}}_e$ [vergl. Gl. (30) p. 282] die Frist bestimmt, welche nach Schliessung des (variabelen) Stromes I' verging bis dieser 90% seines Stationärwerths erreichte, und zwar 1. wenn der Apparat zuvor entmagnetisirt worden (T_1) und 2. wenn eine Magnetisirung im entgegengesetzten Sinne vorhergegangen war (T_2):

$I_e' = 0{,}1$ Amp.;	$\overline{\mathfrak{H}}_e = 2$ C.-G.-S.	$I' = 0{,}09$ Amp.;	$T_1 = 98''$;	$T_2 = 185''$
0,2	4	0,18	74″	128
1,0	20	0,90	17″	—
2,0	40	1,80	10″	—
5,0	100	4,50	5″	—

Diese Zahlen sprechen für sich (vergl. übrigens Fig. 40 p. 256).[2])

Bei hoher Selbstinduktion ist an ein plötzliches Unterbrechen oder gar Kommutiren des Stromes in der Bewickelung eines Elektromagnets nicht zu denken, weil die dadurch entstehende ausserordentlich hohe elektromotorische Kraft die Isolation gefährden bezw. einen zu starken »Öffnungsfunken« verursachen würde. Im vorliegenden Fall wurde zur einfachsten Abhilfe gegriffen, nämlich zur Benutzung eines »Kohlenausschalters« [3]). Ballistische Versuche waren bei der hohen Selbstinduktion offenbar ausgeschlossen, sodass die Untersuchung nach einem andern Verfahren erfolgen musste.

§ 171. Methode der Untersuchung. Zum Elektromagnet gehören eine Anzahl »Flachpole«, wie P_2 in Fig. 56 p. 278; werden diese zu beiden Seiten eingeschraubt, so bildet der Apparat ein

1) Aus der aufsteigenden Kommutirungskurve (o) Fig. 21 p. 135 ergibt sich der Maximalwerth der Ableitung $d\mathfrak{J} / d\mathfrak{H}_e = 400$ (für $\mathfrak{H}_e = 1$ C.-G.-S.); daraus folgt $d\mathfrak{B} / d\mathfrak{H}_e = 4\pi\, d\mathfrak{J} / d\mathfrak{H}_e = 5000$ [§ 154, Gl. (9)].

2) Mit einem induktionslosen Vorschaltwiderstand von etwa 40 Ohm betrug obige Frist dagegen cet. par. nur Bruchtheile einer Sekunde; dies beruht darauf, dass die einwirkende fremde elektromotorische Kraft im Sinne des § 153 alsdann nicht konstant ist, sondern gerade anfangs einen weit höhern Werth annimmt als er dem Stationärstrom entspricht.

3) Es gibt eine Anzahl anderer Mittel zur Vermeidung der schädlichen Öffnungsfunken bezw. des Durchschlagens der Isolation; Silv. Thompson widmet ihnen loc. cit. ein besonderes Kapitel (XIV).

geschlitztes Toroid mit verstellbarer Schlitzweite. Der Verfasser hat nun Messungen angestellt, um die Entwicklungen des Kap. V mittels einer ganz verschiedenen Methode experimentell zu prüfen.[1])

Zunächst konnte aus der gemessenen Stromstärke I' (in Ampère) die mittlere Intensität des Spulenfeldes berechnet werden; es war bei Benutzung sämtlicher 12 Spulen ($n = 2400$) [§ 72, Gl. (1)].

(30) $$\overline{\mathfrak{H}}_e = \frac{2\,n\,I'}{10\,r_1} = 19{,}2\,I.'$$

Sodann wurde die totale magnetische Potentialdifferenz $\Delta\Upsilon_t$ zwischen den mit engen Bohrungen versehenen Flachpolen mittels einer magnetooptischen Methode bestimmt, von der im folgenden Kapitel (§ 199) die Rede sein wird. Bedeutet wieder d die Schlitzweite, so erhält man die selbsterzeugte Potentialdifferenz $\Delta\Upsilon_i$, indem man von der obigen noch denjenigen Antheil $\mathfrak{H}_e d$ subtrahirt, welcher von der direkten Spulenwirkung herrührt; es ist somit der aus den Beobachtungen hergeleitete Werth

(31) $$\Delta\Upsilon_i = \Delta\Upsilon_t - \mathfrak{H}_e d.$$

Andererseits ergibt die Theorie des Kap. V [§ 80, Gleichung (19)]

(32) $$\Delta\Upsilon_i = {}_A^E\Upsilon_i = \frac{4\pi\overline{\mathfrak{J}}d}{\nu}.$$

Es wurden nun Versuche angestellt: I. für $d = 1{,}13$ cm; II. für $d = 2{,}00$ cm; entsprechend $d/r_2 = 0{,}226$ bezw. 0,400, d. h. zwei Werthe, die auch in Tab. V § 89 vorkommen. Es konnten daher die entsprechenden Kurven (4) und (5) der Fig. 22 p. 137 benutzt werden, welche nach H. Lehmann ν als Funktion von $\overline{\mathfrak{J}}$ darstellen; allerdings nur soweit, als seine Beobachtungen reichen und die Reciprocität von ν und n (§ 82) mit genügender Annäherung zutrifft, d. h. etwa bis zum Werthe $\overline{\mathfrak{J}} = 1400$ C.-G.-S. Unter Zugrundelegung der Formel für den Entmagnetisirungsfaktor [§ 80, Gleichung (III)]

(33) $$\overline{N} = \frac{2\,d}{\nu\left(r_1 - \dfrac{d}{2\pi}\right)},$$

1) Ausserdem liegen bisher folgende ausgedehntere Messungsreihen an Elektromagneten Ruhmkorff'scher Konstruktion (Fig. 54, p. 275) vor, welche jedoch nach anderen Gesichtspunkten und Methoden angestellt worden sind: Stenger, Wied. Ann. **35**, p. 333, 1888; Leduc, Journal de Physique [2] **6**, p. 238, 1887 und la Lumière électrique **28**, p. 512, 1888; Czermak und Hausmaninger, Wien. Ber. **98**, 2. Abth. p. 1142, 1889.

konnten nun die Magnetisirungskurven für die beiden Schlitzweiten erhalten werden und daraus nach Gleichung (32) die punktirten Kurven, welche in Fig. 57 theoretisch $\Delta \Upsilon_i$ als Funktion von $\mathfrak{H}_e$ darstellen. Ausserdem sind die beobachteten Werthe von

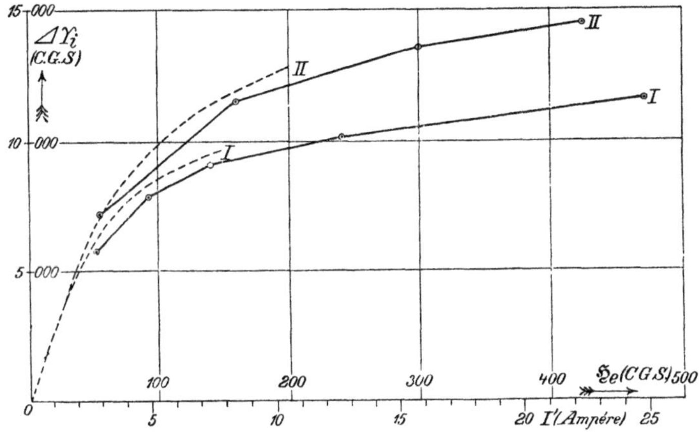

Fig. 57.

$\Delta \Upsilon_i$ eingetragen und die einzelnen Punkte durch Geraden verbunden; für weitere Einzelheiten sei auf die citirte Arbeit hingewiesen.

§ 172. **Bestätigung der Theorie.** Wie aus Fig. 57 hervorgeht, ist die Übereinstimmung zwischen Beobachtung und theorethischer Rechnung eine befriedigende, und gereicht der in Kap. V entwickelten Theorie, neben der dort angeführten experimentellen Bestätigung, unabhängig zur Stütze. Die Kurven I und II fallen anfänglich zusammen; dies wird dadurch erklärlich, dass dann der Luftwiderstand so gross im Vergleich zum übrigen Widerstand ist, dass die ganze magnetomotorische Kraft wesentlich zur Überwindung des erstern dient, mithin für einen gegebenen Werth derselben die Potentialzunahme im Schlitz ihr merklich gleich wird, und zwar unabhängig von der Schlitzweite, sofern diese keine allzu geringe ist. Durch jene Grösse $\Delta \Upsilon_i$ ist das Verhalten des Elektromagnets bei Benutzung von Flachpolen bestimmt; die mittlere selbsterzeugte Intensität $\overline{\mathfrak{H}}_i$ im Interferrikum findet man, indem man $\Delta \Upsilon_i$ durch die Schlitzweite dividirt. Jener Vektor ist daher nach dem Vorigen etwa bis zur halben Sättigung umgekehrt proportional der Schlitzweite; freilich wird er für unendlich geringe Werthe derselben nicht etwa unendlich gross, weil dann obige Beziehung nicht mehr gilt; vielmehr ist seine obere Grenze der praktisch erreichbare Maximalwerth von $4\pi\mathfrak{J}$, d. h. ungefähr 20000 C.-G.-S. (§ 103). Addirt man dazu die relative geringe Intensität des Spulenfeldes, so erhält man die gesamte verfügbare Feldintensität, indem

$$\overline{\mathfrak{H}}_t = \overline{\mathfrak{H}}_i + \overline{\mathfrak{H}}_e.$$

Es ist zu bemerken, dass die mitgetheilten Resultate nicht nur als eine einfache Bestätigung der §§ 83—90 beschriebenen Versuche aufzufassen sind, weil hier das Toroid bedeutend dicker ($r_2/r_1 = 0{,}200$) war als dort ($r_2/r_1 = 0{,}112$). Der Umstand, dass die Streuungskoefficienten der Fig. 22, auf den vorliegenden Specialfall angewandt, richtige Resultate liefern, bildet u. a. eine weitere Stütze für die Richtigkeit der Auffassung, nach welcher einmal der Schlitz an sich den Zähler, zweitens der übrige Umfang eines Toroids den Nenner des Entmagnetisirungsfaktors in unabhängiger Weise beeinflussen (§ 80).

§ 173. Untersuchung der Streuung. Infolgedessen gewinnt auch die empirische Streuungsformel H. Lehmann's [§ 90, Gleichung (30)] allgemeineres Interesse; sie lautete

$$\nu - 1 = 7\,\frac{d}{r_2} \qquad \left[0 < \frac{d}{r_2} < \frac{1}{2}\right] \tag{34}$$

und galt für den unteren Magnetisirungsbereich bis etwa zur halben Sättigung. Obwohl sie zunächst speciell für ein Toroid aus schwedischem Eisen von kreisförmigem Querschnitt aufgefunden wurde, dürften doch folgende Voraussetzungen angenähert auch in allgemeinerer Weise zutreffen:

1. Die Zahl ($\nu - 1$) wird der »relativen Schlitzweite« d/r_2 proportional sein.

2. Der Proportionalitätsfaktor wird nur wenig von der Natur des ferromagnetischen Materials abhängen, solange dessen Permeabilität eine genügend hohe ist, und wird daher allgemein angenähert $= 7$ gesetzt werden dürfen.

3. Das Resultat wird auch für Schlitze von nicht kreisförmigem Profil angenähert gelten. Um die Formel für letztern Fall umzurechnen bemerken wir, dass beim Kreise

$$S = \pi r_2^2, \quad \text{daher} \quad \frac{1}{r_2} = \sqrt{\frac{\pi}{S}};$$

setzen wir diesen Werth in obige Gleichung (34) ein, so wird

$$(35) \quad \nu - 1 = 7\sqrt{\pi}\frac{d}{\sqrt{S}} = 12{,}5\,\frac{d}{\sqrt{S}}. \qquad \left[0 < \frac{d}{\sqrt{S}} < \frac{1}{4}\right]$$

In dieser Gestalt dürfte die Formel in manchen Fällen von Nutzen sein.

Um einen Überblick über die Streuung bei Benutzung der Flachpole zu erhalten, wurde eine Bussole derart aufgestellt, dass der Elektromagnet 2 m von ihr entfernt in »zweiter Hauptlage« stand (vergl. § 191); ihre Ablenkungen bildeten ein ungefähres Maass für den absoluten Streuungsbetrag. Es stellte sich heraus, dass letzterer mit der Schlitzweite zunahm, wie zu erwarten. Bei wachsendem Magnetisirungsstrom nahm er ferner von Null rasch bis zu einem Maximum (für Schlitz I ungefähr 0,1 C.-G.-S.) zu, welches bereits bei etwa 3 Ampère erreicht wurde; darauf nahm die Streuung allmählig ab, bis sie bei 45 Ampère nur noch ein Fünftel bis ein Drittel — je nach der Schlitzweite — jenes Werthes betrug. Diese schliessliche Abnahme tritt offenbar in noch ausgesprochenerem Grade für die relative Streuung, d. h. mittelbar für den Streuungskoefficient, zu und bildet somit einen einfachen Beleg für das § 88, II mitgetheilte Resultat Lehmann's, welches § 123 als »experimentum crucis« gegenüber der dort besprochenen Anschauungsweise hingestellt wurde.[1])

An diesem Verhalten haben die beiden »Polspulen« 1 und 2 (Fig. 56 p. 278) einen vorwiegenden Antheil. Schaltete man sie aus, so sank die magnetische Potentialdifferenz, namentlich bei den stärksten Strömen, um Beträge bis zu 20%, während die Streuung dementsprechend 4- bis 6-fach vergrössert wurde. Jene beiden Spulen erfüllen demnach in der That die ihnen zugedachte Aufgabe (§ 168) den Induktionsfluss gewissermaassen zusammen-

1) Die weithin störende Fernwirkung wird somit gerade bei den stärksten Strömen eine verhältnissmässig geringe, und jedenfalls eine bedeutend schwächere als diejenige grosser Elektromagnete von weniger einfacher Gestalt. Diese Thatsache bildet einen nicht zu unterschätzenden Vorzug beim Gebrauch in grösseren Laboratorien.

zuhalten und die sonst verlorenen, zerstreuten Induktionsröhren nutzbar zu machen.[1]) Wie besondere Versuche zeigten, erfüllen die übrigen Spulen 3—12 den Zweck Ampèrewindungen, d. h. magnetomotorische Kraft, beizusteuern und sind in dieser Beziehung sämtlich merklich gleichwerthig.

Der grösste Theil der zerstreuten Induktionsröhren wird sich auf die nähere Umgebung des Schlitzes beschränken. Bei Anwendung von »Tellerpolen« (wie P_1 in Fig. 56 p. 278) wird man daher noch viele derselben nutzbar machen.

§ 174. Theorie konischer Polschuhe. Zur Erzeugung der intensivsten Felder pflegt man seit langer Zeit zugespitzte Polschuhe, zuweilen von sehr eigenthümlicher Gestalt, anzuwenden, weil man mit Flachpolen, wie oben bemerkt, den Grenzwerth 20000 C.-G.-S. nicht zu überschreiten vermag. Die geeignetste Form solcher Spitzpole ist erst 1888 von Stefan und fast gleichzeitig von Ewing und Low theoretisch untersucht worden.[2])

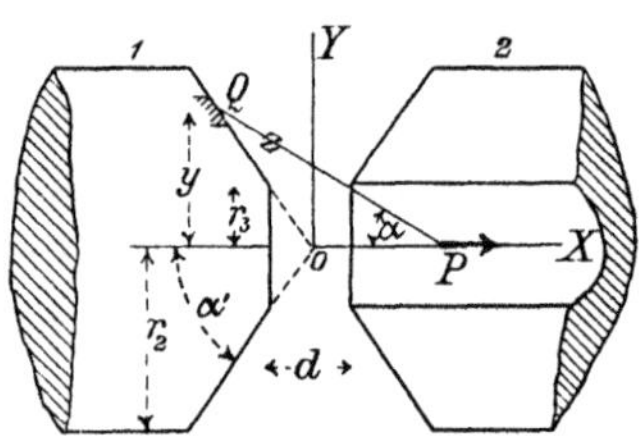

Fig. 58.

Sie machten dazu eine ähnliche Annahme, wie die § 76 vorausgesetzte, nämlich dass die Magnetisirung auch in den Polschuhen peripherisch gleichförmig vertheilt sei, d. h. also überall parallel zur X-Axe (Fig. 58) verlaufe. Diese Annahme entspricht auch hier wieder dem idealen Grenzfall absoluter Sättigung, der in Wirklichkeit durchaus nicht erreicht wird (§ 89); die erhaltenen Ausdrücke stellen also Grenzwerthe dar, was wir wieder durch den Index ∞ andeuten. Betrachten wir nun Polschuhe von der in Fig. 58 dargestellten Gestalt; unter obiger Voraussetzung werden die Endelemente auf den Kegelflächen nach § 49 die »Flächendichte«

$$(36) \qquad \mathfrak{J}_\nu = \mathfrak{J} \cos(\mathfrak{J}_\nu, X) = \mathfrak{J} \sin \alpha'$$

---

1) Dies dürfte der Hauptgrund der Überlegenheit der Ruhmkorff-schen Elektromagnete über solche mit vertikalen Schenkeln sein (§ 167).

2) Stefan, Wien. Ber. **97**, 2. Abth. p. 176, 1888; Wied Ann. **38**, p. 440, 1889. Ewing und Low, Proc. Roy. Soc. **45**, p. 40, 1888; Phil. Trans. **180** A, pp. 227-232, 1889. Siehe auch Czermak und Hausmaninger, Wien. Ber. **98**, 2. Abth. p. 1147. 1889.

aufweisen. Es lässt sich nun auf potentialtheoretischem Wege leicht zeigen, dass im Punkte 0 die selbsterzeugte Intensität, sofern sie von den beiderseitigen Kegelflächen ($r_3 < y < r_2$) herrührt, durch folgenden Ausdruck gegeben wird

$$\text{(37a)} \qquad \overset{(a)}{\mathfrak{H}}_{i\infty} = 4\pi\,\mathfrak{J}_\infty \sin^2\alpha' \cos\alpha' \,\text{lognat}\,\frac{r_2}{r_3}.$$

Für andere Punkte der X-Axe lässt sich die Intensität durch Kugelfunktionen darstellen. Die Ableitung des trigonometrischen Ausdrucks in (37a), d. h.

$$\frac{d\,(\sin^2\alpha' \cos\alpha')}{d\,\alpha'} = \sin\alpha' \cos^2\alpha' \,(2 - \text{tg}^2\,\alpha')$$

wird offenbar Null für

$$\alpha' = \text{arctg}\,\sqrt{2} = 54^0\,44',$$

d. h. theoretisch wird im Punkte 0 die höchste Intensität erzielt, wenn der halbe Kegelwinkel rund 55° beträgt; dieses Resultat ist ganz unabhängig von der Vertheilung der Endelemente auf den Kegelflächen. Wie Ewing und Low übrigens a. a. O. p. 231 bemerkten, wird der Widerstand des Interferrikums um so grösser, je geringer der Kegelwinkel; dadurch wird die Magnetisirung, d. h. mittelbar auch die Feldintensität verringert, sodass jene Forscher den günstigsten Winkel auf rund 60° schätzten.

Falls die Polschuhe entweder eine axiale Bohrung vom Radius r_3 enthalten (Fig. 58, rechts) oder durch einen cylindrischen Hals (einen sog. »Isthmus« § 217) von jenem Halbmesser verbunden sind, so treten ausser auf den Kegelflächen Endelemente nicht auf. Handelt es sich jedoch um »Kegelstutzpole« (Fig. 58, links) so ist die Wirkung eines Stirnflächenpaares vom Radius r_3 im Abstande $2\,r_3 \cot\alpha'$ (vergl. Fig. 16 p. 116) hinzu zu addiren; deren mittlere Intensität erhalten wir, wenn wir den Ausdruck für die magnetische Potentialdifferenz [§ 76, Gleichung (16)] durch jenen Abstand dividiren; es wird somit dieser Antheil

$$\text{(37b)} \qquad \overset{(b)}{\overline{\mathfrak{H}}}_{i\infty} = 4\pi\,\mathfrak{J}_\infty \left(1 + \frac{1}{2}\,\text{tg}\,\alpha' - \sqrt{1 + \frac{1}{4}\,\text{tg}^2\,\alpha'}\right)$$

Die Summe von (a) und (b) gibt den Grenzwerth der gesamten selbsterzeugten Feldintensität. Ewing und Low zeigten ferner, dass man, wofern es auf Gleichförmigkeit des Feldes in axialer und transversaler Richtung besonders ankommt, besser einen kleinern Kegelwinkel als den obigen, nämlich $\alpha' = 39^\circ\,14'$ wählt. Für weitere Einzelheiten betreffs dieser instruktiven theoretischen Untersuchungen sei auf die citirten Arbeiten hingewiesen; Czermak und Hausmaninger behandelten noch den Fall, dass die beiden Kegelspitzen nicht im Punkte 0 zusammenfallen, wie oben vorausgesetzt wurde.

§ 175. Versuche mit Kegelstutzpolen. Der Verfasser hat an dem beschriebenen Elektromagnet untersucht, inwiefern obige Voraussetzungen und Resultate in der Praxis zutreffen. Es wurde dazu ein Paar Kegelstutzpole immer weiter abgedreht, so dass der Winkel α' stufenweise kleiner wurde; die Intensität wurde jedesmal mittels der Steighöhenmethode (§ 204) bestimmt, und ihr höchster Werth in der That für den Winkel $\alpha' = 60^\circ$ gefunden; da es sich um ein »flaches« Maximum handelt, kommt es übrigens praktisch nur darauf an, dass etwa $63^\circ > \alpha' > 57^\circ$ sei.

Es bringt keinen nennenswerthen Vortheil, die Polschuhe konkav auszudrehen. Der beobachtete Werth der Intensität blieb mehrere Tausend C.-G.-S. hinter dem theoretischen zurück; es wurde gemessen (bei $\alpha' = 60^\circ$)

für $r_3 = 2{,}5$ mm 36 800 C.-G.-S.
für $r_3 = 1{,}5$ mm 38 000 C..G..S. [1])

Es folgt aus den Formeln des vorigen Paragraphen und wird durch die Erfahrung bestätigt, dass die hohe Intensität des Feldes sich nur auf Kosten seiner Ausdehnung erreichen lässt; für viele Versuche genügt indessen eine Ausdehnung von mehreren mm, bezw. müssen eben die Untersuchungsmethoden dieser Bedingung angepasst werden.

Die Bohrlöcher, welche bei magnetooptischen Versuchen unvermeidlich sind, bedingen eine um so erheblichere Schwächung

1) Dieser Intensität würde in einem zwischen die Kegelstutspole angebrachten Stückchen dünnen weichen Eisendrahtes ungefähr die Induktion

$$\mathfrak{B} = 38\,000 + 4\pi \times 1750 = 60\,000 \text{ C.-G.-S.},$$

und der Longitudinalzug (vergl. § 103)

$$\mathfrak{Z} = \left(\frac{60\,000}{5\,000}\right)^2 = 144 \text{ kg-Gew. pro qcm},$$

entsprechen, wie früher angegeben (§ 13, 103, 126).

des Feldes, je weiter sie relativ zum Abstande der Stirnflächen sind. Diese Schwächung ist indessen geringer, als aus den § 174 mitgetheilten Gleichungen folgen würde, da gewissermaassen eine »innere Streuung« von den Rändern der Öffnungen nach der Axe hin stattfindet. Die äussere Streuung und Fernwirkung des Elektromagnets verhält sich bei Benutzung von Kegelstutzpolen ähnlich wie bei Anwendung von Flachpolen, wie § 173 beschrieben.

Das im vorliegenden Abschnitt Mitgetheilte lässt sich in der Behauptung zusammenfassen, dass ein Ring-Elektromagnet von bequem hantirbarer Grösse mit geraden Kegelstutzpolen von 120° »Öffnung« Felder bis zu rund 40000 C.-G.-S. in einer Ausdehnung von einigen mm zu erhalten gestattet. Diesen Werth wesentlich zu überschreiten, dürfte dagegen nur mit einem unverhältnissmässigen Aufwand an Mitteln möglich sein; es folgt das schon aus den gegebenen Formeln, in die log (r_2) eingeht, während das Gewicht und die Kosten eines Elektromagnets durch die dritte Potenz seiner Lineardimensionen bestimmt werden.

D. Induktorien und Transformatoren.

§ 176. Betrachtung inducirender Spulenpaare. Wir haben § 153 die wesentlichsten Äusserungen der Selbstinduktion an einem gleichmässig bewickelten, geschlossenen oder radial geschlitzten Toroid (mittlerer Radius r_1, Umfang $2\pi r_1 = L$, Querschnitt S) erläutert. Es sei nun ausser jener Primärspule 1 (Widerstand R_1, Windungszahl n_1, Selbst-Induktionskoefficient Λ_1, eine Sekundärspule 2 (R_2, n_2, Λ_2) ebenfalls gleichmässig auf das Toroid gewickelt, wie es bei dem § 83 beschriebenen Versuchstoroid der Fall war. An dem Beispiel eines solchen inducirenden Spulenpaars werden wir nun wieder die wichtigsten Vorgänge bei der gegenseitigen Induktion in aller Kürze erläutern, sofern sie für das Verständniss des Folgenden wesentlich sind.

Einer Änderung des vom Primärstrom I_1 erzeugten Induktionsflusses $\mathfrak{G}_1$ entspricht eine, in der Sekundärspule inducirte elektromotorische Kraft E_{i2}, die nach Gleichung (6) § 153 folgenden Werth aufweisen wird

$$(38) \qquad E_{i2} = \frac{d(n_2 \mathfrak{G}_1)}{dT} = \frac{\partial (n_2 \mathfrak{G}_1)}{\partial I_1} \cdot \frac{d I_1}{d T}.$$

Die hierin vorkommende partielle Ableitung von $(n_2 \mathfrak{G}_1)$ nach dem Primärstrom I_1 nennt man analog der Definition des § 153 den Induktionskoefficient Ξ_{12} der Spule 1 auf die Spule 2. Ganz ähnlich wie dort findet man im vorliegenden Fall

$$(39)\qquad \Xi_{12} = \frac{4\pi\, n_1 n_2 S}{L} \frac{d\,\mathfrak{B}}{d\,\mathfrak{H}_e} = \frac{n_2}{n_1} \Lambda_1.$$

Vertauscht man nun die Rollen indem man 2 auf 1 inducirend wirken lässt, so erhält man in analoger Weise

$$(40)\qquad E_{i1} = \frac{(d\,n_1\,\mathfrak{G}_2)}{d\,T} = \frac{\partial\,(n_1\,\mathfrak{G}_2)}{\partial\,I_2} \frac{d\,I_2}{d\,T} = \Xi_{21} \frac{d\,I_2}{d\,T},$$

worin dann wieder der Induktionskoefficient von 2 auf 1

$$(41)\qquad \Xi_{21} = \frac{4\pi\, n_2 n_1 S}{L} \frac{d\,\mathfrak{B}}{d\,\mathfrak{H}_e} = \frac{n_1}{n_2} \Lambda_2.$$

§ 177. Gegenseitige Induktion. Es ist nun offenbar $\Xi_{12} = \Xi_{21}$; man nennt diese Grösse daher den gegenseitigen Induktionskoefficient (engl. »mutual inductance«) Ξ der beiden Spulen.[1]) Aus (39) und (41) folgt ohne weiteres:

$$\text{für } n_1 \gtreqless n_2 \qquad \text{wird} \qquad \Lambda_1 \gtreqless \Xi \gtreqless \Lambda_2.$$

Ferner ist für jeden gegebenen Werth von $\mathfrak{B}$

$$(42)\qquad \Xi = \sqrt{\Lambda_1 \Lambda_2}.$$

Diese Folgerungen haben zur Voraussetzung, dass in (39) und (41) sowohl S wie auch $d\,\mathfrak{B} / d\,\mathfrak{H}_e$ identisch sind, d. h. mit anderen Worten, dass der von den zwei Spulen gemeinsam umfasste Induktionsfluss derselbe ist. Sofern ein beiden gemeinsamer ferromagnetischer Kern benutzt wird, ist das meistens mit genügender Annäherung der Fall, da die ausserhalb desselben verlaufenden Induktionsröhren keinen nennenswerthen Unterschied hervorrufen (vergl. indessen § 183).[2])

1) Einige Autoren nennen diese Grösse noch das gegenseitige Potential der Spulen aufeinander. Der gegenseitige hat ebenso wie der Selbst-Induktionskoefficient die Dimension einer Länge und ist wie jener in Henry auszudrücken (vergl. p. 251 Anm.).

2) Ganz anders liegen die Verhältnisse bei zwei kernlosen Spulen in beliebiger relativer Lage; derartige Fälle können indessen für unsern vorliegenden Zweck ausser Betracht gelassen werden.

Da der Koefficient Ξ sich von der Ableitung $d\mathfrak{B}/d\mathfrak{H}_e$ nur durch einen konstanten Faktor unterscheidet, genügt ein Hinweis auf § 154 und Fig. 36B. p. 237, wo der Verlauf jenes Differentialquotients eingehend diskutirt ist. Ebenso wie bei Λ kann auch bei Ξ von einer Konstanz für geschlossene magnetische Kreise nicht die Rede sein; bei offenen magnetischen Kreisen ist hingegen jene Annahme auch hier wieder um so eher zulässig, je grössern Werth der Entmagnetisirungsfaktor aufweist.

Mittels einer, der hier gedachten ganz ähnlichen Vorrichtung, bei der freilich die beiden Spulen getrennt auf je einer Hälfte des Toroids gewickelt waren, entdeckte Faraday[1]) bekanntlich 1831 die Existenz der Induktionserscheinungen. Fast gleichzeitig und unabhängig von ihm führte J. Henry[2]) grundlegende Forschungen auf diesem Gebiete durch, welche namentlich den sog. »Extrastrom« betrafen; er führte bereits die Benennung Selbstinduktion ein. Die von diesen Experimentatoren benutzte Gattung von Versuchsapparaten hatte schon eine lange Entwicklung durchgemacht[3]), als sich nach Verlauf eines halben Jahrhunderts eine Verzweigung in zwei Arten, Induktorien und Transformatoren, vollzog, von denen erstere vorwiegend wissenschaftliches Interesse bietet; letztere Art hat sich dann während des seit jener Trennung verflossenen Jahrzehnts, ihrer technischen Bedeutung entsprechend, in ausserordentlichem Maasse weiterentwickelt, und zwar sowohl in theoretischer Beziehung wie in Betreff praktischer Einzelheiten der Konstruktion. Wir werden sie zum Schluss des vorliegenden Kapitels beide der Reihe nach besprechen.

§ 178. Wirkungsweise des Induktoriums. Bei einem Induktorium oder Induktionsapparat im engeren Sinne werden ausschliesslich bei der Unterbrechung bezw. der Schliessung des Primärstroms ausserordentlich hohe elektromotorische Kräfte in der mit sehr vielen Windungen bewickelten Sekundärspule inducirt. Dieselben werden meistens dazu benutzt, zwischen den Enden dieser Spule elektrische Entladungen irgend welcher Art

---

1) Faraday, Exp. Res. **1** Ser. I § 27, (Taf. I Fig. 1).

2) J. Henry, Collect. scient. writings **1**, p. 73 ff.; Sillim. Americ. Journ. **22**, p. 403 ff., 1832.

3) Siehe G. Wiedemann, loc. cit. **4**, §§ 409—430; Fleming, loc. cit. **2**, Kap. I.

zu erzeugen. Die der Schliessung, d. h. dem allmählichen Entstehen eines gegebenen Primärstromes in der § 155 erörterten Weise, entsprechende »Schliessungsentladung« bringt bei geschlossener Sekundärspule die gleiche Elektricitätsmenge in's Fliessen wie die im entgegengesetzten Sinne erfolgende »Öffnungsentladung«; und zwar aus dem Grunde, weil es sich in beiden Fällen um dieselbe Gesamtvariation $\delta\mathfrak{G}$ des Induktionsflusses und denselben Widerstand R_2 handelt [§ 64 Gleichung (14)]. Obwohl demnach auch das Zeitintegral der sekundären elektromotorischen Kraft in beiden Fällen das gleiche ist, wird ihr Maximalwerth bei der Unterbrechung des Primärstroms ein weit grösserer; denn jener Vorgang spielt sich zwar auch niemals plötzlich, immerhin aber bedeutend rascher ab, als das nach der Schliessung erfolgende allmähliche Anwachsen des Stromes bis zu einem grösseren Bruchtheil seines Stationärwerths (vergl. § 156). Falls es sich daher um Funkenentladungen handelt, so geht bei grösseren Luftstrecken überhaupt nur der »Öffnungsfunke« über; der »Schliessungsfunke« vermag bei demselben Elektrodenabstand die Luftstrecke nicht zu durchschlagen. Aus alledem folgt, dass es hauptsächlich darauf ankommt, die Unterbrechung des Primärstroms möglichst rasch erfolgen zu lassen, zu welchem Zweck namentlich folgende Mittel zur Anwendung gelangen.

Erstens benutzt man Unterbrecher, bei denen der unvermeidliche, durch die Selbstinduktion der Primärspirale bedingte Primärfunke, welcher eine absolut momentane Stromunterbrechung verhindert, möglichst reducirt wird. In dieser Hinsicht bewähren sich erfahrungsgemäss am besten Quecksilberunterbrecher unter isolirenden Flüssigkeiten, wie z. B. Alkohol oder Petroleum (vergl. p. 281 Anm. 3).

Zweitens pflegt man nach dem Vorgange Fizeau's einen Kondensator neben die Unterbrechungsstelle einzuschalten. Dieser verringert die schädliche Funkenbildung, indem er die Primärentladung theilweise aufspeichert. Einer gegebenen Primärspule entspricht immer eine empirisch zu bestimmende günstigste Kapacität, bei welcher der Primärfunke am besten gelöscht, der Sekundärfunke dagegen möglichst verlängert wird. Es beruht dies vermuthlich auf einer jener, neuerdings infolge der glänzenden Entdeckungen von Hertz in den Vordergrund des Interesses gerückten Resonanzerscheinungen; indem die alsdann oscillirende Primärentladung vom Kondensator sofort zurückgeschleudert wird und einen Primärstrom im umgekehrten Sinne erzeugt; hierdurch entstehen offenbar längere Sekundäröffnungsfunken als bei einem blossen Abfallen des Primärstroms bis auf Null.[1])

§ 179. Magnetischer Kreis des Induktoriums. Es genügt nun nicht, dass die Unterbrechung bezw. die Umkehrung des Primärstroms eine möglichst rasche sei; es ist auch erforderlich, dass die entsprechende Variation des Induktionsflusses im Kerne ihr unmittelbar folge.

Nehmen wir zunächst an, der Primärstrom falle nur bis auf Null ab: für die Induktion auf die Sekundärspule ist dann die entsprechende Abnahme des Induktionsflusses, bezw. die — in § 149 mit $\mathfrak{J}_E$ bezeichnete — verschwindende Magnetisirung maassgebend. Denken wir uns beispielsweise einen geschlossenen Kern aus gutem weichem Schmiedeeisen; mit einer Intensität $\mathfrak{H}_e =$ 20 C.-G.-S. werde eine Magnetisirung $\mathfrak{J}_M = 1000$ erreicht; da die Retentionsfähigkeit in diesem Fall leicht 90% betragen kann, würde $\mathfrak{J}_R = 900$, somit $\mathfrak{J}_E$ nur $= 100$ (vergl. hierzu § 149 und Fig. 36 A. p. 237). Anders bei einem ungeschlossenen Kern, dessen Entmagnetisirungsfaktor jedoch nur den Werth $\overline{N} = 0{,}02$ habe (entsprechend $\mathfrak{m} = 45$, Tab. I, p. 45): nehmen wir die Koercitivintensität $\mathfrak{H}_C = 2$ C.-G.-S. an, so wird nun $\mathfrak{J}_R = \mathfrak{H}_C / \overline{N} = 100$, daher $\mathfrak{J}_E = 900$. Zugleich wird eine entmagnetisirende Intensität $\mathfrak{H}_i = \overline{N}\,\mathfrak{J}_M = 20$ zu kompensiren sein, sodass das Feld der Primärspule zu verdoppeln, d. h. $\mathfrak{H}_e$ auf 40 C.-G.-S. zu erhöhen st. Vom rein magnetischen Standpunkte hätte es demnach kaum einen Zweck, das Dimensionsverhältniss des Kerns geringer als 45 zu wählen und damit die entmagnetisirende Wirkung unnöthig zu steigern.

Falls aber infolge der Kondensatorwirkung der Primärstrom thatsächlich seinen Sinn ändert, so erscheint ein geschlossener Kern wiederum vortheilhafter, wofern das sofort auftretende entgegengesetzte Primärfeld mindestens die Koercitivintensität erreicht; ein Blick auf Fig. 36 A. p. 237 zeigt die Richtigkeit dieser Behauptung. Je geringer der Entmagnetisirungsfaktor ist, desto grössern Werth erreicht freilich auch der Differentialquotient $d\mathfrak{B}/d\mathfrak{H}_e$ (§ 154); hierdurch wird die Selbstinduktion der Primärspule in

1) Vergl. hierzu Lord Rayleigh, Phil. Mag. [4] **39**, p. 428. 1870.

einer schwer zu übersehenden Weise vergrössert, was kaum wünschenswerth sein dürfte. Überhaupt kann eine umfassende rationelle Theorie des Induktoriums augenblicklich nicht als vorhanden betrachtet werden, wohl hauptsächlich deswegen, weil diese Apparate eine ausgedehntere technische Anwendung bisher nicht erlangt haben. Eine erhebliche Schwierigkeit liegt darin, dass der Vorgang der Stromunterbrechung unter Funkenbildung mit oder ohne Kondensator nicht genügend bekannt ist, während doch eine solche Theorie sich vorwiegend auf die Kenntniss desselben zu stützen haben würde.

Die gangbarsten, leistungsfähigsten und am meisten verbreiteten Formen des Induktoriums stammen aus wenigen Werkstätten, deren empirische Konstruktionsprincipe zweifellos auf Erfahrung begründet und zum Theil geheim sind.[1]) Wir müssen uns daher mit dem Hinweis auf die Thatsache begnügen, dass die üblichen Kerne aus Drahtbündeln bestehen, deren Dimensionsverhältniss zwischen 15 und 20 schwankt (d. h. $0{,}12 > \overline{N} > 0{,}08$, Tab. I, p. 45). Die Drahtdicke beträgt meist etwa 1 mm; mit Rücksicht auf die neuesten, bei Transformatoren angewandten, Untersuchungen über Wirbelströme (§ 187) dürfte sich eine geringere Drahtdicke auch für Induktorienkerne mit ihren so viel rascher erfolgenden magnetischen Variationen empfehlen, ohne nennenswerthe Nachtheile zu bieten.

§ 180. Simultane Differentialgleichungen des Transformators. Die vor etwa einem Jahrzehnt in die Technik eingeführten Transformatoren lehnten sich in ihrer allgemeinen Anordnung an die damals üblichen Induktorien an und enthielten demgemäss einen aus dünnem Eisendraht zusammengesetzten, ungeschlossenen Kern. Man griff indessen nach dem Vorgang Zipernowsky's (1885) bald auf sogen. »pollose« Formen mit geschlossenem magnetischem Kreise zurück, wodurch der Faraday'sche Ring bezw. das § 176 besprochene, gleichmässig doppelt bewickelte Toroid zum Prototyp für die überwiegende Mehrzahl der heutzutage konstruirten Transformatoren wurde. Infolgedessen wird die magnetische Charakteristik (§ 96) des

1) Siehe du Moncel, Notice sur l'appareil d'induction Ruhmkorff, 5. Aufl. Paris 1867. Diesem Apparat sind die meisten Induktorien mit nur geringfügigen Modifikationen nachgebildet.

Transformatorkreises eine sehr einfache, da weder Interferrikum noch Streuung (vergl. indessen § 183) zu berücksichtigen sind. Dagegen wird der Ausdruck für die magnetomotorische Kraft, infolge des Einwirkens zweier verschiedener Magnetisirungsspulen, ein etwas komplicirterer; denn es muss offenbar in jedem Augenblick folgender Gleichung genügt werden

$$M = L\,(\mathfrak{H}_1 + \mathfrak{H}_2) = 4\,\pi\,(n_1\,I_1 + n_2\,I_2). \tag{43}$$

Ferner wird nun die Hopkinson'sche Funktion (§ 97)

$$M = F_H\,(\mathfrak{G}) = L\,f\left(\frac{\mathfrak{G}_1 + \mathfrak{G}_2}{S}\right), \tag{44}$$

worin L den Umfang der Leitkurve bedeutet, und die Indices 1 und 2 sich auf die Primär- bezw. Sekundärspule beziehen. Die Gleichung des magnetischen Kreises wird daher

$$4\,\pi\,(n_1\,I_1 + n_2\,I_2) = L\,f\left(\frac{\mathfrak{G}_1 + \mathfrak{G}_2}{S}\right). \tag{45}$$

Unter Benutzung der Bezeichnungen des § 176 und im Anschluss an die dortigen Entwicklungen lautet nun die Differentialgleichung der Primärspule

$$\begin{aligned} \frac{d\,n_1\,(\mathfrak{G}_1 + \mathfrak{G}_2)}{d\,T} + R_1\,I_1 &= \Lambda_1\,\frac{d\,I_1}{d\,T} + \Xi\,\frac{d\,I_2}{d\,T} \\ &\quad + R_1\,I_1 = E_{e1}\,; \end{aligned} \tag{46}$$

sie besagt, dass die Summe der drei, der Selbstinduktion, der gegenseitigen Induktion und dem Ohm'schen Widerstand entsprechenden elektromotorischen Kräfte in jedem Augenblick gleich der einwirkenden fremden elektromotorischen Kraft E_{e1} ist; letztere ist eine periodische Funktion der Zeit, und zwar meistens mit genügender Annäherung eine Sinusfunktion.[1]) Ebenso gilt für die Sekundärspule, deren äusserer Stromkreis den Widerstand R_2' habe und als induktionslos, kapacitätslos (vergl. p. 250)

1) Der zeitliche Verlauf der von einer Wechselstrommaschine gelieferten elektromotorischen Kraft hängt von der Gestalt ihrer Polschuhe und Spulen ab; übrigens zeigt die Selbstinduktion der Armatur u. s. w. eine gewisse Tendenz, die Abweichungen von der Sinusform theilweise auszugleichen. Eine Diskussion des Verlaufs der von einigen der üblichen Wechselstrommaschinen gelieferten periodischen elektromotorischen Kräfte gibt u. A. Fleming, loc. cit. 2, pp. 446—475.

Anm.) und überhaupt elektromotorisch wirkungslos vorausgesetzt werde,

$$(47)\quad \frac{d\, n_2 (\mathfrak{G}_1 + \mathfrak{G}_2)}{d\, T} + (R_2 + R_2')\, I_2 = \varLambda_2 \frac{d\, I_2}{d\, T} + \varXi \frac{d\, I_1}{d\, T} + (R_2 + R_2')\, I_2 = 0.$$

An eine allgemeine formgerechte Lösung dieser beiden simultanen Differentialgleichungen mit den zwei Variabelen I_1 und I_2 ist nicht zu denken, da die Induktions-Koefficienten $\varLambda_1$, $\varLambda_2$ und $\varXi$ bei geschlossenem magnetischem Kreise nach unseren früheren Ausführungen weder konstant noch eindeutig sind (§§ 154, 177). Man hilft sich nun so, dass man zunächst einen »Idealtransformator« betrachtet, bei dem jene Koefficienten dennoch konstant sind; man findet dann, dass bei der Annahme einer sinusoidalen primären elektromotorischen Kraft sowohl der Primärstrom wie auch der Sekundärstrom und folglich die sekundäre elektromotorische Kraft E_2 Sinusfunktionen sind, welche gegeneinander berechenbare Phasendifferenzen aufweisen; es leuchtet übrigens ohne weiteres ein, dass obigen Differentialgleichungen durch derartige Funktionen genügt werden kann. Aus dem Verhalten des Idealtransformators lassen sich dann mehr oder weniger zutreffende Schlüsse auf dasjenige eines Transformators mit geschlossenem Eisenkern ziehen. Dieses Verfahren beruht auf der allgemeinen Maxwell'schen Methode der mathematischen Behandlung beliebiger inducirender Spulenpaare.[1])

J. Hopkinson[2]) hat einen etwas andern Weg eingeschlagen, der darauf beruht, dass der von beiden Spulen umfasste Induktionsfluss — abgesehen von Streuung (§ 183) — identisch ist (vergl. p. 290 Anm. 2); infolgedessen lässt sich bei der zuerst angeführten Schreibweise der Gleichungen (46) und (47) das abgeleitete Glied eliminiren, indem man erstere mit n_2, letztere mit n_1 multiplicirt und sodann subtrahirt; man erhält dann folgende Gleichung

$$(48)\qquad n_2\, E_{e1} = n_2\, R_1\, I_1 - n_1\, (R_2 + R_2')\, I_2.$$

Kombinirt man diese mit der Gleichung (45) des magnetischen Kreises und führt man einige Vernachlässigungen ein, so erhält

1) Maxwell, Phil Trans. **155**, I p. 459, 1865. Siehe auch Mascart et Joubert, Electr. et Magn. **1** p. 593 und **2** p. 834, Paris.

2) J. Hopkinson, Proc. Roy. Soc. **42**, p. 85, 1887; Original papers on Dynamo Machinery p. 182. New York 1893.

man ebenfalls Anhaltspunkte für die angenäherte Beurtheilung des Verhaltens des Transformators.

§ 181. Vorgänge beim Idealtransformator. Wir betrachten erstens den Fall, dass der Widerstand R_2' des äussern Sekundärkreises unendlich, d. h. dass dieser offen sei, der Transformator daher »leerlaufe«. Die stromlose Sekundärspule vermag dann auf die Primäre nicht zu reagiren, und letztere verhält sich wie eine einfache Induktionsspule, deren Eigenschaften in § 153 ff. besprochen wurden. Aus den dort gegebenen Gleichungen folgt, dass bei genügend hohem Selbst-Induktionskoefficient bezw. Zeitverhältniss der Primärstrom erheblich gehemmt werden und ausserdem eine Phasenverzögerung χ gegen die primäre elektromotorische Kraft zeigen wird, welche sich dem Werthe $\chi = (1/2\pi) \operatorname{arc\,tg} \infty = 1/4$ nähert; in letzterm Fall würde es sich aber um einen leistungslosen (engl. »wattless«) Primärstrom handeln, welcher überhaupt keiner elektrischen Energie entspricht.[1]) Beim leerlaufenden Idealtransformator hat ferner der Induktionsfluss gleiche Phase mit dem ihn allein erzeugenden Primärstrom, während die durch die Variation des erstern inducirte sekundäre elektromotorische Kraft unter allen Umständen um $^1/_4$ Phase gegen ihn verzögert erscheint.

Wird nun zweitens der Sekundärkreis geschlossen und somit der Transformator »belastet«, so gestalten sich die Verhältnisse wesentlich komplicirter, indem der Sekundärstrom ebenfalls magnetisirend einwirkt; wir beschränken uns auf die Anführung der Hauptpunkte. Die Selbstinduktion der Primärspule wird durch jene Wirkung scheinbar verringert, sodass der Primärstrom um so stärker wird, und seine Phase um so mehr in Einklang mit derjenigen der primären elektromotorischen Kraft vorrückt, je höher die Belastung wird. Die der Primärspule zugeführte elektrische

1) Die mittlere elektrische Leistung eines sinusoidalen Wechselstroms ist bekanntlich gleich dem halben Produkt der Maximalwerthe der elektromotorischen Kraft und der Stromstärke, multiplicirt mit $\cos 2\pi\chi$, würde daher für $\chi = 1/4$ verschwinden. Bei Leerlauf ist selbstverständlich ein derartiger Sachverhalt anzustreben; seine immerhin nur angenäherte Erfüllung bildet den schwachen Punkt bei Benutzung dauernd in Primärleitungen eingeschalteter Transformatoren, deren Sekundärspulen tagsüber stundenlang leerlaufen oder doch nur wenig belastet sind.

Leistung — welche die Summe der Belastung und des Leistungsverlusts im Transformator selbst übertreffen muss — erfährt dadurch zugleich die nothwendige Steigerung. Falls die Selbstinduktion der Sekundärspule gering und ihr äusserer Stromkreis induktionslos ist, bleibt in ihr der Strom der Phase nach nur wenig hinter der elektromotorischen Kraft zurück; gegen den Primärstrom zeigt er eine Phasenverzögerung bis zu nahe $= \frac{1}{2}$, d. h. die beiden Ströme haben bei Vollbelastung meistens ungefähr entgegengesetzte Phase und magnetisiren den Kern in entgegengesetztem Sinne. Das Verhältniss der mittlern primären zur mittlern sekundären elektromotorischen Kraft nennt man das Transformationsverhältniss — oder den Transformationskoefficient — $\mathfrak{p}$; für den bisher betrachteten Idealtransformator ist

$$(49) \qquad \frac{E_1}{E_2} = \mathfrak{p} = \frac{n_1}{n_2} = \sqrt{\frac{\Lambda_1}{\Lambda_2}},$$

und diese Beziehung gilt auch sehr angenähert für technische Transformatoren. Da demnach die elektromotorischen Kräfte proportional den entsprechenden Windungszahlen sind, werden — wie leicht einzusehen — die Produkte $n_1 I_1$ und $n_2 I_2$, d. h. die primären bezw. sekundären Ampèrewindungen, nicht sehr verschieden sein; infolgedessen wird ihre in Gleichung (45) vorkommende algebraische Summe, d. h. des entgegengesetzten Sinnes halber ihre numerische Differenz gegen jede einzelne derselben nur gering sein. Wie bei der Dynamomaschine (§§ 126, 127) so kann man auch beim Transformator die Kurve, welche die sekundäre elektromotorische Kraft [oder die »Klemmenspannung« [1])] als Funktion des sekundären Nutzstroms darstellt, die totale [bezw. äussere] Charakteristik nennen. Ihre Diskussion gehört indessen nicht hierher, da sie mit der magnetischen Charakteristik [Gleichung (44)] durchaus nicht in dem einfachen Zusammenhang steht, wie es bei Dynamomaschinen der Fall ist. Die geschilderten Vorgänge werden ferner dadurch anschaulicher, dass man ein Transformatordiagramm entwirft, welches die 4 Grössen E_1, I_1, E_2, I_2 als periodische Funktionen der Zeit darstellt;

1) Bei der üblichen Bewickelung der Transformatoren pflegt die Klemmenspannung sich übrigens um weniger als 1% von der elektromotorischen Kraft zu unterscheiden.

hierfür sind neuerdings mehrere geeignete Methoden ersonnen worden (siehe Fig. 59 p. 302). Nach diesen kurzen Bemerkungen schreiten wir zur Besprechung der Modifikationen, welche die Berücksichtigung der magnetischen Sättigung, der Hysteresis, sowie der Streuung bei den dargelegten idealen Vorgängen mit sich bringt.

§ 182. Einfluss der Sättigung und der Hysteresis. Was erstens die Sättigung betrifft, so nehmen schon vor Eintreten derselben die Induktionskoefficienten Λ_1, Ξ und Λ_2 bedeutend ab; infolgedessen würden Erscheinungen auftreten, welche den bei einer einfachen Induktionsspule durch die Sättigung hervorgerufenen (§ 157) ähnlich sind. Das Verhalten des Transformators würde sich, kurz gesagt, demjenigen eines solchen ohne Eisenkern nähern; da dies aber unbedingt vermieden werden muss, so steigert man heutzutage bei guten Transformatoren die Induktion $\mathfrak{B}$ kaum über den Werth 6000 bis 7000 C.-G.-S., bei dem für weiches Eisen die Induktionskoefficienten ihren Höhepunkt überschritten haben und abzunehmen beginnen (vergl. Fig. 41 p. 257). Dieser in der Praxis eingehaltene Grenzwerth beträgt weniger als die Hälfte des bei Dynamomaschinen oder Elektromotoren üblichen (§ 126); da man somit selbst den Beginn einer Sättigung thatsächlich nie eintreten lässt, bietet die weitere Verfolgung ihres Einflusses kaum Interesse; bei älteren Transformatoren macht derselbe sich vielfach noch in charakteristischer Weise bemerklich.

Zweitens bedingt die Hysteresis bei dem geschlossenen magnetischen Kreise der Transformatoren sehr erhebliche Unterschiede der Induktionskoefficienten für auf- bezw. absteigende Magnetisirung. Wie die experimentell bestimmten Transformatordiagramme (vergl. Fig. 59 p. 302) zeigen, wird dadurch hauptsächlich die primäre Stromkurve betroffen, welche, wie wir es bereits bei der einfachen Induktionsspule gesehen haben, dadurch die Symmetrie der auf- und absteigenden Äste verliert und unter Umständen eine ganz unregelmässige, sich aber periodisch wiederholende, Gestalt annimmt. Da zur Erzeugung der Induktion $\mathfrak{B} = 7000$ in weichem Eisen kaum mehr als die zwei- bis dreifache Koercitivintensität erforderlich ist, wird die Nullpunktsverzögerung der ($\mathfrak{J}$, T)- bezw. der ($\mathfrak{B}$, T)-Kurve gegenüber der ($\mathfrak{H}$, T)-Kurve eine erhebliche (vergl. § 157 und Fig. 36C. p. 237), während nach dem vorigen Paragraphen durch die Wirkung des Sekundärstroms das resultirende Feld $\mathfrak{H}$ gegen I_1 schon beträchtlich verzögert ist. Aus alledem ergibt sich eine sehr erhebliche Verschiebung der ($\mathfrak{B}$, T)-Kurve gegen die (I_1, T)-Kurve. Wie aus manchen Transformatordiagrammen hervorgeht, halten die Nullpunkte der erstern ungefähr die Mitte zwischen denjenigen der Kurven des Primärstroms und des Sekundärstroms.

Es lässt sich nach dem Vorgang Ferraris' die Wirkung der Hysteresis mit derjenigen einer hinzugedachten »blinden« Sekundärspule vergleichen.[1]) Eine solche würde ebenfalls die ($\mathfrak{B}$, T)-Kurve verzögern und namentlich, ebenso wie die Hysteresis, einen schädlichen Umsatz von Energie in Wärme veranlassen. Letzterer wird übrigens dadurch möglichst herabgedrückt, dass man die Induktion innerhalb der erwähnten engen Grenzen hält; dieser Umstand liefert neben dem bereits angeführten einen zweiten ökonomischen Grund für das Arbeiten bei geringen Sättigungsgraden. Bei gegebenem Induktionsbereich ist der hysteretische Leistungsverlust, wie § 148 erwähnt, proportional dem Eisenvolum und der Frequenz (Periodenzahl pro Zeiteinheit), was bei der Bemessung dieser beiden Grössen zu berücksichtigen ist.

§ 183. Einfluss der Streuung. Was drittens die Streuung anbelangt, so tritt eine solche bei dem, den bisherigen Betrachtungen zu Grunde liegenden, typisch geformten und bewickelten Transformator überhaupt nicht auf. Die von den beiden Spulenströmen herrührenden Felder wirken sich zwar, ihrer nahezu entgegengesetzten Phase halber (§ 181), entgegen, aber es ergibt sich immerhin ein resultirendes periodisches Feld, welches bei gleichmässiger Bewickelung beider Spulen auch peripherisch gleichförmig bleiben wird.

Die resultirende Induktion ist daher auch peripherisch gleichförmig vertheilt; der Induktionsfluss wird sich also ohne Streuung auf den Kern beschränken und von beiden Spulen in gleicher Weise umfasst werden; nur dann wird nach § 177 der Gleichung

$$\Xi = \sqrt{\Lambda_1 \Lambda_2}$$

1) Ferraris, Mem. R. Acc. di Scienze, Torino [2] **37**, p. 15. 1885, und **38**, 1887. Auch die Wirkung der Wirbelströme lässt sich offenbar unter dem gleichen Gesichtspunkt betrachten; kann doch die Gesamtheit ihrer Bahnen schon ohne weiteres als eine besondere Sekundärspule aufgefasst werden (vergl. § 187).

genügt. Dieser Zustand ist zwar bei jedem Transformator anzustreben; ein gleichmässiges Durcheinanderwickeln der primären und sekundären Windungen ist jedoch nicht thunlich, da alsdann die gegenseitige elektrostatische Kapacität eine unzulässige Höhe erreicht, und eine genügende Isolation undurchführbar wird.

Sind im andern Extremfalle die beiden sich entgegenwirkenden Spulen getrennt auf die beiden Toroidhälften gewickelt, wie bei Faraday's Ring (§ 177) und bei einigen Versuchen Oberbeck's (§ 92), so tritt offenbar eine erhebliche Streuung auf. Bei Transformatoren schlägt man einen Mittelweg ein, indem die primären und sekundären Theilspulen möglichst regelmässig abwechselnd angeordnet werden; indessen bleibt dann immer eine gewisse Streuung übrig. Diese kann durch einen Streuungskoefficient $\nu' > 1$ gemessen werden, welcher durch die Gleichung

$$(50) \qquad \nu' \Xi = \sqrt{\Lambda_1 \Lambda_2}$$

definirt sei; er hat offenbar eine ganz andere Bedeutung als der früher (§§ 78, 128) eingeführte Koefficient ν und ist eine periodische Funktion der Zeit. Es lässt sich nachweisen, dass durch die Streuung hauptsächlich die Symmetrie der (E_2, T)-Kurve gestört werden muss, wie auch aus Transformatordiagrammen ersichtlich ist, welche bei ungünstiger Anordnung der beiden Spulen, d. h. bei erheblicher Streuung, aufgenommen sind.

§ 184. Transformatordiagramm. Behufs weiterer graphischer Klarstellung der beschriebenen Vorgänge ist in Fig. 59 p. 302 ein typisches Transformatordiagramm nach Ryan und Merritt[1]) dargestellt. Von der grossen Anzahl der von diesen Forschern aufgenommenen Diagramme reproduciren wir nur die für »Leerlauf« (*A.*) und »Vollbelastung« (*D.*). Bei dem untersuchten Transformator war $n_1 = 675$, $n_2 = 35$, daher das theoretische Transformationsverhältniss [Gleichung (49), § 181] $\mathfrak{p} = n_1 / n_2 = 19{,}3$; der geschlossene magnetische Kreis hatte die mittlere Länge $\bar{L} = 30{,}8$ cm, den mittlern Querschnitt $\bar{S} = 63{,}3$ qcm, das Volum $V = 2050$ ccm.

1) H. J. Ryan, Trans. Amer. Inst. Electr. Engin. **7**, p. 25. 1890; the Electrician **24**, p. 263 und **25**, p. 313, 1890. Eine grosse Anzahl solcher Figuren gibt ferner Fleming, loc. cit. pp. 446—478. Man bezeichnet dieselben auch wohl weniger kurz als Indikatordiagramme eines Transformators.

Die übrigen Hauptdaten[1]) ergibt folgende Zusammenstellung in

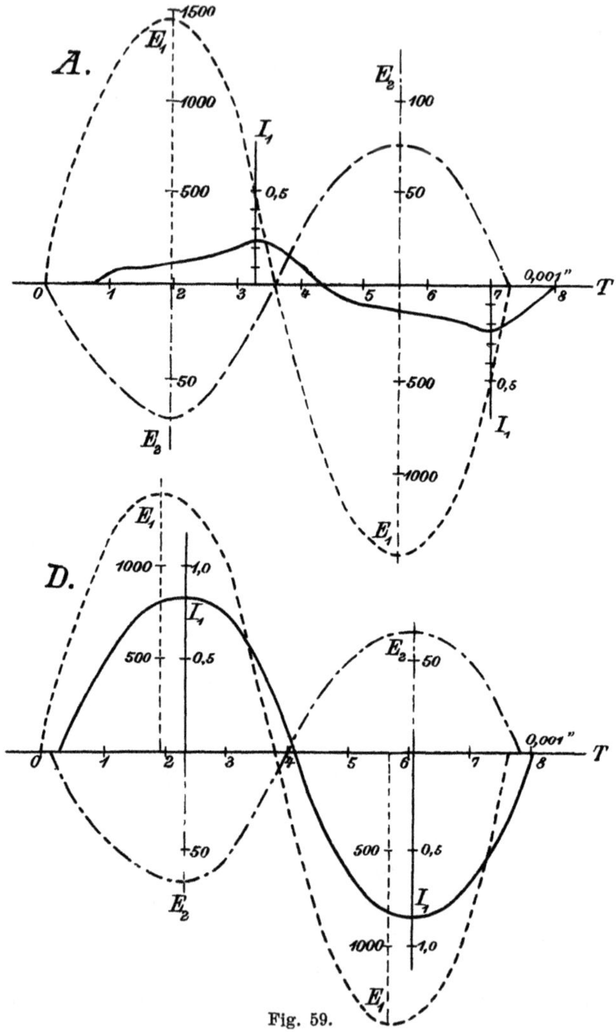

Fig. 59.

Tab. VIII, deren Spalten B und C sich auf Zwischenstufen der Belastung beziehen.

---

1) Die für die periodischen Grössen angegebenen Werthe sind, wie üblich, die Quadratwurzeln aus den mittleren Quadraten.

Tabelle VIII.

Gemessene Grösse	A Leerlauf	B Zwischen-	C stufen	D Vollbelastet	Einheit
Volle Periode τ	7,3	7,3	7,6	7,6	$\frac{1}{1000}$ Sek.
Frequenz $N = 1/\tau$	138	138	132	132	pro Sek.
Prim. elektrom. Kraft E_1 .	1025	1053	1050	1040	Volt
Primärstrom I_1	0,14	0,20	0,39	0,63	Ampère
Zugeführte Primärleistg. A_1 .	96	159	389	608	Watt
Sek. elektrom. Kraft E_2 .	54,5	52,3	51,0	49,3	Volt
Sekundärstrom I_2	0	1,26	5,83	10,65	Ampère
Sekund. Nutzleistung A_2 .	0	64	301	525	Watt
»Wirkungsgrad« $\mathfrak{g} = A_2/A_1$.	0	41	77	87	Procent

In den beiden Diagrammen bedeuten

1. Punktirte Kurven: primäre elektromotorische Kraft E_1,
2. Ausgezogene Kurven: Primärstrom I_1,
3. Strich-punktirte Kurven: sekundäre elektrom. Kraft E_2.

Der geringen sekundären Windungszahl und des Umstandes halber, dass bei den Versuchen der äussere Widerstand aus 1 bis 10 parallel geschalteten Glühlampen bestand, kann der ganze Sekundärkreis als induktionslos betrachtet werden; seine Stromkurve ist daher, bis auf den Ohm'schen Widerstand als Faktor, mit der (E_2, T)-Kurve identisch und wurde daher aus den Diagrammen weggelassen. Die Höhepunkte der Kurven sind durch gleichgezeichnete Ordinatenlinien markirt, welche die Symmetrieverhältnisse beurtheilen lassen; längs jener Linien sind die Skalenmaassstäbe für die zugehörige Kurve angebracht. Einer weitern Erläuterung bedürfen die Transformatordiagramme nach den vorhergehenden Erörterungen kaum.

§ 185. Kern- und Manteltransformator. Der bisher stets betrachtete typische Ringtransformator würde ausser seiner theoretischen Anschaulichkeit auch für den praktischen Betrieb Vorzüge bieten, wäre aber schwer zu bewickeln und zu repariren; daher haben sich aus dieser Grundform eine Reihe von Konstruktionen entwickelt, welche man nach Kapp als Kerntransformatoren zu bezeichnen pflegt.

Die Umkehrung jener Anordnung besteht in den zu einem Ring zusammengewundenen primären und sekundären Kupferleitern, welche nun ihrerseits mit einer geeigneten Menge Eisendraht bewickelt werden; aus diesem Schema lässt sich eine Reihe von Konstruktionsformen herleiten, welche als Manteltransformatoren bezeichnet zu werden pflegen.

Es sind dies die beiden Hauptarten von Transformatoren, denen sich die meisten Formen unterordnen lassen: es wurden deren eine grosse Mannigfaltigkeit im Laufe des letzten Jahrzehnts vorgeschlagen und in mehr oder weniger ausgedehntem Maasse in die Praxis eingeführt. Übrigens lässt sich eine scharfe Abgrenzung zwischen Kern- und Manteltransformatoren kaum einhalten, indem eine Anzahl Konstruktionen gewissermaassen einen Übergang zwischen beiden Arten vermittelt.

Sind einmal die beiden Spulen, welche sich nach dem Vorigen behufs Verringerung der Streuung möglichst eng durchdringen sollen und denen man meist ungefähr gleiches Kupfergewicht ertheilt, gegeben, so werden der gegenseitige und die Selbst-Induktionskoefficienten einen Maximalwerth aufweisen, wenn der magnetische Kreis ein geschlossener von möglichst grossem Querschnitt und aus weichstem Schmiedeeisen ist. Damit wird aber die durch das gegebene Spulenpaar transformirbare Leistung ebenfalls ein Maximum; vom rein magnetischen Standpunkt dürfte gegen diesen Vorzug der Nachtheil, dass wegen des grössern Eisenvolums der Leistungsverlust durch Hysteresis cet. par. ebenfalls ein maximaler ist, nicht in Betracht kommen.[1])

---

1) Wie § 180 bemerkt, weist die überwiegende Mehrzahl der modernen Transformatoren einen geschlossenen magnetischen Kreis auf, während nur einzelne Formen einen offenen Eisenkern besitzen. Ausser dem im Text erörterten Gesichtspunkte kommen bei der noch offenen Frage nach den Vorzügen beider Anordnungen auch andere, mehr ökonomischer Natur, zur Geltung, auf die hier nicht eingegangen werden kann. Betreffs weiterer Einzelheiten über Transformatoren sei auf folgende Werke und Arbeiten hingewiesen· Fleming, loc. cit.; Kittler, loc. cit. 1. Aufl. **2**, §§ 177—235; Uppenborn, Geschichte der Transformatoren, München 1889; Blakesley, Wechselströme, übers. Berlin 1891; Silv. Thompson, Dynamo-electric Machinery, 4. Aufl., Kap. XXV, London 1892; J. Hopkinson, Original Papers on Dynamo Mach. pp. 148—216, New York 1893; Ferraris, la Lum. électr. **10** p. 99, 1885 und **27** p. 518, 1888.

§ 186. Magnetischer Kreis des Transformators. Die Gestaltung des magnetischen Kreises wird nun bei Transformatoren eine viel einfachere als bei Dynamomaschinen, indem sie im Wesentlichen folgender Regel unterworfen ist: »Die nähere Umgebung der Spulen ist an allen Stellen, wo diese ein merkliches Feld erzeugen, mit genügend zertheiltem weichem Eisen auszufüllen.«

Es wird ausreichen, wenn wir die Erfüllung dieser Vorschrift an einem einzigen Beispiel erläutern. Es sei im Voraus bemerkt, dass man, wie im folgenden Paragraphen näher erörtert werden soll, den magnetischen Kreis entweder mit dünnem Eisendraht, meist aber mit sehr dünnem Eisenblech ausfüllt. Dieses wird nach Schablonen gestanzt, welche dem Profil des in und um die Spulen auszufüllenden Luftraums entsprechen. Das Spulenpaar einer Anzahl der verbreitetsten Transformatorformen ist beispielsweise O-förmig gewickelt; die Intensitätslinien verlaufen sonach in Ebenen senkrecht zur Bildebene. Es werden nun dünne E-förmige Eisenbleche parallel jenen Ebenen aufgestapelt, indem der Mittelstrich des E durch das O hindurchgesteckt, und die Scheibenlappen an der andern Seite wieder zusammengelegt werden; offenbar ist ein derartiges Verfahren einer grossen Anzahl von Abänderungen fähig. Wir begnügen uns in dieser Beziehung mit dem Hinweise auf die oben citirten Specialwerke.

Ein magnetischer Kreis wie der beschriebene kann offenbar ebensowohl als Kern wie als Mantel aufgefasst werden; der Kern kann ferner als ein durch den Mantel doppelt verzweigter magnetischer Kreis betrachtet werden. Mehrfache magnetische Kreise im Sinne des § 145 kommen bei mehrphasigen (»Drehstrom«-) Transformatoren vor; der Einfachheit halber haben wir uns im Vorhergehenden stillschweigend auf zweiphasige Ströme beschränkt; die Betrachtungen lassen sich jedoch gegebenenfalls auch von 2 auf 3 oder mehr Phasen verallgemeinern.

§ 187. Wirbelströme; Schirmwirkung. Wir haben bei den bisherigen Entwickelungen von parasitischen Wirbelströmen ausdrücklich abgesehen, da diese sich theoretisch durch genügende Zertheilung unter jede beliebige Grenze herabdrücken lassen, im Gegensatz zu der durch eine solche unberührt bleibenden Hysteresis; bei guten Transformatoren ist der Leistungsverlust infolge ersterer Ursache auch nur gering gegen den der letztern zuzuschreibenden.

Die vorliegende Frage ist neuerdings eingehend von J. J. Thomson und von Ewing untersucht worden.[1]) Die durch Wirbelströme entwickelte Wärmemenge ist demnach bei gegebenem Eisenvolum cet. par. ungefähr proportional dem Quadrate der Eisenblechdicke — wofern diese geringer als 1 mm ist — und dem Quadrate des Intensitätsbereichs; sie nimmt ferner auch mit der Frequenz sowie mit der elektrischen Leitfähigkeit des Eisens nach einem Gesetz zu, welches durch komplicirte, hyperbolisch-trigonometrische Funktionen dargestellt wird.

Auch die magnetische Schirmwirkung, welche Wirbelströme bekanntlich auf das Innere des von ihnen umflossenen Körpers ausüben, wird a. a. O. näher untersucht: Wir begnügen uns mit der Mittheilung des praktischen Resultats, dass bei 100 Perioden pro Sekunde (vergl. p. 232 Anm. und § 148) das Eisenblech nicht dicker als $^1/_3$ mm sein soll. Dies trifft für die bei jener Frequenz benutzten Transformatoren in der That zu; bei geringeren Frequenzen erhöht sich jene obere Grenze.

Im Übrigen verweisen wir auf das § 143 über die Aufschichtung von Armaturen Gesagte. Es ist hier der Ort, die Analogie zwischen der Wirkungsweise des Transformators und der Dynamomaschine zu betonen: In der Sekundärspule des erstern, in der Armatur der letztern werden elektromotorische Kräfte durch variirende magnetische Zustände inducirt; bei der Dynamo bedingt die relative Bewegung mit Bezug auf den Feldmagnet (§ 140) jene Variationen, beim Transformator dagegen der an und für sich schon veränderliche Primärstrom.

Eine genügende Wärmeabgabe ist bei einem unbeweglichen Transformator nicht so einfach zu erzielen wie bei einer sich rasch drehenden Armatur (§ 143), sodass in ersterm Fall eine 4- bis 5-fache Abkühlungsfläche erforderlich ist. Indessen ist eine mässige Temperaturerhöhung eines Transformatorkerns — etwa bis zu 90° — nicht ohne Vorzüge Denn die Hysteresis ist dann bereits eine geringere (§ 148), der Verlust durch Wirbelströme — der geringern elektrischen Leitfähigkeit halber — ebenfalls, während die Magnetisirung des Eisens unter den obwaltenden Umständen bis zu jener Temperatur noch keine merkliche Abnahme zeigt.

---

1) J. J. Thomson, the Electrician **28**, p. 599, 1892; Ewing, daselbst p. 631. Auch Fleming, loc. cit. 2, pp. 485—490 und 535—538.

Zehntes Kapitel.

Experimentelle Bestimmung der Feldintensität.

§ 188. Allgemeines. Die vollständige Bestimmung eines magnetischen Feldes umfasst einerseits die topographische Ausmessung seiner Vertheilung (vergl. Kap. III) innerhalb des in Betracht gezogenen Raumgebiets, andererseits die Ermittlung des numerischen Werthes der Intensität an einer gegebenen Stelle, wodurch dann diejenige in anderen Punkten des Feldes ebenfalls bekannt wird; letztere Aufgabe ist bei weitem die wichtigere, zumal es sich in den meisten Fällen um Felder handelt, welche in einem gewissen Umfang entweder genau gleichförmig sind oder doch angenähert als solche betrachtet werden können.

Wir werden im vorliegenden Kapitel über die verschiedenen hierher gehörigen Messverfahren eine Übersicht geben; dabei sollen die älteren, mehr oder weniger klassischen Methoden, welche als bekannt[1]) vorauszusetzen sind, nur in ihren Hauptzügen, dagegen mehrere neuere, bisher weniger allgemein verbreitete, Verfahren eingehender besprochen werden. Sofern es sich um »elektromagnetische«, d. h. ausschliesslich von Stromleitern erzeugte Felder handelt, wird man selbstverständlich die Berechnung der Vertheilung und des absoluten Werthes des Feldes aus den Dimensionen des Leiters und der leicht zu messenden Stromstärke vorziehen;

1) Siehe u. A. F. Kohlrausch, Leitfaden der prakt. Physik, 7. Aufl., Leipzig 1892. Heydweiller, Hülfsbuch für elektr. Messungen, §§ 62 bis 77, Leipzig 1892. Mascart et Joubert, Electr. et Magn. 2, §§ 1139 bis 1188, Paris 1886.

die bezüglichen Formeln für die am häufigsten vorkommenden Specialfälle sind in §§ 5, 6 angeführt. In vielen Fällen stösst die Rechnung allerdings auf unüberwindliche analytische Schwierigkeiten; indessen ist jedes derartige Feld den in §§ 44, 45 besprochenen Vertheilungsgesetzen unterworfen. Ähnliches gilt für die von starren Magneten herrührenden Felder, deren Vertheilung in §§ 47—49 besprochen wurde.

Wo die Rechnung sich als undurchführbar erweist, wie es fast immer der Fall ist, sobald auch ferromagnetische Körper in Betracht zu ziehen sind, wird man zu den experimentellen Methoden greifen; welche von diesen jedoch in einem gegebenen Fall den Vorzug verdient, hängt von den obwaltenden besonderen Umständen ab, namentlich von der Zugänglichkeit, der Ausdehnung und der Grössenordnung des Feldes; auch davon, ob es horizontal gerichtet ist oder nicht, und ob eine absolute oder eine relative, eine genaue oder angenäherte Messung beabsichtigt wird; die erforderlichen Anhaltspunkte werden sich aus dem Folgenden ergeben.

§ 189. Vertheilung magnetischer Felder. Die Vertheilung eines magnetischen Feldes lässt sich, wie schon früher angegeben (§ 4), in zwei Dimensionen experimentell durch Eisenfeilstaub darstellen. Eine in dieser Weise gewonnene, sogenannte magnetische Staubfigur liefert nicht nur ein anschauliches Bild des Verlaufs der Intensitätslinien in der gewählten Bildebene, sondern man kann daraus auch ein angenähertes Urtheil über die relativen Werthe der Intensität an verschiedenen Stellen gewinnen, indem die Linien umso dichter aneinander gedrängt erscheinen, je höher jener Werth ist (§§ 37, 65). Von Lindeck [1]) ist eine Anzahl solcher Staubfiguren dargestellt worden, von denen eine in Fig. 60 reproducirt ist; diese bezieht sich auf das Feld in einer Meridianebene eines ebenen stromführenden Kreisleiters, dessen Spur die beiden leeren Stellen oben und unten darstellen. Wie ersichtlich, bilden die Intensitätslinien in unmittelbarer Nähe dieser Spuren Kreise um dieselben; dagegen erscheint das Feld in der Mitte des kreisförmigen Leiters ziemlich gleichförmig. Dieses Verhalten stimmt überein mit der für diesen Fall theoretisch berechenbaren Vertheilung (vergl. § 6 C.).

---

1) Lindeck, Zeitschrift für Instrum.-Kunde **9**, p. 352. 1889.

Ein Verfahren, welches genauer, aber auch mühsamer als das auf der Benutzung von Eisenfeilstaub beruhende ist und die

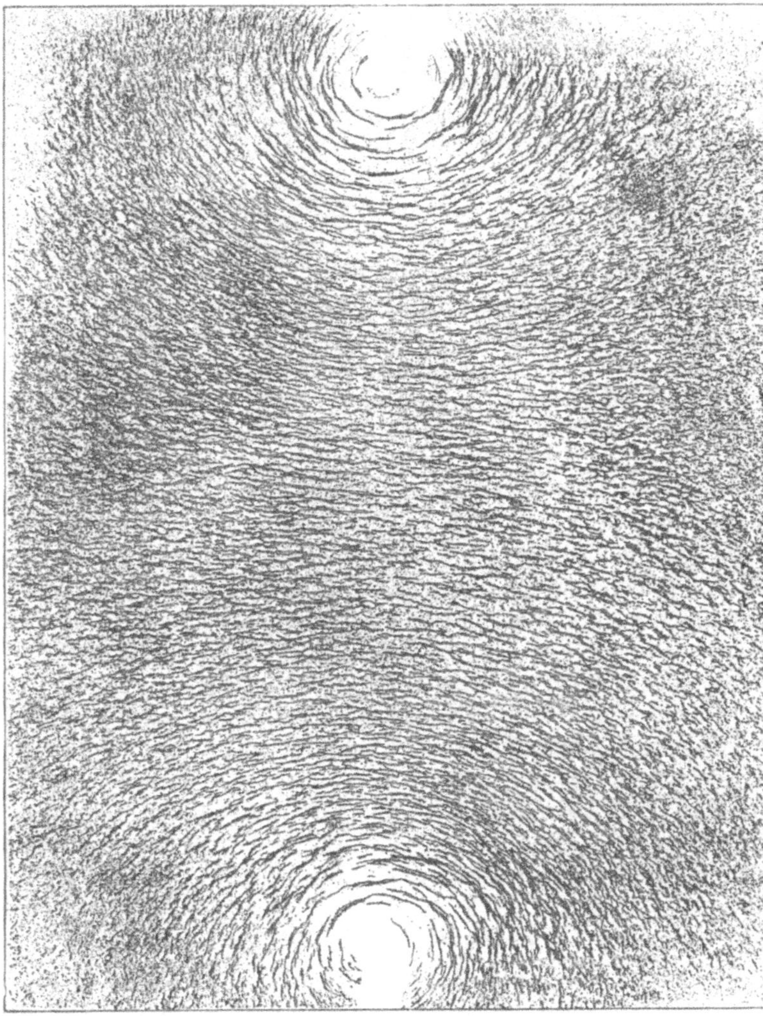

Fig. 60.

Intensitätslinien in drei statt nur in zwei Dimensionen darzustellen gestattet, besteht darin, dass man sie mit einer kleinen, leicht beweglichen Magnetnadel verfolgt, indem man diese langsam von Punkt zu Punkt stets in ihrer eigenen Richtung fortbewegt.[1]) Ein kleines, senkrecht zur Magnetnadel $\overline{SN}$ über's Kreuz befestigtes Querstück $\overline{OW}$ gibt nach Searle die Spur der entsprechenden Äquipotentialflächen an. Einen Schluss auf den Werth der Intensität gestattet die Häufigkeit der Schwingungen, indem das Quadrat der Frequenz (der Anzahl voller Perioden pro Sekunde, § 145) jenem Werthe proportional ist (vergl. Gl. (1) des folgenden Paragraphen). Bei Benutzung permanenter Magnetnadeln bildet die superponirte inducirte Magnetisirung eine erhebliche Fehlerquelle, namentlich bei intensiven Feldern. Man verzichtet daher in manchen Fällen auf jegliche remanente Magnetisirung und benutzt von vorneherein eine weiche Eisennadel; insofern deren Magnetisirung in ihrem ersten Stadium angenähert proportional der Feldintensität ist — wie es bei nicht zu langgestreckten Nadeln nach (§ 33) ungefähr zutrifft — liefert dann die beobachtete Frequenz der Schwingungen ohne weiteres ein Maass für den numerischen Werth der Intensität.

Die einwurfsfreieste, freilich sehr umständliche Methode zur Bestimmung der Vertheilung eines Feldes ist diejenige mittels einer Probespule (§§ 2, 4). Aus der Orientirung maximaler Induktion lässt sich die Richtung des Feldes herleiten, aus der inducirten Elektricitätsmenge der numerische Werth der Intensität. Was die Einzelheiten dieses, in den seltensten Fällen benutzten Verfahrens betrifft, sei auf den Abschnitt über ballistische Methoden (§§ 195, 196) hingewiesen (vergl. auch Kap. XI, § 208).

Schliesslich seien der Vollständigkeit halber als Instrumente, welche zur Bestimmung der Vertheilung dienen, Deklinometer, Inklinometer und Lokalvariometer erwähnt.[2]) Da diese indessen fast ausschliesslich innerhalb des engern Gebiets erdmagnetischer Messungen Verwendung finden, kann eine eingehendere Besprechung an dieser Stelle unterbleiben.

A. Magnetometrische Methoden.

§ 190. Schema des Gauss'schen Verfahrens. Die genaue Messung des absoluten Werthes der Horizontalkomponente eines

1) Siehe C. Hering, The electr. Engineer **6**, p. 292. 1887.

2) Siehe F. Kohlrausch, Leitfaden der prakt. Physik. 7. Aufl. p. 255 ff. Leipzig 1892.

gleichförmigen Feldes wurde zuerst durch die klassische Methode ermöglicht, welche Gauss zum Zwecke der Bestimmung des Erdfeldes ersann.[1]) Der zu messende Werth wird hergeleitet aus der Ablenkung, welche die Richtung der Horizontalkomponente erfährt, wenn man sie mit einer ebenfalls horizontalen, aber zu ihr senkrechten, Hilfskomponente von bekanntem Werthe zusammensetzt. Zur Bestimmung der Richtung der Resultirenden bedient man sich des Magnetometers; den wesentlichsten Theil dieses Instruments bildet ein kleines gedämpftes Magnetsystem, welches an einem vertikalen, möglichst torsionslosen (am besten aus Quarz bestehenden) Faden drehbar aufgehängt ist und dessen Azimuth mittels Spiegelablesung bestimmt wird.[2]) Die oben erwähnte Hilfskomponente wird mittels der Fernwirkung eines Hilfsmagnets erzeugt, wie im folgenden Paragraphen beschrieben werden soll. Das magnetische Moment dieses Hilfsmagnets kann nun entweder von vorneherein bekannt sein, oder man bestimmt dessen Produkt in die zu messende Horizontalintensität nach einer der folgenden Methoden.

A. Schwingungsbeobachtung. Man hängt den Hilfsmagnet, dessen (unbekanntes) permanent-magnetisches Moment $\mathfrak{M}$ sei, horizontal an der Stelle auf, wo die Horizontalkomponente

---

1) Gauss, Intensitas vis magnet. terrestris ad mensuram absolutam revocata, Werke 5, p. 89; 2 Abdr. Göttingen 1877. Siehe auch F. Kohlrausch, loc. cit. pp. 230—236.

2) Was die Konstruktion eines Magnetometers, deren es viele einfache wie komplicirtere Typen gibt, betrifft, so kommt es hauptsächlich auf folgende Punkte an: Das Magnetsystem soll klein sein, damit die erwähnte Hilfskomponente in dem von ihm eingenommenen Raum genügend gleichförmig, und sein Trägheitsmoment ein geringes sei; dagegen soll sein magnetisches Moment möglichst gross sein; am besten dürfte sich ein dünnes Aluminiumscheibchen von höchstens 1 cm Durchmesser eignen, welches beiderseitig in der bekannten Weise mit kleinen Magnetchen beklebt ist. Da bei so schwachen Systemen Kupferdämpfung wenig nutzt, ist eine (eventuell regulirbare) Luftdämpfung vorzuziehen. Trotzdem bei Anwendung von Quarzfäden die Torsion fast immer zu vernachlässigen ist, empfiehlt sich für alle Fälle die Anbringung eines Torsionskopfs. Endlich gewährt es grosse Bequemlichkeit, wenn der Spiegel gegen das System drehbar und das — aus völlig eisenfreiem Material herzustellende — Gehäuse zum Aufstellen oder gegebenenfalls auch zum an die Wand Hängen eingerichtet ist.

$\mathfrak{H}$ bestimmt werden soll. Man beobachtet in dieser Lage seine volle Periode (doppelte »Schwingungsdauer«) τ bezw. seine Schwingungsfrequenz $N = 1/\tau$ und erhält daraus [nach Gleichung (8) § 23].

$$(1) \qquad \mathfrak{M}\,\mathfrak{H} = \frac{4\pi^2 K}{\tau^2} = 4\pi^2 N^2 K.$$

Das Trägheitsmoment K des Hilfsmagnets wird berechnet oder nach einer anderweitigen Methode experimentell bestimmt.

B. Wägungsverfahren.[1]) Der Hilfsmagnet wird in der Mitte eines Waagebalkens vertikal befestigt; die Waage schwinge im magnetischen Meridian und die Gewichtsdifferenz, welche einer halben Umdrehung derselben um die Vertikale entspricht, sei δM; bedeutet D die Länge des Waagebalkens, g die Beschleunigung der Schwere, so erhält man

$$(2) \qquad \mathfrak{M}\,\mathfrak{H} = \frac{1}{2} g\, \delta M D.$$

C. Bifilarsuspension; Torsion. Bei den im Vorigen besprochenen Befestigungsarten schwingt der Hilfsmagnet um eine Gleichgewichtslage, d. h. die horizontale (A) bezw. vertikale (B) Richtung im magnetischen Meridian; offenbar inducirt in ersterm Falle die Horizontalkomponente, in letzterm die Vertikalkomponente in ihm eine gewisse Magnetisirung, welche der bereits vorhandenen permanenten superponirt wird, mithin das Moment $\mathfrak{M}$ vergrössert. Die hieraus sich ergebende Korrektion ist zwar bei erdmagnetischen Messungen nur eine geringe; immerhin bietet es einen Vorzug, den Hilfsmagnet durchweg in nahezu ostwestlicher Orientirung zu belassen; die alsdann inducirte schwache Transversalmagnetisirung spielt keine Rolle. Man kann z. B. in dieser Lage den Hilfsmagnet an eine Bifilar- oder Torsionsvorrichtung hängen, deren »Direktionskraft« (vergl. Anm. 3 p. 316) bekannt ist; letztere multiplicirt man mit der Tangente der halben Ablenkung, welche bei Umlegung in die westöstliche Richtung erfolgt; das Produkt ergibt direkt den Werth $\mathfrak{M}\,\mathfrak{H}$.

§ 191. Ablenkungsbeobachtungen. Nachdem der Hilfsmagnet entfernt worden, wird an seine Stelle M (Fig. 61) das Magnetometer gesetzt; dessen Magnetsystem stellt sich dann in die Richtung

1) Toepler, Wied. Ann. **21** p. 158, 1884.

des obwaltenden Feldes ein, welche wir den magnetischen Meridian genannt haben und in Fig. 61 mit $\overline{NS}$ bezeichnen. Um nun die Ablenkung des Magnetsystems zu bewirken, pflegt man den Hilfsmagnet in eine von zwei verschiedenen, jedoch beide westöstlich bezw. ostwestlich orientirten Lagen zu bringen:

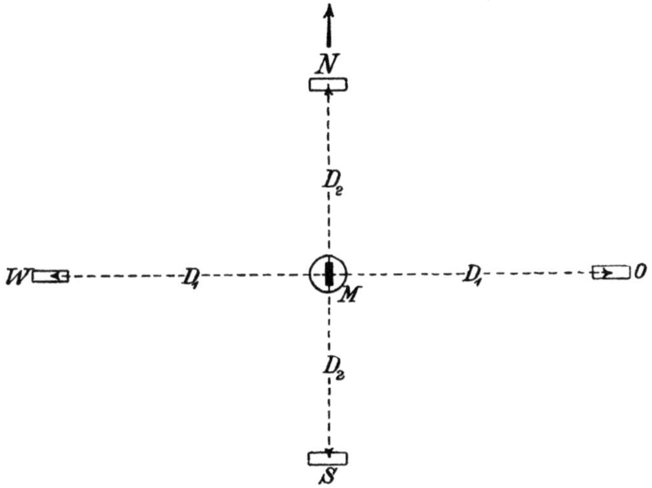

Fig. 61.

1) Erste Hauptlage. Hilfsmagnet im Abstande D_1 in W oder O, senkrecht zum Meridian gerichtet. Die durch ihn in M erzeugte Hilfskomponente $\mathfrak{H}_1$ steht ebenfalls senkrecht zum Meridian und beträgt [vergl. Gleichung (5) § 22]

$$(3_1) \qquad \mathfrak{H}_1 = \frac{2\,\mathfrak{M}}{D_1^3}\left[1 + \frac{1}{2}\frac{L^2}{D_1^2} + \frac{3}{16}\frac{L^4}{D_1^4} + \cdots\right],$$

worin L die geometrische (bezw. »virtuelle« § 210) Länge des Hilfsmagnets bedeutet.

2) Zweite Hauptlage. Hilfsmagnet im Abstande D_2 in N oder S senkrecht zum Meridian gerichtet, ebenso wie die erzeugte Hilfskomponente $\mathfrak{H}_2$, welche in diesem Falle folgenden Werth aufweist [vergl. Gleichung (6) § 22] [1])

$$(3_2) \qquad \mathfrak{H}_2 = \frac{\mathfrak{M}}{D_2^3}\left[1 - \frac{3}{8}\frac{L^2}{D_2^2} + \frac{15}{128}\frac{L^4}{D_2^4} - \cdots\right].$$

1) Eine elementare Herleitung der Gleichungen (3_1) und (3_2) findet man z. B. bei F. Kohlrausch, Leitfaden 7. Aufl. pp. 389—390.

Die durch die Hilfskomponenten erzeugten Ablenkungen α_1 bezw. α_2 werden offenbar durch folgende Gleichungen gegeben

$$(4) \qquad tg\,\alpha_1 = \frac{\mathfrak{H}_1}{\mathfrak{H}}, \qquad tg\,\alpha_2 = \frac{\mathfrak{H}_2}{\mathfrak{H}}.$$

Aus den Gleichungen (3_1) bezw. (3_2) und (4) folgt, dass in erster Annäherung bei Vernachlässigung der Klammernfaktoren

$$(5) \qquad \frac{\mathfrak{M}}{\mathfrak{H}} = \tfrac{1}{2} D_1^3\, tg\,\alpha_1 \quad \text{oder} \quad \frac{\mathfrak{M}}{\mathfrak{H}} = D_2^3\, tg\,\alpha_2.$$

Nachdem nun $\mathfrak{M}\mathfrak{H}$ und $\mathfrak{M}/\mathfrak{H}$ als Funktionen gemessener Grössen ausgedrückt sind, kann man daraus ohne Weiteres nicht nur die gesuchte Intensität $\mathfrak{H}$, sondern nebenbei auch das Moment $\mathfrak{M}$ des Hilfsmagnets berechnen; falls letzteres bereits bekannt sein sollte, so ergibt sich $\mathfrak{H}$ offenbar schon aus den Gleichungen (5).

Diese vereinfachten Gleichungen gelten jedoch nur für Entfernungen, welche sehr gross sind gegen die Länge des Hilfsmagnets (vergl. § 22); da man aber in solchen Entfernungen meist zu kleine Ablenkungen erhält, so muss man den Magnet näher an das Magnetometer rücken, wobei man dann mehrere Glieder der Reihenentwicklung der Gleichung (3_1) bezw. (3_2) in Rechnung zu ziehen hat; meistens wird jedoch die Länge des Magnets durch Beobachtungen bei zwei verschiedenen Entfernungen eliminirt (vergl. F. Kohlrausch a. a. O. p. 231).

Die Gauss'sche Methode wird zwar meistens zur absoluten Messung der Erdintensität angewandt, lässt sich aber principiell ebensowohl zur Bestimmung der Horizontalkomponente von gleichförmigen Feldern beliebigen Ursprungs verwerthen, solange deren Intensität etwa den Werth 1 C.-G.-S. nicht überschreitet; ist das Feld intensiver, so gelingt es mit Hilfsmagneten der üblichen Grösse kaum eine genügende Ablenkung zu erhalten.

B. Elektrodynamische Methoden.

§ 192. Messung einer mechanischen Kraft. In § 1 wurde erwähnt, dass das magnetische Feld völlig bestimmt werden kann durch seine beiden Hauptäusserungsformen, die elektrodynamische und die induktive; betreffs der hierauf begründeten praktischen Messverfahren wurde dort auf das vorliegende Kapitel verwiesen.

Was zunächst die elektrodynamischen[1]) Methoden betrifft, so erwähnen wir folgende einfache Vorrichtung, welche von Lord Kelvin herrührt.[2]) In dem, etwa zwischen zwei Polschuhen obwaltenden, horizontal und senkrecht zur Bildebene der Fig. 62 gerichteten Felde F hängt der Metalldraht w an einem Faden f; mittels zweier Quecksilbernäpfe C, C wird ihm ein Strom von bekannter Stärke I (in Dekaampère ausgedrückt) zugeführt. Wenn dann die Intensität des Feldes $\mathfrak{H}$, seine wirksame Höhe L beträgt und seine Richtung derartig ist, dass auf den Draht eine mechanische Kraft $\mathfrak{F}$ (in Dyne) nach links ausgeübt wird, so beträgt diese bekanntlich nach den Grundsätzen der Elektrodynamik

(6) $\mathfrak{F} = I \mathfrak{H} L.$

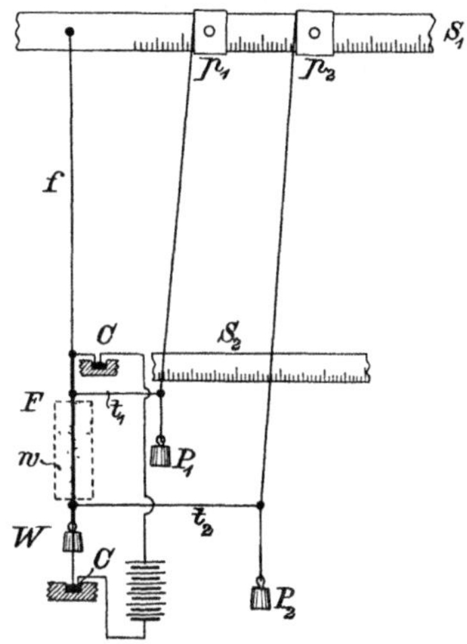

Fig. 62.

Diese Kraft wird nun im Gleichgewicht gehalten durch die Spannung der Fäden t_1 und t_2, welche an den Fadenpendeln $\overline{p_1 P_1}$ bezw. $\overline{p_2 P_2}$ befestigt sind; es bedarf wohl kaum der nähern Erläuterung, wie man aus den Dimensionen, den Ablesungen an den Skalen S_1 und S_2, sowie dem Gewicht von P_1 und P_2 jene Kraft in absolutem Maasse bestimmen kann.

Man kann übrigens auch den stromführenden Draht spannen; unter dem Einfluss der elektrodynamischen Kräfte wird er dann, ähnlich einer straffen Saite, seitwärts ausgebuchtet werden; die Elongation, welche man mittels Mikroskop, Spiegelablesung oder dergl. bestimmen kann, ist in erster Annäherung proportional der Kraft, also bei konstantem Strome auch der Feldintensität; dieses Messprincip ist dem Ewing'schen Kurvenprojektor (§ 214) zu

1) Als elektrodynamische Wirkung werden hier allgemein alle Kräfte aufgefasst, welche auf stromführende Leiter im magnetischen Felde ausgeübt werden, einerlei ob das Feld von anderen Stromleitern oder von sonstigen Ursachen, z. B. von Magneten herrührt.

2) Siehe A. Gray, Absolute Measurements in Electricity and Magnetism, 2, Part II. p. 701, London 1893.

Grunde gelegt. Die beschriebene Methode dürfte sich für Felder von der Grössenordnung 100 C.-G.-S. und darüber hinaus eignen.

§ 193. Messung eines Kräftepaares. Das beschriebene einfache Verfahren ist offenbar kein genaues. Man erhält zuverlässigere Resultate, wenn man den Stromleiter zu einer Schleife mit einer oder mehreren Windungen biegt, und nun das Kräftepaar, welches im allgemeinen auf eine solche Stromschleife bezw. auf eine Spule im Felde ausgeübt wird, nach einer der bekannten Methoden bestimmt, z. B. durch Wägung, Torsion oder bifilare Aufhängung.

Auf letzterm Princip fussend, hat Stenger[1]) einen besondern Apparat angegeben, welcher als die Umkehrung des »Siphonrecorders« von Lord Kelvin und des Bifilargalvanometers von F. Kohlrausch[2]) betrachtet werden kann. Eine kleine Spule hängt an zwei Drähten, welche zugleich die Zuleitung des — besonders gemessenen — Stromes I besorgen. Die Windungsebene sei der Feldrichtung parallel; die Gesamtwindungsfläche sei S, die »Direktionskraft«[3]) des Bifilars D, die beobachtete Ablenkung α; dann beträgt die zu messende Feldintensität

$$\mathfrak{H} = \frac{D \operatorname{tg} \alpha}{S I} \tag{7}$$

Es gelang Stenger in dieser Weise, Felder von der Grössenordnung 100 C.-G.-S. bis auf 0,1 % sicher und bequem in absolutem Maasse zu bestimmen. Bei solchen Methoden kann man durch Verringern des Stromes I die Empfindlichkeit beliebig herabdrücken und sie daher zur Messung der intensivsten Felder verwenden.

Die Torsion ist als Richtkraft benutzt worden bei Feldmessungen, welche A. du Bois-Reymond[4]) veröffentlicht hat; bei dieser Anordnung ist die Vorrichtung als die Umkehrung des

---

1) Stenger, Wied. Ann. **33**, p. 312. 1888. Vergl. auch Himstedt, Wied. Ann. **11** p. 829, 1880.

2) F. Kohlrausch, Wied. Ann. **17**, p. 752. 1882.

3) Bei einem durch irgend ein beliebiges Mittel gerichteten, aufgehängten System versteht man unter der »Direktionskraft« das richtende Drehungsmoment, bezogen auf die in Bogenmaass ausgedrückte Einheitsablenkung (57,296°).

4) A. du Bois-Reymond, Elektrot. Zeitschr. **12**, p. 305. 1891.

Deprez-d'Arsonval'schen Galvanometers[1]) zu betrachten. Nach einem ähnlichen Princip haben Edser und Stansfield[2]) neuerdings ein bequemes, tragbares Feldmessinstrument konstruirt. Eine Spule aus dünnem Kupferdraht wird von einem Glimmerblatt getragen, welches zwischen zwei stromzuführenden Neusilberdrähten aufgespannt ist; einer der letzteren wird an einem Torsionskopf befestigt, welcher zugleich in sinnreicher Weise als Stromumschalter eingerichtet ist. Ein Hellesen'sches Trockenelement liefert einen bekannten konstanten Strom von höchstens 2 Centiampère, da die Spule einen Widerstand von 50 Ohm hat; durch Vorschaltwiderstände kann die Empfindlichkeit wenn nöthig verringert werden. Das Instrument misst angeblich beliebig gerichtete Felder von 1 C.-G.-S. aufwärts mit einer Genauigkeit von etwa 2%. Es eignet sich besonders zu Messungen der Streuung in und um Dynamomaschinen (§ 130), wie Edser und Stansfield a. a. O. an einigen Beispielen zeigen.

§ 194. Messung eines hydrostatischen Drucks. Schliesslich kann man die zuerst erwähnte Methode der Kraftmessung dahin abändern, dass man statt des festen Drahtleiters einen flüssigen Leiter, nämlich Quecksilber, einführt. Dieses wird in eine flache isolirende Kammer eingeschlossen, welche in der Richtung des Feldes — die dabei wieder als horizontal und senkrecht zur Bildebene vorausgesetzt wird — eine Weite d aufweist, welche nur einen Bruchtheil eines mm beträgt. Der Strom I durchfliesse das Quecksilber in vertikaler Richtung, zu welchem Zwecke zwei Platinelektroden E_1 und E_2 (Fig. 63) sich mit ihm in Berührung befinden; durch die elektrodynamische Wirkung wird nun ein seitlicher Schub auf das Quecksilber ausgeübt, welcher dieses soweit hinaustreibt, bis sich zwischen den kommunicirenden Röhren R_1 und R_2 eine Niveaudifferenz bildet, welche einen, jenem Schub das Gleichgewicht haltenden Druck P erzeugt. Es

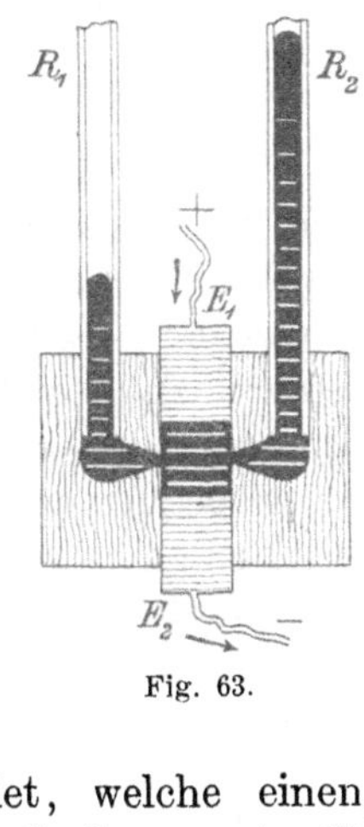

Fig. 63.

1) Deprez und d'Arsonval, Compt. Rend. **94**, p. 1347. 1882.
2) Edser und Stansfield, Phil. Mag. [5] **34**, p. 186. 1892.

lässt sich nun leicht zeigen[1]), dass der Gleichgewichtszustand folgender Gleichung entspricht:

$$\mathfrak{H} I = P d \tag{8}$$

Wie ersichtlich ist cet. par. der Druck — welcher in Gleichung (8) als in Dyne pro qcm ausgedrückt vorausgesetzt wird — der lichten Weite d der Quecksilberkammer umgekehrt proportional; deswegen wählt man eben letztere so gering als möglich.

Von Lippmann[2]) ist ein auf diesem Princip beruhendes Galvanometer angegeben, bei dem dann in Gleichung (8) I die zu messende Grösse ist; durch Umkehrung desselben erhält man wieder, wie in den vorigen Fällen, eine Vorrichtung, mittels derer das Feld $\mathfrak{H}$ gemessen werden kann. Eine solche ist zuerst von Leduc[3]) beschrieben worden; das Quecksilber befand sich dabei zwischen zwei Glasplatten, welche mit den zwischenliegenden Stückchen Deckglas mittels Kanada-Balsam verkittet waren. Dadurch, dass die Röhren R_1 und R_2 an einer Stelle Erweiterungen erhielten, in denen sich die Trennungsflächen zwischen dem Quecksilber und dem aufgegossenen Wasser oder Alkohol befanden, liess sich die Empfindlichkeit bedeutend steigern, ebenso wie durch Neigen des einen Rohrs. Allerdings leidet darunter die Sicherheit der Messungen.

Vom Verfasser wurde das Leduc'sche Instrument später noch etwas modificirt, um es zur Benutzung in den engen Zwischenräumen der Polschuhe starker Elektromagnete geeignet zu machen.[4]) Zu absoluten Messungen ist weder das Galvanometer noch das Feldmessinstrument sehr geeignet, wegen der Schwierigkeit, die Dicke der Quecksilberschicht genau zu ermitteln. Um so bequemer ist aber der Apparat im Gebrauch zur relativen Bestimmung wenig ausgedehnter horizontaler Felder von der Grössenordnung 1000 C.-G.-S. mit einer Genauigkeit von etwa

---

1) Siehe z. B. Mascart et Joubert, Electricité et Magnétisme **2**, p. 272. Paris 1886.

2) Lippmann, Compt. Rend. **98**, p. 1256. 1884. Journal de physique [2] **3**, p. 384. 1884.

3) Leduc, Journal de physique [2] **6**, p. 184. 1887.

4) du Bois, Wied. Ann. **35**, p. 142. 1888. Vergl. auch Field und Walker, the Electrician **32** p. 186, 1893.

0,5 %; bei der Benutzung von Wasser bezw. von Alkohol zur Druckmessung eignet sich das Instrument auch für die niedrigere Grössenordnung von 100 C.-G.-S.

C. Induktionsmethoden.

§ 195. Anordnung der Probespule. Nachdem im vorigen Abschnitt die auf elektrodynamischen Wirkungen begründeten Messmethoden beschrieben worden, schreiten wir jetzt zur zweiten Hauptäusserungsform des magnetischen Zustandes, der induktiven, wobei wir uns vorläufig auf indifferente Medien beschränken.

Bereits in der Einleitung wurden (§§ 2, 4) die wichtigsten Eigenschaften des magnetischen Feldes mittels ihrer Hilfe erläutert, indem Versuche mit einer Probespule beschrieben wurden, welche einen Theil einer Anordnung bildete, die wir damals nur schematisch erklärten. Nachdem in § 189 die Anwendung von Probespulen zur Bestimmung der Vertheilung eines Feldes angedeutet wurde, ist es hier der Ort, auf die Methodik solcher Versuche näher einzugehen, namentlich sofern es sich um die Bestimmung des absoluten Werths der Intensität handelt. Es sei S die Windungsfläche der Probespule, R der gesamte Widerstand des sekundären Stromkreises, Q die Elektricitätsmenge, welche der, beim plötzlichen Auftreten bezw. Verschwinden des — zur Probespule senkrecht vorausgesetzten — Feldes $\mathfrak{H}$ inducirte Stromimpuls in Bewegung setzt. Wir haben gezeigt [vergl. Gleichung (1) § 4, und § 64], dass dann

$$\mathfrak{H} = \frac{Q\,R}{S}. \tag{9}$$

Bei der Ausführung solcher Versuche ist im Auge zu behalten, dass man nur Änderungen des — im indifferenten Interferrikum bekanntlich mit ($\mathfrak{H}\,S$) identischen — Induktionsflusses durch die Probespule konstatiren bezw. messen kann, nicht aber dessen augenblicklichen Werth selbst zu bestimmen vermag. Man verfährt daher nach einer der folgenden Methoden:

1. Die Probespule wird in unveränderter Lage, und zwar in der Orientirung maximaler Induktion, belassen; das Feld wird dann plötzlich erzeugt, aufgehoben oder seine Richtung umgekehrt; falls es ausschliesslich von einem Strome herrührt, erreicht man dies durch Schliessen, Öffnen bezw. Kommutiren desselben.

2. Die Probespule wird schnell entfernt bis zu einer Stelle, wo die Intensität des Feldes vernachlässigt werden darf; dazu befestigt man sie meistens an einem langen Hebel, welcher im gewünschten Augenblick, etwa mittels einer Feder, emporschnellt.

3. Die Probespule wird rasch umgedreht, so dass der Induktionsfluss sie im entgegengesetzten Sinne trifft; dieses Verfahren empfiehlt sich, sofern der vorhandene Spielraum dazu ausreicht, weil es leicht zu bewerkstelligen ist und man überdies die doppelte Elektricitätsmenge erhält; man befestigt dazu die Probespule an einem Stiel, welcher um eine, in ihrer Windungsebene liegende, Axe drehbar ist.

Die Windungsfläche (S) der Probespule kann man nach verschiedenen Methoden bestimmen [1]):

1. Durch direkte Messung verschiedener Durchmesser einer jeden Windungslage mit dem Kathetometer oder der Theilmaschine; oder aber des Umfangs derselben mittels Bandmaass unter Berücksichtigung der Drahtdicke.

2. Durch Messung der beim Bewickeln verbrauchten Drahtlänge; die in diesem Falle zu benutzenden Formeln sind bei F. Kohlrausch a. a. O. angeführt.

3. Durch die magnetische Fernwirkung der vom Strome I durchflossenen Spule; ihr magnetisches Moment ist $\mathfrak{M} = I\,S$ (§ 6) und kann magnetometrisch gemessen werden (§ 209); wird überdies derselbe Strom durch eine Tangentenbussole geleitet, so lässt sein Werth sich vollständig eliminiren.

Diese ballistische Methode lässt sich zur Messung von Feldern ganz beliebiger Grössenordnung verwerthen; die Empfindlichkeit des benutzten Galvanometers, die Windungsfläche und Windungszahl der Probespule, der Widerstand des sekundären Stromkreises sind Faktoren, durch deren geeignete Feststellung man die Gesamtempfindlichkeit der Methode fast beliebig erhöhen bezw. herabsetzen kann; diese allgemeine Verwendbarkeit bildet einen Hauptvorzug des ballistischen Verfahrens (vergl. auch § 216).

§ 196. Ballistisches Galvanometer. Die inducirte Elektricitätsmenge Q wird fast immer mittels ballistischen Galvanometers bestimmt; daher der übliche Name der Methode. Bei der Wahl

---

1) Vergl. F. Kohlrausch, Leitfaden 7. Aufl. p. 343. Heydweiller, loc. cit. §§ 152—155. Himstedt, Wied. Ann. **26**, p. 555, 1885.

des Galvanometers ist hauptsächlich darauf zu achten, dass seine Periode gegen die Zeit, welche die zu messende Änderung des Induktionsflusses beansprucht, möglichst gross gemacht werden kann (vergl. §§ 130, 216). Man kann ein zu rasch schwingendes Galvanometer häufig dadurch für ballistische Zwecke verwerthbar machen, dass man an sein Magnetsystem kleine leichte Körper (z. B. horizontal angekittete Stückchen Streichholz oder zu diesem Zweck dem Galvanometer beigegebene Aluminiumbügel) befestigt, so dass ohne erhebliche Mehrbelastung das Trägheitsmoment, und damit die Periode, grösser wird. Man kennzeichnet die Leistungen eines Galvanometers am bequemsten durch folgende Grössen:[1])

Die Stromempfindlichkeit S_s ist der Ausschlag in Skalentheilen pro Mikroampère, wenn der Skalenabstand 2000 Theile, die volle Periode (doppelte »Schwingungsdauer«) 10″ beträgt.

Die ballistische Empfindlichkeit S_b ist der Ausschlag in Skalentheilen pro Mikrocoulomb, wenn der Skalenabstand 2000 Theile, die volle Periode 10″ beträgt.

Um den Widerstand R_g des Galvanometers zu eliminiren, führt man dann die normale Empfindlichkeit $\mathfrak{S}$ ein, definirt durch die Gleichungen

$$\mathfrak{S}_s = S_s \,/\, \sqrt{R_g}$$

bezw.

$$\mathfrak{S}_b = S_b \,/\, \sqrt{R_g}$$

Bei der gewählten normalen Periode von 10″ und unter der An nahme, dass die Dämpfung zu vernachlässigen ist, hängen die beiden Empfindlichkeiten zusammen durch die Gleichung

$$\mathfrak{S}_b = \frac{2\pi}{10}\,\mathfrak{S}_s. \tag{10}$$

Es ist nun bei Versuchen, wie die hier in Rede stehenden, nicht nothwendig, dass die Dämpfung thatsächlich eine verschwindend geringe sei; vielmehr ist es weit bequemer, mit einer möglichst starken Dämpfung zu arbeiten, welche nur durch eine Bedingung eingeschränkt wird: es soll nämlich immer der Ausschlag der durchfliessenden Elektricitätsmenge proportional bleiben, wovon man sich durch geeignete Kalibrirungsversuche leicht

1) Vergl. du Bois und Rubens, modificirtes astatisches Galvanometer, Wied. Ann. 48, p. 248. 1893.

überzeugt. Die ballistische Empfindlichkeit wird freilich infolge der Dämpfung eine etwas geringere; bezeichnen wir sie unter diesen Umständen mit $\mathfrak{S}_b'$ und bedeutet $\mathfrak{m}$ das »Dämpfungsverhältniss«, so ist nach Ayrton, Mather und Sumpner[1])

(11) $\mathfrak{S}_b = \mathfrak{S}_b' \, [1 + 0{,}500\,(\mathfrak{m} - 1) - 0{,}277\,(\mathfrak{m} - 1)^2 + 0{,}130\,(\mathfrak{m} - 1)^3]$

Ausser der angegebenen Berechnung von $\mathfrak{S}_b'$ aus der Empfindlichkeit für stationäre Ströme kann man diese Grösse auch experimentell bestimmen. Man ladet dazu einen Kondensator von bekannter Kapacität auf eine bestimmte Potentialdifferenz und entladet die dadurch abgemessene Elektricitätsmenge sofort durch das Galvanometer. Indessen empfiehlt sich dieses Verfahren in der Praxis nicht; es ist vielmehr üblich, nicht erst die absolute Empfindlichkeit des Galvanometers zu bestimmen, sondern dieses in dem gegebenen Sekundärkreis gewissermaassen direkt auf Induktionsfluss zu aichen. Man bestimmt nämlich einen Faktor, mit dem der Ausschlag nur multiplicirt zu werden braucht, um ohne weiteres das Produkt $Q\,R$, d. h. mit anderen Worten den entsprechenden Induktionsfluss zu ermitteln; dividirt man diesen noch durch die bekannte Windungsfläche der Probespule, so erhält man den gesuchten Werth der Intensität. Man bedarf dazu eines jederzeit bequem reproducirbaren, in absolutem Maass bekannten Induktionsflusses, d. h. eines:

§ 197. Etalons des Induktionsflusses. Zu diesem Zwecke können verschiedene Vorrichtungen angewandt werden, welche alle eine Sekundärspule aufweisen, die ebenfalls in den, das ballistische Galvanometer enthaltenden Sekundärkreis eingeschaltet wird.

In erster Linie sei der Erdinduktor W. Weber's erwähnt (Fig. 64). Die kreisförmige Probespule wird von der horizontalen [oder vertikalen] Lage aus mittels des Handgriffs rasch um 180° gegen einen passenden Anschlag gedreht. Die in Rechnung zu ziehende Gesamtänderung des Induktionsflusses ist gleich dem doppelten Produkt aus der Windungsfläche in die Vertikal- [bezw. Horizontal-] Komponente des Erdfeldes; letztere muss daher erst bestimmt werden und ist bekanntlich, namentlich innerhalb des

---

1) Ayrton, Mather und Sumpner, Phil. Mag. [5] **30**, p. 69. 1890. Das Dämpfungsverhältniss ist das Verhältniss zweier unmittelbar aufeinander folgender Schwingungsbögen.

Laboratoriums, mit der Zeit veränderlich, ein Umstand, der gegen die Benutzung des Erdinduktors spricht. Überhaupt herrscht heutzutage allgemein die Tendenz, die Hereinziehung erdmagnetischer Faktoren in die Messungen womöglich zu umgehen.

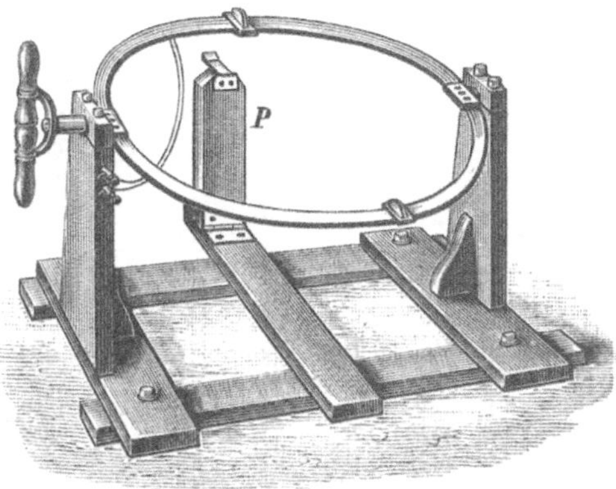

Fig. 64.

Bequemer ist die Anwendung einer primären kernlosen Hilfsspule nach Lord Kelvin, deren Windungszahl n und geometrische Dimensionen (Länge L, Querschnitt S) genau bekannt sind und die von dem, in absolutem Maasse gemessenen »Aichstrom« I_A durchflossen wird; der Kommutirung dieses Stromes entspricht dann folgende Änderung $\delta\,\mathfrak{G}$ des Induktionsflusses [§ 6, Gl. (7)]

$$(11) \qquad \delta\,\mathfrak{G} = \frac{8\,\pi\,n\,S\,I_A}{L}$$

In § 84 ist die Anwendung dieses Verfahrens zur Aichung ballistischer Galvanometer an einem Beispiel eingehend erläutert.

Ferner kann man den permanenten Induktionsfluss eines möglichst konstanten Stahlmagnets $\overline{NS}$ (Fig. 65 p. 324) als Etalon benutzen, indem man um seine Mitte eine Probespule PP auf einem festen Ringe RR ruhen lässt; mittels eines Griffs G kann diese dann rasch abgezogen oder durch eine in geeigneter Weise angebrachte Feder abgeschnellt werden.

Besser als diese einfache Vorrichtung dürfte sich allerdings eine Modifikation derselben bewähren, welche von Hibbert angegeben wurde, und ein bequemes »permanentes Feldetalon«

bildet.[1]) Fig. 66 stellt einen Vertikalschnitt durch diesen Apparat dar. Der magnetische Kreis eines guten Stahlmagnets $\overline{NS}$ ist durch eine Eisenscheibe *AA* und Eisenglocke *BB* bis auf das schmale, reifringförmige Interferrikum geschlossen. Infolge der

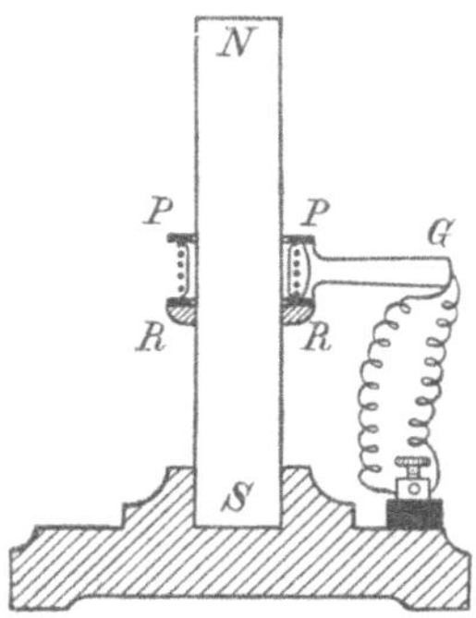

Fig. 65.

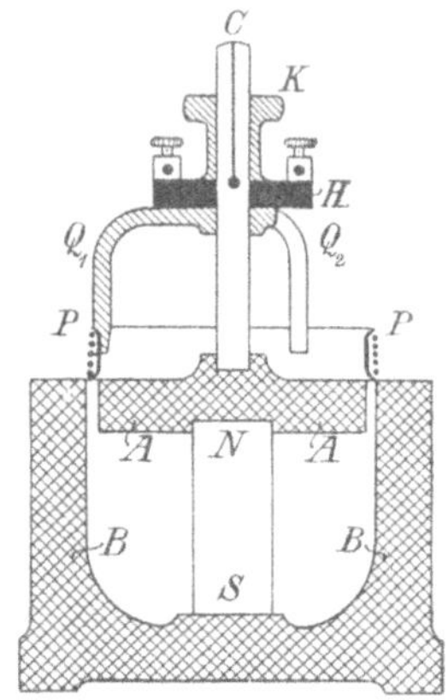

Fig. 66.

geringen selbstentmagnetisirenden Wirkung und dem vorhergegangenen »künstlichen Altern« (§ 150) des Stahlmagnets erhält man einen möglichst konstanten permanenten Induktionsfluss.

Die Probespule *PP* lässt sich knapp durch das Interferrikum hindurch bewegen; zu diesem Zwecke ist sie mittels dreier radialer Querarme Q_1, Q_2, Q_3 an einer Hartgummischeibe *H* befestigt und lässt sich mittels des Knopfes *K* an der Stange *C* entlang heben und senken. Ihre Vertikalverschiebung ist durch Anschläge genau begrenzt und entspricht daher einer bestimmten Variation des Induktionflusses. Die Konstanz der Etalons lässt sich aus Tab. IX beurtheilen, in welcher Dauerversuche Hibbert's mit drei seiner Apparate wiedergegeben sind.

Wie ersichtlich beträgt die grösste Änderung bei den Instrumenten I und II etwa ½ %, bei III 1 %; die letzte mit einem * bezeichnete Messung verdankt der Verfasser einer gefälligen Privatmittheilung; sie zeigt, dass während zweier Jahre eine nennenswerthe Änderung, welche die Fehlergrenze überschritte, nicht stattgefunden hat. Diese Konstanz ist nach Angabe Hibbert's

1) Hibbert, Phil. Mag. [5] **33**, p. 307. 1892.

wesentlich an die Bedingung geknüpft, dass die Induktion 𝔅 im Stahlmagnet den Werth 5000 C.-G.-S. nicht übertreffe. Er schlägt vor, den Induktionsfluss des Etalons auf eine runde Zahl, etwa 20000 C.-G.-S., zu justiren, was durch passende Anschläge für die Probespule zu erreichen wäre; es wäre dann, wenn von Streuung abgesehen wird, ein Stahlmagnet von 4 qcm Querschnitt erforderlich, um diesen Werth bei 𝔅 = 5000 C.-G.-S. zu erreichen; des grösseren Querschnitts halber beträgt die mittlere Intensität im Interferrikum nur etwa den zehnten Theil des Werthes der Induktion im Stahlmagnet.

Tabelle IX.

Datum		Temperatur	Induktionsfluss 𝔊		
			I	II	III
16. April	1891	20°	21 790	—	—
22. »	»	12,5°	730	—	—
23. »	»	13,5°	710	32 360	—
8. Mai	»	16,5°	710	420	—
23. »	»	13°	680	330	—
30. »	»	16°	720	410	29 290
6. Juni	»	18°	720	380	270
12. »	»	22°	780	470	260
29. »	»	21,5°	720	345	290
10. Juli	»	19°	790	510	500
27. »	»	20°	700	470	550
31. »	»	17,5°	780	460	530
22. September	»	16°	690	400	470
10. November	»	13°	700	400	480
4. »	1893*	—	720*	—	—
Maximaländerung			110	180	290
Mittl. Intensit. ℌ im Interferrikum			515	770	700

§ 198. Feldmessung durch Dämpfung. Theoretisches Interesse bietet schliesslich eine Methode, die Intensität durch die elektromagnetische Dämpfung einer in dem Felde schwingenden Spule zu bestimmen. Die Dämpfung erfolgt bekanntlich infolge der Rückwirkung der bei geschlossenem Spulenkreise inducirten Ströme auf das Feld; daher ist das Verfahren den Induktionsmethoden einzureihen; es weist eine gewisse Ähnlichkeit mit einer bekannten Methode der Ohmbestimmung auf. Die Spule wird unifilar oder bifilar mit ihrer Windungsebene parallel der Feldrichtung aufgehängt; man bestimmt die Schwingungsperiode τ bezw. die Frequenz N unter dem alleinigen Einflusse der durch die Suspension bedingten Direktionskraft bei offenem Stromkreise. Man schliesst dann letztern durch einen justirbaren, induktionslosen Widerstand (z. B. einen Rheostat) und verringert diesen solange, bis die Schwingung der Spule gerade aperiodisch wird, was sich ziemlich scharf beurtheilen lässt. Nennt man den entsprechenden Gesamtwiderstand R (in C.-G.-S.-Einheiten, d. h. Millimikrohms ausgedrückt), das Trägheitsmoment der Spule K, ihre Gesamtwindungsfläche S (§ 195), so lässt sich zeigen, dass die Feldintensität $\mathfrak{H}$ durch folgenden Ausdruck gegeben wird [1])

$$\mathfrak{H} S = \sqrt{4 \pi N R K} \tag{12}$$

Dabei ist von der Luftdämpfung abgesehen und sind im Verlaufe der Rechnung mehrere Vernachlässigungen eingeführt worden. Wie gesagt, besitzt diese Methode eher theoretisches Interesse als praktischen Werth; indessen dürfte sie unter besonderen Umständen zur ungefähren Bestimmung bezw. zum Vergleich von Feldern von der Grössenordnung 1000 C.-G.-S. gute Dienste leisten; wie überhaupt in der Experimentalphysik neben den in allen Einzelheiten ausgearbeiteten Präcisionsmethoden auch diejenigen einfachen Verfahren existenzberechtigt, ja sogar zur Orientirung unentbehrlich sind, mittels derer angenäherte quantitative Bestimmungen rasch ausgeführt werden können.

D. Magnetooptische Methoden.

§ 199. Drehung der Polarisationsebene. Eine sehr zweckmässige Methode der Feldmessung beruht auf der Bestimmung der magnetooptischen Drehung der Polarisationsebene des Lichts in durchsichtigen Substanzen, welche bekanntlich von Faraday entdeckt wurde. Eine planparallele Platte P einer solchen Substanz, von der Dicke d, sei senkrecht zur Feldrichtung aufgestellt (Fig. 67). Falls sich dann parallel der letztern ein linearpolarisirter Lichtstrahl $1 \cdot 1$ fortpflanzt, so erleidet seine Polarisationsebene in

1) Siehe u. A. Gray, absolute measurements in Electricity and Magnetism, 2, Part II, p. 708. London 1893.

der Platte eine Drehung ε, welche der Variation $\Delta \Upsilon$ des magnetischen Potentials (§ 48) von der Eintritts- bis zur Austrittsstelle proportional ist; wenn wir insbesonder das Feld als gleichförmig vertheilt (§ 43) voraussetzen, so ist offenbar $\Delta \Upsilon = \mathfrak{H} d$ und daher

(13) $$\varepsilon = \omega \mathfrak{H} d.$$

Der Proportionalitätsfaktor ω ist gleich der Drehung pro Einheitsvariation des magnetischen Potentials; er hängt nur noch von der Wellenlänge λ des Lichts, sowie von der Natur und — meist nur in geringem Grade — von der Temperatur der durchstrahlten Substanz ab; man nennt ihn die Verdet'sche Konstante.

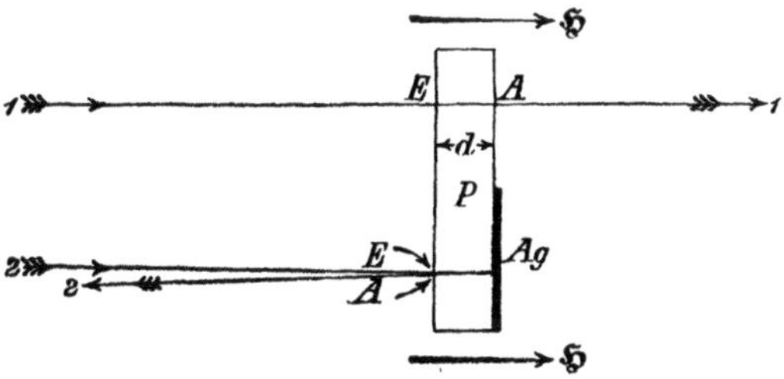

Fig. 67.

Ihr Vorzeichen bestimmt den Sinn der Drehung, bezogen auf die Feldrichtung[1]) (ungefiederte Pfeile in Fig. 67); auf die Fortpflanzungsrichtung des Lichts (gefiederte Pfeile) kommt es dabei durchaus nicht an. Wenn man daher die Platte theilweise mit einer Silberschicht Ag bedeckt und nun einen Lichtstrahl 2 · 2 unter sehr geringem Einfallswinkel in der abgebildeten Weise reflektiren lässt, so wird die Drehung verdoppelt, d. h. es ist dann

(14) $$\varepsilon = 2 \omega \mathfrak{H} d$$

Der numerische Werth der Verdet'schen Konstante ist für die zwei am meisten in Betracht kommenden Flüssigkeiten, Wasser und Schwefelkohlenstoff, in absolutem Maasse genau

1) Man pflegt ziemlich allgemein den Sinn von Drehungen auf die zu ihrer Ebene senkrechte Richtung in der Weise zu beziehen, dass z. B. der Sinn der Uhrzeigerbewegung als positiv gilt mit Bezug auf die Richtung vom Zifferblatt zum Werke. Es entspricht dies dem sog. räumlichen »Rechtssystem«, dem sich z. B. auch die gewöhnliche Schraube unterordnen lässt. Vergl. Maxwell, Treatise 2. Aufl. **1**, p. 24.

bekannt und beträgt für Natriumlicht ($\lambda = 58,9$ Mikrocentimeter) bei 18° in Minuten pro Einheitsvariation [$\varDelta\Upsilon$] des Potentials[1]):

Wasser (H_2O) : $+ 0,0130'$ pro [$\varDelta\Upsilon$].
Schwefelkohlenstoff (CS_2) : $+ 0,0420'$ » [$\varDelta\Upsilon$].

Für mehrere andere anorganische und organische Flüssigkeiten (Säuren, Alkohole, Äther u. dergl.) ist ω mehr oder weniger genau bekannt, ebenso wie für einige ziemlich wohldefinirte Glassorten.[2]) Man hat daher behufs Ausführung absoluter Messungen nur noch die Dicke der planparallelen Schicht zu messen; Flüssigkeiten werden dabei in kleinen Trögen untersucht; die Drehung in deren gläsernen Verschlussplatten wird zuvor bei leerem Gefäss bestimmt und nachher subtrahirt.

§ 200. Etalonglasplatten. Die magnetooptische Methode bietet u. A. den Vorzug, dass nach der Formel $\mathfrak{H} = \varepsilon/\omega\, d$ die Intensität sich proportional der ebenso bequem wie genau zu messenden Drehung ε ergibt. Übrigens ist es durchaus nicht nothwendig, eine Substanz, deren Verdet'sche Konstante bekannt ist, zu benutzen; im allgemeinen wird man sogar einer Flüssigkeitsschicht eine Glasplatte vorziehen, deren Material zwar weniger wohldefinirt ist, von deren völliger Unveränderlichkeit man dafür aber um so sicherer sein kann. Eine solche Platte wird ein- für allemal in einem Felde von bekannter Intensität geaicht und stellt dann für alle Zeiten ein bequemes Feldetalon (vergl. § 197) dar, welches alle anderen an Einfachheit, Tragbarkeit und Unveränderlichkeit übertrifft.

Beim Gebrauch genau oder nahezu planparalleler Glasplatten stören bei durchgehendem Lichte (Fig. 67, 1·1) die innen zweimal reflektirten, bei Benutzung einer Versilberung (Fig. 67, 2.2) die an der Vorderfläche direkt reflektirten Strahlen; und zwar, weil sie in ersterm Falle die dreifache, in letzterm Falle überhaupt keine Drehung erleiden. Der Verfasser hat daher schwach keilförmige Etalons aus dem schwersten, stark drehenden jenenser Flintglas anfertigen lassen,[2]) bei denen diese störenden Reflexbilder neben das Hauptbild geworfen und abgeblendet werden. Sie sind mit

---

1) Siehe Lord Rayleigh, Proc. Roy Soc. **37**, p. 146. 1884. Arons, Wied. Ann. **24**, p. 182. 1885. Köpsel, Wied. Ann. **26**, p. 474. 1885.

2) Vergl. du Bois, Wied. Ann. **51**, 1894.

schwarzem Lack (in Fig. 68 kreuzschraffirt) überzogen bis auf ein rechteckiges Fenster von etwa 0,5 × 1,0 cm; dessen eine Hälfte *T* ist frei und dient zur Transmission des Lichtes, die andere *R* ist hinten versilbert und kann zur Reflexion benutzt werden.[1]) Letzteres Verfahren ist doppelt so empfindlich und lässt sich in manchen Fällen bequemer anwenden, wofern Polarisator und Analysator für nahezu senkrecht reflektirtes Licht eingerichtet sind. Im Übrigen kann man die Drehung mittels irgend einer der genaueren polaristrobometrischen Methoden bestimmen, deren Entwicklung neuerdings Lippich nach verschiedenen Richtungen in hohem Maasse gefördert hat. Die Lichtquelle muss der starken Dispersion halber eine monochromatische sein; am besten benutzt man einen möglichst hellen Natronbrenner, wie solche mehrfach beschrieben worden sind. Eine solche Etalonplatte von etwa 1 mm Dicke eignet sich zur Messung von Feldern von der Grössenordnung 1000 C.-G.-S.; letztere ist naturgemäss umgekehrt proportional der statthaften Plattendicke, d. h. der freien Längenausdehnung des Feldes.[2])

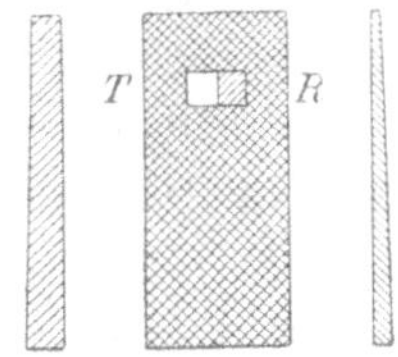

Fig. 68. — 1/2 nat. Grösse.

E. Hall'sches Phänomen; magnetoelektrische Widerstandsänderung.

§ 201. Hall'sches Phänomen. Wir schreiten jetzt zur Besprechung zweier unter dem Einfluss des magnetischen Feldes in Metallen auftretender Erscheinungen, welche sich zu seiner Messung eignen, obwohl sie bisher noch kaum als nach allen Richtungen durchforscht und aufgeklärt zu betrachten sind.

---

1) Innerhalb der Fenster haben die, durch die Keilform bedingten, geringen Änderungen der Dicke keinen nachtheiligen Einfluss.

2) Für weitere Einzelheiten und Beispiele der in diesem Paragraphen besprochenen magnetooptischen Feldmessmethode sei auf eine neuerdings erschienene Abhandlung des Verfassers (Wied. Ann. **51**, 1894) hingewiesen. Es sei noch bemerkt, dass es schwer hält, dickere Glasplatten bezw. Parallelepipede so herzustellen, dass die Doppelbrechung nicht störend wirkt. Man ist dann gezwungen, auf Flüssigkeiten, trotz ihres höhern Temperaturkoefficients, ihrer Schlierenbildung und sonstigen Nachtheile zurückzugreifen. Man ist neuerdings bemüht, die magnetooptische Methode auch zur absoluten Messung elektrischer Ströme, die durch geometrisch ausgemessene Spulen fliessen, verwerthbar zu machen.

Das von Hall entdeckte Phänomen besteht, kurz gesagt, in dem Auftreten eines »rotatorischen« Charakters der Elektricitätsleitung in Metallen, welcher bisher ausschliesslich unter dem Einfluss des magnetischen Feldes beobachtet worden ist (§ 10). Er äussert sich hauptsächlich dadurch, dass die Stromlinien nicht mehr orthogonal zu den Äquipotentialflächen verlaufen, wie es unter gewöhnlichen Umständen stets zutrifft. Betrachten wir der Einfachheit halber die Leitung in zwei Dimensionen, z. B. in einem dünnen Metallband senkrecht zur Feldrichtung (Fig. 69): die Stromlinien des durch die »Primärelektroden« E_1 und E_2 ein- bezw. ausfliessenden Primärstroms müssen nach wie vor den freien Rändern parallel verlaufen; die Äquipotentiallinien werden dagegen aus ihrer ursprünglich orthogonalen Orientirung (ausgezogene Geraden) bei Erregung des Feldes in eine schiefe Lage (punktirte Geraden) gedreht.

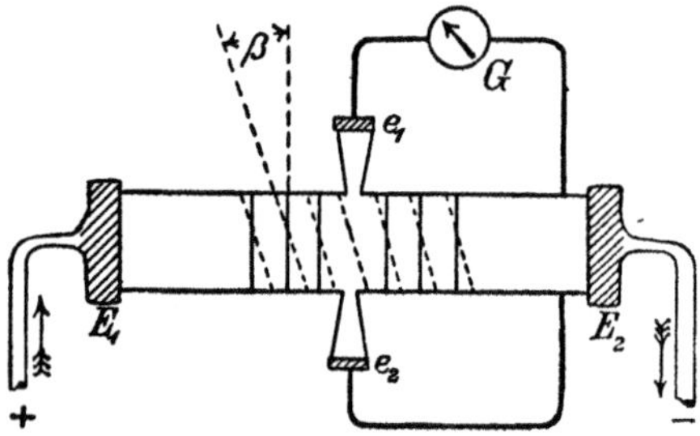

Fig. 69.

In nicht zu grosser Nähe der Primärelektroden ist die Drehung β cet. par. in allen Punkten die gleiche und bei nicht ferromagnetischen Metallen (vgl. hierzu § 224) im allgemeinen proportional der Feldintensität. Zwischen Randpunkten, welche zuvor äquipotential waren, tritt nun infolge der Drehung eine Potentialdifferenz auf; diese lässt sich mittels sog. Hall-Elektroden e_1 und e_2 und eines passenden Galvanometers G leicht messen. Die Ausschläge des letztern sind nun schliesslich für kleine Drehungen auch proportional der Feldintensität und können mithin theoretisch zu ihrer Messung benutzt werden[1]); da sie ferner dem Primärstrome ebenfalls proportional sind, kann man durch Abstufung desselben die Empfindlichkeit der Methode reguliren, die sich indessen vorzugsweise zur Bestimmung intensiverer Felder eignen dürfte; vermuthlich

1) Siehe Kundt, Wied. Ann. **49**, p. 257. 1893. Dort ist die erwähnte Proportionalität für Gold und Silber bis zu Feldern von 22000 C.-G.-S. bestätigt worden. Das Verhalten des Wismuths bietet dagegen noch manches Räthselhafte.

könnten in geeigneter Weise präparirte Leiter auch zweckmässige Feldetalons bilden. Praktisch ist dieses Verfahren bisher nicht weiter entwickelt worden.

§ 202. Feldmessung mit Wismuthspiralen. Mit den im vorigen Paragraphen besprochenen Erscheinungen steht folgende in engem Zusammenhang. Der elektrische Widerstand eines metallischen Stromleiters ändert sich im allgemeinen, wenn man ihn in ein magnetisches Feld bringt. Ohne auf die Einzelheiten dieser Erscheinung näher einzugehen, sei nur erwähnt, dass, wie Righi zuerst fand, Wismuth sich in dieser Beziehung besonders auffallend verhält; in einem intensiven Felde steigt sein Widerstand unter

Fig. 70. — 1/3 nat. Grosse.

Umständen auf mehr als den doppelten Werth. Leduc schlug daher die Benutzung von Wismuthdraht zur Messung magnetischer Felder vor; namentlich den Bemühungen Lenard's und Howard's ist es sodann zu verdanken, dass auf diese Erscheinung eine brauchbare Messmethode gegründet werden konnte.[1]) Es gelang ihnen, chemisch reinen, dünnen Wismuthdraht von weniger als 0,5 mm Dicke durch Pressung herzustellen; dieser wird isolirt und zu einer bifilaren Flachspirale von 5 bis 20 mm Durchmesser ohne erhebliche Selbstinduktion aufgewickelt und zwischen zwei Glimmerblättchen verkittet. Die Dicke des ganzen Präparats beträgt noch kein Millimeter, sein Widerstand ist etwa von der Ordnung 10 Ohm; die beiden Enden des Wismuthdrahtes werden mit starken Kupferdrähten verlöthet, welche durch einen Hartgummistiel *G* isolirt hindurchgehen, der zugleich eine bequeme Befestigung und Handhabung der Flachspirale ermöglicht; die Drähte enden in Klemmschrauben k_1 und k_2 (Fig. 70).

Die Spirale wird senkrecht zur Feldrichtung eingestellt; das Gesetz, welches die Beziehung zwischen Widerstandsvergrösserung und Feldintensität beherrscht, ist bisher noch nicht in vollem

1) Leduc, Journal de physique [2] **5**, p. 116 1886, und **6**, p. 189, 1887. Lenard und Howard, Elektrotechn. Zeitschr. **9**, p. 340. 1888. Lenard, Wied. Ann. **39**, p. 619. 1890.

Umfang klargestellt worden; man entwirft daher für jede Spirale eine empirische Kurve, welche jene Beziehung darstellt. Eine solche ist in Fig. 71 abgebildet; Abscisse ist die Feldintensität $\mathfrak{H}$, Ordinate das Verhältniss

$$\mathfrak{p} = \frac{R'}{R}$$

des Widerstands R' im Felde zu demjenigen unter gewöhnlichen Umständen R.[1]) Man kann dann später zu jedem beobachteten Widerstande die zugehörige Feldintensität aus der Kurve ablesen.

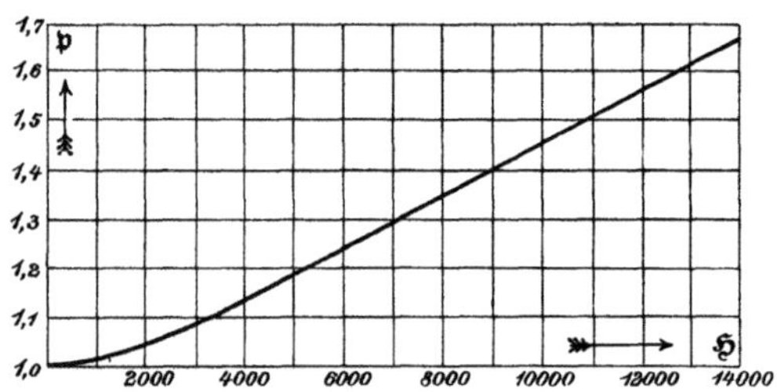

Fig. 71.

Die Messungen der Widerstände R' und R innerhalb bezw. ausserhalb des Feldes erfolgen am besten in rascher Folge, um Temperaturschwankungen der Spirale zu vermeiden. Letztere haben naturgemäss einen erheblichen Einfluss auf R' und auf R, weniger auf deren Verhältniss $\mathfrak{p}$; letztere Frage ist übrigens bisher nicht näher untersucht. Man erhält nach Lenard verschiedene Resultate, je nachdem man den Widerstand mittels Wechselströmen bezw. elektrischen Oscillationen und Telephon oder mittels stationärer Ströme bestimmt. Letzteres Verfahren dürfte sich am meisten empfehlen; zu diesem Zwecke haben Hartmann und Braun eine Messbrücke konstruirt, bei welcher man die Feldintensität direkt an der Einstellung eines Schleifkontakts abliest; sie haben auch die Herstellung der Wismuthspiralen vervollkommnet. Für die Messung von Intensitäten von der Grössenordnung 1000 C.-G.-S. bietet die beschriebene Methode manche Vorzüge.

1) Diese Kurve ist einer Arbeit Bruger's, (Industries 12. Mai 1893) entnommen; behufs Raumersparniss ist das Ordinatenbereich $0 < \mathfrak{p} < 1$ weggelassen; die Kurven für verschiedene Spiralen stimmen innerhalb 1 bis 2% überein. Hysteresis ist bei der vorliegenden Erscheinung bisher nicht beobachtet worden.

F. Steighöhenmethode.

§ 203. Princip der Methode. Die sogenannte Steighöhenmethode wurde zuerst von Quincke gelegentlich einer ausgedehnten Untersuchung der Eigenschaften paramagnetischer und diamagnetischer (d. h. in unserm bisherigen Sinne indifferenter) Flüssigkeiten benutzt.[1]) Setzt man jene Eigenschaften als bekannt voraus, oder eliminirt sie, so lässt sich das Verfahren nun wieder umgekehrt zur Bestimmung der Feldintensität anwenden.

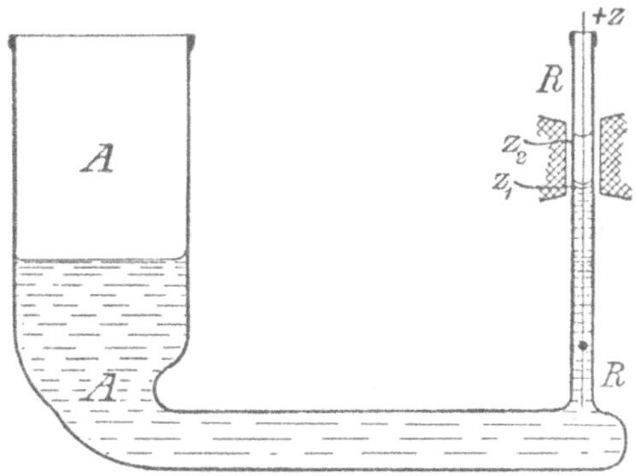

Fig. 72.

Ein *U*-Rohr, welches am besten die in Fig. 72 dargestellte Gestalt hat, so dass der Querschnitt des engen »Steigrohres« $\overline{RR}$ gegen denjenigen des »Reservoirrohres« $\overline{AA}$ vernachlässigt werden kann, wird mit einer Flüssigkeit beschickt, deren Kuppe sich im Steigrohr zunächst bei Z_1 befinde. Erzeugt man nun an dieser Stelle ein magnetisches Feld, so beobachtet man, dass die Kuppe steigt [oder fällt], je nachdem die Flüssigkeit paramagnetisch [bezw. diamagnetisch] ist (vgl. § 7); hingegen ändert sich das Niveau in $\overline{AA}$ des grossen Querschnitts halber nicht merklich. Bedeutet nun $\mathfrak{H}$ die Feldintensität, $\mathfrak{J}$ die Magnetisirung der Flüssigkeit, D ihre Dichtigkeit, a ihre magnetische Steighöhe, g die Beschleunigung der Schwere, P den Druck, welcher der Steighöhe entspricht, so lässt sich zeigen[2]), dass

1) Quincke, Wied. Ann. **24**, p. 374. 1885. Das Verfahren wurde nachher mit einigen Umänderungen auch für Gase und feste Körper in Anwendung gebracht.

2) Vergl. du Bois, Wied. Ann. **35**, p. 146. 1888.

$$(15) \qquad P = a\,g\,D = \int_0^{\mathfrak{H}} \mathfrak{J}\, d\,\mathfrak{H}.$$

Dieses Integral entspricht offenbar dem Flächenstück, welches von der Magnetisirungskurve (§ 13), der Abscissenaxe und der, dem Werth seiner obern Grenze entsprechenden Ordinate eingeschlossen wird (vergl. übrigens § 148).

Sofern man annehmen kann, dass die Flüssigkeit eine konstante Susceptibilität $\varkappa$ aufweist (vgl. die citirte Abhandlung des Verfassers), wird $\mathfrak{J} = \varkappa\,\mathfrak{H}$; setzt man dies in obiges Integral ein, so wird[1])

$$(16) \qquad P = a\,g\,D = \frac{\varkappa}{2}\,\mathfrak{H}^2.$$

Die Grössenordnung dieser Wirkungen ist eine solche, dass bei einer Feldintensität von 40000 C.G.S., wie sie vorläufig kaum überschritten werden dürfte (§ 175) eine (diamagnetische) Wasserkuppe um etwa 5 mm fallen, eine (paramagnetische) koncentrirte, wässerige Eisenchloridlösung dagegen etwa um das Hundertfache, d. h. um 0,5 m, steigen würde.

§ 204. Praktische Ausführung. Man kann diese Wirkung noch vergrössern, wenn man das Rohr $\overline{RR}$ um einen Winkel α gegen die Horizontale geneigt anordnet; man erhält dann eine Kuppenverschiebung b, welche mit der vertikalen Steighöhe a durch die Gleichung

$$(16) \qquad a = b \sin \alpha$$

zusammenhängt. In Fig. 73 ist ein vom Verfasser a. a. O. beschriebener Apparat dargestellt; an Stelle des Quincke'schen U-Rohres der Fig. 72 tritt ein Glasgefäss $\overline{AARRGS}$; mittels dessen kann in leicht ersichtlicher Weise das Feld zwischen den Polschuhen eines Elektromagnets bei beliebiger Neigung des Steig-

1) Streng genommen bedeutet $\varkappa$ die Differenz der Susceptibilitäten der Flüssigkeit und des über ihr lagernden Gases. Die Gleichung (16) wurde von Quincke a. a. O. direkt aus Maxwell's allgemeiner Formulirung des elektromagnetischen Zwangszustandes (§§ 65, 101) hergeleitet. Die Bestätigung jener Gleichung durch Quincke und Andere bildet daher immerhin eine Stütze der für ferromagnetische Substanzen bisher kaum einwurfsfrei erhärteten Maxwell'schen Theorie, wenn jene sich auch nur auf schwach magnetische Substanzen bezieht (vergl. p. 171).

rohres untersucht werden, indem der ganze Apparat drehbar ist um die Feldaxe, welche in *E* die Bildebene trifft. Die Kuppenverschiebung wird mittels des an der Mikrometerschraube *F* befestigten Mikroskops *M* beobachtet.

Die stark paramagnetischen koncentrirten Lösungen der Eisen- und Mangansalze eignen sich zu Messzwecken weniger, da sie zu hohe Viskosität aufweisen und mit der Zeit leicht chemische Änderungen erleiden. Für praktische Zwecke dürfte sich am besten eine etwa halbkoncentrirte Lösung des grünen, rhombisch krystallisirenden Nickelsulfats ($NiSO_4$, $7 H_2O$) eignen, deren Dichtigkeit und Susceptibilität man ein- für allemal in einem bekannten Felde bestimmt; diese ändert sich nicht, wofern man sie in einem verschlossenen Gefäss verwahrt, sodass Verdampfung und damit Koncentrationsänderungen ausgeschlossen bleiben. Die Feldintensität findet man dann aus folgender Formel

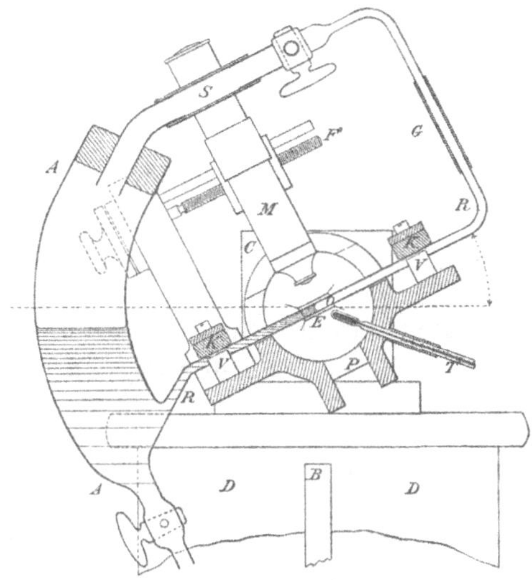

Fig. 73. — $^3/_{10}$ nat. Grösse.

$$\text{(17)} \qquad \mathfrak{H} = \left(\sqrt{\frac{2\,g\,D}{\varkappa}}\right)\sqrt{a},$$

wobei man den Klammernfaktor zweckmässig durch Ändern der Koncentration auf eine runde Zahl bringt, etwa 10 000 (wenn *a* in cm ausgedrückt ist). Die Messungen sind stets bei ungefähr gleicher Zimmertemperatur anzustellen; für weitere Einzelheiten sei auf die citirten Arbeiten hingewiesen; da die Steighöhen dem Quadrat der Intensität proportional sind, eignet sich die Methode nur zur Bestimmung sehr intensiver Felder, etwa von der Grössenordnung 10 000 C.-G.-S.-Einheiten.

Elftes Kapitel.

Experimentelle Bestimmung der Magnetisirung oder der Induktion.

§ 205. **Allgemeines.** Die im vorigen Kapitel besprochenen Methoden zur Bestimmung der Intensität eignen sich alle mit mehr oder weniger einschneidenden Abänderungen theoretisch auch zur absoluten oder relativen Messung der Magnetisirung bezw. der Induktion; wir werden sie daher in derselben Reihenfolge von diesem, praktisch freilich ganz verschiedenen, Standpunkte nochmals betrachten. Dabei legen wir wieder das Hauptgewicht auf die neueren Methoden, namentlich auch sofern die für magnetische Kreise geltenden Grundsätze bei ihnen zur Anwendung kommen; der Vollständigkeit halber sind auch die älteren bekannteren Methoden kurz angeführt. Was die Wahl unter den vielen möglichen Methoden betrifft, so wird man sich wieder, wie bei der Messung der Feldintensität, durch die in jedem besonderen Falle obwaltenden Umstände der verschiedensten Art leiten lassen. Zweck der Messung wird in den meisten Fällen die Erhaltung der normalen Magnetisirungs- bezw. Induktionskurven (§ 13) sein. Wofern der benutzte Messapparat die Kurven nicht direkt ergibt (vergl. §§ 212, 214), ist daher einmal deren Abscisse $\mathfrak{H}$ nach den Angaben des vorigen Kapitels experimentell zu bestimmen — bezw. in den meisten Fällen zu berechnen —, zweitens die Ordinate $\mathfrak{J}$ oder $\mathfrak{B}$ zu ermitteln. Aus den Beobachtungen ergibt sich nun bald ersterer Vektor — vielfach als magnetisches Moment pro Volumeinheit — bald letzterer direkt. Sobald aber nur zwei der Hauptvektoren $\mathfrak{H}$, $\mathfrak{B}$ und $\mathfrak{J}$ bekannt sind, lässt sich der dritte mittels der fundamentalen Beziehung [Gleichung (13) § 11]

$$\mathfrak{B} = 4\pi\mathfrak{J} + \mathfrak{H}$$

ohne Weiteres ermitteln. Besonders einfach gestaltet sich die Rechnung in den anfänglichen Stadien der Magnetisirung, wo $\mathfrak{B} = 4\pi\mathfrak{J}$ gesetzt werden kann (§§ 11, 59).

Von grosser Wichtigkeit ist die Berücksichtigung des Einflusses der Gestalt des zu untersuchenden Körpers, da dieser, wie im Vorhergehenden zur Genüge betont sein dürfte, den Einfluss der speciellen Eigenschaften des Materials, der Temperatur und anderer Momente in vielen Fällen weit übertrifft, und sogar ein Fehler in seiner rechnerischen Eliminirung die Eigenschaften der ferromagnetischen Substanz, um deren Kenntniss es doch in erster Linie zu thun ist, theilweise zu verdecken vermag. Auf diesen Umstand kann nicht genug hingewiesen werden, namentlich da er bis in die allerneueste Zeit noch vielfach übersehen worden ist und seine Vernachlässigung schon zu einer Reihe von Irrthümern und Fehlschlüssen geführt hat.

§ 206. Diskussion der Gestalt des Probekörpers. Jene Vernachlässigung ist aber, streng genommen, nur dann statthaft, wenn der zu untersuchenden Probe die Gestalt eines geschlossenen Rings verliehen wird, was sich denn auch vom theoretischen Standpunkt empfiehlt. Ein solcher Ring soll niemals aus einem Stab zusammengeschweisst werden, weil selbst die kunstgerechteste Schweissstelle immer mehr oder weniger wie eine Fuge, d. h. entmagnetisirend und streuend, wirkt (§ 151); vielmehr ist der Ring aus einer Platte zu drehen. Dies hat allerdings den Nachtheil, dass die Faserrichtung des Materials sich selbst parallel, mithin nicht überall peripherisch bleibt, auch die Homogenität fraglich ist. Endlich ist ein geschlossener Ring nur der Messung mittels der ballistischen Methode zugänglich, gegen die sich, namentlich bei Benutzung massiven unzertheilten Materials, in manchen Fällen Einwände erheben lassen (vergl. §§ 216, 220).

Was die Benutzung nicht endloser Gestalten anbelangt, so kommt zunächst das Ovoid in Betracht, weil nur dieses in einem gleichförmigen Felde auch eine gleichförmige Magnetisirung annimmt. Namentlich für präcisere Untersuchungen empfiehlt sich im Grossen und Ganzen die Benutzung gestreckter Ovoide (etwa

$\mathfrak{m} \geqq 50$, $N \geqq 0{,}0181$, Tab. I pag. 45). Man benutze möglichst homogenes Material; die Anfertigung nach einer einmal vorhandenen Leere erfordert auf der Drehbank keine allzu grosse Mühe, namentlich weil es auf peinliche Innehaltung des elliptischen Meridianschnitts kaum ankommt; das Volum ist auf alle Fälle durch Wasserwägung zu bestimmen und ergibt eine Kontrole für die direkt gemessenen Dimensionen und die daraus berechnete Excentricität. Unter Benutzung der (eventuell mittels der Werthe von C interpolirten) Entmagnetisirungsfaktoren aus Tab. I (p. 45) lassen sich die Magnetisirungskurven der Ovoide durch Rückscheerung (§ 17) bequem auf Normalkurven zurückführen.

Will man das im Handel erhältliche Drahtmaterial direkt zu Proben benutzen, so sind die mittleren Entmagnetisirungsfaktoren für Cylinder (Tab. I p. 45) zu berücksichtigen.

Dabei kann man bei magnetisch härterem Material im Dimensionsverhältniss weiter heruntergreifen, als bei einem weicheren Ferromagnetikum, weil die Normalkurven des erstern an und für sich weiter von der Ordinatenaxe entfernt liegen, folglich durch das Scheeren relativ weniger beeinflusst werden. Abgesehen von besonderen Fällen empfiehlt es sich kaum, Cylinder zu untersuchen, deren Länge nicht mindestens das Zwanzigfache des Durchmessers beträgt. Ist andererseits $\mathfrak{m} > 500$ ($\overline{N} < 0{,}00018$), so kann man den Einfluss der Gestalt meistens vernachlässigen; immerhin erzeugt eine Magnetisirung $\mathfrak{J} = 1000$ C.-G.S. dann noch eine entmagnetisirende Intensität $\mathfrak{H}_i = 0{,}18$ C.-G.-S.

Wird die entmagnetisirende Wirkung der Enden, bezw. der magnetische Widerstand der umgebenden Luft durch ein Schlussjoch verringert (siehe § 218), so wird die Korrektion bezw. der Rückscheerungsbetrag der Kurven zwar geringer, muss aber trotzdem berücksichtigt und irgendwie ein- für allemal bestimmt werden.

§ 207. Einzelheiten der Ausführung. Die älteren Methoden waren meistens zur Untersuchung des Moments permanenter Magnete bestimmt; infolge des Wegfallens der Magnetisirungsspule wird dann die Anbringung des Magnets viel einfacher. Anordnungen, bei denen derselbe an einem Faden schwingt oder an einer Waage hängt, sind bei Benutzung von Spulen kaum anwendbar.

Bei der Untersuchung der inducirten Magnetisirung von Ovoiden oder Cylindern soll die Magnetisirungsspule etwa die zwei- bis dreifache Länge der Probe haben und diese möglichst eng umschliessen; häufig steht freilich letzterer Bedingung die Nothwendigkeit der Anbringung einer Wasserkühlvorrichtung zwischen Probe und Spule entgegen. Letztere wird zweckmässig in einen Stromkreis mit einer Wippe, einem Strommessapparat, einer Akkumulatorenbatterie und einem veränderlichen Widerstand — am besten ein Flüssigkeitsrheostat — geschaltet, sodass man den Strom bequem und allmählich umschalten, ändern und messen kann. In vielen Fällen muss für den, mit der magnetischen Wirkung der Probe gleichartigen Einfluss der Spule in geeigneter Weise eine Korrektion angebracht werden (vergl. § 211).

Je nach der Art der Kurven, welche man bestimmen will, ändert man den Strom durch wiederholte Kommutirung bei einer Reihe auf- oder absteigender Werthe desselben; oder aber man variirt ihn stufenweise und erhält dann die auf- bezw. absteigenden Äste der (statischen) Hysteresisschleifen, deren Flächeninhalt man nun entweder durch graphische Integration oder durch Wägung Weise der entsprechend ausgeschnittenen Papierstücke in der bekannten bestimmen kann.[1])

Im allgemeinen ist es erwünscht, die Probe vor jeder Messungsreihe völlig zu entmagnetisiren, d. h. den Einfluss der vorhergegangenen magnetischen Einwirkungen zu zerstören. Dieses erreicht man am bequemsten durch ein Verfahren, welches als »abnehmende Kommutirung« (engl. »diminishing reversals«) bezeichnet werden kann. Es wird dabei die Probe dem Einfluss einer Reihe langsam oder rasch aufeinanderfolgender Felder unterzogen, deren Intensität jedesmal ihre Richtung umkehrt und zugleich an Werth allmählich bis auf Null abnimmt. Wenn ihr Anfangswerth genügend gross war, so ist nachher die Probe vollkommen entmagnetisirt. Bei der praktischen Ausführung schaltet man mittels eines Flüssigkeitsrheostats allmählich immer mehr Widerstand in den Stromkreis ein, während die Wippe ununterbrochen hin- und hergeworfen wird; statt den Strom abnehmen zu lassen, ist es, wenn überhaupt möglich, noch einfacher, die Probe aus der Magnetisirungsspule allmählich herauszuziehen.

---

1) Der hysteretische Energieumsatz lässt sich auch direkt mittels kalorimetrischer oder wattmetrischer Methoden bestimmen (vergl. p. 240 Anm. 4), auf die hier nicht näher eingegangen werden kann.

§ 208. Bestimmung der Vertheilung. Die Vertheilung des Vektors $\mathfrak{J}$ oder $\mathfrak{B}$ innerhalb eines ferromagnetischen Körpers entzieht sich naturgemäss der direkten Beobachtung; dieser sind vielmehr nur die Erscheinungen ausserhalb desselben zugänglich, aus denen sich Schlüsse auf die innere Vertheilung nur unter gewissen Einschränkungen folgern lassen.

Zunächst kann man in beliebiger Nähe, aber ausserhalb der Oberfläche des Körpers, überall die normale Intensitätskomponente $\mathfrak{H}_\nu$ bestimmen. Diese ist identisch mit der normalen Induktionskomponente $\mathfrak{B}_\nu$ bezw. $\mathfrak{B}_\nu'$ für nahe der Oberfläche gelegene äussere bezw. innere Punkte, dagegen nicht mit der Intensitätskomponente $\mathfrak{H}_\nu'$ in letzteren Punkten; vielmehr ist (§§ 52, 56, 58)

$$(1) \qquad \mathfrak{H}_\nu = \mathfrak{B}_\nu = \mathfrak{B}_\nu' = \mathfrak{H}_\nu' + 4\pi\,\mathfrak{J}_\nu'$$

In der Mehrzahl der Fälle ist das erste Glied rechts gegen das zweite zu vernachlässigen (§§ 11, 59), so dass man $\mathfrak{J}_\nu' = \mathfrak{H}_\nu / 4\pi$ setzen darf; die hierdurch zu bestimmende Normalkomponente der Magnetisirung ergibt ferner unmittelbar die Stärke der oberflächlichen Endelemente, welche die Fernwirkung des Magnets bestimmen (§§ 27, 46); in den gedachten Fällen treten alsdann auch keine weiteren Endelemente im Innern auf (vergl. §§ 50, 59).

Was nun die experimentelle Bestimmung von $\mathfrak{H}_\nu$ betrifft, so hat man sich früher folgender einfacher aber wenig zuverlässiger Verfahren bedient: a) Abstossung des einen Endes einer langen Magnetnadel in der Drehwaage (Coulomb); b) Schwingungen einer kurzen, senkrecht zur Oberfläche gerichteten Magnetnadel vor dem betrachteten Punkt der Oberfläche (Coulomb); c) desgleichen einer Nadel aus weichem Eisen; d) Abreissen einer kleinen Eisenkugel oder eines passenden Eisenstäbchens (»Probenagel« von Jamin); in den beiden letzteren Fällen misst man zunächst den Werth $\mathfrak{H}_\nu^2$. Einwurfsfrei ist jedoch nur die Benutzung einer kleinen Probespule, welche man flach auf die zu untersuchende Stelle auflegt und nun rasch hinwegbewegt[1]); man misst in dieser Weise den Induktionsfluss $\mathfrak{H}_\nu S$ durch die Windungsfläche der Probespule; dividirt man jenen durch S, so erhält man $\mathfrak{H}_\nu$.

1) Diese Versuchsanordnung bietet eine gewisse äusserliche Analogie mit der Benutzung sogenannter »Probescheibchen« zur Untersuchung elektrostatischer Vertheilungen.

Eine bei geschlossenen oder offenen magnetischen Kreisen mit beliebiger Leitkurve aber unveränderlichem Profil vielfach nach dem Vorgange Rowland's benutzte Versuchsanordnung besteht darin, dass man die Probespule um den Magnet legt und sie ruckweise weiterschiebt bezw. plötzlich abzieht. Der jeder raschen Änderung ihrer Lage entsprechende Stromimpuls misst die Variation des von ihr umschnürten Induktionsflusses oder die durchschnittene Anzahl Induktionssolenoide (§§ 63, 64). Fassen wir beispielsweise den in Fig. 7 p. 34 dargestellten kurzen Cylinder in's Auge und legen wir um seine Mitte eine Probespule; es leuchtet ein, wie man durch streckenweises Vorrücken derselben den jeweiligen, aus der überbrückten Strecke der Mantelfläche austretenden Induktionsfluss messen kann. Übrigens liefert eine magnetische Staubfigur (§ 189) in der Nähe der Oberfläche in solchen Fällen schon ein angenähertes Bild der Verhältnisse. Die in §§ 88 III und 92 mitgetheilten Untersuchungen liefern Beispiele für die Anwendung der vorliegenden Methode.[1])

A. Magnetometrische Methoden.

§ 209. Schema der Versuchsanordnung. Bei der Besprechung der Gauss'schen Methode (§ 191) wurde erwähnt, dass man nebenbei auch das Moment des Hilfsmagnets finden kann; das Verfahren eignet sich daher zur Bestimmung magnetischer Momente. Bei der Anwendung zu diesem Zweck kann man es bedeutend vereinfachen, indem man die Horizontalintensität $\mathfrak{H}$, welche das Magnetometer richtet, als bekannt voraussetzt. Man bestimmt sie entweder ein- für allemal oder bezieht sie mittels eines Lokalvariometers (§ 189) auf den bekannten Werth an einer andern Stelle; das genannte Instrument eignet sich auch zur Kontrole der zeitlichen Variationen. Man kann auch ihre Bestimmung umgehen indem man die zu messenden Momente bezieht auf das bekannte Moment eines konstanten permanenten Magnets oder besser einer Spule von bekannter Windungsfläche (§ 195) — eventuell der benutzten Magnetisirungsspule —, die ein in absolutem Maasse gemessener Strom durchfliesst; letztere stellen dann gewissermaassen Etalons des magnetischen Moments dar.

---

1) Vergl. ferner Mascart et Joubert, Electr. et Magn. **1** §§ 413 bis 424; **2** §§ 1211—1218. Auch Chrystal, Art. »Magnetism«, Encycl. Britt. 9. Aufl. **15**, p. 242, Edinburgh 1883.

Der Magnet, dessen Volum V und Querschnitt S betrage, und dessen Magnetisirung $\mathfrak{J}$ gemessen werden soll, wird in der ersten, weniger zweckmässig in der zweiten Hauptlage untersucht (Fig. 61 p. 313); man findet [§ 191 Gleichung (5)]

$$(2) \qquad \mathfrak{J} = \frac{D_1^3}{2V} \mathfrak{H} \, tg \, \alpha_1 \qquad \text{bezw.} \qquad \mathfrak{J} = \frac{D_2^3}{V} \mathfrak{H} \, tg \, \alpha_2.$$

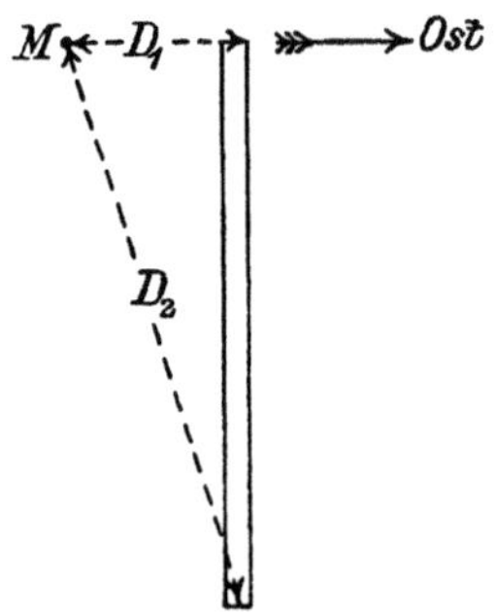

Fig. 74.

Sehr lange Magnete kann man nach Ewing in vertikaler Lage östlich oder westlich vom Magnetometer anbringen (Fig. 74), wobei das obere Ende sich ungefähr in gleicher Höhe mit letzterm befindet.[1]) Es lässt sich zeigen, dass man für die Magnetisirung folgenden Ausdruck erhält

$$(3) \qquad \mathfrak{J} = \frac{D_1^2 \, \mathfrak{H} \, tg \, \alpha_3}{S\left\{1 - \left(\frac{D_1}{D_2}\right)^3\right\}}$$

worin α_3 wieder die am Magnetometer beobachtete Ablenkung ist und die Bedeutung von D_1 und D_2 aus Fig. 74 hervorgeht.

§ 210. Virtuelle Magnetlänge. Die angeführten Gleichungen sind alle in der Weise erhalten, dass man die Fernwirkung nur als von den beiden Enden des Magnets ausgehend betrachtete (vergl. § 22). Diese Voraussetzung trifft aber nicht zu, namentlich nicht bei kurzen Cylindern (§ 26), noch weniger bei Ovoiden, deren ganze Oberfläche als mit Endelementen besät zu betrachten ist. Es lässt sich aber zeigen, dass man die Wirkungen in Entfernungen, gegen deren 4. Potenz diejenige der Magnetlänge vernachlässigt werden darf, berechnen kann wenn man sich die Endelemente in zwei »virtuellen Enden« koncentrirt denkt, und zwar mit derjenigen Stärke $(\mathfrak{J}S)_m$ (§ 19), welche in der Mitte des

1) Die Vertikalkomponente des Erdfeldes wird bei dieser Anordnung am besten mittels einer besonderen Spule aufgehoben; vgl. Ewing, magnetische Induktion in Eisen u. s. w., § 40, Kap. II, woselbst auch alle experimentellen Einzelheiten der magnetometrischen Methode beschrieben sind.

Magnets herrscht. Den Abstand dieser Enden kann man die virtuelle Magnetlänge L' nennen; es ist offenbar

$$L' = \frac{\mathfrak{M}}{(\mathfrak{J}\,S)_m}. \tag{4}$$

Dabei ist $L' < L$, der geometrischen Magnetlänge, da in obigem Bruch der Nenner, d. h. die Stärke in der Mitte des Magnets stets grösser ist, als seine mittlere Stärke $(\overline{\mathfrak{J}S})$, welche definirt ist durch die Gleichung

$$L\,(\overline{\mathfrak{J}S}) = \mathfrak{M}.$$

Bei Kreiscylindern hängt das Verhältniss der virtuellen zur geometrischen Länge, streng genommen, von der Magnetisirung und dem Dimensionsverhältniss ab; indessen setzt man für gewöhnlich nach dem Vorgange F. Kohlrausch's[1]) zweckmässig

$$L' = \frac{5}{6}\,L. \tag{5}$$

Setzt man diesen Werth statt L in die für die erste Hauptlage geltende Reihenentwicklung ein [§ 191, Gleichung (3_1)], so wird die vom Magnet in der Entfernung D_1 erzeugte Intensitätskomponente $\mathfrak{H}_1$ mit genügender Annäherung

$$\mathfrak{H}_1 = \frac{2\mathfrak{M}}{D_1^3}\left[1 + \frac{1}{3}\,\frac{L^2}{D_1^2} + \frac{1}{11}\,\frac{L^4}{D_1^4} + \cdots\right]. \tag{6}$$

Bei gleichförmig magnetisirten Ovoiden ist hingegen unter allen Umständen, wie sich streng zeigen lässt,

$$L' = \frac{2}{3}\,L. \tag{7}$$

Setzt man dies wieder in Gleichung (3_1) § 191 ein, so kommt

$$\mathfrak{H}_1 = \frac{2\mathfrak{M}}{D_1^3}\left[1 + \frac{2}{9}\,\frac{L^2}{D_1^2} + \frac{1}{27}\,\frac{L^4}{D_1^4} + \cdots\right]. \tag{8}$$

Übrigens kann man für die Wirkung von Ovoiden in Punkten auf ihrer verlängerten Rotationsaxe bei ganz beliebigen Entfernungen mittels potentialtheoretischer Rechnungen einen streng richtigen geschlossenen Ausdruck erhalten; und zwar ist[2])

1) F. Kohlrausch, Wied. Ann. **22**, p. 414, 1884. Die Grösse L' wird auch als ideale oder reducirte Länge oder als Polabstand bezeichnet.

2) Siehe Roessler, Untersuchungen über die Magnetisirung des Eisens, pp. 27—31. Inaug. Dissert. Zürich 1892.

$$(9)\qquad \mathfrak{H}_1 = \frac{2\mathfrak{M}}{D_1^3}\left[\frac{3\,\mathfrak{n}^2}{2(\mathfrak{n}^2-\mathfrak{e}^2)} + \frac{3\,\mathfrak{n}^2}{2\,\mathfrak{e}^2} - \frac{3\,\mathfrak{n}^3}{4\,\mathfrak{e}^3}\log\mathrm{nat}\frac{\mathfrak{n}+\mathfrak{e}}{\mathfrak{n}-\mathfrak{e}}\right].$$

Darin bedeutet $\mathfrak{e}$ die Excentricität der Meridianellipse (§ 29), $\mathfrak{n}$ das Verhältniss der Entfernung D_1 zur halben Rotationsaxe, d. h.

$$\mathfrak{e} = \sqrt{1-\frac{a^2}{c^2}} \qquad \text{und} \qquad \mathfrak{n} = \frac{D_1}{c}.$$

Zieht man eine Reihenentwicklung vor, so erhält man durch Dividiren und Entwickeln des Logarithmus

$$(10)\qquad \mathfrak{H}_1 = \frac{2\mathfrak{M}}{D_1^3}\left[1 + \frac{6}{5}\frac{\mathfrak{e}^2}{\mathfrak{n}^2} + \frac{9}{7}\frac{\mathfrak{e}^4}{\mathfrak{n}^4} + \frac{4}{3}\frac{\mathfrak{e}^6}{\mathfrak{n}^6} + \frac{15}{11}\frac{\mathfrak{e}^8}{\mathfrak{n}^8} + \ldots\right].$$

Der durch diese eingeklammerte Zahlenreihe gegebene wahre Werth ist etwas grösser als derjenige, welcher dem Klammernfaktor der Gleichung (8) entsprechen würde.

§ 211. von Helmholtz'sche Methode. — Kompensationsspule. Besitzt man drei permanente Magnete 1, 2, 3 mit den virtuellen Längen L_1', L_2', L_3', den Momenten $\mathfrak{M}_1$, $\mathfrak{M}_2$, $\mathfrak{M}_3$, so lassen sich letztere nach v. Helmholtz bestimmen, indem man die Magnete paarweise an einer eisenfreien Waage befestigt; dabei hänge z. B. 1 am einen Ende vertikal, 2 am andern Ende parallel dem Waagebalken. Nach der Umkehrung des einen Magnets sei das zur Wiederherstellung des Gleichgewichts erforderliche Zusatzgewicht M; bedeutet D den Schneidenabstand, g die Beschleunigung der Schwere, so ist[1])

$$(11)\qquad (\mathfrak{M}_1\,\mathfrak{M}_2) = \frac{1}{12}\,\frac{D^4\,M\,g}{1-\frac{5}{2}\frac{L_1'^2}{D^2}+\frac{10}{3}\frac{L_2'^2}{D^2}}.$$

Ebenso bestimmt man $(\mathfrak{M}_3\,\mathfrak{M}_1)$ und $(\mathfrak{M}_2\,\mathfrak{M}_3)$; dann ist z. B.

$$(12)\qquad \mathfrak{M}_1 = \sqrt{\frac{(\mathfrak{M}_1\,\mathfrak{M}_2)(\mathfrak{M}_3\,\mathfrak{M}_1)}{(\mathfrak{M}_2\,\mathfrak{M}_3)}} \qquad \text{u. s. w.}$$

Wir haben diese Methode hier im Zusammenhang erwähnt, da sie ebenfalls auf der Messung der Fernwirkung beruht, obwohl sie kaum eine magnetometrische genannt werden kann.

---

1) Siehe v. Helmholtz, Berl. Ber. p. 405, 1883. Koepsel, Wied. Ann. **31**, p. 250, 1887. F. Kohlrausch, Leitfaden der prakt. Physik 7. Aufl. p. 248, Leipzig 1892.

Falls es sich nicht um die Untersuchung permanenter Magnete handelt, sondern, wie in der grossen Mehrzahl der Fälle, der ferromagnetische Körper durch ein Spulenfeld magnetisirt wird, so ist im allgemeinen die Wirkung der Spule und der Zuleitungsdrähte auf das Magnetometer zu berücksichtigen. Man kann diese dem Spulenstrom proportionale Wirkung für sich bestimmen und später von der Gesamtwirkung subtrahiren. Bequemer ist es, sie durch eine zweite, justirbare, vom gleichen Strome durchflossene Kompensationsspule, deren Wirkung gleich aber entgegengesetzt ist, aufzuheben. Bei Spulen, welche intensive Felder erzeugen sollen, ist eine solche Kompensation schwerlich genau und dauernd zu erreichen, da ihre Fernwirkung diejenige des eingeschlossenen Körpers um Vieles übertrifft. Es empfiehlt sich jedenfalls, a) ein Magnetometersystem von möglichst geringer Ausdehnung zu benutzen, b) die Temperatur der Spulen möglichst niedrig zu halten, c) die beiden Zuleitungsdrähte überall, namentlich vor der Wippe, um einander zu winden, so dass sie eine merkliche »Windungsfläche« nicht einschliessen. Ist die Kompensation dennoch keine völlige, so sind die übrig bleibenden Differenzen besonders zu bestimmen und als Korrektion in Rechnung zu ziehen.

§ 212. Kurvenprojektor von Searle. Das im Folgenden zu beschreibende Instrument ermöglicht zugleich die Messung einer Intensität, wie auch diejenige des durch sie inducirten Moments, sowie das automatische Auftragen der betreffenden Magnetisirungskurve.[1]) An einem Seidenfaden $\overline{KA}$ hängt eine Aluminiumgabel $\overline{ABDE}$ (Fig. 75 p. 346): diese trägt eine horizontale Magnetnadel $\overline{s'n'}$, welche sich in den magnetischen Meridian $\overline{SN}$ einzustellen bestrebt ist; ein Glimmerflügel G' dämpft ihre Bewegung. Zwischen D und E ist ein zweiter Seidenfaden ausgespannt, der einen Spiegel F trägt, auf dessen Rückseite in der üblichen Weise eine vertikale Magnetnadel $\overline{sn}$ gekittet ist. Da die Spiegelebene im Meridian liegt, ist offenbar nur die vertikale Erdkomponente (bezw. auch theilweise die Schwere) den Spiegel vertikal zu richten bestrebt; die Dämpfung seiner Schwingungen erfolgt durch den horizontalen Glimmerflügel G, welcher in geringem Abstande über der festen Platte P schwebt.

---

1) Searle, Proc. Phil. Soc., Cambridge 7, part VI, p. 330, 1892.

In einiger Entfernung östlich von F, also über der Bildebene, wird das obere Ende des zu untersuchenden, vertikal stehenden, ferromagnetischen Körpers aufgestellt, wie in Fig. 74 p. 342 dargestellt; dieser wird daher in F eine Intensitätskomponente senkrecht zur Bildebene erzeugen, welche die Nadel samt dem Spiegel um $\overline{DE}$ zu drehen strebt. Die Ablenkung ergibt ein Maass für das zu messende magnetische Moment $\mathfrak{M}$; die direkte Wirkung der Magnetisirungsspule wird aufgehoben, indem der Strom eine zweite, etwa westlich von F aufgestellte Kompensationsspule durchfliesst; ausserdem umkreist derselbe noch eine dritte Spule, welche nun aber östlich von der oberen Nadel $\overline{s'n'}$ steht, mithin dem ganzen System eine Ablenkung um die Vertikale ertheilt, welche dem Spulenstrom, also auch der Feldintensität $\mathfrak{H}$, proportional ist. Man kann nun irgendwie den Spiegel einen Lichtpunkt projiciren lassen, dessen Verschiebung nach zwei senkrechten Richtungen, ähnlich wie bei den bekannten **Lissajous**'schen Figuren, proportional den zu messenden Grössen $\mathfrak{M}$ (vertikale Ordinate) bezw. $\mathfrak{H}$ (horizontale Abscisse) ist; jener Lichtpunkt wird daher beim Ansteigen oder Abnehmen des Spulenstromes die gesuchte Magnetisirungskurve bezw. Hysteresisschleife traciren. Falls man noch besonders die richtigen Koordinatenmaassstäbe ermittelt, kann man die Angaben dieses **Kurvenprojektors** auch auf absolutes Maass reduciren; indessen eignet sich das einfache Instrument nach Angabe des Erfinders hauptsächlich für Demonstrationszwecke.

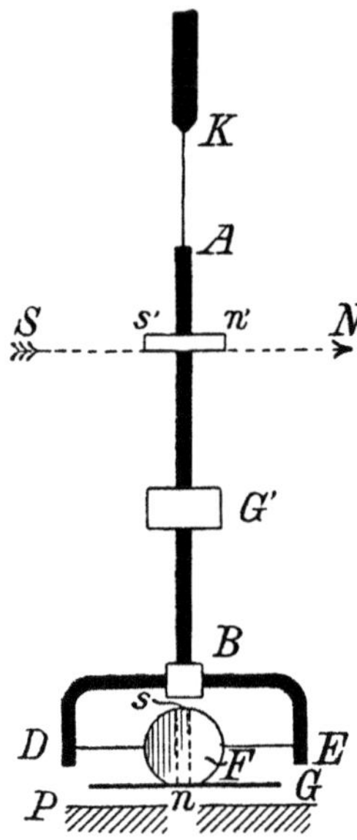

Fig. 75.

§ 213. **Differentialmagnetometer von Eickemeyer.**[1]) Diese technische Vorrichtung, welche die ungefähre Abgleichung der magnetischen Widerstände zweier Eisenproben bezwecken soll, hat einen magnetischen Kreis, der schematisch in Fig. 76 dargestellt ist. $s_1 F_1 n_1$ und $s_2 F_2 n_2$ sind zwei gleiche, schwere, S-förmige

1) Siehe Steinmetz, Elektrotechn. Zeitschr. **12**, p. 381, 1891.

Blöcke aus schwedischem Eisen; y und x sind die beiden zu vergleichenden Eisenstäbe. Der Induktionsfluss folgt dem Wege $F_2\, n_2\, x\, s_1\, F_1\, n_1\, y\, s_2\, F_2$ in der Pfeilrichtung. Die Spule, von der eine horizontale Windung durch C angedeutet ist, umfasst die beiden vertikalen Mittelbacken der Eisenblöcke; innerhalb des vertikalen Spulenfeldes schwingt eine nicht abgebildete Magnetometernadel. Diese wird sich vertikal einstellen, sobald die magnetischen Widerstände x und y gleich sind und zwar aus Symmetriegründen; überwiegt x, so wird sie nach der einen, ist dagegen y grösser, so wird sie nach der andern Seite ausschlagen infolge der alsdann nicht mehr symmetrischen Streuung, welche eine Horizontalkomponente am Orte der Nadel hervorruft. Mittels eines Satzes Normalstäbe aus einer bestimmten Eisensorte, ähnlich einem Gewichtssatze, lässt sich nun der unbekannte Widerstand x in leicht ersichtlicher Weise ungefähr abgleichen. Ausser dieser Nullmethode sollen noch mehrere andere Messmethoden, meist der Wheatstone'schen Brücke nachgebildet, von Edison und Anderen angegeben worden sein, über die weiter nichts bekannt geworden ist (vergl. § 215). Sofern es sich dabei um magnetische Nebenschlüsse handelt, sei auf das hierüber in § 123 Behauptete nochmals besonders hingewiesen.

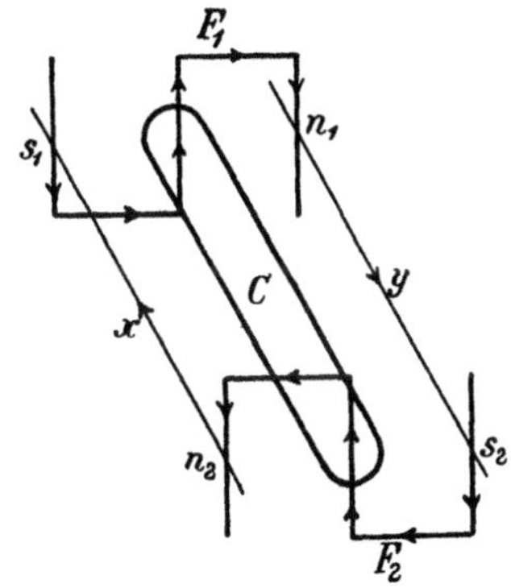

Fig. 76.

B. Elektrodynamische Methoden.

§ 214. Kurvenprojektor von Ewing. Dieses Instrument, welches schematisch in Fig. 77, perspektivisch in Fig. 78 (p. 348) abgebildet ist[1]), wurde gleichzeitig mit demjenigen Searle's (§ 212) konstruirt und trägt wie jenes einen Projektionsspiegel. Die Spiegelnormale bezw. der reflektirte Lichtstrahl ist wieder in zwei senkrechten Ebenen beweglich; die Ablenkung in der Horizontale ist

1) Siehe Ewing, Elektrotechn. Zeitschr. **13**, pp. 516, 712. 1892 und **14**, p. 451. 1893. Auch Ewing und Klaassen, magn. qualities of Iron, Phil. Trans. **184**, 1893.

der zu messenden Intensität $\mathfrak{H}$, diejenige in der Vertikale der Induktion $\mathfrak{B}$ des Probestabs proportional. Die Ablenkungen werden aber in einer ganz andern Weise erzeugt, welche dem

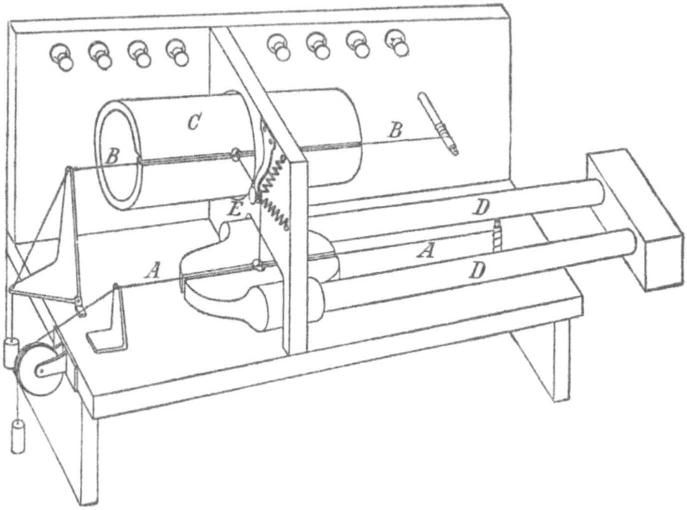

Fig. 77.

§ 192 beschriebenen Messverfahren ähnelt. Die stromführenden Drähte sind durch justirbare Gewichte, wie Saiten im magnetischen

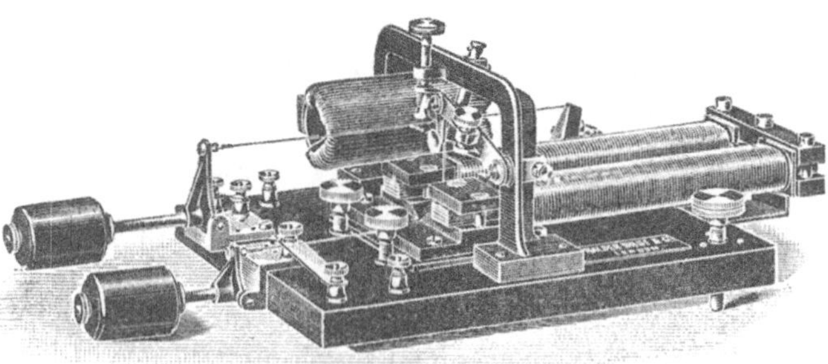

Fig. 78.

Felde ausgespannt und erleiden bei Erregung des letztern eine der Intensität proportionale Ausbuchtung, welche durch Querfäden in geeigneter Weise auf den Spiegel E übertragen wird.

Es sind zwei Probestücke DD des zu untersuchenden Materials erforderlich, welche massiv oder aus Draht, Band- bezw. Blechstreifen aufgebaut sind; es empfiehlt sich, für sie das rechteckige Profil (ca. 2,4 × 1,2 cm) zweier, dem Instrument beigegebener, Normalproben von etwa 45 cm Länge ebenfalls einzuhalten. Die Proben werden in die beiden Polschuhe, sowie in das sie am andern Ende verbindende Joch festgeklemmt, wie aus Fig. 78 deutlich zu ersehen ist; ebenso sind dort die beiden Spulen abgebildet, welche die Proben magnetisiren. Der sie durchfliessende, der Abscisse $\mathfrak{H}$ proportionale, variabele Strom wird auch durch den ausgespannten Draht $\overline{BB}$ geführt; dieser schwebt in einem konstanten vertikalen Felde, welches von dem geschlitzten Eisenrohre C erzeugt wird; die horizontale Ausbuchtung jenes Drahtes bildet daher das Maass für $\mathfrak{H}$. Der konstante Strom von einigen Ampère, welcher behufs Magnetisirung des Eisenrohres durch seine Spule geleitet wird, durchfliesst nun ebenfalls den Draht $\overline{AA}$, welcher in dem horizontalen Felde innerhalb des Schlitzes zwischen den Polschuhen der Proben ausgespannt ist; seine vertikale Elongation misst daher die Intensität dieses Feldes, d. h. die Induktion $\mathfrak{B}$ in den Probestäben.

Die Amplitude der Spiegeldrehung lässt sich sowohl durch die Stärke des konstanten Stromes in C und $\overline{AA}$, wie auch durch den Hebelarm der die Drähte spannenden Gewichte reguliren; die Bewegung ist völlig aperiodisch. Die Reihenfolge der Stellungen des projicirten Lichtpunktes auf dem Schirm wird photographisch oder mit der Hand markirt; die Koordinatenaxen erhält man zuvor, indem man die stromlosen Drähte zupft. Die Koordinatenmaassstäbe können auf absolutes Maass reducirt werden, und zwar für die Abscisse $\mathfrak{H}$ durch Rechnung aus den Ampèrewindungen der Magnetisirungsspulen, für die Ordinate $\mathfrak{B}$ erforderlichenfalls mittels einiger Sekundärwindungen um die Probestäbe. Fig. 79 p. 350 stellt z. B. Kurven dar, welche mit einem solchen Apparat erhalten wurden; wegen des magnetischen Widerstandes des Jochs, der Polschuhe und des Luftschlitzes sind diese von der geneigten Richtlinie $\overline{zz}$, statt von der mit $\overline{xx}$ bezeichneten Ordinatenaxe aus abzulesen.[1])

---

1) Übrigens ist von Ewing ein sinnreicher kinematischer Kunstgriff angegeben worden, wodurch die betreffende Korrektion automatisch

Falls die Änderungen des magnetisirenden Stromes rasch genug erfolgen, etwa innerhalb 1/10 Sekunde, so erscheint der

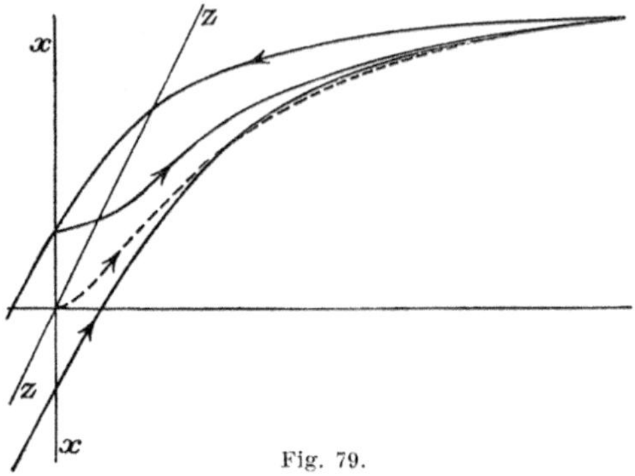

Fig. 79.

projicirte Lichtpunkt als kontinuirliche Lichtlinie, welche dann ohne Weiteres die Induktionskurve darstellt; das Instrument wird

Fig. 80.

dadurch zu einem ebenso sinnreichen wie instruktiven Demonstrationsapparat. Die erstgenannte Bedingung erfüllt Ewing

---

erfolgt. Die den Ordinaten entsprechende Spiegelbewegung wird so geführt, dass die Spiegelnormale eine gegen die vertikale geneigte Ebene durchschweift; mithin beschreibt der Lichtpunkt bei stromlosem Draht nicht die Ordinatenaxe, sondern eben die geneigte Richtlinie $\overline{z\,z}$, von der aus alsdann seine horizontalen Exkursionen erfolgen.

mittels eines eigens konstruirten rotirenden Flüssigkeitsrheostats mit oder ohne Kommutator.[1]) Fig. 80 zeigt eine Form des Kurvenprojektors mit einem festen magnetischen Kreise $\overline{KK}$ anstatt der Probestäbe, wie er sich speciell für Demonstrationszwecke am besten eignet.

§ 215. Untersuchungsapparate von Koepsel und Kennelly. Das Princip der Feldmessung mittels einer durch Torsionsfedern gerichteten Spule (§ 193) liegt einem von Koepsel[2]) angegebenen Eisenuntersuchungsapparat zu Grunde; derselbe ist in Fig. 81 im Aufriss, in Fig. 82 im Grundriss abgebildet. Die Magnetisirungsspulen *SS*, welche ein Strom bis zu fünf Ampère durchfliesst, erzeugen im Zwischenraume ein Feld parallel ihrer Axe; letzterer parallel liegt auch die Windungsebene der oben und unten an einer zugleich stromführenden Torsionsfeder befestigten Messspule; der Hilfsstrom durch diese wird konstant, etwa auf ein Deciampère, regulirt. Sobald die Spulen *SS* erregt werden, wird die Messspule sich ihnen parallel zu drehen suchen; der Torsionswinkel, welcher sie in die Nulllage zurückbringt, misst das Spulenfeld $\mathfrak{H}$ (vgl. p. 316). Schiebt man nun in jede Magnetisirungsspule eine Eisenprobe, so wird der erforderliche Torsionswinkel weit grösser; er ist der Induktion in den Proben wenigstens angenähert proportional. Bei der beschriebenen Anordnung des magnetischen Kreises ist die Gestalt der Proben schwerlich in Rechnung zu bringen; neuerdings hat daher Koepsel[3]) den Apparat in folgender Weise modificirt.

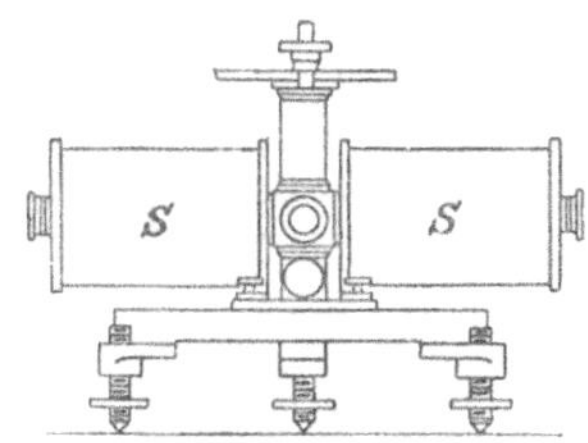

Fig. 81.

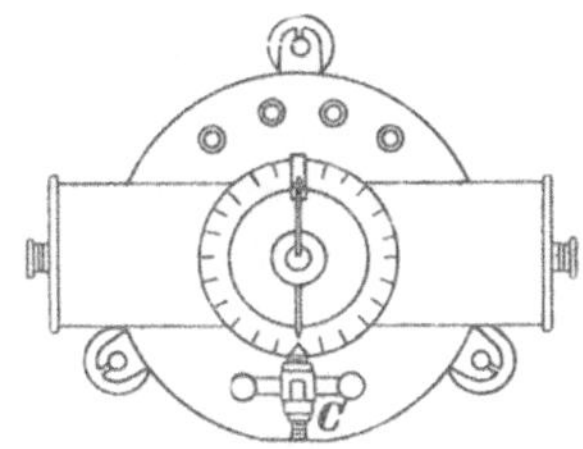

Fig. 82.

Eine Magnetisirungsspule umfasst eine einzige Probe, welche sich in einem Schlussjoch (vergl. § 218) befindet. Die Messspule

1) Ewing, Electrician **30**, p. 65, 1892.

2) Koepsel, Verhandl. physik. Gesellsch. Berlin **9**, p. 115, 1890; auch Elektrotechn. Zeitschr. **13**, p. 560, 1892.

3) Koepsel, Verhandl. physik. Gesellsch. Berlin, 2 März 1994.

ist auf einen Eisencylinder gewickelt, welcher in einer passenden Ausbohrung des Jochs nach Art einer Armatur drehbar ist; seine Ablenkung wird nicht durch Torsion aufgehoben sondern mittels eines Zeigers an einer Skale abgelesen; diese ergibt direkt den Induktionsfluss in absolutem Maasse, wobei dann allerdings ein bestimmter Werth des Hilfsstroms vorausgesetzt wird.

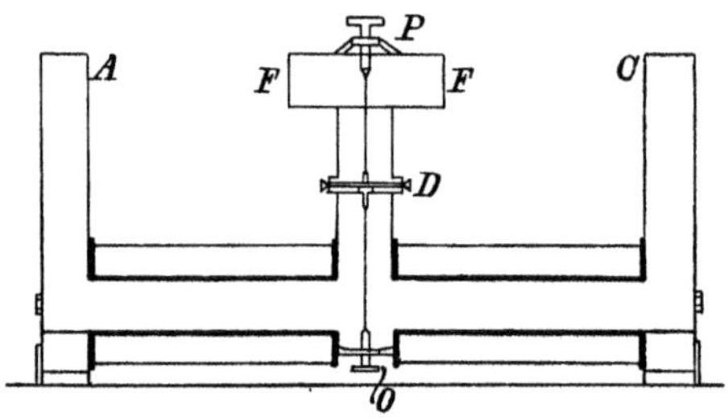

Fig. 83.

Endlich sei eine von Kennelly[1]) angegebene Vorrichtung erwähnt, welche die ungefähre Abgleichung der magnetischen Widerstände zweier Eisenproben ermöglicht, ähnlich wie das § 213 beschriebene Differentialmagnetometer. Die beiden Proben werden in AF bezw. FC aufgelegt (Fig. 83); falls die Widerstände abgeglichen sind, wird aus Symmetriegründen in dem mittlern Eisenquerstück FD eine Induktion nicht auftreten. Das Kriterium hierfür liefert die Unbeweglichkeit einer in radialer Richtung stromdurchflossenen Kupferscheibe D, welche in einem passenden Schlitze um die unifilare stromführende Suspension $\overline{OP}$ drehbar angebracht ist.

C. Induktionsmethoden.

§ **216. Die ballistische Methode** ist von allen magnetischen Messverfahren trotz mehrerer ihr anhaftender Nachtheile dennoch vom Standpunkte der Experimentalphysik bisher zweifellos die wichtigste; und zwar hauptsächlich wegen ihrer allgemeinen Verwendbarkeit und des unbegrenzten Anwendungsbereichs, innerhalb dessen man sie durch beliebiges Erhöhen oder Herabsetzen der Empfindlichkeit verwerthen kann. Für technische Messungen ist sie freilich weniger geeignet, hauptsächlich der erheblichen Störung wegen, welche die meisten ballistischen Galvanometer durch äussere Einflüsse erleiden.

Ihre Anwendung zur Messung der Feldintensität ist eingehend besprochen (§ 195—197) und die Art ihrer Benutzung bei der

1) Kennelly, Elektrotechn. Zeitschrift **14**, p. 727. 1893.

Bestimmung magnetischer Vertheilungen (§§ 189, 208) ebenfalls angedeutet worden; in Kap. V haben wir ihre Anwendung auf die Untersuchung von Toroiden an einem Beispiele dargelegt, sodass wir an dieser Stelle von weiteren allgemeinen Erörterungen absehen.[1]) Die vorliegende Methode ist die einzige, welche sich bei ganz geschlossenen magnetischen Kreisen anwenden lässt; da es aber in diesem Falle nicht möglich ist, die Probespule völlig abzuziehen, so lässt sich niemals der augenblicklich herrschende Induktionsfluss konstatiren, geschweige denn messen, sondern es können nur dessen plötzliche Änderungen bestimmt werden. Die ballistische Methode versagt, sobald die Zeit, welche eine solche Änderuug beansprucht, etwa eine Sekunde übertrifft; es ist dann nicht mehr möglich, dem Galvanometer eine, im Verhältniss zu jener Zeit genügend lange Periode zu verleihen. Bei grösseren Elektromagneten mit hoher Selbstinduktion wird aber jene Grössenordnung sehr bald erreicht (vergl. z. B. § 170).[2]) Dies bildet einen Haupteinwand gegen das ballistische Verfahren; sonst lässt es, wenigstens für Laboratoriumszwecke, wenig zu wünschen übrig.

§ 217. **Isthmusmethode.** Es erübrigt nur noch, die besonderen Formen zu erwähnen, in denen die ballistische Methode für specielle Zwecke angewandt werden kann. Zur Messung der Magnetisirung bei hohen Feldintensitäten (bis zu $\mathfrak{H} = 25000$ C.-G.-S.) wurde von Ewing und Low die sog. Isthmusmethode eingeführt.[3]) Dem zu untersuchenden Ferromagnetikum, z. B. einem Eisenstück, wird auf der Drehbank eine Gestalt, ähnlich derjenigen einer gewöhnlichen Garnrolle verliehen; ihre Enden sind entweder eben oder cylindrisch um eine zur Hauptaxe senkrechte Queraxe;

1) Weitere Einzelheiten findet man bei Ewing, magn. Induktion in Eisen u. s. w. Kap. III und IV; übers. Berlin 1892.

2) Bei mehreren cm dicken Kernen aus weichem Eisen von hoher magnetischer Permeabilität und elektrischer Leitfähigkeit spielen auch bereits die Wirbelströme eine erhebliche Rolle (§ 187). Diese verringern zwar scheinbar die Selbstinduktion und beschleunigen daher die Stromänderungen in der Magnetisirungsspule (p. 300 Anm.) bedingen aber scheinbar durch ihre Schirmwirkung eine erhebliche zeitliche Verzögerung des Vektors $\mathfrak{B}$ mit Bezug auf $\mathfrak{H}$, deren Betrag sich schwerlich kontroliren und in Rechnung ziehen lässt.

3) Ewing und Low, Proc. Roy. Soc. **42**, p. 200. 1887; Phil. Trans. **180** A, p. 221. 1889.

in ersterm Falle lässt sich die Eisenrolle aus dem magnetischen Kreise des bei dieser Methode benutzten kräftigen Elektromagnets plötzlich herausrücken; letztere Form ist schematisch in Fig. 84 dargestellt. Mittels eines Handgriffs lässt sich die ganze Eisenrolle innerhalb der entsprechend cylindrisch ausgebohrten Polschuhe um eine zur Bildebene senkrechte Axe umdrehen, sodass die Richtung des Feldes in Bezug auf sie plötzlich umgekehrt erscheint (vergl. Fig. 55 p. 276). Eng um den dünnen Hals der Rolle (den »Isthmus«) anliegend wird eine Sekundärspule gewickelt, mittels derer man also den Induktionsfluss durch den Hals ballistisch messen kann, und nach Division durch den Querschnitt die Induktion $\mathfrak{B}$ erhält. In etwas weiterer Entfernung vom Halse wird eine zweite Sekundärspule gewickelt, sodass zwischen beiden ein schmaler, reifringförmiger, indifferenter Zwischenraum übrig bleibt. Die Differenz der mit je einer der Sekundärspulen beobachteten ballistischen Ausschläge, dividirt durch den Querschnitt des Zwischenraums, misst offenbar die Feldintensität innerhalb des letztern[1]); und wegen der tangentialen Kontinuität des betreffenden Vektors darf diese als mit der Intensität $\mathfrak{H}$ im Halse selbst identisch betrachtet werden (vergl. p. 85 Anm.). Man bestimmt daher in dieser Weise sowohl die Ordinaten der Induktionskurven, wie auch deren Abscissen.

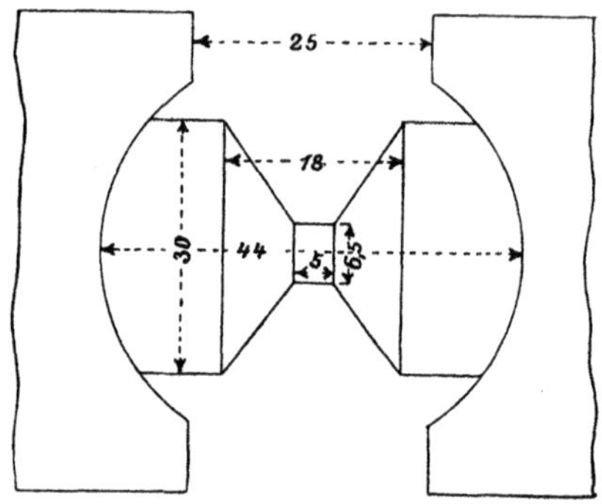

Fig. 84.

Letztere können nun weit höher gesteigert werden, als es mit gewöhnlichen Spulen möglich ist; durch richtige Gestaltung der konischen Ansätze der Eisenrolle lässt sich bei Benutzung eines kräftigen Elektromagnets sowohl die Intensität wie die Gleichförmigkeit von $\mathfrak{H}$ und daher auch von $\mathfrak{B}$ innerhalb des Halses

1) Schaltet man die beiden Sekundärspulen — deren Windungszahl die gleiche sei — gegeneinander, so kann diese Feldintensität direkt gemessen werden; auch erhält man in dieser Weise die Korrektion für die Drahtdicke; vergl. übrigens Ewing, magn. Ind. u. s. w. Kap. VII.

in möglichst günstiger Weise beeinflussen, wie früher (§§ 174, 175) erörtert wurde. Mit einer solchen Rolle aus geglühtem Lowmoor-Schmiedeeisen, bei welcher der Querschnitt des Halses den 1500. Theil desjenigen der Polschuhe betrug, gelang es Ewing und Low, folgende Werthe der magnetischen Vektoren zu erreichen:

$$\mathfrak{H} = 24\,500, \quad \mathfrak{B} = 45\,350, \quad \mathfrak{J} = 1660$$

§ 218. Schlussjochmethode. In der Praxis ist es kaum angänglich, dem zu untersuchenden Ferromagnetikum jedesmal eine besonders vorgeschriebene komplicirte Gestalt zu verleihen; es sind daher verschiedene Verfahren ersonnen worden, um das gewöhnlich in verschieden profilirter Stabform oder in Drahtform vorkommende Material ohne viele Umstände bei der ballistischen

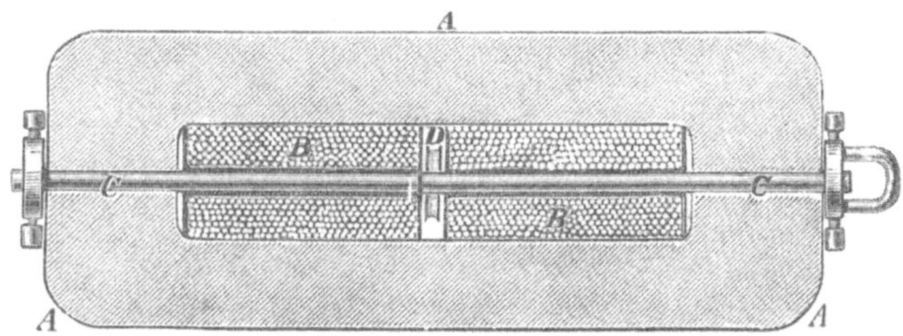

Fig. 85.

Methode verwenden zu können. J. Hopkinson[1]) hat zuerst die erhebliche Selbstentmagnetisirung einer stabförmigen Probe dadurch zu verringern gesucht, dass er ihren magnetischen Kreis durch ein einfaches oder doppeltes Schlussjoch (Fig. 85) *AA* von grossem Querschnitt und aus dem weichsten Eisen schloss. Die Magnetisirungskurve wird nun weit weniger nach rechts übergescheert, als es ohne Schlussjoch der Fall sein würde (§§ 17, 206). Die »Richtlinie« für ein gegebenes Schlussjoch lässt sich mittels einer Normalprobe, deren Magnetisirungskurve bekannt ist, bestimmen.

Die Induktion im Probestab innerhalb des Schlussjochs bestimmte J. Hopkinson auf ballistischem Wege. Bei seinen ursprünglichen Versuchen bestand der Probestab aus zwei in der Mitte getrennten Theilen *C C* (Fig. 85); mittels eines Griffes konnte die rechts abgebildete Stabhälfte plötzlich soweit heraus-

1) J. Hopkinson, Phil. Trans. **176**, II, p. 455. 1885.

gezogen werden, dass die Sekundärspule *D* aus dem Felde zwischen den Primärspulen *B B* mittels einer Feder herausschnellte. Der entstehende Stromimpuls misst den Induktionsfluss, welcher an der betreffenden Stelle geherrscht hatte. Die Trennungsfläche zwischen den beiden Stabhälften liegt offenbar an einer ungünstigen Stelle, wo die durch sie bedingten Unregelmässigkeiten (§ 151) die Sekundärspule direkt beeinflussen. Selbstverständlich kann man auch die Stabhälfte an ihrem Platze belassen und bei unbeweglicher Sekundärspule wie gewöhnlich stufenweise Messungen anstellen. Die Hopkinson'sche Anordnung leistet gute Dienste, namentlich wenn man eine angemessene Rückscheerung der Induktionskurve nicht unterlässt, und der Probestab nicht auch, wie das Joch, aus sehr weichem Eisen von hoher Permeabilität besteht; denn der magnetische Widerstand einer »härtern« Eisen- oder Stahlsorte ist im Verhältniss zu demjenigen des Schlussjochs naturgemäss ein grösserer.

§ 219. Verschiedene Schlussjochformen. Noch günstiger gestaltet sich dieses Verhältniss, wenn man nach Ewing's Vorschlag[1]) zwei Probestäbe anwendet und deren Enden paarweise durch zwei massive Schlussanker verbindet (Fig. 86); die Sekundärspulen werden am besten um die Mitte eines jeden Stabes angebracht. Einer der Anker kann so eingerichtet werden, dass, wenn man ihn abzieht, die Sekundärspulen automatisch mitgenommen werden.

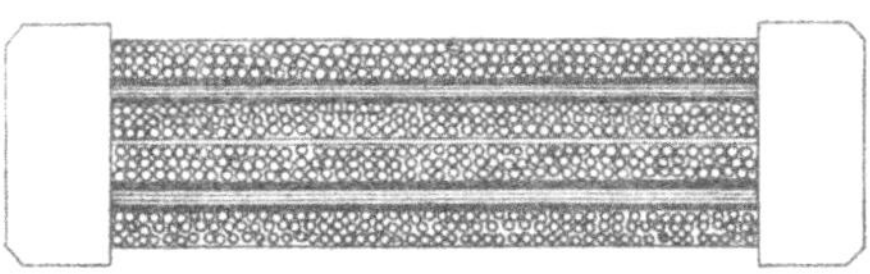

Fig. 86.

Bei dem in Fig. 85 abgebildeten Apparat werden die Probestäbe in die Durchbohrungen des Schlussjochs eingeschoben, wobei sie gut passen müssen, damit Luftzwischenräume vermieden werden; man ist daher an ein genau vorgeschriebenes Profil gebunden. Der Endanschluss der Fig. 86 ist in dieser Beziehung praktischer; die beliebig profilirten Stäbe, Band- oder Drahtbündel brauchen nur in bestimmter Länge gerade und glatt abgeschnitten zu werden; die magnetische Zugkraft bewirkt automatisch einen möglichst festen Anschluss, der durch äussern Druck, etwa mittels Schrauben, noch verbessert werden kann (vergl. § 152).

1) Ewing, magn. Induktion u. s. w. §§ 60, 161.

Ein auf der beschriebenen Methode fussender Apparat für technische Zwecke ist der von Corsepius[1]) angegebene sog. Siderognost (von σιδηρός, Eisen), bei dem ein einfaches U-för-

Fig. 87.

miges Schlussjoch benutzt ist; Fig. 87 stellt die kleinere Form dieses Apparats dar; nach dem Vorhergehenden bedarf sie keiner weitern Erläuterung.

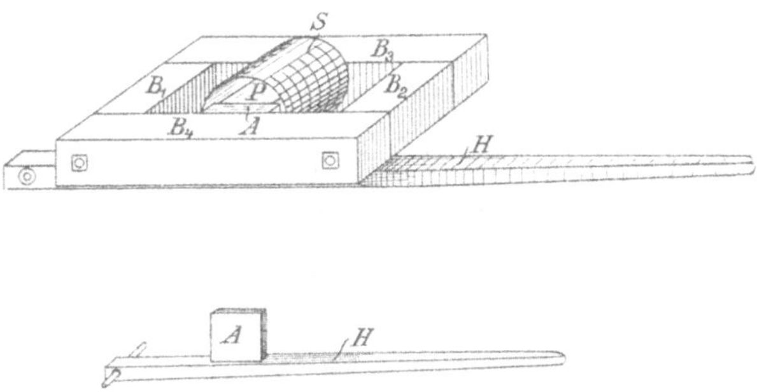

Fig. 88.

Neuerdings ist von Behn-Eschenburg[2]) eine einfache Vorrichtung beschrieben worden, mittels derer rasche Vergleichs-

1) Corsepius, Untersuchungen zur Konstruktion magnetischer Maschinen. pp. 46—61. Berlin 1891.

2) Behn-Eschenburg, Elektrotechn. Zeitschr. **14**, p. 330. 1893.

messungen verschiedener Eisensorten angestellt werden können (Fig. 88). Das Probestück P ist an dem hintern Balken B_3 eines Schlussjochs $\overline{B_1 B_3 B_2 B_4}$ befestigt; zwischen P und dem Vorderbalken B_4 befindet sich eine die Sekundärwindungen tragende Eisenplatte A, welche mittels des Hebels H plötzlich herausgezogen werden kann, analog wie bei der Hopkinson'schen Vorrichtung.

§ 220. Verfahren bei hoher Selbstinduktion. Es wurde § 216 darauf hingewiesen, dass die ballistische Methode in ihrer üblichen Form bei hoher Selbstinduktion versagt. Man kann nun einerseits diesem Übelstande dadurch theilweise abhelfen, dass man in den Stromkreis der Magnetisirungsspule einen erheblichen induktionslosen Widerstand vorschaltet, wodurch die Stromänderungen und damit die magnetischen Variationen beschleunigt werden[1]); selbstverständlich bedarf es dann der Anwendung einer entsprechend höhern elektromotorischen Kraft.

Andererseits lässt sich gerade jener Umstand in der Weise verwerthen, dass man den Selbst-Induktionskoefficient mittels einer der zu diesem Zweck anwendbaren Methoden bestimmt und daraus Rückschlüsse auf die Eigenschaften des Ferromagnetikums zu machen im Stande ist. Denn nach § 153, Gleichung (8) ist für einen geschlossenen magnetischen Kreis in unserer üblichen, dort eingeführten, Bezeichnungsweise

$$\frac{d\mathfrak{B}}{d\mathfrak{H}} = \frac{L}{4\pi n^2 S} \Lambda. \tag{13}$$

Einer kleinen endlichen Variation δI des Stroms, für die der Selbst-Induktionskoefficient Λ als konstant betrachtet werden darf, entspreche eine Änderung $\delta\mathfrak{H}$ der Intensität und $\delta\mathfrak{B}$ der Induktion; dann ist nach obiger Gleichung

$$\delta\mathfrak{B} = \frac{\Lambda L}{4\pi n^2 S}\delta\mathfrak{H} = \frac{\Lambda}{n S}\delta I. \tag{14}$$

Bestimmt man nun für eine Reihe solcher kleiner Stromvariationen jedesmal den Selbst-Induktionskoefficient Λ, so leuchtet ein, wie man durch ein geeignetes Integrationsverfahren die Beziehung zwischen $\mathfrak{B}$ und $\mathfrak{H}$ erhalten kann; denn es ist

1) Vergl. p. 281 Anm. 2. Siehe auch J. Hopkinson, original papers on Dynamo Machinery, p. 198, New York 1893.

$$(15) \qquad \mathfrak{B} = \frac{L}{4\pi\, n^2 S} \int_0^{\mathfrak{H}} \varDelta\, d\,\mathfrak{H} = \frac{1}{n\, S} \int_0^{I} \varDelta\, d\, I.$$

Swinburne und Bourne[1]) haben ein unter diesem Gesichtspunkt zu betrachtendes technisches Verfahren beschrieben, bei welchem das zu untersuchende Material in Drahtform verwendet wird; sie wickeln den Draht in einer Hohlform von bekannten Dimensionen zu einem Ring, welcher dann in gleichmässiger Weise primär und sekundär bewickelt wird. Um nun die ballistische Messung des Stromimpulses in der Sekundären zu umgehen, wird derselbe durch einen gleichen und entgegengesetzten kompensirt, sodass mit dem Galvanometer nur das Fehlen eines solchen konstatirt zu werden braucht. Die Primärspule des Rings ist zu diesem Zweck in einen und denselben Stromkreis mit derjenigen eines »Induktionskastens«[2]) geschaltet; die Sekundärspulen des Letztern dagegen in einen Stromkreis mit derjenigen des Rings, doch so, dass die beiden inducirten Stromimpulse sich entgegenwirken. Im Induktionskasten werden nun Sekundärspulen eingeschaltet, bis die Kompensation erreicht ist; seine gegenseitige Induktion ist dann gleich derjenigen der beiden Spulen des Ringes; aus diesem gegenseitigen Induktionskoefficient erhält man dann durch Multiplikation mit dem Verhältniss der Windungszahlen [§ 176, Gleichung (39)] den gesuchten Werth des Selbst-Induktionskoefficients der Primärspule Betreffs der näheren Einzelheiten der Methode von Swinburne und Bourne sei auf den citirten Aufsatz hingewiesen.

§ 221. Methoden von J. und B. Hopkinson und von Th. Gray. Behufs Bestimmung der Hysteresis bei rasch verlaufenden Kreisprocessen ist von J. und B. Hopkinson[3]) folgendes Verfahren angewandt worden. Es wurde wie oben Eisen-

1) Swinburne und Bourne, Phil. Mag. [5] **24**, p. 85. 1887; the Electrician **25**, p. 648, 1890.

2) Ein sog. »Induktionskasten« bildet das Analogon eines Widerstandskastens; er enthält zwei unifilar gewickelte Spulensätze, deren gegenseitiger Induktionskoefficient innerhalb gewisser Grenzen beliebig — und zwar entweder stufenweise oder stetig — regulirbar ist. Vergl. Graetz, Wied. Ann. **50** p. 769, 1893.

3) J. und B. Hopkinson, the Electrician **29** p. 510, 1892.

bezw. Stahldraht von ¼ mm Dicke benutzt und zu einem Ring gewickelt; auf diesem befanden sich n (= 200) Windungen Kupferdraht; durch diese »Induktionsspule« im Sinne des § 153 wurde ein Wechselstrom geleitet. Die Stromstärke I sowie die auf die Spule einwirkende fremde elektromotorische Kraft E_e wurden mittels einer rotirenden Kontaktvorrichtung und eines mit Kondensator versehenen Elektrometers als periodische Funktionen der Zeit bestimmt und durch eine (I, T)-Kurve bezw. eine (E_e, T)-Kurve graphisch dargestellt. Indem dann die Ordinaten der erstern mit dem Spulenwiderstand R multiplicirt und von demjenigen der letztern subtrahirt wurden, erhielt man eine dritte Kurve, welche nun nach Gleichung (7), § 153

$$\frac{d(n\mathfrak{S})}{dT} = E_e - IR, \tag{16}$$

diesen Differentialquotient als Funktion der Zeit darstellte. Die Integration ergab in erster Linie $(n\mathfrak{S})$ und daher auch $\mathfrak{B} = (n\mathfrak{S})/nS$ als Funktion von T, und sodann durch Bezugnahme auf die entsprechenden Ordinaten der (I, T)-Kurve, als Funktion von I oder von $\mathfrak{H} = 4\pi n I/L$; d. h. man erhielt also schliesslich die gesuchte Induktionskurve. Deren Flächeninhalt ergab dann in der üblichen Weise den hysteretischen Energieumsatz.

Ausser aus periodischen Stromkurven — in der oben befolgten Weise oder durch Umkehrung des von Sumpner (§ 156) angegebenen Verfahrens — kann man nach dem Vorgange Th. Gray's [1]) die Induktionskurve auch aus der Stromentstehungskurve herleiten. Da dieses theoretisch interessante Verfahren § 156 erörtert und graphisch erläutert wurde, begnügen wir uns hier mit einigen Angaben betreffs der allerdings umständlichen Methodik der Versuche.

Messungen bezw graphische Darstellungen des zeitlichen Verlaufs rasch variirender Ströme sind von Blaserna [2]) mit rotirenden Kontaktvorrichtungen, von v. Helmholtz [3]) mittels seines bekannten Fallpendels erhalten worden; bei den späteren Untersuchungen wurden dann mehr oder weniger eingreifende Modifikationen jener Apparate angewandt; Th. Gray benutzte nun anfangs

1) Th. Gray, Phil. Trans. **184** A, p. 531, 1893. Vergl. auch die Kritik Evershed's, the Electrician, **32**, p. 316, 1894.

2) Blaserna, Giornale di Scienze naturali ed econ. **6**, p. 38, 1870.

3) v. Helmholtz, Wissensch. Abhandl. **1**, p. 629, Leipzig 1882.

zur Bestimmung seiner Stromkurven ein dem oben angegebenen Hopkinson'schen ähnliches Verfahren. Bei der sehr hohen Relaxationsdauer seines Elektromagnets (vergl. Fig. 41 p. 257) konnte er jedoch die langsamen Stromänderungen schon mit einem raschschwingenden, aber stark gedämpften Spiegelgalvanometer verfolgen. Der Spiegel entwarf einen Lichtpunkt auf einer, um eine horizontale Axe rotirenden, mit Koordinatenpapier bedeckten Chronographentrommel. Indem die Bewegungen des Lichtpunktes mit Bleistift verfolgt wurden, entstanden die Stromkurven, von denen wir einige bei geschlossenem magnetischem Kreise beobachtete, nebst den aus ihnen in der a. a. O. angegebenen Weise hergeleiteten Induktionskurven in Fig. 40 (p. 256) und 41 (p. 257) dargestellt haben.

D. Magnetooptische Methoden.

§ 222. Kerr'sches Phänomen. Ähnlich wie sich die Messung der Feldintensität auf optischem Wege ausführen lässt (§ 199), so kann man auch die Magnetisirung mittels des schon erwähnten Kerr'schen magnetooptischen Phänomens (vergl. § 10) bestimmen. Man lässt linearpolarisirtes monochromatisches Licht am besten nahezu senkrecht auf den spiegelnden Magnet einfallen und von ihm reflektiren, wozu man sich zweckmässig eines besondern Polarisators und Analysators bedient. Es tritt dann eine einfache Drehung ε der Polarisationsebene — ohne störende Ellipticität — auf, welche der Normalkomponente der Magnetisirung $\mathfrak{J}_\nu$ am Spiegel proportional ist, wie bereits bei der Einführung jenes Vektors (§ 11) erwähnt wurde; wir setzen daher

$$\varepsilon = K\mathfrak{J}_\nu. \tag{17}$$

K ist ein negativer oder positiver Proportionalitätsfaktor, die sog. Kerr'sche Konstante; für ein gegebenes Metall hängt sie von der Wellenlänge erheblich, von der Temperatur kaum merklich ab; ihre absoluten Werthe sind bekannt.

Fig. 89 p. 362 stellt eine vom Verfasser[1]) benutzte Versuchsanordnung dar. Die zu untersuchende, spiegelnd polirte Platte *M* wird auf

---

1) du Bois, Phil. Mag. [5] **29**, p. 293. 1890; Wied. Beibl. **14**, p. 1156. 1890. Vergl. auch Wied. Ann. **39**, p. 25. 1890, und **46**, p. 545 Fig. 1, 1892. Da die Drehung nach Gl. (17) der Normalkomponente der Magnetisirung proportional ist, so wäre damit theoretisch die Möglichkeit gegeben, die Vertheilung von $\mathfrak{J}_\nu$, etwa mittels eines sehr dünnen »Probespiegels«, zu bestimmen (vergl. § 208).

dem einen massiven konischen Polschuh P_1 eines kräftigen Elektromagnets (vergl. § 175) befestigt; der andere durchbohrte Polschuh P_2 gestattet dem einfallenden und reflektirten Lichte den Durchgang. Ausser der nach Gleichung (17) aus der gemessenen Drehung herzuleitenden Magnetisirung ist nun noch die zugehörige Abscisse der Magnetisirungskurve zu ermitteln. Zu diesem Zweck

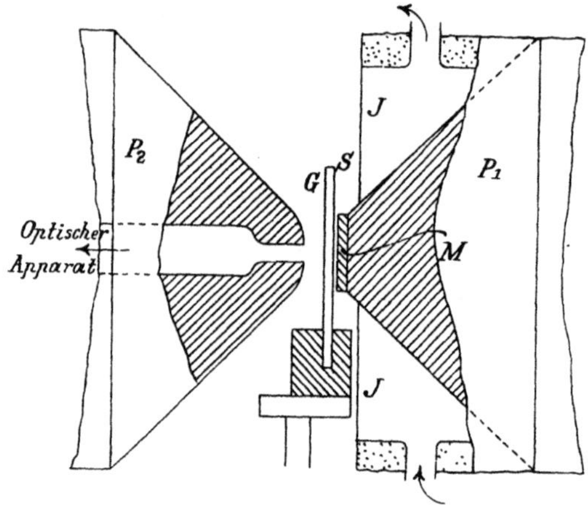

Fig. 89.

wird die senkrecht zum Spiegel gerichtete Feldintensität $\mathfrak{H}_t$ unmittelbar vor demselben gemessen; und zwar mittels einer auf ihrer Rückseite S versilberten Etalonglasplatte G (vergl. § 200). Wegen der normalen Kontinuität der Totalinduktion ist der Werth dieses Vektors innerhalb der Platte, also $\mathfrak{B}_t'$, gleich demjenigen von $\mathfrak{H}_t$ (vergl. p. 89 Anm.). Man erhält daher in dieser Weise

$$(18) \qquad \mathfrak{J} = \text{funct.}\,(\mathfrak{B}_t') = \text{funct.}\,(\mathfrak{H}_t' + 4\,\pi\,\mathfrak{J}).$$

Also zunächst eine Beziehung zwischen den beiden Vektoren $\mathfrak{J}$ und $\mathfrak{B}_t'$. Da es jedoch nicht üblich ist, solche graphisch darzustellen, man vielmehr stets die einzige unabhängige Variabele $\mathfrak{H}_t'$ als Abscisse einzuführen pflegt, so lässt sich die gesuchte Magnetisirungskurve, d. h.

$$(19) \qquad \mathfrak{J} = \text{funct.}\,(\mathfrak{H}_t')$$

zweckmässig aus der durch Gleichung (18) dargestellten Kurve durch Rückscheerung erhalten, und zwar von der Ordinatenaxe aus bis zu einer Richtlinie, deren Gleichung folgende ist:

$$(20) \qquad \mathfrak{H} = -\,4\,\pi\,\mathfrak{J}.$$

§ 223. Kundt'sches Phänomen. Theoretisch kann man ebensogut die Drehung der Polarisationsebene beim senkrechten Durchgang des Lichtes durch transversalmagnetisirte, dünne, durchsichtige, ferromagnetische Schichten, das sog. »Kundt'sche magnetooptische Phänomen« zur Messung heranziehen; die hierbei beobachtete Drehung ε ist

$$\varepsilon = \Psi \mathfrak{J} d, \tag{21}$$

worin d die Dicke der Schicht, Ψ einen Proportionalitätsfaktor, die Kundt'sche Konstante, bedeutet.[1]) Man erhält dann ebenfalls zunächst die durch Gleichung (18) dargestellte Beziehung, was auch daraus hervorgeht, dass die Magnetisirungskurve einer Platte die Grenzkurve ist, welche dem grösstmöglichen Entmagnetisirungsfaktor $N = 4\pi$ entspricht (§§ 30, 33). Diese magnetooptischen Methoden eignen sich daher nur zur Untersuchung des »Sättigungsstadiums« (§ 13) der Magnetisirung; denn in den unteren Stadien weicht die Magnetisirungskurve so wenig von der zur Richtlinie [Gl. (20)] symmetrischen Geraden, deren Gleichung

$$\mathfrak{J} = +4\pi \mathfrak{H} \tag{22}$$

ist, ab, dass die Differenzen völlig innerhalb der Fehlergrenzen der Beobachtungen fallen. Es bildet dieser Fall das schlagendste Beispiel für das Verdecken aller besonderen Eigenschaften des Ferromagnetikums durch seine Gestalt.

Obwohl die Drehung bei durchgehendem Licht unter Umständen fast den zehnfachen Werth derjenigen bei Reflexion erreichen kann, lässt sie sich dennoch verschiedener Gründe halber nicht so genau bestimmen. Ferner ist man bei ersterm Verfahren auf dünne elektrolytische Metallschichten angewiesen und kann nicht jedes beliebige massive Material untersuchen; infolgedessen erscheint diese Methode im allgemeinen weniger zu empfehlen, als die auf dem Kerr'schen Phänomen fussende.

E. Hall'sches Phänomen. Wismuthspirale.

§ 224. Hall'sches Phänomen. Neuerdings ist von Kundt[2]) gezeigt worden, dass der Ablenkungswinkel β der Äquipotential-

1) Kundt, Wied. Ann. **23**, p. 228, 1884, und **27**, p. 191, 1886. Vergl. auch du Bois, Wied. Ann. **31**, p. 966. 1887.

2) Kundt, Wied. Ann. **49**, p. 257. 1893.

linien (vgl. Fig. 69 p. 330) in dünnen, transversalmagnetisirten Schichten ferromagnetischer Metalle proportional der Drehung ε der Polarisationsebene des durchgehenden Lichtes ist. Er schliesst daraus, dass jener Winkel bezw. die Potentialdifferenz der Hall-Elektroden nach § 223 Gleichung (21) auch proportional der Magnetisirung sein muss und sich daher zu ihrer Bestimmung eignen dürfte. Angewandt ist dieses vielleicht sehr entwicklungsfähige Messverfahren bisher noch nicht, ebensowenig wie die entsprechende Erscheinung bei nicht ferromagnetischen Metallen zur Bestimmung der Feldintensität bis jetzt benutzt wurde (§ 201). Die Methode dürfte sich wieder speciell zur Untersuchung des Sättigungsstadiums eignen, da man es nach wie vor mit der im vorigen Paragraphen diskutirten, dem Werthe $N = 4\pi$ entsprechenden, äussersten Grenzkurve zu thun hat. Es ist zu bemerken, dass die Messung der Potentialdifferenz der Hall-Elektroden weit bequemer und genauer auszuführen ist, als diejenige der Drehung der Polarisationsebene des Lichtes beim Durchgang durch dünne Metallschichten.

§ 225. Untersuchungsapparat von Bruger. Die in § 202 besprochene Feldmessmethode mittels einer Wismuthspirale ist von Bruger als Grundlage eines magnetischen Untersuchungsapparates benutzt worden, dessen neueste Form Fig. 90 veranschaulicht.[1]) Ein henkelförmiges Schlussjoch von rundem Profil umfasst den Probestab, welcher denselben Querschnitt wie jenes haben soll. Dabei bleibt (in der Figur rechts) ein Luftschlitz, innerhalb dessen mit einer Wismuthspirale die Feldintensität $\mathfrak{H}$ gemessen wird; die Weite d des Schlitzes wird jedesmal mit der abgebildeten mikrometrischen Vorrichtung bestimmt; die auf ihn entfallende magnetomotorische Kraft beträgt, wenn man sie — direkt in Ampèrewindungen ausgedrückt — mit M_e' bezeichnet (p. 205 Anm. 1),

$$(23) \qquad M_e' = 0{,}8\, \mathfrak{H}\, d.$$

Der bekannte Gesamtwerth der Ampèrewindungen sei M_t', so bleibt für das Schlussjoch M_j', für den Probestab M_p' übrig, so dass

$$(24) \qquad M_p' + M_j' = M_t' - M_e'.$$

1) Die ursprüngliche Form des Apparats wurde auf dem Frankfurter Elektrotechn. Kongress 1891 vorgeführt. (Siehe Berichte Sektions-Sitz. p. 87, Frankfurt 1892.)

Bedeutet S den überall konstanten Querschnitt, so ist, abgesehen von Streuung, der Induktionsfluss $\mathfrak{G} = \mathfrak{H} S$; man kann also M_p' als Funktion von $\mathfrak{G}$ auftragen, was der Zweck des Apparats ist;

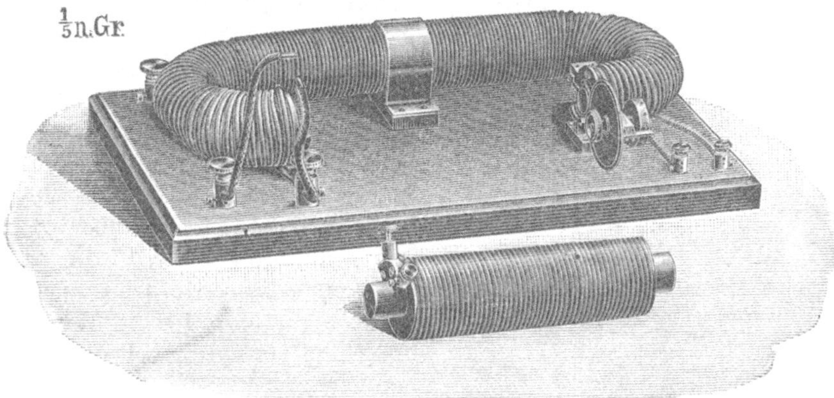

Fig. 90. — 1/5 nat. Grösse.

zuvor hat man — mittels eines Normalprobestabs aus derselben Eisensorte wie das Schlussjoch — M_j' als Funktion von $\mathfrak{G}$ ein- für allemal bestimmt. Die Streuung soll dadurch berücksichtigt werden, dass die Wismuthspirale einen etwas grössern Durchmesser aufweist als der Schlitz.

F. Zugkraftmethoden.

§ 226. Permeameter von Thompson. Wir haben § 107 die Versuche Shelford Bidwell's mit diametral durchschnittenen Toroiden bezw. auch mit durchschnittenen Stäben erwähnt. Sein Verfahren, die Zugkraft zur Messung der Induktion bezw. der Magnetisirung heranzuziehen, bildet den Grundgedanken einiger neuerer Apparate, auf welche a. a. O. hingewiesen wurde.[1])

Silv. Thompson hat die in zweiter Linie genannte Versuchsanordnung zu einem für technische Zwecke geeigneten Apparat entwickelt, welchen er Permeameter genannt hat.[2]) Dieser

---

1) Irrthümlich wurde p. 168 auf Kap. X statt auf das vorliegende Kap. XI verwiesen.

2) Silv. Thompson, Dynamo-electric Machinery 4. Aufl, p. 138. London 1892.

ist in Fig. 91 abgebildet; der Probestab wird durch die Bohrung im oberen Theile des massiven Schlussjochs, in die er möglichst genau passen muss, und die Spule hindurchgesteckt, so dass seine untere, möglichst gerade und glatt hergerichtete Fläche auf einem geschliffenen Ansatz des Jochs aufliegt. Die zum Abreissen des Probestabs erforderliche Kraft wird mittels der Federwaage bestimmt. Da die Spule beim Abreissen unbeweglich bleibt, bringt Silv. Thompson nur das erste Glied der Gleichung (13) § 104 in Rechnung und setzt demnach

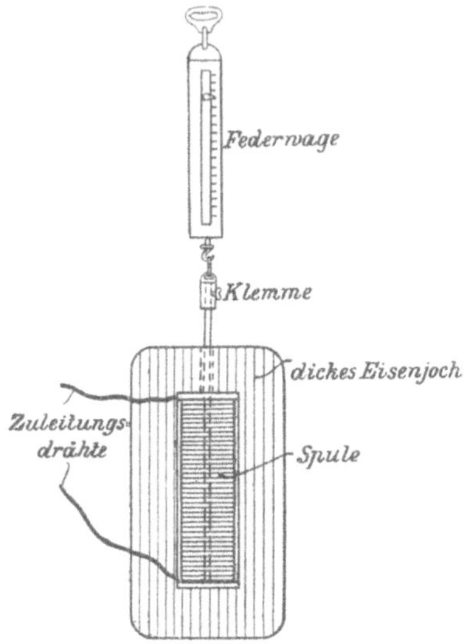

Fig. 91.

(25) $\mathfrak{F} = \mathfrak{Z}\, S = 2\,\pi\, \mathfrak{J}^2\, S,$

worin S den Querschnitt des Probestabs, $\mathfrak{Z}$ den Zug, $\mathfrak{F}$ die Gesamtzugkraft bedeutet; drückt man letztere in Kilogrammgewicht aus und bezeichnet dann obige Grössen wie in § 103 zur Unterscheidung mit $\mathfrak{F}_1$ bezw. $\mathfrak{Z}_1$, so gilt mit genügender Annäherung folgende Gebrauchsformel

$$(26) \qquad \mathfrak{J} = 395 \sqrt{\mathfrak{Z}_1} = \frac{395}{\sqrt{S}} \sqrt{\mathfrak{F}_1}.$$

Man kann offenbar die Skala der Federwaage derart theilen, dass sich an ihr direkt der Werth von $\mathfrak{J}$ ablesen lässt.

Alle bei der Besprechung von Abreissversuchen eingehend diskutirten Fehlerquellen (§ 107) beeinflussen naturgemäss auch die Messungen mit dem Permeameter; überdies liegt der Schnitt an einer ungünstigen Stelle, wo die Induktionslinien wegen des Übergangs aus dem dünnen Stab in das breite Joch unregelmässig verlaufen; Ewing hat daher vorgeschlagen, den Schnitt in die Mitte des Probestabs zu verlegen.

§ 227. Magnetische Waage. Behufs Beseitigung dieser Übelstände ist vom Verfasser eine magnetische Waage konstruirt worden, bei der ein eigentliches Abreissen zweier sich berührender ferromagnetischer Theile nicht stattfindet. Das Instru-

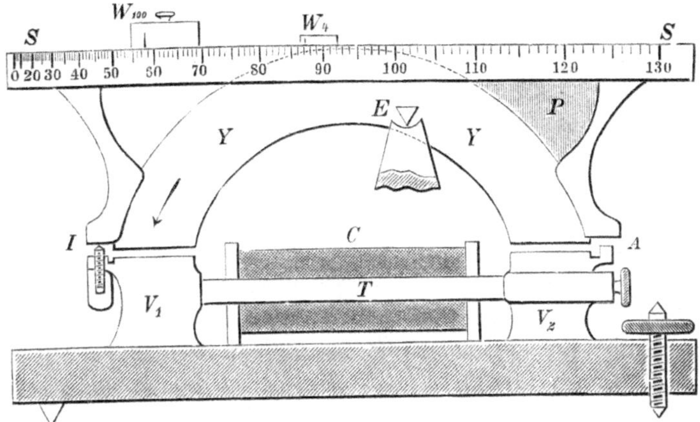

Fig. 92. — 1/4 nat. Grösse.

ment ist schematisch in Fig. 92, perspektivisch in Fig. 93 abgebildet. Der Probestab T wird automatisch (§ 219) zwischen die

Fig. 93. — 1/4 nat. Grösse.

schmiedeeisernen Backen V_1 und V_2 geklemmt, nachdem er mittels zugehöriger Leere auf 15 cm Länge möglichst gerade abgeschnitten und eventuell auf 1,128 cm Durchmesser abgedreht ist. Es entspricht dies einem Querschnitt von 1,000 qcm, dessen Innehaltung zwar nicht nothwendig, aber insofern bequem ist, als dann jede Umrechnung erspart wird. Felder bis zu 300 C.-G.-S.-Einheiten liefert die Spule *C*; diese ist 4π cm lang[1]) und mit 100 Windungen bewickelt, so dass die Feldintensität $\mathfrak{H}$ in ihrer Mitte sich einfach durch Multiplikation des Stromes (in Ampère) mit 10 ergibt [§ 6, Gleichung (7)]. Über den Backen schwebt in geringer Entfernung ein Schlussjoch $\overline{YY}$, welches zugleich den Waagebalken darstellt; dessen Schneide *E* ruht excentrisch auf dem Apparate; durch den Bleiklotz *P* wird das Gleichgewicht wieder hergestellt.

Die auf beiden Seiten aus Symmetriegründen gleichen magnetischen Anziehungen erzeugen dennoch der ungleichen Hebelarme wegen verschiedene Kräftepaare. Das resultirende Drehungsmoment ist, wie besondere ballistische Versuche zeigten, innerhalb des zu benutzenden Bereichs ($0 < \mathfrak{G} < 16000$) dem Quadrate des Induktionsflusses $\mathfrak{G}$ in der Mitte des Probestabes proportional; dies beweist, dass bei der entsprechenden, verhältnissmässig schwachen Magnetisirung der Backen und des Jochs die Streuung unverändert bleibt (vgl. §§ 109, 110); unter den obwaltenden Umständen dürfen ferner $\mathfrak{J}$ und $\mathfrak{B}$ proportional angenommen werden (vergl. §§ 11, 59). Das Joch wird links heruntergezogen und diese Wirkung wird durch Laufgewichte W_{100} oder W_4 von 100 bezw. 4 Gramm-Gewicht, die an der quadratisch getheilten Skala $\overline{SS}$ entlanggleiten, kompensirt. Das Instrument wird so justirt, dass man aus der Skalenlesung durch einfaches Multipliciren mit 10 ($=\sqrt{100}$) bezw. 2 ($=\sqrt{4}$) den gesuchten absoluten Werth der Magnetisirung findet, wofern der Probenquerschnitt 1 qcm beträgt; andernfalls ist nach dem Auftragen der Kurven schliesslich die Ordinate durch den gemessenen Querschnitt zu dividiren: dabei kommt es nicht darauf an, ob das Profil kreisrund, quadratisch oder beliebig anders gestaltet sei, oder ob die Probe aus einem Bündel Drähte, Bänder oder Blechstreifen besteht.

Da das magnetische Gleichgewicht naturgemäss stets ein labiles ist, kann man keine Einstellung, wie an der Zunge einer Waage, ablesen, sondern bestimmt nach dem Gefühl diejenige

---

1) In Wirklichkeit ist sie etwas kürzer (12,2 cm), um dadurch den Einfluss ihrer Enden in einfacher Weise zu kompensiren (§ 6).

Stellung des Laufgewichtes, bei welcher das Joch von der Justirschraube *I* gerade abgerissen wird; bei einiger Übung gelingt diese Bestimmung mit mehr als genügender Genauigkeit. Das Joch schwebt nach Art der Morse-Taster mit sehr geringem Spielraume (0,1—0,2 mm) über der Schraube *I* und dem Anschlag *A*; durch sein Umkippen ändert sich der Widerstand des ganzen magnetischen Kreises theoretisch um ein Geringes, da die freiwilligen Bewegungen des Jochs dem Princip des geringsten magnetischen Widerstandes (§ 158) untergeordnet sind. Die Nothwendigkeit dieses Verhaltens geht übrigens schon aus der elementaren Überlegung hervor, dass bei einem Kippen des Jochs um einen bestimmten Winkel die Weite des linken Luftschlitzes um mehr abnimmt [zunimmt] als diejenige des rechten zunimmt [abnimmt]; diese Widerstandsänderungen sind indessen so gering, dass sie den Werth des Induktionsflusses nicht merklich beeinflussen.

Das Kippen, beispielsweise nach links, hat zur Folge, dass der Luftschlitz links enger, die Streuung, und damit der wirksame Querschnitt für den Übergang der Induktionslinien, geringer, mithin bei konstantem Induktionsfluss die Gesamtzugkraft dort grösser wird (§ 109); beim Luftschlitz rechts verhält es sich gerade umgekehrt. Hieraus erklärt sich einmal das labile Gleichgewicht, und geht zweitens die Nothwendigkeit hervor, das Abreissen stets bei ganz bestimmten unveränderlichen Werthen der beiderseitigen Schlitzweiten vorzunehmen. Letztere betragen etwa 0,3 mm; das Instrument ist so konstruirt, dass Änderungen derselben möglichst ausgeschlossen sind; schliesslich wird bei der Aichung mittels Normalprobestabs die links befindliche Justirschraube *I* so eingestellt, dass die Skalenablesung richtige Magnetisirungswerthe ergibt, und sodann mit einem Sicherheitsverschluss versehen.

§ 228. Gebrauch der Waage. Behufs gründlicher Entmagnetisirung aller Theile des magnetischen Kreises kann das Joch mit einer Hebevorrichtung langsam gehoben werden, während man die im Stromkreise vorgeschaltete Wippe rasch hin- und herwirft (vergl. § 207); bei Nichtbenutzung des Instruments bleibt das Joch in seiner höchsten Stellung arretirt. Genügt dieses Verfahren nicht, um den Einfluss der magnetischen Vorgeschichte des Jochs völlig zu zerstören, worauf es sehr ankommt, so ist eine besondere Entmagnetisirungsspule anzuwenden. Die Entmagnetisirung der

Probe lässt sich nach § 207 einfacher bewerkstelligen, indem die Spule dem Beobachter zugeschoben und die Probe unter fortwährendem Kommutiren langsam aus ihr herausgezogen wird.

Dem Dimensionsverhältniss $\mathfrak{m} = 15$ entspricht für Cylinder nach Tabelle I p. 45 der Entmagnetisirungsfaktor $\overline{N} = 0{,}12$; in der beschriebenen magnetischen Waage wird ungefähr $\overline{N} = 0{,}02$, entsprechend dem Dimensionsverhältniss 45; dieses wird also durch den magnetischen Schluss scheinbar verdreifacht. Den gleichen Werth von $\overline{N}$ würde man dadurch erhalten können, dass man den 15 cm

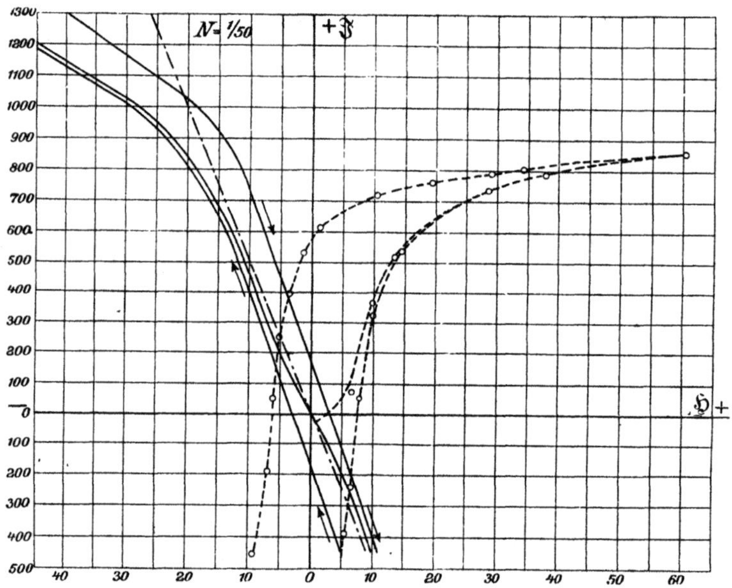

Fig. 94.

langen Probestab zu einem Toroid böge, bis seine Enden einen ¼ mm weiten Schlitz bildeten. Übrigens ist $\overline{N}$ nicht ganz konstant; beim Auftragen der Kurven ist es daher besser, statt von geneigten geraden Richtlinien (§ 17) auszugehen, die Abscissen von passenden »Entmagnetisirungslinien« (s. Fig. 21 p. 135) aus aufzutragen. Diese werden bei der Aichung des Apparats ein für allemal bestimmt, und zwar drei verschiedene: eine für von Null aufsteigende Magnetisirung, zwei für die auf- bezw. absteigenden hysteretischen Äste cyklischer Magnetisirungsprocesse. Durch ihre Benutzung korrigirt man automatisch den Einfluss der magnetischen Widerstände der Backen V_1 und V_2, des Jochs $\overline{YY}$, der Luftzwischenräume mit ihrer Streuung, sowie des geringern Übergangswiderstandes zwischen Probe und Instrument; dieser letztere soll auf ein möglichst geringes Maass reducirt werden, indem die Enden des Probestabs vorher sorgfältig gerade und glatt hergerichtet werden. Jene »instrumentellen Entmagnetisirungslinien« werden auf ein zugehöriges durchsichtiges Horn- oder Gelatineblatt aufgezeichnet, welches man beim Auftragen der Kurven auf den linken oberen oder rechten unteren Quadrant des Koordinatenpapiers legt. In Fig. 94 sind sie ausgezogen dargestellt; die strichpunktirte Gerade entspricht dem Werthe $\overline{N} = 0{,}02$. Die punktirten Magnetisirungskurven wurden für eine Probe aus schmiedbarem Guss mit der Waage erhalten.[1])

§ 229. Steighöhenmethode. Da sich die magnetischen Steighöhen von Flüssigkeiten den allgemeinen Gesetzen elektromagnetischer Zwangszustände ebenfalls unterordnen (p. 334 Anm.), so sei an dieser Stelle noch erwähnt, wie man die betreffende Erscheinung zur Bestimmung der Magnetisirung verwenden kann. Aus der allgemeinen Gleichung (15) § 203 für den Druck P:

$$P = \int_0^{\mathfrak{H}} \mathfrak{J}\, d\,\mathfrak{H}$$

folgt durch Differentiation

$$\mathfrak{J} = \frac{\partial P}{\partial \mathfrak{H}}. \tag{27}$$

Bestimmt man daher den Druck P als Funktion von $\mathfrak{H}$, so kann man die Magnetisirung, etwa durch graphische Differentiation, erhalten, wobei nun selbstverständlich die Intensität, entgegen der Annahme des § 204, als bekannt vorausgesetzt wird. Bei schwach para- oder diamagnetischen Flüssigkeiten von konstanter Susceptibilität reducirt sich dieses Verfahren auf eine sehr einfache Methode zur Bestimmung jener Zahl nach der für diesen Fall

1) Für weitere Einzelheiten betreffs Konstruktion und Gebrauch des Instruments sei auf folgende Publikationen hingewiesen: du Bois, Ber. Sekt. Sitz. Elektrotechn. Kongr. Frankf. 1891. p. 77; Elektrotechn. Zeitschr. **13**, p. 579. 1892; Zeitschr. für Instrum.-Kunde **12**, p. 404. 1892.

geltenden Gleichung (16) § 203, auf die wir hier jedoch nicht näher einzugehen haben. Was die ferromagnetischen Körper betrifft, so kommen als Flüssigkeiten wohl nur Eisen-, Kobalt- und Nickelamalgam in Betracht. Quincke hat an ersterm Messungen angestellt, die dann vom Verfasser im Sinne obiger Gleichung (27) interpretirt wurden.[1]) Bisher ist diese Methode experimentell nicht weiterentwickelt worden.

1) Quincke, Wied. Ann. **24**, p. 374. 1888. du Bois, Wied. Ann. **35**, p. 156. 1888. Das magnetische Verhalten der erwähnten Amalgame kann übrigens bisher noch kaum als genügend aufgeklärt betrachtet werden.

Namenregister.

Sachregister.[1]

1) f. bezieht sich nur auf die nächstfolgenden Seiten, ff. auf den ganzen nachfolgenden Theil des Buchs.

Bezeichnungen.[1])

	L.	M.	T.	Seite
A, Leistung	2	1	—3	241
D, Entfernung	1	0	0	33
D, Dichtigkeit	—3	1	0	333
d, Dicke (bezw Weite)	1	0	0	114
E, Elektromotorische Kraft	$^3/_2$	$^1/_2$	—2	96
F_H, Hopkinson'sche Funktion	—	—	—	153
g, Beschleunigung der Schwere	1	0	—2	164
I, Elektr. Strom (in Dekaampère)	$^1/_2$	$^1/_2$	—1	6
I', Elektr. Strom (in Ampère)	—	—	—	128
I_e, Stationärstrom	$^1/_2$	$^1/_2$	—1	250
J, Virtueller elektr. Widerstand	1	0	—1	254
K, Trägheitsmoment	2	1	0	35
K, Kerr'sche Konstante	$^1/_2$	—$^1/_2$	1	361
L, Länge, Strecke, Umfang	1	0	0	6
M, Magnetomotorische Kraft	$^1/_2$	$^1/_2$	—1	187
N, Entmagnetisirungsfaktor	0	0	0	36
N, Frequenz	0	0	—1	254
n, Windungszahl	0	0	0	8
P, Hydrostatischer Druck	—1	1	—2	317
Q, Elektricitätsmenge	$^1/_2$	$^1/_2$	0	2
R, Ohm'scher Widerstand	1	0	—1	2
r, Radius	1	0	0	6
S, Flächenstück, Querschnitt	2	0	0	2
T, Zeit	0	0	1	96
V, Volum	3	0	0	33
V, Magnetische Leitfähigkeit	1	0	0	187
X, Magnetischer Widerstand	—1	0	0	187
Y, Induktiver elektr. Widerstand	1	0	—1	254

1) Die Bezeichnungen und Benennungen häufig vorkommender Begriffe sind nachstehend übersichtlich geordnet; dagegen sind dieselben im Sachregister nicht angeführt. Die Dimension bezieht sich auf das absolute elektromagnetische Maasssystem (p. 6), die Seitenzahl auf die Stelle, wo das Stichwort zuerst vorkommt bezw. definirt ist. — Ausserdem bedeuten an vielen Stellen $\mathfrak{l}$, $\mathfrak{m}$, $\mathfrak{n}$, Richtungskosinus (p. 51); x, y, z, ν, τ, »Richtungsindices« (pp. 49, 80); e, i, t, »Quellenindices« (pp. 80, 250). Betreffs Accentuirung der Buchstaben siehe pp. 76, 154; Horizontalbalken uber den Buchstaben bedeuten Mittelwerthe (pp. 36, 115).

	L.	M	T.	Seite
$\mathfrak{A}$, Hilfsvektorfunktion	$^1/_2$	$^1/_2$	—1	64
$\mathfrak{B}$, Magnetische Induktion	—$^1/_2$	$^1/_2$	—1	13
$\mathfrak{C}$, Elektrische Strömung	—$^3/_2$	$^1/_2$	—1	64
$\mathfrak{e}$, Excentricität	0	0	0	42
$\mathfrak{F}$, Mechanische Kraft	1	1	—2	32
$\mathfrak{F}$, Vektorgrösse allgemeiner Art	—	—	—	49
$\mathfrak{G}$, Induktionsfluss	$^3/_2$	$^1/_2$	—1	91
$\mathfrak{H}$, Magnetische Intensität	—$^1/_2$	$^1/_2$	—1	5
$\mathfrak{H}_C$, Koercitivintensität	—$^1/_2$	$^1/_2$	—1	242
$\mathfrak{J}$, Magnetisirung	—$^1/_2$	$^1/_2$	—1	16
$\mathfrak{J}_E$, Verschwindende Magnetisirung	—$^1/_2$	$^1/_2$	—1	242
$\mathfrak{J}_R$, Remanente Magnetisirung	—$^1/_2$	$^1/_2$	—1	241
$\mathfrak{K}$, Moment (eines Kräftepaars)	2	1	—2	35
$\mathfrak{k}$, Retentionsfähigkeit	0	0	0	242
$\mathfrak{M}$, Magnetisches Moment	$^5/_2$	$^1/_2$	—1	7, 34
$\mathfrak{m}$, Dimensionsverhältniss	0	0	0	36
$\mathfrak{m}$, Axenverhältniss	0	0	0	42
$\mathfrak{N}$, Normale	1	0	0	50
$\mathfrak{n}$, Funktionszeichen	0	0	0	122
$\mathfrak{p}$, Transformationsverhältniss	0	0	0	298
$\mathfrak{r}$, Konvergenz der Magnetisirung	—$^3/_2$	$^1/_2$	—1	72
$\mathfrak{u}$, Energie pro Volumeinheit	—1	1	—2	238
$\mathfrak{Z}$, Resultirender Zug	—1	1	—2	161
α, Winkel	0	0	0	6
Γ, Gravitationspotential	—	—	—	104
ε, Drehung der Polarisationsebene	0	0	0	327
θ, Relaxationsdauer	0	0	1	253
$\varkappa$, Magnetische Susceptibilität	0	0	0	22
Λ, Selbst-Induktionskoefficient	1	0	0	250
μ, Magnetische Permeabilität	0	0	0	22
ν, Streuungskoefficient	0	0	0	121
Ξ, Gegenseitiger Induktionskoefficient	1	0	0	290
ξ, Magnetischer Widerstandskoefficient	0	0	0	22
τ, Periode	0	0	1	35
Υ, Magnetisches Potential	$^1/_2$	$^1/_2$	—1	65
Φ, Potential allgemeiner Art	—	—	—	58
χ, Phasendifferenz	0	0	0	254
Φ, Kundt'sche Konstante	—$^1/_2$	—$^1/_2$	1	363
ω, Verdet'sche Konstante	—$^1/_2$	—$^1/_2$	1	327

GPSR Compliance

The European Union's (EU) General Product Safety Regulation (GPSR) is a set of rules that requires consumer products to be safe and our obligations to ensure this.

If you have any concerns about our products, you can contact us on ProductSafety@springernature.com

In case Publisher is established outside the EU, the EU authorized representative is:

Springer Nature Customer Service Center GmbH
Europaplatz 3
69115 Heidelberg, Germany

Batch number: 10682421

Printed by Printforce, the Netherlands